油气藏地质及开发工程全国重点实验室资助

复杂油气藏开发丛书

复杂油气藏渗流理论与应用

李晓平 等 编著

科 学 出 版 社

北 京

内 容 简 介

本书是“油气藏地质及开发工程全国重点实验室”渗流及应用技术团队多年研究成果的归纳总结。本书较为系统地介绍了低渗透气藏、异常高压气藏、复合油气藏、水驱气藏和页岩气藏的渗流理论，以及渗流机理。

本书可供高等院校从事油气渗流力学和油气田开发工程学科的相关研究人员和研究生参考，也可供从事油气田勘探与开发的科研及和技术人员参考。

图书在版编目（CIP）数据

复杂油气藏渗流理论与应用 / 李晓平等编著. —北京：科学出版社，2024.3

（复杂油气藏开发丛书）

ISBN 978-7-03-042917-9

Ⅰ. ①复… Ⅱ. ①李… Ⅲ. ①复杂地层－油气藏渗流力学－研究 Ⅳ. ①TE312

中国版本图书馆 CIP 数据核字（2014）第 309781 号

责任编辑：刘　琳 / 责任校对：彭　映
责任印制：罗　科 / 封面设计：陈　敬

科学出版社出版
北京东黄城根北街 16 号
邮政编码：100717
http://www.sciencep.com
成都锦瑞印刷有限责任公司印刷
科学出版社发行　各地新华书店经销
*
2024 年 3 月第 一 版　开本：787×1092　1/16
2024 年 3 月第一次印刷　印张：16 1/4
字数：380 000

定价：198.00 元

（如有印装质量问题，我社负责调换）

前　　言

渗流是流体在多孔介质中的流动，由于多孔介质结构的复杂性，在不同的阶段这种流动通常以某一现象、某一形态、某一规律表现出来，对这些渗流现象、渗流形态和渗流规律认识和研究的学科被称为渗流力学，它是流体力学的一个重要分支，又是流体力学与岩石力学理论、多孔介质理论、表面理论、物理化学理论、固体力学理论、流体力学理论、生物学理论等交叉渗透的一个边缘学科。渗流现象广泛存在于自然界中，存在于各种工程技术问题中的渗流称为工程渗流；存在于动植物体内的渗流称为生物渗流；存在于地下油气层中的渗流称为油气渗流。

油气渗流力学是研究油气藏中的流体在多孔介质储层中的渗流形态和渗流规律的一门学科，是油气田科学开发的基础，它贯穿于油气田开发的全过程，是准确认识油气藏、合理改造油气藏、高效开发油气藏的理论基础。油气渗流力学研究的主要特点是以油气渗流实验研究为手段，以数学力学为工具，采用多学科结合、交叉、渗透的研究方法，建立油气藏科学开发的渗流力学理论，在理论研究取得突破的基础上，研究油气藏开发的系列重要关键技术——油气藏数值模拟技术、油气井试井分析技术和油气藏动态分析技术。

油气藏渗流力学经历了萌芽诞生、经典历程和现代快速发展三个阶段。

由于油气储集在地表以下几百到几千甚至上万米的多孔介质中，大量的实验及理论研究和油气田的开发实践表明，油气在地下的渗流形态、渗流模式及渗流规律受到以下因素的影响：①储集层的孔隙结构类型，例如是单一介质、双重介质还是三重介质等；②储集层的边界类型，它们是定压或有限定压、封闭或部分封闭且形状各异等情形；③储集层在横向及纵向上分布的均匀程度，是均质还是非均质；④多孔介质的内部结构，是单一尺度还是多尺度；⑤多孔介质中流体的种类及性质，是单相还是多相，有无相态变化；⑥流体与多孔介质的作用机理，是否存在诸如启动压力、滑脱效应、应力敏感、吸附、解吸或其他的物理化学作用；⑦开采油气的井型，例如是直井、大斜度井、水平井还是分支井等复杂结构井，这些井是否通过压裂或多级压裂投产。正因为上述因素的复杂和不同，导致油气在储集层中的渗流形态、渗流模式及渗流规律就变得异常复杂和各不相同。因此这个阶段渗流力学的研究主要体现在以下四个方面：①介质类型从单一介质向变异介质发展，主要包括双孔双渗的双重介质、孔洞缝型多重介质、变形介质、各向异性介质、分形介质、网络介质、低渗介质、非均匀介质等；②从单相牛顿流体线性渗流向多相多组分渗流、物理化学渗流、非等温渗流、非牛顿渗流等非线性渗流问题研究发展；③井型从直井向压裂直井、水平井等复杂结构井发展；④从定量渗流问题向非定量、非有序、非透明、信息智能化、可视化渗流问题研究发展。

全书共分 5 章。第 1 章首先介绍不含束缚水及含束缚水低渗透气藏渗流机理及渗流的运动方程，在此基础上建立考虑滑脱效应、启动压力梯度影响的均质及双重介质低渗透气藏不稳定渗流数学模型，在获得数学模型解后，作出反映渗流及压力动态特征的典型曲线，分析渗流及压力动态的变化规律，以此建立低渗透气藏气井的试井分析理论与方法。第 2 章首先阐述异常高压气藏渗透率应力敏感实验及渗透率与有效压力的变化关系，在此基础上建立考虑应力敏感效应影响的均质、双重介质及复合气藏不稳定渗流数学模型，在获得数学模型解后，作出反映渗流及压力动态特征的典型曲线，分析渗流及压力动态的变化规律，以此建立起异常高压气藏的试井分析理论与方法。第 3 章介绍两区径向复合、界面存在附加阻力的三区径向复合、中区物性呈幂函数变化的三区复合、两区线性复合油气藏的渗流理论。第 4 章首先阐述水驱气藏的微观渗流机理及主要渗流特征，其次分别对气水两相同时流动、复合水驱气藏和水驱强度影响下的渗流理论进行分析，为水驱气藏的早期识别，地层参数的求取提供了理论基础。第 5 章首先阐述页岩气的输运机理及产出特征，在此基础上介绍页岩气藏压裂水平井单相、两相以及多种渗流机理影响下的压裂水平井渗流理论。

全书由李晓平、刘启国、谭晓华、谢维扬编著，其中第 1 章、第 2 章由李晓平和刘启国编写，第 3 章由刘启国编写，第 4 章由李晓平编写，第 5 章由李晓平、谢维扬和谭晓华编写。在编写过程中参考了闪从新博士、胡俊坤博士、王大为博士、谭晓华博士、樊怀才博士在学期间的研究成果。

目　　录

第 1 章　低渗透气藏渗流理论

本章在阐述不含束缚水及含束缚水低渗透油气藏渗流机理的基础上，建立考虑滑脱效应及启动压力梯度影响的均质及双重介质低渗透油气藏不稳定渗流数学模型，在获得数学模型解后，作出反映渗流及压力动态特征的典型曲线，分析渗流及压力动态的变化规律，以此建立低渗透气藏的试井分析理论与方法，用实例解释分析低渗透气藏中气井的试井资料。

1.1　低渗透气藏渗流机理

前人的实验研究成果表明，不含束缚水与含束缚水的低渗透岩心在基本渗流机理和渗流特征方面存在较大差异。

1.1.1　不含束缚水低渗透气藏渗流特征

渗流实验结果表明，在不含束缚水的低渗透岩心中气体单相渗流曲线具有如图 1-1 所示的一般特征，即：①低渗透气藏中气体渗流具有与一般高、中渗透率气藏中气体达西渗流完全不同的渗流特征；②在所研究的渗流速度范围内，低渗透气藏中气体渗流曲线是由非线性段和线性段连接而成的上凸曲线；③渗流曲线表现出非达西流动特征，线性流动段延长线不通过坐标原点而与流量轴相交，存在“拟起始流量”；④由非线性段过渡到线性段具有一转变的临界点，相应为临界流量(Q)(或临界渗流速度)和临界压力平方梯度($\mathrm{d}p^2/\mathrm{d}L$)。

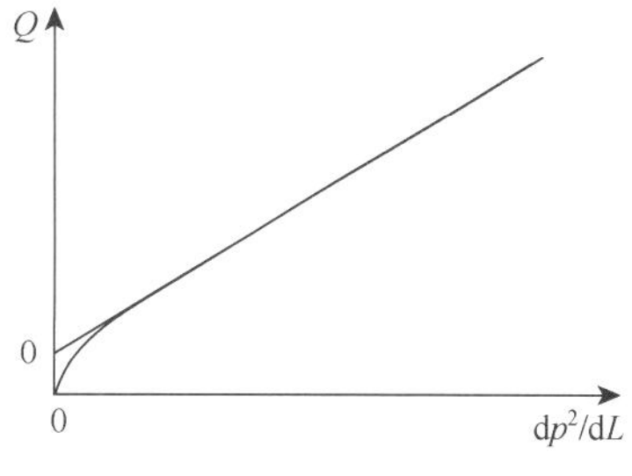

图 1-1　不含缚水低渗透气藏饱和气体单相渗流曲线

将渗流实验结果整理成图 1-2 和图 1-3 所示的渗流曲线图，由这些曲线图看出，低渗透气藏中气体单相渗流曲线的特征相同，但曲线的直线段又随渗透率的变化而变化，即：①曲线的位置、形态、临界值等均与渗透率有直接关系，且随渗透率的改变而有规律地变化；②随渗透率的增大，非达西渗流逐渐向达西渗流过渡；③渗透率越低，曲线曲率越小，非线性段延伸越长，临界压力平方梯度($\Delta p^2 \cdot L^{-1}$)的值越大，拟起始流量(Q)越高；④渗流曲线直线段的开始位置与斜率都与渗透率(k)有关，直线段开始的位置随渗透率的增大而提前，直线段斜率随渗透率的增大而增大，并且直线段的斜率代表地层的渗透能力。

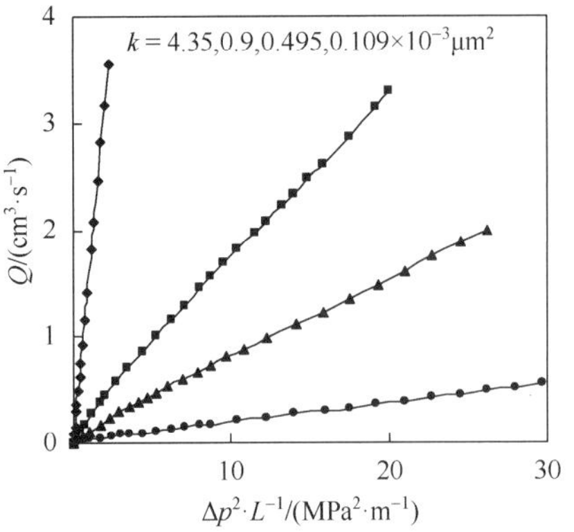

图 1-2 不含缚水低渗透气藏渗流曲线综合图(一)

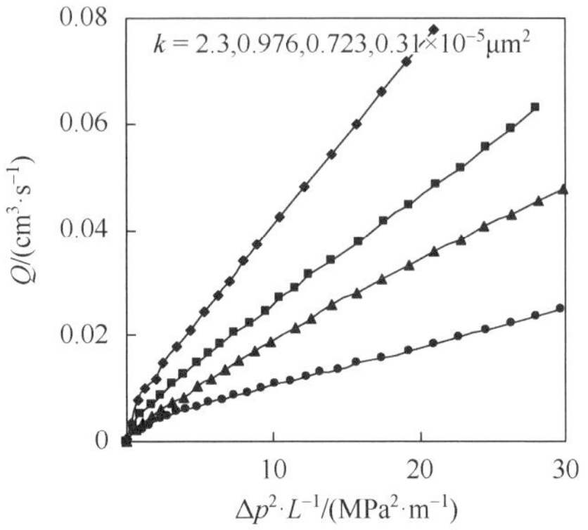

图 1-3 不含缚水低渗透气藏渗流曲线综合图(二)

1.1.2 含束缚水低渗透气藏渗流特征

渗流实验结果表明，含束缚水的低渗透气藏饱和气体单相气体渗流曲线具有如图 1-4 所表现的一般特征。

(1) 含束缚水低渗透气藏中单相气体低速渗流表现为非达西渗流，渗流曲线具有非达西特征；

(2) 渗流曲线是由非线性段和线性段两部分构成一条完整的上凹形曲线。在低压力平方梯度下呈现曲线形态，当压力平方梯度增大到一定程度后呈现直线形态；

(3) 由非线性段向线性段的转变存在一临界点，相应为临界压力平方梯度和临界流量；

(4) 渗流曲线的直线段延伸不通过坐标原点，而是与压力平方轴有一正截距，此点的压力平方梯度 (dp^2/dL) 称为拟起始压力平方梯度。

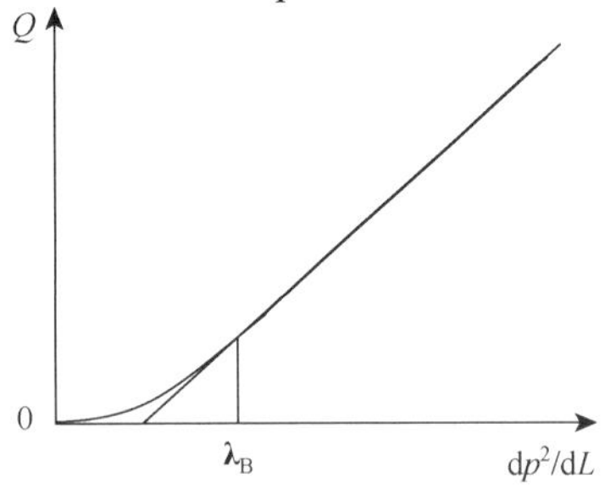

图 1-4 含缚水低渗透气藏饱和气体单相渗流曲线

将实验结果数据整理成如图 1-5 和图 1-6 所示的渗流曲线图，则由这些曲线图看出，含束缚水低渗透气藏中单相气体低速渗流曲线的特征相同，但曲线的直线段又随渗透率 (k) 的变化而变化，即：①渗流曲线随渗透率大小有序分布，其位置和变化范围、非线性段曲线的曲率和非线性变化范围、临界压力平方梯度 $(\Delta p^2 \cdot L^{-1})$ 等都与渗透率的大小有关；②渗透率越低，非线性段延伸越长、曲线曲率越小，拟起始压力平方梯度值越大；③随着渗透率的增大，非达西型渗流特征逐渐减弱，最后转变为一般高、中渗透率地层的达西型渗流；④上凹形渗流曲线特性说明流动有效渗透率随压力平方梯度的增大而增大；⑤含束缚水低渗气藏中单相气体低速渗流特征类似于低渗地层单相液体的低速非达西渗流特征。

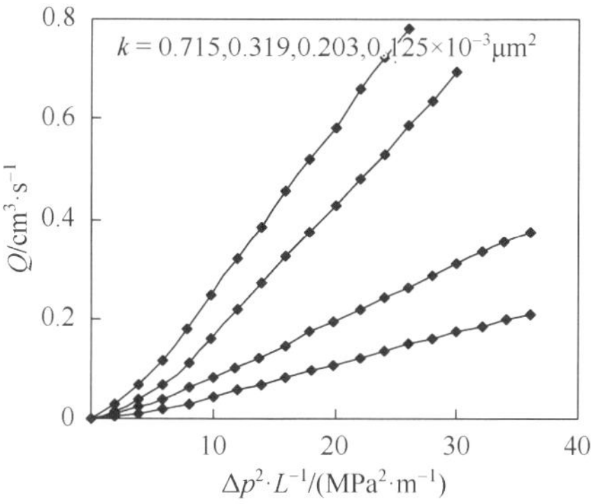

图 1-5　含缚水低渗透气藏渗流曲线综合图(一)

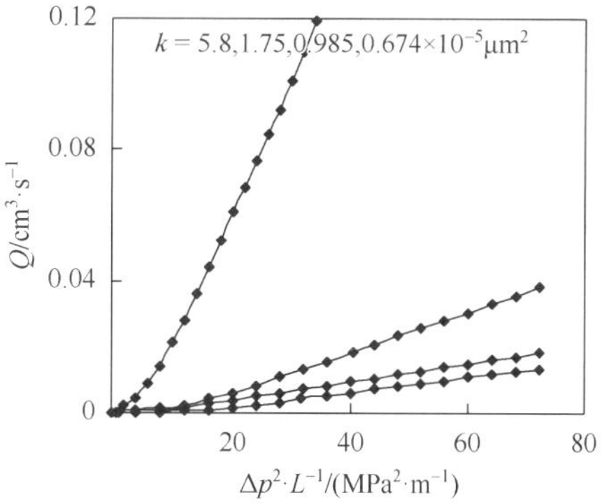

图 1-6　含缚水低渗透气藏渗流曲线综合图(二)

1.1.3　低渗透气藏渗流机理微观解释

流体在多孔介质中的渗流规律，取决于渗流的三大要素：一是渗流流体，主要是流体的组成和物理化学性质；二是多孔介质，主要是多孔介质的孔隙结构和物理化学性质；三是流动状况，主要是流动的环境和条件，以及流体与流体、流体与多孔介质之间的相互作用。低渗透气藏低速渗流的非达西特性正是由渗流的三大要素决定的。

1. 不含束缚水低渗透气藏渗流机理

从实验结果可知，对于低渗透气藏，在不含束缚水或束缚水饱和度较低时，气体低速渗流的运动规律与液体低速渗流完全相反，表现为低速渗流时，渗流曲线是一条上凸形曲线，如图 1-1 所示。即当压力平方梯度小于临界压力平方梯度时，表现为曲线斜率递减的非线性流动；当压力(平方)梯度大于临界压力平方梯度时，表现为拟线性流动。形成这种低速非达西渗流的原因就在于气体的“滑脱效应”或“克林肯贝格(Klinkenberg)效应”[1]。

早在 1941 年发现的气体“滑脱现象”是与牛顿定律非滑移边界条件相矛盾的。气体分子在流动边界的“滑动”与流动孔道形态大小和气体分子运动的平均自由程相关。在其他条件不变的情况下：①孔道直径越小，滑脱效应就越大；②压力越低，滑脱效应越明显。与高、中渗透气藏相比，低渗透气藏孔道微细的特点造成了气体滑脱效应较强的现象。这就是低渗透气藏气体低速渗流非达西型特征形成的基本机理。因此，在低速区内随压力平方梯度的增加，渗流速度增长速率递减，渗流特性表现为非线性特征；当压力平方梯度增加到下限临界压力平方梯度后，气体的滑脱效应并未因实际有效渗透率趋于稳定即达到直线渗流段而消失或减弱，只是趋于稳定，从而形成非达西线性渗流。

2. 含束缚水低渗透气藏渗流机理

含束缚水的低渗透气藏单相气体渗流机理比不含束缚水的饱和气体渗流要复杂，它实质上是多孔介质中气水两相共存时的单相气体渗流过程[2-25]。

孔隙介质中的束缚水在孔道壁形成连续水膜，减少了气体有效渗流空间，降低了气体实际有效渗透率。束缚水的存在也使得地层中相接触关系复杂化，气体不仅与固体孔道壁接触，同时也与部分孔隙中的液体接触。由于气液两相共存而产生的毛管力也会导致喉道控制作用。靠附着力或毛管力保持在孔隙中的薄膜水阻碍了天然气的流动，增加了渗流的阻力。虽然气体滑脱效应提供了气体渗流的附加动力，但是在束缚水饱和度较高时，气体滑脱效应的作用力小于附加的渗流阻力，于是导致低渗气藏的气体渗流曲线与液体相似，如图 1-4 所示，形成上凹形的低速非达西渗流。当压力平方梯度小于临界压力平方梯度时，表现为曲线斜率递增的非线性流动；当压力平方梯度大于临界压力平方梯度时，表现为拟线性流动。

1.1.4　低渗透气藏渗流运动方程

低渗透气藏中单相气体渗流具有非达西渗流特征，其基本渗流规律可初步总结为以下的经验方程。

1. 不含束缚水情形

根据图 1-1，不含束缚水低渗透气藏中单相气体渗流运动方程可分成非线性段和线性段描述[26]。

非线性段：$|\nabla p| < \nabla p_C$ 时，

$$v = C_2(\nabla p)^m \tag{1-1}$$

线性段：$|\nabla p| > \nabla p_C$ 时，

$$v - v_b = C_1 \nabla p \tag{1-2}$$

式中：v ——渗流速度，m/s；
v_b ——拟初始流速，m/s；
m ——常数。
∇p ——压力梯度，MPa/m；
∇p_C ——临界压力梯度下限，MPa/m；
C_1、C_2 ——系数，$m^2/(MPa \cdot s)$。

如果考虑气体滑脱效应，则不含束缚水低渗透气藏中单相气体渗流运动方程：

$$v = \frac{k_\infty}{\mu(p)} f(p) \nabla p \tag{1-3}$$

式中：

$$f(p) = 1 + \frac{b(p)}{p} \tag{1-4}$$

式中：k_∞ ——岩石渗透率，μm^2；
$\mu(p)$ ——气体黏度，$mPa \cdot s$；

$b(p)$——克林肯贝格因子，它是压力的函数，$b(p)=\beta p\mathrm{e}^{-\alpha p}$，参数$\alpha$、$\beta$由实验测定。

2. 含束缚水情形

根据图 1-4，在含束缚水饱和度较高的低渗透气藏中单相气体渗流运动方程仍可分成非线性段和线性段描述[31]。

非线性段：$|\nabla p| < \nabla p_{\mathrm{C}}$时，

$$v = C_3(\nabla p)^n \tag{1-5}$$

线性段：$|\nabla p| > \nabla p_{\mathrm{C}}$时，

$$v = C_4(\nabla p - \nabla p_{\mathrm{b}}) \tag{1-6}$$

式中：v——渗流速度，m/s；

∇p——压力梯度，MPa/m；

∇p_{C}——临界压力梯度下限，MPa/m；

∇p_{b}——拟初始压力梯度，MPa/m；

C_3、C_4——系数，$\mathrm{m^2/(MPa\cdot s)}$；

n—常数。

用式(1-5)、式(1-6)描述低渗透气藏气体低速非达西渗流过程比较复杂，不少研究者认为可用如下方程描述低渗透气藏气体低速非达西渗流规律。

$$v = \begin{cases} -\dfrac{k}{\mu}\nabla p\left(1-\dfrac{\lambda_{\mathrm{B}}}{|\nabla p|}\right), & |\nabla p| > \lambda_{\mathrm{B}} \\ 0, & |\nabla p| \leqslant \lambda_{\mathrm{B}} \end{cases} \tag{1-7}$$

式中：k——渗透率，$\mu\mathrm{m}^2$；

μ——气体黏度，mPa·s；

λ_{B}——启动压力梯度，MPa/m；

其余符号同前。

式(1-7)表达的是流体流动状态的规律，以及从流动状态转变为不流动状态的规律，在此基础上引入启动压差概念，描述流体从静止状态转变为流动状态的规律，能更完整地表述低速非达西渗流特征。

$$v = \begin{cases} 0, & \text{流动单元两侧}\Delta p < p_{\mathrm{B}}\text{，未开始流动} \\ -\dfrac{k}{\mu}\nabla p\left(1-\dfrac{\lambda_{\mathrm{B}}}{|\nabla p|}\right), & \text{流动后}|\nabla p| > \lambda_{\mathrm{B}}\text{，保持流动} \\ 0, & \text{流动后}|\nabla p| \leqslant \lambda_{\mathrm{B}}\text{，停止流动} \end{cases} \tag{1-8}$$

式(1-8)中p_{B}是启动压差，也就是气体冲破孔隙喉道处的水膜发生流动所需要的压差。λ_{B}应改称为保持流动所需的压力梯度下限，即是使气体保持连续流动、水不会在喉道处堵死喉道所需的压力梯度下限。

在低渗透气藏中，滑脱效应与启动压力梯度效应哪一个占主导地位，取决于水在孔隙喉道处是否会形成堵塞而阻碍气体流动。低渗纯气藏的特殊渗流机理主要是滑脱效应，而没有启动压力梯度效应。低渗透气藏气体渗流过程中受水影响时产生启动压力梯度效应的可能性较大，一旦出现这种情况，滑脱效应所产生的作用就可以大体忽略。这是因为受水的影响，储层条件下气体的渗透率比用干岩心在低应力、低流动气压下测得的渗透率小得多，国外研究资料表明，其差距可达 10～1000 倍，在这种情况下，启动压力梯度效应明显居主导地位。

1.2　低渗透气藏渗流理论

1.2.1　滑脱效应影响的均质低渗透气藏渗流理论

考虑气体滑脱效应的影响，建立均质地层中气体不稳定渗流的数学模型，在获得数学模型解的基础上，作出渗流及压力动态特征曲线，分析渗流及压力动态特征。

1. 渗流数学模型

基本假设条件如下：①均质各向同性气藏；②气藏各点的温度保持不变，即渗流过程为等温渗流；③考虑滑脱效应影响，流动服从低速非达西渗流规律；④单相气体渗流，忽略重力和毛管力影响。

1）连续性方程

由油气渗流力学理论[32-35]，在地层中沿径向取一环状微元体，如图 1-7 所示。

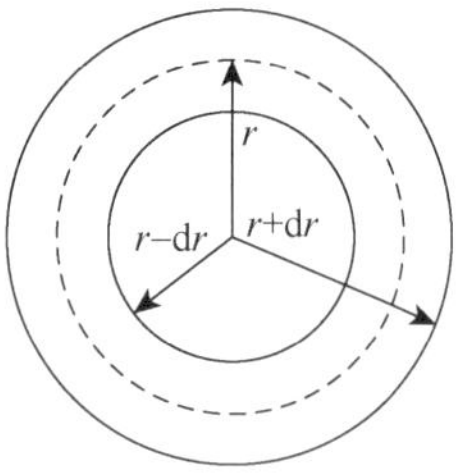

图 1-7　微元体示意图

根据质量守恒定律，在 dt 时间内，由径向流入微元体的质量：

$$2\pi\left(r-\frac{\mathrm{d}r}{2}\right)\left[\rho v-\frac{\partial(\rho v)}{\partial r}\frac{\mathrm{d}r}{2}\right]\mathrm{d}z\mathrm{d}t \tag{1-9}$$

流出微元体的质量：

$$2\pi\left(r+\frac{\mathrm{d}r}{2}\right)\left[\rho v+\frac{\partial(\rho v)}{\partial r}\frac{\mathrm{d}r}{2}\right]\mathrm{d}z\mathrm{d}t \tag{1-10}$$

在 dt 时间内，微元体中由于地层及流体压缩而产生的总的质量变化：

$$\frac{\partial}{\partial t}\{\phi\rho[\pi(r+\mathrm{d}r/2)^2]-[\pi(r-\mathrm{d}r/2)^2]\}\mathrm{d}z\mathrm{d}t \tag{1-11}$$

根据质量守恒定律：

流入单元体的质量−流出单元体的质量=单元体中质量的变化

由式（1-9）～式（1-11）可得渗流的连续性方程：

$$-\frac{1}{r}\frac{\partial}{\partial r}(r\rho v)=\frac{\partial(\phi\rho)}{\partial t} \tag{1-12}$$

式中：v ——渗流速度，m/h；

ρ ——流体密度，kg/m^3；

r ——径向距离，m；

ϕ ——孔隙度；

t ——时间，h；

dr ——微元体的径向距离，m；

dz ——微元体的纵向距离，m；

dt ——时间增量，h。

2) 运动方程

考虑气体滑脱效应时，气体渗流的运动方程：

$$v = -3.6\frac{k_\infty}{\mu(p)}f(p)\frac{dp}{dr} \tag{1-13}$$

符号含义同前。

3) 状态方程

岩石的状态方程[27]：

$$\phi = \phi_0 + C_f(p - p_0) \tag{1-14}$$

气体的状态方程[27]：

$$pV = ZRT \tag{1-15}$$

式中：p ——压力，MPa；

ϕ ——孔隙度；

ϕ_0 ——压力 p_0 下岩石的孔隙度；

C_f ——岩石的压缩系数，MPa^{-1}；

V ——体积，m^3；

Z ——气体偏差因子；

R ——气体常数；

T ——温度，K。

4) 基本微分方程

将运动方程(1-13)和状态方程(1-14)、(1-15)代入连续性方程(1-12)中，经整理得到考虑气体滑脱效应的低渗透气藏不稳定渗流的基本微分方程：

$$\frac{1}{r}\frac{\partial}{\partial r}\left[r\frac{\partial \psi_k(p)}{\partial r}\right] = \frac{\phi}{3.6k_\infty}\frac{\partial \psi_k(p)}{\partial \zeta(t)} \tag{1-16}$$

式中：

$\psi_k(p)$ ——拟压力，$MPa^2/mPa\cdot s$

$$\psi_k(p) = \int_{p_0}^{p}\frac{2p}{\mu Z}f(p)dp \tag{1-17}$$

$\zeta(t)$ ——拟时间，$MPa\cdot h/(mPa\cdot s)$

$$\zeta(t)=\int_0^t \frac{f(p)}{\mu C_t}\mathrm{d}t \tag{1-18}$$

5）渗流数学模型

完整的渗流数学模型还需要定解条件。

初始条件：

$$p(r,t=0)=p_i \tag{1-19}$$

内边界条件：

$$q_{sc}B_g = 2\pi r_w h\frac{k_\infty}{\mu}f(p)\left.\frac{\partial p}{\partial r}\right|_{r=r_w}\times 24\times 3.6\times 10^{-4} \tag{1-20}$$

式中：q_{sc}——气井产量，$10^4\mathrm{m}^3/\mathrm{d}$；

B_g——体积系数，

$$B_g=\frac{p_{sc}TZ}{pT_{sc}} \tag{1-21}$$

T_{sc}、T——标准状态的温度和井底温度，K。

将式(1-17)、(1-21)代入(1-20)并化简得

$$q_{sc}=\frac{r_w k_\infty h}{1.274\times 10^{-2}T}f(p)\left.\frac{\partial \psi}{\partial r}\right|_{r=r_w} \tag{1-22}$$

(1)无限大地层情形。在基本微分方程(1-16)的基础上，加上初始条件、内边界条件和无限大地层边界条件就构成描述气体滑脱效应影响的无限大低渗透气藏不稳定渗流数学模型。

$$\begin{cases}\dfrac{1}{r}\dfrac{\partial}{\partial r}\left[r\dfrac{\partial \psi_k(p)}{\partial r}\right]=\dfrac{\phi}{3.6k_\infty}\dfrac{\partial \psi_k(p)}{\partial \zeta(t)}\\ p(r,t=0)=p_i\\ q_{sc}=\dfrac{rhk_\infty}{6.367\times 10^{-3}T}\dfrac{p}{\mu Z}f(p)\left.\dfrac{\partial p}{\partial r}\right|_{r=r_w}\\ p(r\to\infty)=p_i\end{cases} \tag{1-23}$$

式中：r_w——井半径，m；

h——地层厚度，m；

q_{sc}——日产量，$10^4\mathrm{m}^3/\mathrm{d}$；

p_i——原始地层压力，MPa。

(2)圆形封闭边界地层情形。在基本微分方程(1-16)的基础上，加上初始条件、内边界条件和圆形封闭边界条件就构成描述气体滑脱效应影响的圆形封闭低渗透气藏不稳定渗流数学模型。

$$\begin{cases}\dfrac{1}{r}\dfrac{\partial}{\partial r}\left[r\dfrac{\partial\psi_{\mathrm{k}}(p)}{\partial r}\right]=\dfrac{\phi}{3.6k_{\infty}}\dfrac{\partial\psi_{\mathrm{k}}(p)}{\partial\zeta(t)}\\ p(r,t=0)=p_i\\ q_{\mathrm{sc}}=\dfrac{rhk_{\infty}}{6.367\times10^{-3}T}\dfrac{p}{\mu Z}f(p)\left.\dfrac{\partial p}{\partial r}\right|_{r=r_{\mathrm{w}}}\\ \left.\dfrac{\partial p}{\partial r}\right|_{r\to R}=0\end{cases}\tag{1-24}$$

式中：r —圆形封闭气藏外边界半径，m。

(3) 圆形供给边界地层情形。在基本微分方程(1-16)的基础上，加上初始条件、内边界条件和圆形供给边界条件就构成描述气体滑脱效应影响的圆形供给低渗透气藏不稳定渗流数学模型。

$$\begin{cases}\dfrac{1}{r}\dfrac{\partial}{\partial r}\left[r\dfrac{\partial\psi_{\mathrm{k}}(p)}{\partial r}\right]=\dfrac{\phi}{3.6k_{\infty}}\dfrac{\partial\psi_{\mathrm{k}}(p)}{\partial\zeta(t)}\\ p(r,t=0)=p_i\\ q_{\mathrm{sc}}=\dfrac{rhk_{\infty}}{6.367\times10^{-3}T}\dfrac{p}{\mu Z}f(p)\left.\dfrac{\partial p}{\partial r}\right|_{r=r_{\mathrm{w}}}\\ p(r\to R)=p_i\end{cases}\tag{1-25}$$

2. 渗流数学模型的解

1) 无限大地层解

对数学模型(1-23)中的内外边界条件和初始条件用拟压力和拟时间化简后得：

$$\begin{cases}\dfrac{1}{r}\dfrac{\partial}{\partial r}\left[r\dfrac{\partial\psi_{\mathrm{k}}(p)}{\partial r}\right]=\dfrac{\phi}{3.6k_{\infty}}\dfrac{\partial\psi_{\mathrm{k}}(p)}{\partial\zeta(t)}\\ \psi_{\mathrm{k}}(p)\,|\,(r,\zeta=0)=\psi_{\mathrm{k}}(p_i)\\ q_{\mathrm{sc}}=\dfrac{rhk_{\infty}}{12.734\times10^{-3}T}\left.\dfrac{\partial\psi_{\mathrm{k}}(p)}{\partial r}\right|_{r=r_{\mathrm{w}}}\\ \psi_{\mathrm{k}}(p)\,|\,(r\to\infty)=\psi_{\mathrm{k}}(p_i)\end{cases}\tag{1-26}$$

无因次化的渗流数学模型：

$$\begin{cases}\dfrac{1}{r_{\mathrm{D}}}\dfrac{\partial}{\partial r_{\mathrm{D}}}\left[r_{\mathrm{D}}\dfrac{\partial\psi_{\mathrm{kD}}}{\partial r_{\mathrm{D}}}\right]=\dfrac{\partial\psi_{\mathrm{kD}}}{\partial\zeta_{\mathrm{D}}}\\ \psi_{\mathrm{kD}}\big|(r_{\mathrm{D}},\zeta_{\mathrm{D}}=0)=0\\ \left.\dfrac{\partial\psi_{\mathrm{kD}}}{\partial r_{\mathrm{D}}}\right|_{r_{\mathrm{D}}=1}=-1\\ \psi_{\mathrm{kD}}\big|(r_{\mathrm{D}}\to\infty)=0\end{cases}\tag{1-27}$$

式中，ψ_{kD}——无因次拟压力，

$$\psi_{\mathrm{kD}}=\frac{kh}{1.273\times 10^{-2}Tq_{\mathrm{sc}}}\Delta\psi_{\mathrm{k}} \tag{1-28}$$

ζ_{D}——无因次拟时间，

$$\zeta_{\mathrm{D}}=\frac{3.6k_{\infty}}{\phi r_{\mathrm{w}}^{2}}\zeta \tag{1-29}$$

r_{D}——无因次径向距离，

$$r_{\mathrm{D}}=\frac{r}{r_{\mathrm{w}}} \tag{1-30}$$

由无因次化的渗流数学模型(1-27)可知，由于通过拟压力(1-17)和拟时间(1-18)的定义，从而使得滑脱效应影响的低渗透气藏单相气体低速非达西渗流的无因次数学模型同常规中、高渗透率气藏的渗流数学模型完全相同。

通过对无因次拟时间的拉普拉斯变换，即获得渗流数学模型的拉氏空间解：

$$\bar{\psi}_{\mathrm{kD}}=\frac{K_0(\sqrt{g}r_{\mathrm{D}})}{g\sqrt{g}K_1(\sqrt{g})} \tag{1-31}$$

式中：g——拉氏变量；

K_0、K_1——第二类零阶和一阶变形贝塞尔函数；

$\bar{\psi}_{\mathrm{kD}}$——拉氏空间无因次拟压力。

$$\bar{\psi}_{\mathrm{kD}}=\int_0^{\infty}\psi_{\mathrm{kD}}\mathrm{e}^{-\zeta_{\mathrm{D}}g}\mathrm{d}\zeta_{\mathrm{D}} \tag{1-32}$$

当式(1-31)中的无因次半径 $r_{\mathrm{D}}=1$ 时，即获得拉氏空间的无因次井底拟压力解

$$\bar{\psi}_{\mathrm{kWD}}=\frac{K_0(\sqrt{g})}{g\sqrt{g}K_1(\sqrt{g})} \tag{1-33}$$

2)圆形封闭边界解

应用类似于无限大地层的求解方法，可获得考虑气体滑脱效应的低渗透气藏圆形封闭边界地层中心一口井定产量生产时的拉氏空间解：

$$\bar{\psi}_{\mathrm{kD}}=\frac{I_0(\sqrt{g}r_{\mathrm{D}})K_1(\sqrt{g}R_{\mathrm{D}})+K_0(\sqrt{g}r_{\mathrm{D}})I_1(\sqrt{g}R_{\mathrm{D}})}{g\sqrt{g}[-I_1(\sqrt{g})K_1(\sqrt{g}R_{\mathrm{D}})+K_1(\sqrt{g})I_1(\sqrt{g}R_{\mathrm{D}})]} \tag{1-34}$$

式中：R_{D}——无因次外边界半径；

I_0、I_1——第一类零阶和一阶变形贝塞尔函数；

其余符号同前。

当式(1-34)中无因次半径 $r_{\mathrm{D}}=1$，即获得拉氏空间的无因次井底拟压力解：

$$\bar{\psi}_{\mathrm{kWD}}=\frac{I_0(\sqrt{g})K_1(\sqrt{g}R_{\mathrm{D}})+K_0(\sqrt{g})I_1(\sqrt{g}R_{\mathrm{D}})}{g\sqrt{g}[-I_1(\sqrt{g})K_1(\sqrt{g}R_{\mathrm{D}})+K_1(\sqrt{g})I_1(\sqrt{g}R_{\mathrm{D}})]} \tag{1-35}$$

3)圆形供给边界解

应用类似于无限大地层的求解方法，可获得考虑滑脱效应影响的低渗透气藏圆形供给边界地层中心一口井定产量生产时的拉氏空间解：

$$\bar{\psi}_{\mathrm{kD}} = \frac{-I_0(\sqrt{g}r_{\mathrm{D}})K_0(\sqrt{g}R_{\mathrm{D}}) + K_0(\sqrt{g}r_{\mathrm{D}})I_0(\sqrt{g}R_{\mathrm{D}})}{g\sqrt{g}[I_1(\sqrt{g})K_0(\sqrt{g}R_{\mathrm{D}}) + K_1(\sqrt{g})I_0(\sqrt{g}R_{\mathrm{D}})]} \tag{1-36}$$

当式(1-36)中无因次半径 $r_{\mathrm{D}}=1$，即获得即获得拉氏空间的无因次井底拟压力解：

$$\bar{\psi}_{\mathrm{kWD}} = \frac{-I_0(\sqrt{g})K_0(\sqrt{g}R_{\mathrm{D}}) + K_0(\sqrt{g})I_0(\sqrt{g}R_{\mathrm{D}})}{g\sqrt{g}\left[I_1(\sqrt{g})K_0(\sqrt{g}R_{\mathrm{D}}) + K_1(\sqrt{g})I_0(\sqrt{g}R_{\mathrm{D}})\right]} \tag{1-37}$$

3. 渗流压力动态特征

1)井底压力随时间变化的关系

式(1-33)、式(1-35)、式(1-37)给出了无限大地层、圆形封闭边界和圆形供给边界地层的无因次井底拟压力拉氏空间解，利用数值拉氏反演变换即可计算实空间的解。

图 1-8 为气体滑脱效应影响下的低渗透气藏气井井底压力随时间变化的关系曲线图。该图表明，气体滑脱效应主要在井底压力比较低的情况下反应明显。从分子动力学可知，滑脱效应相当于增加了气体渗流的动力或增加气体渗流的有效渗透率，于是当考虑气体滑脱效应时，在相同条件下气井的井底压降要低些，即气井的井底压力比不考虑滑脱效应时要高些。压力越低，滑脱效应的影响越明显。图 1-8 还表明，在低压下，井底压力与时间的半对数曲线不成直线。

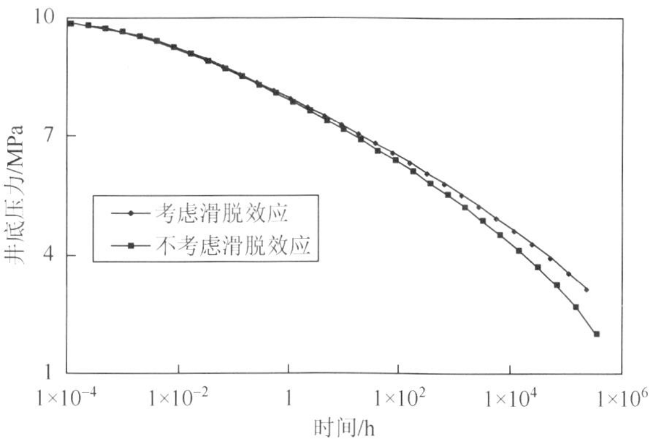

图 1-8　气体滑脱效应对井底压力的影响

图 1-9 为考虑滑脱效应和不考虑滑脱效应影响的井底拟压力与拟时间的关系曲线图。

考虑滑脱效应的气体拟压力定义如式(1-17)所示，不考虑滑脱效应的气体拟压力定义：

$$\psi(p) = \int_{p_0}^{p} \frac{2p}{\mu Z}\mathrm{d}p \tag{1-38}$$

图 1-9 表明，在压力较高时，考虑与不考虑滑脱效应的拟压力与拟时间曲线上都能表现出半对数直线关系，即在高压下，气体滑脱效应影响可忽略；但当压力较低时，不考虑气体滑脱效应的拟压力与拟时间曲线将逐渐偏离半对数直线，即在低压下，气体滑脱效应影响不可忽略。

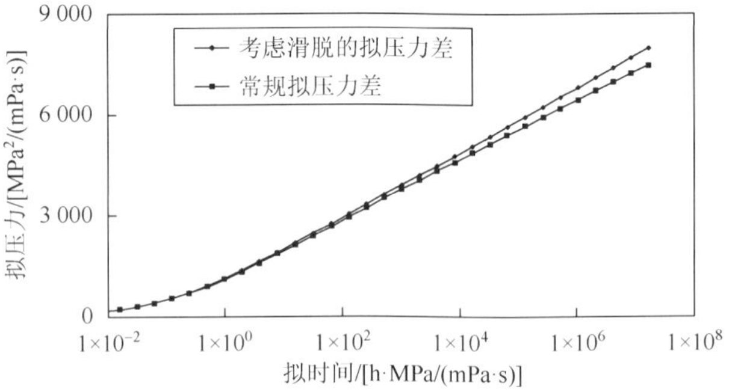

图 1-9　气体滑脱效应影响的拟压力与拟时间关系图

图 1-10 为气体滑脱效应参数 β 对井底压力动态影响的关系曲线图。该图表明，滑脱效应的影响主要表现在晚期井底压力较低时，并且参数 β 的值越大，滑脱效应越显著。即 β 值越大，井底压力越高，而井底压差则越小。

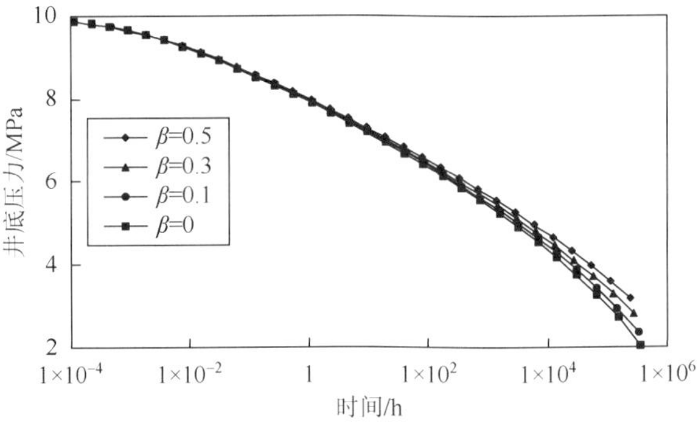

图 1-10　气体滑脱效应参数 β 对井底压力的影响

图 1-11 为气体滑脱效应参数 α 对井底压力动态影响的关系曲线。该图表明，参数 α 的影响范围比 β 大，α 越小滑脱效应越明显，气井的井底压力就越高。当 β 一定而 $\alpha=0$ 时，滑脱因子 b 为一常数，此时滑脱效应的影响最大。当 α 增大到一定值（$\alpha>1.5$）时，滑脱效应的影响可忽略。

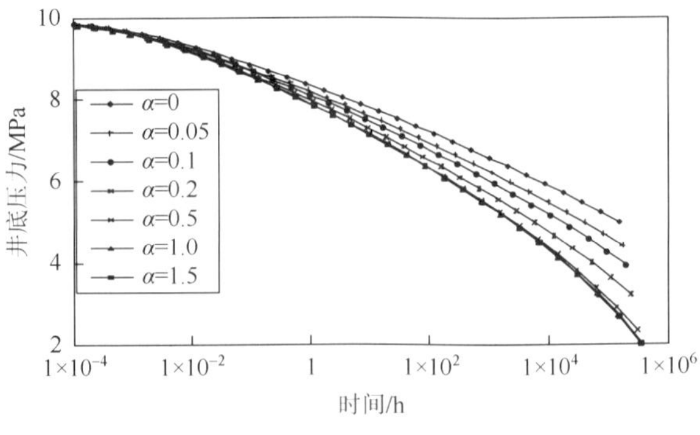

图 1-11　气体滑脱效应参数 α 对井底压力的影响

图 1-12 为气体滑脱效应对圆形封闭地层井底压力动态影响的关系曲线图。该图表明，滑脱效应使得压力波到达边界的时间略为提前，但低压开采时间增长。

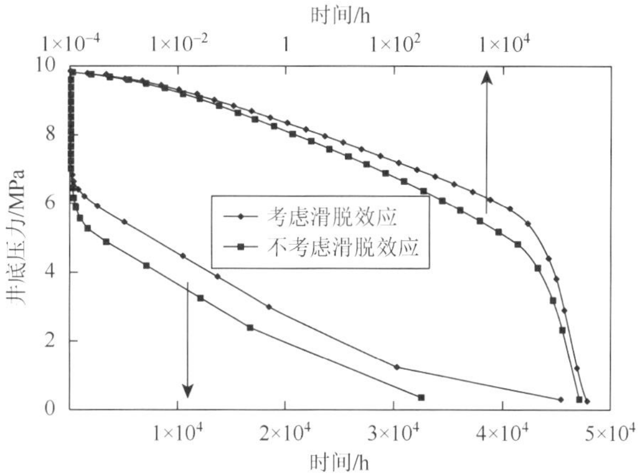

图 1-12　气体滑脱效应对圆形封闭地层井底压力动态的影响

图 1-13 为气体滑脱效应对圆形供给地层井底压力动态影响的关系曲线图。该图表明，滑脱效应使得压力波传播到边界后的稳定井底流压比不考虑滑脱效应时更高。

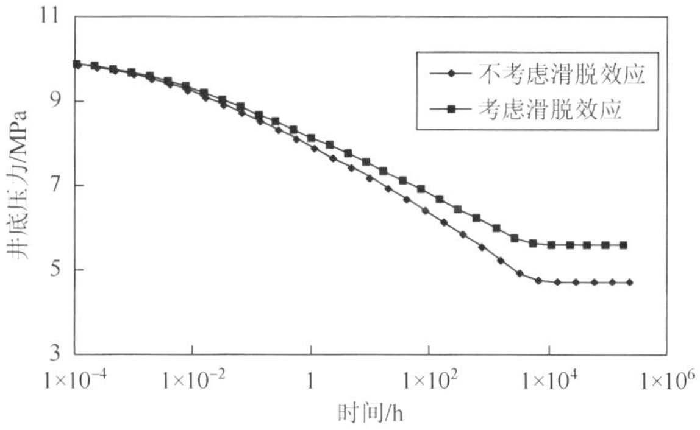

图 1-13　气体滑脱效应对圆形供给地层井底压力动态的影响

2) 地层中任意点压力随径向距离变化的关系

式(1-31)、式(1-34)、式(1-36)给出了无限大边界、圆形封闭边界和圆形供给边界地层任意时刻地层压力分布的拉氏空间解，利用数值拉氏反演变换即可计算实空间的解。

图 1-14 为气体滑脱效应对地层压力分布影响关系曲线图。该图表明，滑脱效应对地层压力分布的影响主要集中在近井地带的低压区，而远离井筒的高压区两条曲线几乎重合，滑脱效应的影响可忽略。该图还表明，当考虑气体的滑脱效应时，地层压力分布的压降漏斗将比不考虑气体的滑脱效应时浅，即在相同条件下，由于气体的滑脱效应使得地层的能量损失减缓。

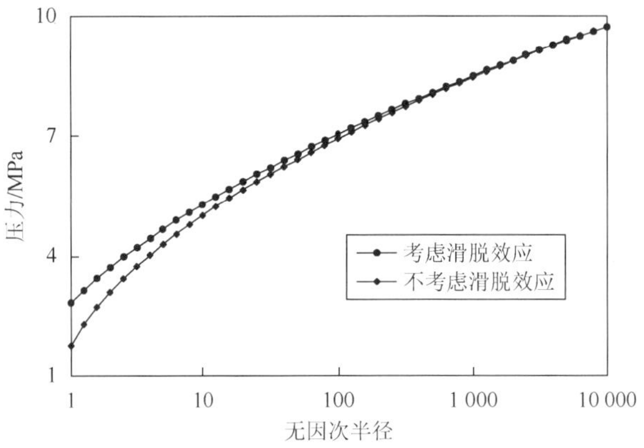

图 1-14　气体滑脱效应对地层压力分布的影响

图 1-15 为气体滑脱效应参数 β 对地层压力分布影响的关系曲线图。该图表明，参数 β 的值越大，地层中的压降漏斗越浅，地层能量的衰竭就越慢。

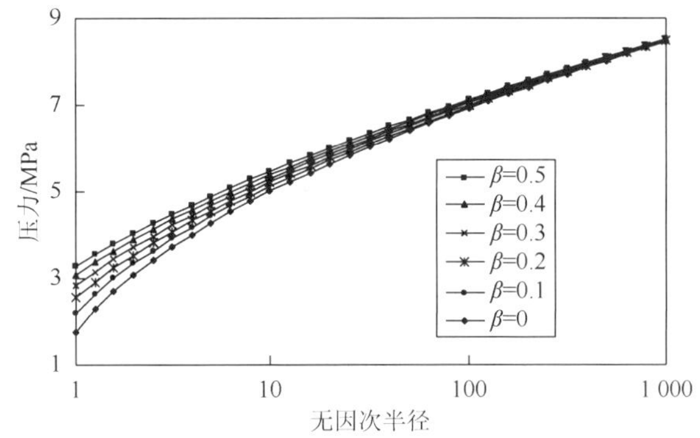

图 1-15　气体滑脱效应参数 β 对地层压力分布的影响

图 1-16 为气体滑脱效应参数 α 对地层压力分布影响关系曲线图。该图表明，α 值越小，滑脱效应越显著，地层压降漏斗就越浅，地层能量的衰竭就越慢。

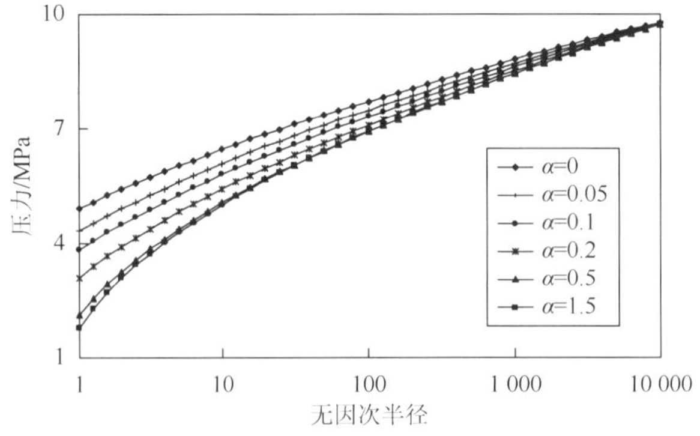

图 1-16　气体滑脱效应参数 α 对地层压力分布的影响

1.2.2　启动压力梯度影响的均质低渗透气藏渗流理论

1. 渗流数学模型

1)基本微分方程

将具有启动压力梯度的低渗透气藏气体渗流的运动方程(1-7)及状态方程(1-14)、(1-15)代入连续性方程(1-12)，并化简得：

$$\frac{1}{r}\frac{\partial}{\partial r}\left[r\frac{p}{Z}\frac{k}{\mu}\left(\frac{\partial p}{\partial r}-\lambda_{\mathrm{B}}\right)\right]=\frac{\phi C_{\mathrm{g}}}{3.6}\frac{p}{Z}\frac{\partial p}{\partial t} \tag{1-39}$$

由气体拟压力函数定义式(1-38)可得：

$$\frac{\partial \psi(p)}{\partial r}=\frac{2p}{\mu Z}\frac{\partial p}{\partial r} \tag{1-40}$$

$$\frac{\partial \psi(p)}{\partial t}=\frac{2p}{\mu Z}\frac{\partial p}{\partial t} \tag{1-41}$$

将式(1-38)、(1-40)、(1-41)代入式(1-39)得：

$$\frac{1}{r}\frac{\partial}{\partial r}\left[r\left(\frac{\partial \psi(p)}{\partial r}-\frac{2p}{\mu Z}\lambda_{\mathrm{B}}\right)\right]=\frac{\phi\mu C_{\mathrm{g}}}{3.6k}\frac{\partial \psi(p)}{\partial t} \tag{1-42}$$

因 λ_{B} 很小，而 $\frac{\partial}{\partial r}\left(\frac{p}{\mu Z}\right)$ 也很小，因此 $2\lambda_{\mathrm{B}}\frac{\partial}{\partial r}\left(\frac{p}{\mu Z}\right)$ 可以忽略，则式(1-42)简化为：

$$\frac{1}{r}\frac{\partial}{\partial r}\left[r\frac{\partial \psi(p)}{\partial r}\right]-\frac{1}{r}\frac{2p}{\mu Z}\lambda_{\mathrm{B}}=\frac{\phi\mu C_{\mathrm{g}}}{3.6k}\frac{\partial \psi(p)}{\partial t} \tag{1-43}$$

由拟压力定义可定义“启动拟压力梯度”：

$$\lambda_{\psi_{\mathrm{B}}}=\frac{2p}{\mu Z}\lambda_{\mathrm{B}} \tag{1-44}$$

则式(1-43)再次简化为：

$$\frac{1}{r}\frac{\partial}{\partial r}\left[r\frac{\partial \psi(p)}{\partial r}\right]-\frac{1}{r}\lambda_{\psi_{\mathrm{B}}}=\frac{\phi\mu C_{\mathrm{g}}}{3.6k}\frac{\partial \psi(p)}{\partial t} \tag{1-45}$$

式(1-45)即为考虑启动压力梯度的低渗透气藏不稳定渗流的基本微分方程。式(1-45)的无因次形式：

$$\frac{1}{r_{\mathrm{D}}}\frac{\partial}{\partial r_{\mathrm{D}}}\left[r_{\mathrm{D}}\frac{\partial \psi_{\mathrm{D}}}{\partial r_{\mathrm{D}}}\right]+\frac{1}{r_{\mathrm{D}}}\lambda_{\psi_{\mathrm{BD}}}=\frac{\partial \psi_{\mathrm{D}}}{\partial t_{\mathrm{D}}} \tag{1-46}$$

式中：ψ_{D}——无因次拟压力，

$$\psi_{\mathrm{D}}=\frac{kh}{1.273\times 10^{-2}Tq_{\mathrm{sc}}}\Delta\psi \tag{1-47}$$

t_{D}——无因次时间，

$$t_{\mathrm{D}}=\frac{3.6k}{\phi\mu C_{\mathrm{g}}r_{\mathrm{w}}^{2}}t \tag{1-48}$$

r_{D}——无因次距离，

$$r_{\mathrm{D}}=\frac{r}{r_{\mathrm{w}}} \tag{1-49}$$

$\lambda_{\psi\mathrm{BD}}$——无因次启动拟压力梯度，

$$\lambda_{\psi_{\mathrm{BD}}}=\frac{khr_{\mathrm{w}}}{1.273\times10^{-2}Tq_{\mathrm{sc}}}\lambda_{\psi_{\mathrm{B}}} \tag{1-50}$$

2)渗流数学模型

在基本微分方程(1-46)的基础上，加上初始条件和内外边界条件就构成了描述考虑启动压力梯度的低渗透气藏不稳定渗流数学模型。

初始条件：

$$p(r,t=0)=p_i\text{ 或 }\psi_{\mathrm{D}}(r_{\mathrm{D}},t_{\mathrm{D}}=0)=0 \tag{1-51}$$

内边界条件：

$$q_{\mathrm{sc}}B_{\mathrm{g}}=2\pi r_{\mathrm{w}}h\frac{k}{\mu}\left(\left.\frac{\partial p}{\partial r}\right|_{r=r_{\mathrm{w}}}-\lambda_{\mathrm{B}}\right)\times24\times3.6\times10^{-4} \tag{1-52}$$

式中：q_{sc}——气井产量，$10^4\mathrm{m}^3/\mathrm{d}$；

B_{g}——体积系数，

$$B_{\mathrm{g}}=\frac{p_{\mathrm{sc}}TZ}{pT_{\mathrm{sc}}} \tag{1-53}$$

T_{sc}、T——标准状态的温度和井底温度，K。

将式(1-38)、(1-44)、(1-53)代入(1-52)并化简得：

$$q_{\mathrm{sc}}=\frac{r_{\mathrm{w}}kh}{0.01273T}\left(\left.\frac{\partial\psi}{\partial r}\right|_{r=r_{\mathrm{w}}}-\lambda_{\psi_{\mathrm{B}}}\right) \tag{1-54}$$

将式(1-54)无因次化即得气井定产量生产时的内边界条件：

$$\left.\frac{\partial\psi_{\mathrm{D}}}{\partial r_{\mathrm{D}}}\right|_{r_{\mathrm{D}}=1}=-1-\lambda_{\psi_{\mathrm{BD}}} \tag{1-55}$$

无限大外边界条件：

$$p(r\to\infty,t)=p_i\text{ 或 }\psi_{\mathrm{D}}(r_{\mathrm{D}}\to\infty,t_{\mathrm{D}})=0 \tag{1-56}$$

流体流动边界不断向外扩展是考虑启动压力梯度的低速非达西渗流的特点，也就是说流体的流动边界由启动压力梯度决定，在流体流动边界以外流体不流动，由式(1-56)所描述的无限大外边界条件应改写为：

$$\begin{cases}\left.\dfrac{\partial\psi_{\mathrm{D}}}{\partial r_{\mathrm{D}}}\right|_{r_{\mathrm{D}}=r_{\mathrm{FD}}(t_{\mathrm{D}})}=-\lambda_{\psi_{\mathrm{BD}}}\\ \psi_{\mathrm{D}}[r_{\mathrm{D}}>r_{\mathrm{FD}}(t_{\mathrm{D}})]=0\end{cases} \tag{1-57}$$

式中：$r_{\mathrm{FD}}(t_{\mathrm{D}})$——流体流动边界。

(1) 无限大地层情形。由式(1-46)、(1-51)、(1-55)和(1-57)就构成了考虑启动压力梯度的均质无限大低渗透气藏不稳定渗流数学模型：

$$\begin{cases} \dfrac{1}{r_{\mathrm{D}}}\dfrac{\partial}{\partial r_{\mathrm{D}}}\left[r_{\mathrm{D}}\dfrac{\partial \psi_{\mathrm{D}}}{\partial r_{\mathrm{D}}}\right]+\dfrac{1}{r_{\mathrm{D}}}\lambda_{\psi_{\mathrm{BD}}}=\dfrac{\partial \psi_{\mathrm{D}}}{\partial t_{\mathrm{D}}} \\ \psi_{\mathrm{D}}(r_{\mathrm{D}},t_{\mathrm{D}}=0)=0 \\ \left.\dfrac{\partial \psi_{\mathrm{D}}}{\partial r_{\mathrm{D}}}\right|_{r_{\mathrm{D}}=1}=-1-\lambda_{\psi_{\mathrm{BD}}} \\ \left.\dfrac{\partial \psi_{\mathrm{D}}}{\partial r_{\mathrm{D}}}\right|_{r_{\mathrm{D}}=r_{\mathrm{FD}}(t_{\mathrm{D}})}=-\lambda_{\psi_{\mathrm{BD}}} \\ \psi_{\mathrm{D}}[r_{\mathrm{D}}>r_{\mathrm{FD}}(t_{\mathrm{D}})]=0 \end{cases} \tag{1-58}$$

(2) 圆形封闭边界地层情形。在数学模型(1-58)中将外边界条件改为圆形封闭，便可得到均质圆形封闭低渗透气藏不稳定渗流的数学模型：

$$\begin{cases} \dfrac{1}{r_{\mathrm{D}}}\dfrac{\partial}{\partial r_{\mathrm{D}}}\left[r_{\mathrm{D}}\dfrac{\partial \psi_{\mathrm{D}}}{\partial r_{\mathrm{D}}}\right]+\dfrac{1}{r_{\mathrm{D}}}\lambda_{\psi_{\mathrm{BD}}}=\dfrac{\partial \psi_{\mathrm{D}}}{\partial t_{\mathrm{D}}} \\ \psi_{\mathrm{D}}(r_{\mathrm{D}},t_{\mathrm{D}}=0)=0 \\ \left.\dfrac{\partial \psi_{\mathrm{D}}}{\partial r_{\mathrm{D}}}\right|_{r_{\mathrm{D}}=1}=-1-\lambda_{\psi_{\mathrm{BD}}} \\ \left.\dfrac{\partial \psi_{\mathrm{D}}}{\partial r_{\mathrm{D}}}\right|_{r_{\mathrm{D}}=r_{\mathrm{FD}}(t_{\mathrm{D}})}=-\lambda_{\psi_{\mathrm{BD}}} \qquad 1<r_{\mathrm{FD}}(t_{\mathrm{D}})<R_{\mathrm{D}} \\ \left.\psi_{\mathrm{D}}\right|_{r_{\mathrm{D}}>r_{\mathrm{FD}}(t_{\mathrm{D}})}=0 \\ \left.\dfrac{\partial \psi_{\mathrm{D}}}{\partial r_{\mathrm{D}}}\right|_{r_{\mathrm{D}}=R_{\mathrm{D}}}=0 \end{cases} \tag{1-59}$$

(3) 圆形供给边界地层情形。在数学模型(1-58)中将外边界条件改为圆形定压，便可得到均质圆形供给低渗透气藏不稳定渗流的数学模型：

$$\begin{cases} \dfrac{1}{r_{\mathrm{D}}}\dfrac{\partial}{\partial r_{\mathrm{D}}}\left[r_{\mathrm{D}}\dfrac{\partial \psi_{\mathrm{D}}}{\partial r_{\mathrm{D}}}\right]+\dfrac{1}{r_{\mathrm{D}}}\lambda_{\psi_{\mathrm{BD}}}=\dfrac{\partial \psi_{\mathrm{D}}}{\partial t_{\mathrm{D}}} \\ \psi_{\mathrm{D}}(r_{\mathrm{D}},t_{\mathrm{D}}=0)=0 \\ \left.\dfrac{\partial \psi_{\mathrm{D}}}{\partial r_{\mathrm{D}}}\right|_{r_{\mathrm{D}}=1}=-1-\lambda_{\psi_{\mathrm{BD}}} \\ \left.\dfrac{\partial \psi_{\mathrm{D}}}{\partial r_{\mathrm{D}}}\right|_{r_{\mathrm{D}}=r_{\mathrm{FD}}(t_{\mathrm{D}})}=-\lambda_{\psi_{\mathrm{BD}}} \qquad 1<r_{\mathrm{FD}}(t_{\mathrm{D}})<R_{\mathrm{D}} \\ \left.\psi_{\mathrm{D}}\right|_{r_{\mathrm{D}}>r_{\mathrm{FD}}(t_{\mathrm{D}})}=0 \\ \left.\psi_{\mathrm{D}}\right|_{r_{\mathrm{D}}=R_{\mathrm{D}}}=0 \end{cases} \tag{1-60}$$

2. 渗流数学模型的解

现有的考虑启动压力梯度的低速非达西不稳定渗流数学模型的求解方法大体分为三类：①近似地认为压力传播瞬时达到无限远，用格林函数法求解模型的拉普拉斯空间解析解；②针对流动边界随时间向外推移的特点，采用离散化计算方法求渗流模型的数值解；③幂级数解析解与数值逼近相结合的方法，用以研究低速非达西渗流压力传播前缘与时间的相关问题。此处将①和③相结合，即用格林函数法求得的拉普拉斯空间解析解与数值逼近相结合求解低速非达西不稳定渗流问题。

1) 格林函数法解

针对无限大外边界情形，对数学模型(1-58)进行拉普拉斯变换得：

$$\begin{cases} \dfrac{1}{r_D}\dfrac{\partial}{\partial r_D}\left[r_D\dfrac{\partial\bar{\psi}_D}{\partial r_D}\right]+\dfrac{1}{gr_D}\lambda_{\psi_{BD}}=g\bar{\psi}_D \\ \bar{\psi}_D(r_D\to\infty,g)=0 \\ \left.\dfrac{\partial\bar{\psi}_D}{\partial r_D}\right|_{r_D=1}=-\dfrac{1}{g}-\dfrac{\lambda_{\psi_{BD}}}{g} \end{cases} \tag{1-61}$$

式(1-61)中基本微分方程的通解为：

$$\bar{\psi}_D(r_D,g)=aI_0(r_D\sqrt{g})+bK_0(r_D\sqrt{g})+\int_1^\infty G(r_D,\tau)\mathrm{d}\tau \tag{1-62}$$

式中：$G(r_D,\tau)$——格林函数，

$$G(r_D,\tau)=\begin{cases} \dfrac{\lambda_{\psi_{BD}}}{g}K_0(r_D\sqrt{g})I_0(\tau\sqrt{g}) & (1<\tau<r_D) \\ \dfrac{\lambda_{\psi_{BD}}}{g}K_0(\tau\sqrt{g})I_0(r_D\sqrt{g}) & (r_D<\tau<\infty) \end{cases} \tag{1-63}$$

由无限大外边界条件得 $a=0$，则式(1-62)化为

$$\bar{\psi}_D(r_D,g)=bK_0(r_D\sqrt{g})+\int_1^\infty G(r_D,\tau)\mathrm{d}\tau \tag{1-64}$$

$\bar{\psi}_D(r_D,g)$ 对 r_D 求偏导并设 $r_D=1$ 得

$$\begin{aligned} \left.\frac{\partial\bar{\psi}_D(r_D,g)}{\partial r_D}\right|_{r_D=1} &= -b\sqrt{g}K_1(\sqrt{g})+\frac{\lambda_{\psi_{BD}}}{\sqrt{g}}I_1(\sqrt{g})\int_1^\infty K_0(\sqrt{g}\tau)\mathrm{d}\tau \\ &= -b\sqrt{g}K_1(\sqrt{g})+\frac{\pi\lambda_{\psi_{BD}}}{2g}I_1(\sqrt{g}) \end{aligned} \tag{1-65}$$

将式(1-65)代入内边界条件得

$$b=\frac{1+\lambda_{\psi_{BD}}+\pi\lambda_{\psi_{BD}}I_1(\sqrt{g})/2}{g\sqrt{g}K_1(\sqrt{g})} \tag{1-66}$$

将式(1-66)代入式(1-64)得

$$\bar{\psi}_{\mathrm{D}}(r_{\mathrm{D}},g)=\frac{1+\lambda_{\psi_{\mathrm{BD}}}+\pi\lambda_{\psi_{\mathrm{BD}}}I_1(\sqrt{g})/2}{g\sqrt{g}K_1(\sqrt{g})}K_0(r_{\mathrm{D}}\sqrt{g})+\int_1^{\infty}G(r_{\mathrm{D}},\tau)\mathrm{d}\tau \tag{1-67}$$

在式(1-67)中取 $r_{\mathrm{D}}=1$，并将式(1-63)代入，则井底无因次拟压力的拉普拉斯空间解：

$$\bar{\psi}_{\mathrm{WD}}(g)=\frac{1+\lambda_{\psi_{\mathrm{BD}}}+\pi\lambda_{\psi_{\mathrm{BD}}}I_1(\sqrt{g})/2}{g\sqrt{g}K_1(\sqrt{g})}K_0(r\sqrt{g})+\frac{\pi\lambda_{\psi_{\mathrm{BD}}}}{2g\sqrt{g}}I_0(\sqrt{g}) \tag{1-68}$$

采用类似方法，均质圆形封闭边界低渗透气藏低速非达西不稳定渗流的拉普拉斯空间解：

$$\bar{\psi}_{\mathrm{D}}=\frac{E(r_{\mathrm{D}})}{\sqrt{g}F(r_{\mathrm{D}}=1)}\left(\frac{1+\lambda_{\psi_{\mathrm{BD}}}}{g}+e+d\right)+H(r_{\mathrm{D}})+\int_1^{R_{\mathrm{D}}}G(r_{\mathrm{D}},\tau)\mathrm{d}\tau \tag{1-69}$$

其中：

$$E(r_{\mathrm{D}})=\frac{I_0(\sqrt{g}r_{\mathrm{D}})K_1(\sqrt{g}R_{\mathrm{D}})+K_0(\sqrt{g}r_{\mathrm{D}})I_1(\sqrt{g}R_{\mathrm{D}})}{I_1(\sqrt{g}R_{\mathrm{D}})} \tag{1-70}$$

$$F(r_{\mathrm{D}})=\frac{-I_1(\sqrt{g}r_{\mathrm{D}})K_1(\sqrt{g}R_{\mathrm{D}})+K_1(\sqrt{g}r_{\mathrm{D}})I_1(\sqrt{g}R_{\mathrm{D}})}{I_1(\sqrt{g}R_{\mathrm{D}})} \tag{1-71}$$

$$H(r_{\mathrm{D}})=\frac{cI_0(\sqrt{g}r_{\mathrm{D}})}{I_1(\sqrt{g}R_{\mathrm{D}})} \tag{1-72}$$

$$c=\frac{\lambda_{\psi_{\mathrm{BD}}}}{g}K_1(R_{\mathrm{D}}\sqrt{g})\int_1^{R_{\mathrm{D}}}I_0(\tau\sqrt{g})\mathrm{d}\tau \tag{1-73}$$

$$d=\frac{\lambda_{\psi_{\mathrm{BD}}}}{\sqrt{g}}I_1(\sqrt{g})\int_1^{R_{\mathrm{D}}}K_0(\tau\sqrt{g})\mathrm{d}\tau \tag{1-74}$$

$$e=\frac{c\sqrt{g}I_1(\sqrt{g})}{I_1(\sqrt{g}R_{\mathrm{D}})} \tag{1-75}$$

在式(1-69)中取 $r_{\mathrm{D}}=1$，并将式(1-63)代入，则得井底无因次拟压力拉普拉斯空间解：

$$\bar{\psi}_{\mathrm{WD}}=\frac{E(r_{\mathrm{D}}=1)}{\sqrt{g}F(r_{\mathrm{D}}=1)}\left(\frac{1+\lambda_{\psi_{\mathrm{BD}}}}{g}+e+d\right)+H(r_{\mathrm{D}}=1)+f \tag{1-76}$$

其中：

$$f=\frac{\lambda_{\psi_{\mathrm{BD}}}}{g}I_0(\sqrt{g})\int_1^{R_{\mathrm{D}}}K_0(\tau\sqrt{g})\mathrm{d}\tau \tag{1-77}$$

均质圆形供给边界低渗透气藏低速非达西不稳定渗流的拉普拉斯空间解为：

$$\bar{\psi}_{\mathrm{D}}=\frac{E(r_{\mathrm{D}})}{\sqrt{g}F(r_{\mathrm{D}}=1)}\left(\frac{1+\lambda_{\psi_{\mathrm{BD}}}}{g}+e+d\right)+H(r_{\mathrm{D}})+\int_1^{R_{\mathrm{D}}}G(r_{\mathrm{D}},\tau)\mathrm{d}\tau \tag{1-78}$$

其中：

$$E=\frac{-I_0(\sqrt{g}r_{\mathrm{D}})K_0(\sqrt{g}R_{\mathrm{D}})+K_0(\sqrt{g}r_{\mathrm{D}})I_0(\sqrt{g}R_{\mathrm{D}})}{I_0(\sqrt{g}R_{\mathrm{D}})} \tag{1-79}$$

$$F=\frac{I_1(\sqrt{g}r_D)K_0(\sqrt{g}R_D)+K_1(\sqrt{g}r_D)I_0(\sqrt{g}R_D)}{I_0(\sqrt{g}R_D)} \tag{1-80}$$

$$H(r_D)=-\frac{cI_0(\sqrt{g}r_D)}{I_0(\sqrt{g}R_D)} \tag{1-81}$$

$$c=\frac{\lambda_{\psi_{BD}}}{g}K_0(R_D\sqrt{g})\int_1^{R_D}I_0(\tau\sqrt{g})\mathrm{d}\tau \tag{1-82}$$

$$d=\frac{\lambda_{\psi_{BD}}}{\sqrt{g}}I_1(\sqrt{g})\int_1^{R_D}K_0(\tau\sqrt{g})\mathrm{d}\tau \tag{1-83}$$

$$e=-\frac{c\sqrt{g}I_1(\sqrt{g})}{I_0(\sqrt{g}R_D)} \tag{1-84}$$

在式(1-77)中取 $r_D=1$，并将式(1-63)代入，则井底无因次拟压力拉普拉斯空间解：

$$\bar{\psi}_{WD}=\frac{E(r_D=1)}{\sqrt{g}F(r_D=1)}\left(\frac{1+\lambda_{\psi_{BD}}}{g}+e+d\right)+H(r_D=1)+\frac{\lambda_{\psi_{BD}}}{g}I_0(\sqrt{g})\int_1^{R_D}K_0(\tau\sqrt{g})\mathrm{d}\tau \tag{1-85}$$

2)动边界模型解的数值逼近方法

在无限大地层中，某一时刻 t_D，流动边界前缘 $r_{FD}(t_D)$ 满足如下方程：

$$\left.\frac{\partial\psi_D}{\partial r_D}\right|_{r_D=r_{FD}(t_D)}=-\lambda_{\psi_{BD}} \tag{1-86}$$

按固定边界处理可构造模型：

$$\begin{cases}\dfrac{1}{r_D}\dfrac{\partial}{\partial r_D}\left[r_D\dfrac{\partial\bar{\psi}_D}{\partial r_D}\right]+\dfrac{1}{gr_D}\lambda_{\psi_{BD}}=g\bar{\psi}_D\\ \left.\dfrac{\partial\bar{\psi}_D}{\partial r_D}\right|_{r_D=r_{FD}(t_D)}=-\dfrac{\lambda_{\psi_{BD}}}{g}\\ \left.\dfrac{\partial\bar{\psi}_D}{\partial r_D}\right|_{r_D=1}=-\dfrac{1}{g}-\dfrac{\lambda_{\psi_{BD}}}{g}\end{cases} \tag{1-87}$$

求解模型(1-87)得：

$$\bar{\psi}_D=\frac{E(r_D)}{\sqrt{g}F(r_D=1)}\left(\frac{1+\lambda_{\psi_{BD}}}{g}+e+d\right)+H(r_D)+\int_1^{r_{FD}}G(r_D,\tau)\mathrm{d}\tau \tag{1-88}$$

$$H(r_D)=\frac{\left(c-\dfrac{\lambda_{\psi_{BD}}}{g\sqrt{g}}\right)I_0(\sqrt{g}r_D)}{I_1(\sqrt{g}r_{FD})} \tag{1-89}$$

$$e=\frac{\left(c-\dfrac{\lambda_{\psi_{BD}}}{g\sqrt{g}}\right)\sqrt{g}I_1(\sqrt{g})}{I_1(\sqrt{g}r_{FD})} \tag{1-90}$$

式中：$E(r_D)$、$F(r_D)$、c、d 的表达式分别为式(1-70)、式(1-71)、式(1-73)、式(1-74)，并用 $r_{FD}(t_D)$ 代替式中的 R_D。

在式(1-88)中取 $r_D=1$，并将式(1-63)代入，则井底无因次拟压力拉普拉斯空间解：

$$\bar{\psi}_{WD}=\frac{E(r_D=1)}{\sqrt{g}F(r_D=1)}\left(\frac{1+\lambda_{\psi_{BD}}}{g}+e+d\right)+H(r_D=1)+\frac{\lambda_{\psi_{BD}}}{g}I_0(\sqrt{g})\int_1^{r_{FD}}K_0(\tau\sqrt{g})\mathrm{d}\tau \tag{1-91}$$

流动边界模型解的数值逼近方法可描述为：对给定的无因次时间 t_D，先假设此时的流动边界半径为 r_{FD}，按照式(1-88)所表达的解析解计算无因次拟压力 $\psi_D(r_{FD},t_D)$，若所计算值小于流体从静止到流动所需的无因次启动拟压力 ψ_{BD}，则减小 r_{FD}；否则增大 r_{FD}，迭代计算确定 r_{FD}，然后再计算井底的无因次拟压力 $\psi_{WD}(t_D)$。

如果随时间增大，计算的流动边界半径 r_{FD} 已扩大到与实际圆形封闭边界半径 R_D 相等，那么计算后续时间对应的典型曲线数据时，采用的边界半径不再扩大，并且计算公式变为式(1-76)。如果是圆形供给边界，当计算的流动边界半径 r_{FD} 已扩大到与实际圆形供给边界半径 R_D 相等时，那么计算后续时间对应的典型曲线数据时，采用的边界半径不再扩大，且计算改用公式(1-85)。

3. 渗流压力动态特征

图 1-17、图 1-18 为无因次启动拟压力差 ψ_{WD} 对流体流动边界的早期特征及向外扩展速度影响的关系曲线图。从开井到流体流动边界半径开始向外扩展存在一定的时间滞后，时间滞后的长短与无因次启动拟压力大小有关。其物理意义在于，当流体从静止到流动所需的启动压差较大时，开井初期需形成较大的井底压差才能使流体从地层中产出，开井初期的产量很小，经过一定时间后产量逐渐增大，最终达到稳定生产状态。无因次启动拟压力差越小，流体流动边界向外扩展速度越快。

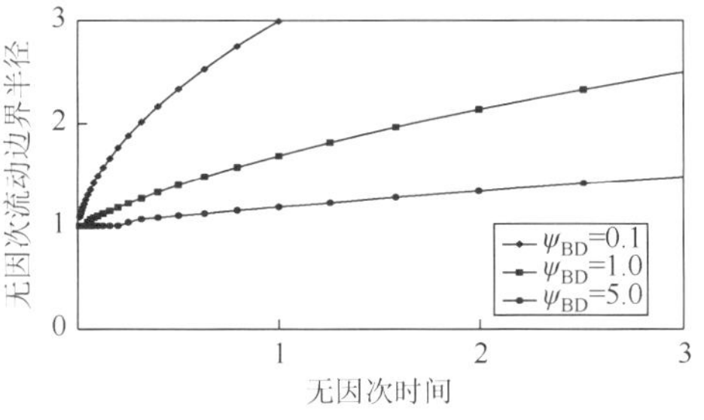

图 1-17　流动边界向外扩展的早期特征

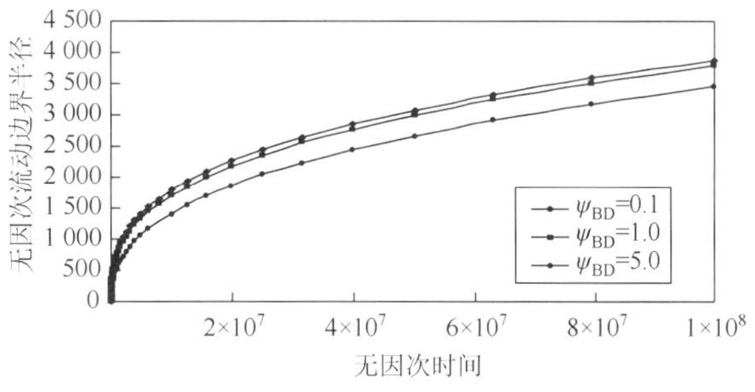

图 1-18　无因次启动拟压力差对流动边界扩展的影响

图 1-19 为流动状态拟压力梯度下限对流动边界扩展速度影响的关系曲线图。图 1-18 和图 1-19 表明，流体流动边界向外扩展速度受启动拟压力和流动状态拟压力梯度下限的影响，主要是受流动状态拟压力梯度下限的影响。当流动状态所要求的拟压力梯度较大时，开井后期流动边界扩展速度非常缓慢，或者一定程度上可认为流动边界扩展到一定大小后就不再继续扩展，这表明在梯度的作用下，低渗透气藏单井控制区域是

有限的。根据这一原理，可确定低渗透气藏合理开采的井距，也可计算有确切实际意义的单井控制储量。

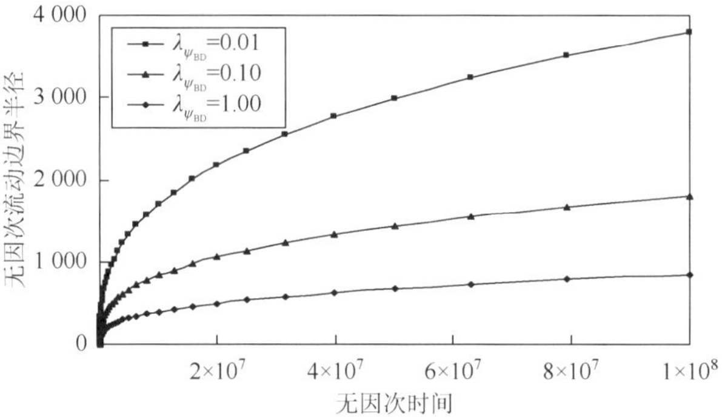

图 1-19　流动状态拟压力梯度下限对流动边界扩展速度的影响

图 1-20 为考虑启动拟压力梯度和流动边界特性对井底压力动态影响的关系曲线图。该图表明，当不考虑启动压力梯度影响时，井底压力下降最慢；当考虑流体流动的启动压力梯度下限而忽略流动边界的影响时，井底压力下降最快；当考虑流体流动的启动压力梯度下限并且考虑流动边界的影响时，井底压力下降介于两者之间。考虑到压力波传播的实际情况，研究认为采用流体流动边界模型计算井底的压力响应更符合实际。

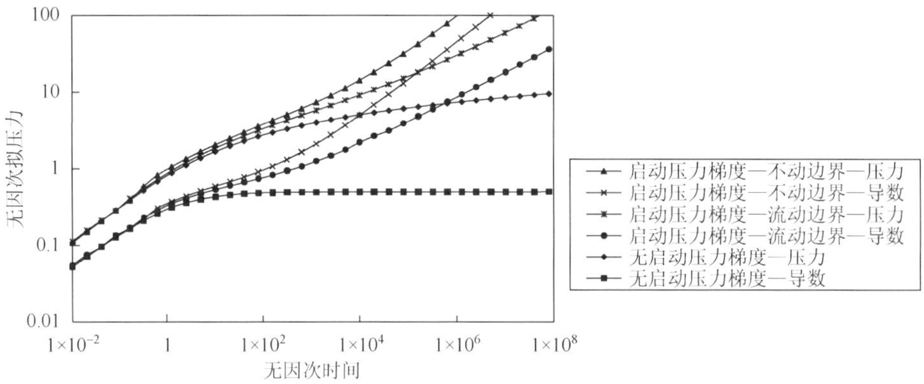

图 1-20　考虑启动拟压力梯度和流动边界特性对井底压力动态的影响

图 1-20 还表明，当不考虑启动压力梯度即达西渗流时，径向流动特征是拟压力导数曲线为水平直线段。而考虑启动压力梯度的低速非达西渗流径向流动特征则是压力导数曲线为一定斜率的上翘直线，这与边界反映、复合模型以及裂缝井模型有大致相似的特征。从直观看，无论是压力波瞬间传播到无限远模型，还是流动边界模型，在双对数图上径向流动阶段无因次拟压力曲线与无因次拟压力导数曲线都大体平行。

图 1-21 为考虑启动压力梯度及流动边界特性对地层无因次拟压力分布影响的关系曲线图。该图表明，在不考虑启动压力梯度条件下，地层压降漏斗较浅；当考虑启动压力梯度影响并且压力波瞬间传播到无限远时，地层压降漏斗最深；而考虑启动压力梯度及流动边界特性时，压降漏斗深度介于其间、径向扩展则最小，这也表明低渗透气藏单井控制区域是有限的。

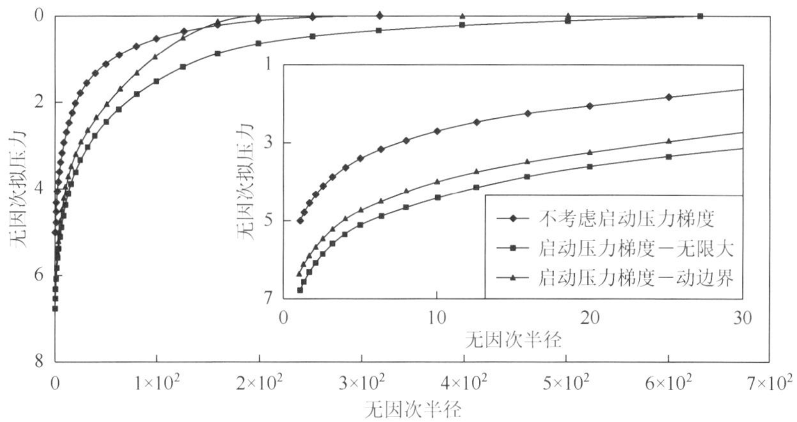

图 1-21　考虑启动压力梯度及流动边界特性对地层无因次拟压力分布影响

图 1-22 为启动压力梯度对地层中压力分布影响的关系曲线图。该图表明，启动压力梯度对地层中压力分布影响很大。一方面影响流体流动边界的大小，启动压力梯度越大，压力波的传播越慢，流体流动边界半径越小；另一方面影响压力下降的速度，启动压力梯度越小，地层中压力下降速度越慢。

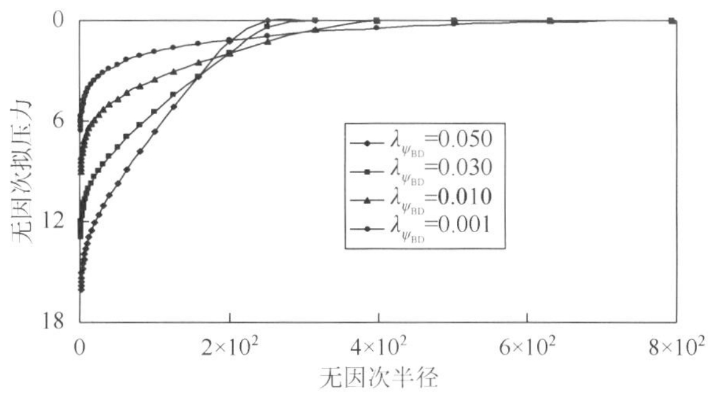

图 1-22　启动压力梯度对地层压力分布的影响

图 1-23、图 1-24 为启动压差对地层压力分布影响的关系图。对比图 1-23 和图 1-24，时间越长，启动压差对地层中压力分布的影响越弱；但是，在时间较短而启动压差又较大时，地层中压降漏斗将加大。当无因次启动压差 $\lambda_{\psi_{BD}}<1$ 时，启动压差对地层中压力分布的影响可以忽略。

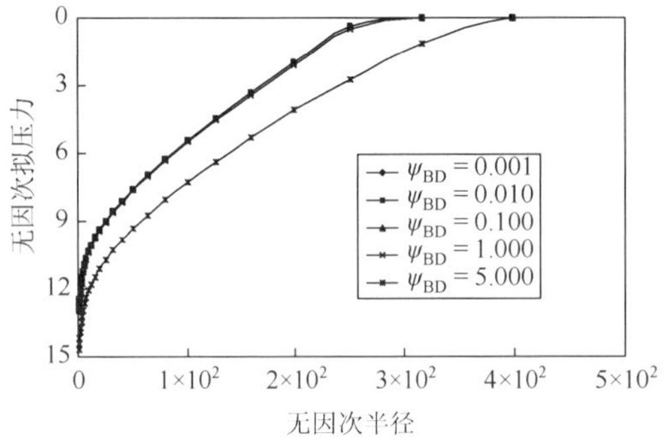

图 1-23　启动压差对地层压力分布的影响（$t_D=10^5$）

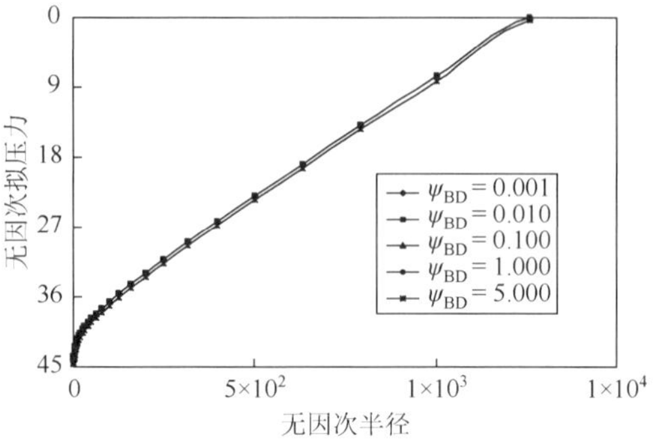

图 1-24　启动压差对地层压力分布的影响（$t_D=10^7$）

图 1-25 为不同时间的地层各点压力分布曲线图。该图表明，随着时间的增大，地层中的压降漏斗不断扩大和加深。

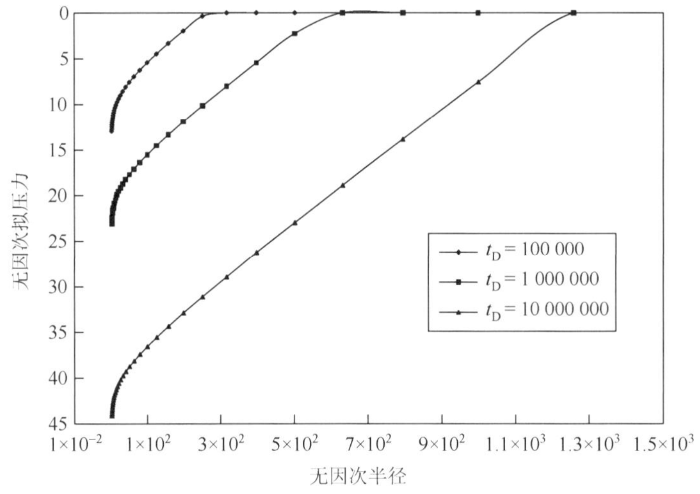

图 1-25　不同时间的地层中压力分布图

图 1-26 为圆形封闭边界情形下的井底压力响应与时间的关系曲线图。该图表明，在相同边界大小前提下，不考虑启动压力梯度的达西渗流与考虑启动压力梯度影响且压力波瞬间传播到无限远情形的非达西渗流，边界反映时间是大致相当的，而考虑启动压力梯度及流动边界效应时压力波传播到边界的时间最晚。

图 1-27 为圆形供给边界情形下的井底压力响应与时间的关系曲线图。该图表明，在相同边界大小前提下，不考虑启动压力梯度的达西渗流与考虑启动压力梯度的影响且压力波瞬间传播到无限远情形的非达西渗流，边界反映的时间是大致相当的，而考虑启动压力梯度及流动边界效应时压力波传播到边界的时间将延迟。

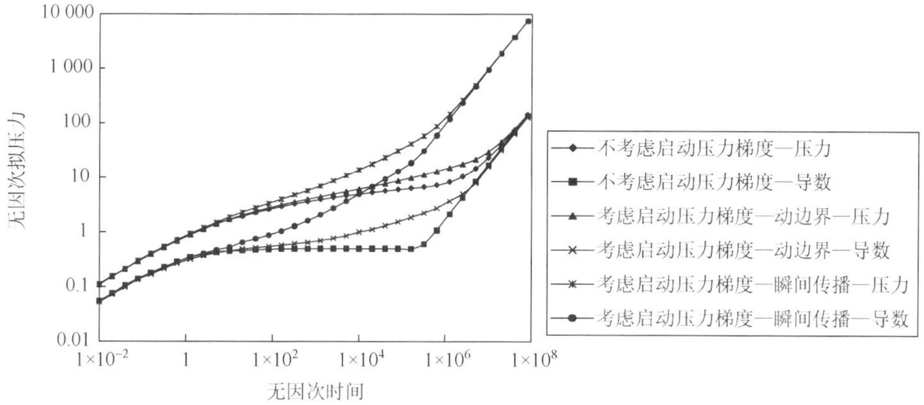

图 1-26　圆形封闭地层井底压力响应关系图

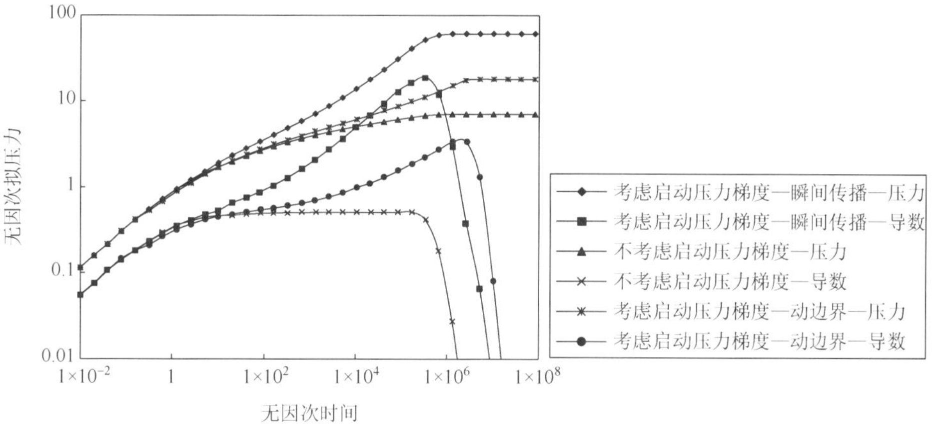

图 1-27　圆形供给地层井底压力响应关系图

大量计算表明，低渗透气藏含启动压力梯度的低速非达西渗流压力动态有别于达西线性渗流：①开井后需等待一段时间使产量逐渐增加，此后才能达到稳定生产状态，即流体流动边界存在时间滞后；②在无限作用期，在双对数图上不存在无因次拟压力导数与无因次时间的 0.5 水平线；③即使没有边界，低渗透气藏单井控制范围也是有限的；④流体流动边界向外扩展还没有达到真实外边界之前，拟压力导数上翘特征是由梯度引起的；⑤圆形封闭边界地层流体流动边界扩展到真实边界以后，拟压力导数曲线呈 45°上翘；⑥圆形供给边界地层流体流动边界扩展到真实边界以后，拟压力导数曲线仍迅速降为零。

综上所述，低渗透气藏渗流时启动压力梯度的存在对于地层压力动态有很大的影响，且随着开发时间的延续其影响增大，使得低渗透气藏井底压力变化规律、激动区边界运动规律不同于一般弹性液体达西渗流规律。因此，当进行低渗透气藏工程计算，特别是应用不稳定试井分析方法求取地层参数时不能沿用一般达西渗流方法，而应针对低渗透气藏存在启动压力梯度的渗流特点研究和开发出更为适合的计算方法。

1.2.3 启动压力梯度影响的双重介质低渗透气藏渗流理论

在沃伦-鲁特模型的基础上，应用同上节相类似的方法，可以建立起双重介质低渗透气藏的不稳定渗流理论。

1. 渗流数学模型

在裂缝–孔隙型双重介质中，假定孔隙中流体通过拟稳态窜流过程流入裂缝，而流体在裂缝中的流动满足存在启动压力梯度的低速非达西渗流，则描述裂缝–孔隙型双重介质无限大低渗透气藏不稳定渗流的数学模型：

$$\begin{cases}\dfrac{1}{r_{\mathrm{D}}}\dfrac{\partial}{\partial r_{\mathrm{D}}}\left[r_{\mathrm{D}}\dfrac{\partial \psi_{\mathrm{Df}}}{\partial r_{\mathrm{D}}}\right]+\dfrac{\lambda_{\psi_{\mathrm{BD}}}}{r_{\mathrm{D}}}=\omega\dfrac{\partial \psi_{\mathrm{Df}}}{\partial t_{\mathrm{Df+m}}}-\lambda(\psi_{\mathrm{Dm}}-\psi_{\mathrm{Df}}) \\ (1-\omega)\dfrac{\partial \psi_{\mathrm{Dm}}}{\partial t_{\mathrm{Df+m}}}=\lambda(\psi_{\mathrm{fm}}-\psi_{\mathrm{mf}}) \\ \psi_{\mathrm{Df}}(r_{\mathrm{D}},t_{\mathrm{Df+m}}=0)=\psi_{\mathrm{Dm}}(r_{\mathrm{D}},t_{\mathrm{Df+m}}=0)=0 \\ \left.\dfrac{\partial \psi_{\mathrm{Df}}}{\partial r_{\mathrm{D}}}\right|_{r_{\mathrm{D}}=1}=-1-\lambda_{\psi_{\mathrm{BD}}} \\ \left.\dfrac{\partial \psi_{\mathrm{Df}}}{\partial r_{\mathrm{D}}}\right|_{r_{\mathrm{D}}=r_{\mathrm{FD}}(t_{\mathrm{Df+m}})}=-\lambda_{\psi_{\mathrm{BD}}} \\ \psi_{\mathrm{Df}}[r_{\mathrm{D}}>r_{\mathrm{FD}}(t_{\mathrm{Df+m}})]=\psi_{\mathrm{Dm}}[r_{\mathrm{D}}>r_{\mathrm{FD}}(t_{\mathrm{Df+m}})]=0\end{cases} \tag{1-92}$$

式中：ψ_{Df}、ψ_{Dm}——裂缝、基岩无因次拟压力；

$$\psi_{\mathrm{D}i}=\frac{k_{\mathrm{f}}h}{1.273\times10^{-2}Tq_{\mathrm{sc}}}\Delta\psi_i \qquad i=f,m \tag{1-93}$$

$t_{\mathrm{Df+m}}$——无因次时间，

$$t_{\mathrm{Df+m}}=\frac{3.6k_{\mathrm{f}}}{(\phi VC_{\mathrm{g}})_{\mathrm{f+m}}\mu r_{\mathrm{w}}^2}t \tag{1-94}$$

ω——弹性储容比；

λ——窜流系数；

其余符号同前。

在模型(1-92)中将外边界条件改为圆形封闭，则获得双重介质圆形封闭低渗透气藏不稳定渗流的数学模型：

$$\begin{cases}\dfrac{1}{r_{\rm D}}\dfrac{\partial}{\partial r_{\rm D}}\left[r_{\rm D}\dfrac{\partial\psi_{\rm Df}}{\partial r_{\rm D}}\right]+\dfrac{\lambda_{\psi_{\rm BD}}}{r_{\rm D}}=\omega\dfrac{\partial\psi_{\rm Df}}{\partial t_{\rm Df+m}}-\lambda(\psi_{\rm Dm}-\psi_{\rm Df})\\(1-\omega)\dfrac{\partial\psi_{\rm Dm}}{\partial t_{\rm Df+m}}=\lambda(\psi_{\rm fm}-\psi_{\rm mf})\\\psi_{\rm Df}(r_{\rm D},t_{\rm Df+m}=0)=\psi_{\rm Dm}(r_{\rm D},t_{\rm Df+m}=0)=0\\\left.\dfrac{\partial\psi_{\rm Df}}{\partial r_{\rm D}}\right|_{r_{\rm D}=1}=-1-\lambda_{\psi_{\rm BD}}\\\left.\dfrac{\partial\psi_{\rm Df}}{\partial r_{\rm D}}\right|_{r_{\rm D}=r_{\rm FD}(t_{\rm Df+m})}=-\lambda_{\psi_{\rm BD}}\qquad 1<r_{\rm FD}(t_{\rm Df+m})<R_{\rm D}\\\psi_{\rm Df}\big|_{r_{\rm D}>r_{\rm PD}(t_{\rm Df+m})}=0\\\left.\dfrac{\partial\psi_{\rm Df}}{\partial r_{\rm D}}\right|_{r_{\rm D}=R_{\rm D}}=0\end{cases}\tag{1-95}$$

在模型(1-92)中将外边界条件改为圆形定压，则获得双重介质圆形供给边界低渗透气藏不稳定渗流的数学模型：

$$\begin{cases}\dfrac{1}{r_{\rm D}}\dfrac{\partial}{\partial r_{\rm D}}\left[r_{\rm D}\dfrac{\partial\psi_{\rm Df}}{\partial r_{\rm D}}\right]+\dfrac{\lambda_{\psi_{\rm BD}}}{r_{\rm D}}=\omega\dfrac{\partial\psi_{\rm Df}}{\partial t_{\rm Df+m}}-\lambda(\psi_{\rm Dm}-\psi_{\rm Df})\\(1-\omega)\dfrac{\partial\psi_{\rm Dm}}{\partial t_{\rm Df+m}}=\lambda(\psi_{\rm fm}-\psi_{\rm mf})\\\psi_{\rm Df}(r_{\rm D},t_{\rm Df+m}=0)=\psi_{\rm Dm}(r_{\rm D},t_{\rm Df+m}=0)=0\\\left.\dfrac{\partial\psi_{\rm Df}}{\partial r_{\rm D}}\right|_{r_{\rm D}=1}=-1-\lambda_{\psi_{\rm BD}}\\\left.\dfrac{\partial\psi_{\rm Df}}{\partial r_{\rm D}}\right|_{r_{\rm D}=r_{\rm FD}(t_{\rm Df+m})}=-\lambda_{\psi_{\rm BD}}\qquad 1<r_{\rm FD}(t_{\rm Df+m})<R_{\rm D}\\\psi_{\rm Df}\big|_{r_{\rm D}>r_{\rm PD}(t_{\rm Df+m})}=\psi_{\rm Dm}\big|_{r_{\rm D}>r_{\rm PD}(t_{\rm Df+m})}=0\\\psi_{\rm Df}\big|_{r_{\rm D}=R_{\rm D}}=\psi_{\rm Dm}\big|_{r_{\rm D}=R_{\rm D}}=0\end{cases}\tag{1-96}$$

2. 渗流数学模型的解

1)格林函数法解

通过拉普拉斯变换，可得无限大外边界情形的裂缝无因次拟压力拉氏空间解：

$$\bar{\psi}_{\rm Df}(r_{\rm D},g)=\frac{1+\lambda_{\psi_{\rm BD}}+\pi\lambda_{\psi_{\rm BD}}I_1\left[\sqrt{gf(g)}\right]/2}{g\sqrt{gf(g)}K_1\left[\sqrt{gf(g)}\right]}K_0\left[r_{\rm D}\sqrt{gf(g)}\right]+\int_1^{\infty}G(r_{\rm D},\tau)\mathrm{d}\tau\tag{1-97}$$

式中：$f(g)$——反映ω、λ影响的函数。

$$f(g)=\frac{\lambda+\omega(1-\omega)g}{\lambda+(1-\omega)g}\tag{1-98}$$

在式(1-97)中取 $r_D=1$，并将式(1-63)代入，则得井底无因次拟压力的拉普拉斯空间解：

$$\bar{\psi}_{WDf}(g)=\frac{1+\lambda_{\psi_{BD}}+\pi\lambda_{\psi_{BD}}I_1(\sqrt{gf(g)})/2}{g\sqrt{gf(g)}K_1(\sqrt{gf(g)})}K_0(r\sqrt{gf(g)})+\frac{\pi\lambda_{\psi_{BD}}}{2g\sqrt{gf(g)}}I_0(\sqrt{gf(g)}) \tag{1-99}$$

采用类似的方法，得到双重介质圆形封闭边界低渗透气藏低速非达西不稳定渗流的拉普拉斯空间解：

$$\bar{\psi}_{Df}=\frac{E(r_D)}{\sqrt{gf(g)}F(r_D=1)}\left(\frac{1+\lambda_{\psi_{BD}}}{g}+e+d\right)+H(r_D)+\int_1^{R_D}G(r_D,\tau)\mathrm{d}\tau \tag{1-100}$$

其中：

$$E(r_D)=\frac{I_0\left[\sqrt{gf(g)}r_D\right]K_1\left[\sqrt{gf(g)}R_D\right]+K_0\left[\sqrt{gf(g)}r_D\right]I_1\left[\sqrt{gf(g)}R_D\right]}{I_1\left(\sqrt{gf(g)}R_D\right)} \tag{1-101}$$

$$F(r_D)=\frac{-I_1\left[\sqrt{gf(g)}r_D\right]K_1\left[\sqrt{gf(g)}R_D\right]+K_1\left[\sqrt{gf(g)}r_D\right]I_1\left[\sqrt{gf(g)}R_D\right]}{I_1\left[\sqrt{gf(g)}R_D\right]} \tag{1-102}$$

$$H(r_D)=\frac{cI_0\left[\sqrt{gf(g)}r_D\right]}{I_1\left[\sqrt{gf(g)}R_D\right]} \tag{1-103}$$

$$c=\frac{\lambda_{\psi_{BD}}}{g}K_1\left[R_D\sqrt{gf(g)}\right]\int_1^{R_D}I_0\left[\tau\sqrt{gf(g)}\right]\mathrm{d}\tau \tag{1-104}$$

$$d=\frac{\lambda_{\psi_{BD}}}{g}\sqrt{gf(g)}I_1\left[\sqrt{gf(g)}\right]\int_1^{R_D}K_0\left[\tau\sqrt{gf(g)}\right]\mathrm{d}\tau \tag{1-105}$$

$$e=\frac{c\sqrt{gf(g)}I_1\left[\sqrt{gf(g)}\right]}{I_1\left[\sqrt{gf(g)}R_D\right]} \tag{1-106}$$

在式(1-100)中取 $r_D=1$，并将式(1-63)代入，则得井底无因次拟压力的拉普拉斯空间解：

$$\bar{\psi}_{WDf}=\frac{E(r_D=1)}{\sqrt{gf(g)}F(r_D=1)}\left(\frac{1+\lambda_{\psi_{BD}}}{g}+e+d\right)+H(r_D=1)+f \tag{1-107}$$

其中：

$$f=\frac{\lambda_{\psi_{BD}}}{g}I_0\left[\sqrt{gf(g)}\right]\int_1^{R_D}K_0\left[\tau\sqrt{gf(g)}\right]\mathrm{d}\tau \tag{1-108}$$

同理，双重介质圆形供给边界低渗透气藏低速非达西不稳定渗流的拉普拉斯空间解：

$$\bar{\psi}_{Df}=\frac{E(r_D)}{\sqrt{gf(g)}F(r_D=1)}\left(\frac{1+\lambda_{\psi_{BD}}}{g}+e+d\right)+H(r_D)+\int_1^{R_D}G(r_D,\tau)\mathrm{d}\tau \tag{1-109}$$

其中：

$$E(r_D)=\frac{-I_0\left[\sqrt{gf(g)}r_D\right]K_0\left[\sqrt{gf(g)}R_D\right]+K_0\left[\sqrt{gf(g)}r_D\right]I_0\left[\sqrt{gf(g)}R_D\right]}{I_0(\sqrt{gf(g)}R_D)} \tag{1-110}$$

$$F(r_D)=\frac{I_1\left[\sqrt{gf(g)}r_D\right]K_0\left[\sqrt{gf(g)}R_D\right]+K_1\left[\sqrt{gf(g)}r_D\right]I_0\left[\sqrt{gf(g)}R_D\right]}{I_0\left[\sqrt{gf(g)}R_D\right]} \tag{1-111}$$

$$H(r_D)=-\frac{cI_0\left[\sqrt{gf(g)}r_D\right]}{I_0\left[\sqrt{gf(g)}R_D\right]} \tag{1-112}$$

$$c=\frac{\lambda_{\psi_{BD}}}{g}K_0\left[R_D\sqrt{gf(g)}\right]\int_1^{R_D}I_0\left[\tau\sqrt{gf(g)}\right]d\tau \tag{1-113}$$

$$d=\frac{\lambda_{\psi_{BD}}}{g}\sqrt{gf(g)}I_1\left[\sqrt{gf(g)}\right]\int_1^{R_D}K_0\left[\tau\sqrt{gf(g)}\right]d\tau \tag{1-114}$$

$$e=-\frac{c\sqrt{gf(g)}I_1\left[\sqrt{gf(g)}\right]}{I_0\left[\sqrt{gf(g)}R_D\right]} \tag{1-115}$$

在式(1-109)中取 $r_D=1$，并将式(1-63)代入，则得井底无因次拟压力的拉普拉斯空间解：

$$\begin{aligned}\bar{\psi}_{WDf}=&\frac{E(r_D=1)}{\sqrt{gf(g)}F(r_D=1)}\left(\frac{1+\lambda_{\psi_{BD}}}{g}+e+d\right)+H(r_D=1)\\&+\frac{\lambda_{\psi_{BD}}}{g}I_0\left[\sqrt{gf(g)}\right]\int_1^{R_D}K_0\left[\tau\sqrt{gf(g)}\right]d\tau\end{aligned} \tag{1-116}$$

2)动边界模型解的数值逼近方法

同均质气藏一样，在无限大地层中，某一时刻 t_{Df+m}，流动边界前缘 $r_{FD}(t_{Df+m})$ 满足方程：

$$\left.\frac{\partial\psi_{Df}}{\partial r_D}\right|_{r_D=r_{FD}(t_{Df+m})}=-\lambda_{\psi_{BD}} \tag{1-117}$$

对于双重介质，按固定边界处理可构造模型：

$$\begin{cases}\dfrac{1}{r_D}\dfrac{\partial}{\partial r_D}\left[r_D\dfrac{\partial\bar{\psi}_{Df}}{\partial r_D}\right]+\dfrac{1}{gr_D}\lambda_{\psi_{BD}}=gf(g)\bar{\psi}_{Df}\\ \left.\dfrac{\partial\bar{\psi}_{Df}}{\partial r_D}\right|_{r_D=r_{FD}(t_{Df+m})}=-\dfrac{\lambda_{\psi_{BD}}}{g}\\ \left.\dfrac{\partial\bar{\psi}_{Df}}{\partial r_D}\right|_{r_D=1}=-\dfrac{1}{g}-\dfrac{\lambda_{\psi_{BD}}}{g}\end{cases} \tag{1-118}$$

求解模型(1-118)得：

$$\overline{\psi}_{\mathrm{Df}}=\frac{E(r_{\mathrm{D}})}{\sqrt{gf(g)}F(r_{\mathrm{D}}=1)}\left(\frac{1+\lambda_{\psi_{\mathrm{BD}}}}{g}+e+d\right)+H(r_{\mathrm{D}})+\int_{1}^{r_{\mathrm{FD}}}G(r_{\mathrm{D}},\tau)\mathrm{d}\tau \tag{1-119}$$

$$H(r_{\mathrm{D}})=\frac{\left[c-\dfrac{\lambda_{\psi_{\mathrm{BD}}}}{g\sqrt{gf(g)}}\right]I_0\left[\sqrt{gf(g)}r_{\mathrm{D}}\right]}{I_1(\sqrt{gf(g)}r_{\mathrm{FD}})} \tag{1-120}$$

$$e=\frac{\left[c-\dfrac{\lambda_{\psi_{\mathrm{BD}}}}{g\sqrt{gf(g)}}\right]\sqrt{g}I_1\left[\sqrt{gf(g)}\right]}{I_1\left[\sqrt{gf(g)}r_{\mathrm{FD}}\right]} \tag{1-121}$$

式中：$E(r_{\mathrm{D}})$、$F(r_{\mathrm{D}})$、c、d 的表达式分别为式(1-101)、式(1-102)、式(1-104)、式(1-105)，并用 $r_{\mathrm{FD}}(t_{\mathrm{D}})$ 代替公式中的 R_{D}。

在式(1-119)中取 $r_{\mathrm{D}}=1$，并将式(1-63)代入，则得井底无因次拟压力的拉普拉斯空间解：

$$\begin{aligned}\overline{\psi}_{\mathrm{WDf}}=&\frac{E(r_{\mathrm{D}}=1)}{\sqrt{gf(g)}F(r_{\mathrm{D}}=1)}\left(\frac{1+\lambda_{\psi_{\mathrm{BD}}}}{g}+e+d\right)+H(r_{\mathrm{D}}=1)\\&+\frac{\lambda_{\psi_{\mathrm{BD}}}}{g}I_0\left[\sqrt{gf(g)}\right]\int_{1}^{r_{\mathrm{FD}}}K_0\left[\tau\sqrt{gf(g)}\right]\mathrm{d}\tau\end{aligned} \tag{1-122}$$

双重介质流动边界模型解的数值逼近方法计算过程与均质气藏相同。

3. 渗流压力动态特征

图 1-28 为无因次启动压力梯度对压力动态影响的关系曲线图。该图表明，井底无因次拟压力曲线可分为三段。

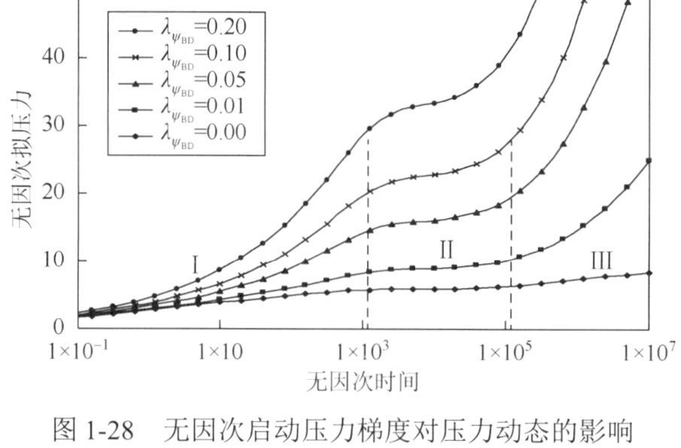

图 1-28　无因次启动压力梯度对压力动态的影响

Ⅰ段是缓慢上升段，描述裂缝系统中的流动。开井生产后，裂缝系统的压力迅速下降，下降的速度比达西渗流时快得多，且拟压力曲线不呈直线段。

Ⅱ段是过渡段。基岩系统向裂缝系统补给流体，裂缝系统中的压力缓慢下降。过渡段的台阶平缓上升，但不如达西渗流时过渡段的台阶那样平缓。这是由于非达西低速渗流时，基岩系统向裂缝系统补给的流体不如达西渗流时多的缘故。

Ⅲ段是陡直上升段，描述基岩-裂缝构成的总系统的流动特征。由于启动压力梯度的作用，无因次拟压力曲线陡直上升。整个压力曲线很难找到直线段，更没有互相平行的两条直线段。这与双重介质达西渗流不同。

启动压力梯度 $\lambda_{\psi_{BD}}$ 越大，流速越低，要保持定产量生产，裂缝系统的压力下降越快，无因次拟压力上升越快，曲线陡直上翘。$\lambda_{\psi_{BD}}$ 越大，过渡段的台阶越高，且越不明显。

图 1-29 为窜流系数 λ 对压力动态影响关系曲线图。该图表明，当拟启动压力梯度 $\lambda_{\psi_{BD}}$ 和弹性储容比 ω 一定时，窜流系数 λ 决定台阶的高度以及开始窜流时间的迟早，这一点与双重介质达西渗流时相同。不同的是同一窜流系数 λ 的值，双重介质非达西低速渗流压力曲线的台阶比双重介质达西渗流的台阶高得多；λ 对拟压力曲线的影响随着 $\lambda_{\psi_{BD}}$ 的变化而变化，$\lambda_{\psi_{BD}}$ 越大，台阶越高；$\lambda_{\psi_{BD}}$ 越大，λ 越小，台阶越不明显。

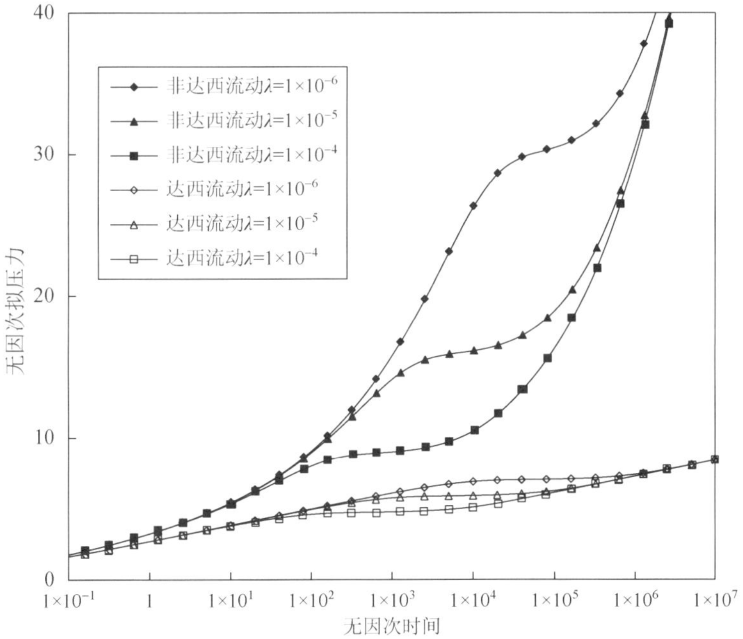

图 1-29　窜流系数 λ 对压力动态的影响

图 1-30 为弹性储容比 ω 对压力动态影响的关系曲线图。该图表明，弹性储容比 ω 对拟压力曲线的影响与双重介质达西渗流时 ω 对拟压力曲线的影响很相似。ω 决定台阶的宽度、窜流时间的长短。ω 越小，台阶越宽，窜流时间越长，窜流开始的时间提前；ω 越大，与前述相反。当 $\omega \to 1$，双重介质非达西低速渗流的拟压力曲线与单一介质非达西低速渗流的拟压力曲线相同。

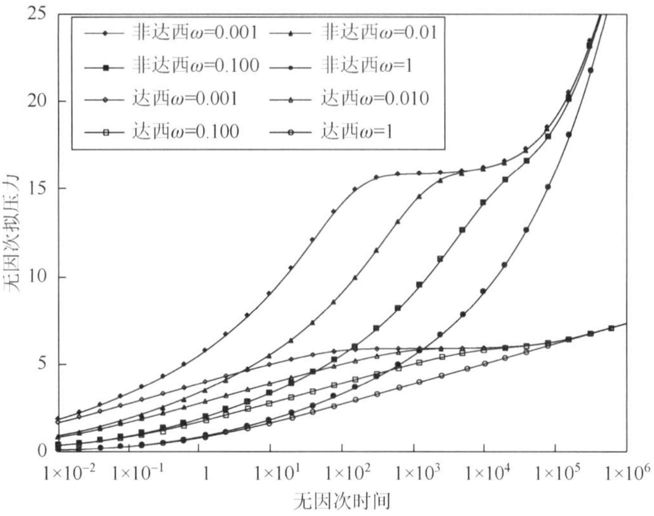

图 1-30　弹性储容比 ω 对压力动态的影响

弹性储容比 ω 对拟压力曲线的影响同样是随着 $\lambda_{\psi_{\mathrm{BD}}}$ 的变化而变化。$\lambda_{\psi_{\mathrm{BD}}}$ 很小时，ω 对拟压力曲线的影响与达西渗流时相似，当 $\lambda_{\psi_{\mathrm{BD}}}$ 很大时，ω 对压力曲线的影响很小，台阶很不明显。

从前面的理论推导和计算结果可知，达西渗流只是非达西低速渗流在 $\lambda_{\psi_{\mathrm{BD}}}=0$ 时的特殊情况。图 1-30 表明，双重介质非达西低速渗流与单一介质非达西低速渗流、双重介质达西渗流、单一介质达西渗流都各不相同。

当 $\omega\to 1$ 时，双重介质非达西低速渗流压力曲线的特征与均匀介质非达西低速渗流压力曲线的特征相同。双重介质非达西低速渗流压力曲线过渡段的台阶比达西渗流压力曲线过渡段的台阶高得多，没有相互平行的两条直线段。

当 $\omega\to 1$ 时，双重介质达西渗流的压力曲线与均匀介质达西渗流时压力曲线一样。

双重介质、均匀介质非达西低速渗流的压力曲线都是凹型曲线，无直线段(达西渗流存在直线段，均匀介质是一条直线段，双重介质是两条平行直线段)。双重介质非达西低速渗流的压力曲线是单台阶凹型上翘，均匀介质非达西低速渗流的压力曲线是无台阶凹型上翘。

1.3　低渗透气藏试井分析理论

试井分析是了解储层性质及参数、渗流特征、气藏边界以及单井控制储量的重要方法，对于低渗透气藏多数生产井必须进行压裂等增产措施后才具有生产能力，实施措施的层段选择、措施设计以及措施后的效果评价均依赖于试井分析，因此低渗透气藏试井分析方法就变得更为重要。本节基于对低渗透气藏渗流机理和理论的研究与认识，建立低渗透气藏的试井分析理论与方法。

1.3.1 滑脱效应影响的均质低渗透气藏试井分析理论

1. 试井分析数学模型及解

假设均质低渗透气藏中一口低压气井以定产量生产，忽略重力和毛管力的影响，考虑井筒储存效应、表皮效应[28]和气体滑脱效应。则考虑气体滑脱效应影响的低渗透气藏中一口井定产量生产时的试井分析数学模型：

$$\begin{cases} \dfrac{1}{r_{\mathrm{D}}}\dfrac{\partial}{\partial r_{\mathrm{D}}}\left[r_{\mathrm{D}}\dfrac{\partial \psi_{\mathrm{kD}}}{\partial r_{\mathrm{D}}}\right]=\dfrac{\partial \psi_{\mathrm{kD}}}{\partial \zeta_{\mathrm{D}}} \\ \psi_{\mathrm{kD}}\big|(r_{\mathrm{D}},\zeta_{\mathrm{D}}=0)=0 \\ \left.\dfrac{\partial \psi_{\mathrm{kD}}}{\partial r_{\mathrm{D}}}\right|_{r_{\mathrm{D}}=1}-C_{\mathrm{D}}\dfrac{\mathrm{d}\psi_{\mathrm{kWD}}}{\mathrm{d}\zeta_{\mathrm{D}}}=-1 \\ \psi_{\mathrm{kWD}}=\left[\psi_{\mathrm{D}}-S\dfrac{\partial \psi_{\mathrm{kD}}}{\partial r_{\mathrm{D}}}\right]\Bigg|_{r_{\mathrm{D}}=1} \\ \psi_{\mathrm{kD}}\big|(r_{\mathrm{D}}\to\infty)=0 \end{cases} \tag{1-123}$$

式中：C_{D}——无因次井筒储存常数；

$$C_{\mathrm{D}}=\frac{0.159C}{\phi h C_t r_{\mathrm{w}}^2} \tag{1-124}$$

S——表皮系数；

其余无因次量的定义同前。

通过无因次量的变换，模型(1-123)与常规达西线性渗流时的试井解释模型完全一样。也就是说用包含渗透率变化函数的拟压力和拟时间公式对实测资料进行处理后，就可按现今广泛采用的试井分析方法进行解释，唯一不同的是所计算的渗透率为岩石的绝对渗透率，随着地层压力的降低，渗透率将发生较大的变化。

模型(1-123)的拉普拉斯空间解：

$$\bar{\psi}_{\mathrm{kWD}}=\frac{K_0(\sqrt{g/C_{\mathrm{De}}})}{g\left[\sqrt{g/C_{\mathrm{De}}}K_1(\sqrt{g/C_{\mathrm{De}}})+gK_0(\sqrt{g/C_{\mathrm{De}}})\right]} \tag{1-125}$$

式中：g——拉普拉斯变量；

$\bar{\psi}_{\mathrm{kWD}}$——拉普拉斯空间井底无因次拟压力，

$$\bar{\psi}_{\mathrm{kWD}}(g)=\int_0^{\infty}\psi_{\mathrm{kWD}}\mathrm{e}^{-\tau_{\mathrm{De}}g}\mathrm{d}\tau_{\mathrm{De}} \tag{1-126}$$

$$\tau_{\mathrm{De}}=\zeta_{\mathrm{D}}\mathrm{e}^{2S}/C_{\mathrm{D}}\mathrm{e}^{2S}=\zeta_{\mathrm{D}}/C_{\mathrm{D}} \tag{1-127}$$

$$C_{\mathrm{De}}=C_{\mathrm{D}}\mathrm{e}^{2S} \tag{1-128}$$

K_0、K_1——零阶和一阶变形贝塞尔函数。

当外边界为圆形封闭边界时，其拉氏空间井底无因次拟压力解：

$$\bar{\psi}_{\mathrm{kWD}}=\frac{E(r_{\mathrm{De}}=1)}{g[\sqrt{g/C_{\mathrm{De}}}F(r_{\mathrm{De}}=1)+gE(r_{\mathrm{De}}=1)]} \tag{1-129}$$

$$E(r_{\mathrm{De}})=\frac{I_0(\sqrt{g/C_{\mathrm{De}}}r_{\mathrm{De}})K_1(\sqrt{g/C_{\mathrm{De}}}R_{\mathrm{De}})+K_0(\sqrt{g/C_{\mathrm{De}}}r_{\mathrm{De}})I_1(\sqrt{g/C_{\mathrm{De}}}R_{\mathrm{De}})}{I_1(\sqrt{g/C_{\mathrm{De}}}R_{\mathrm{De}})} \tag{1-130}$$

$$F(r_{\mathrm{De}})=\frac{-I_1(\sqrt{g/C_{\mathrm{De}}}r_{\mathrm{De}})K_1(\sqrt{g/C_{\mathrm{De}}}R_{\mathrm{De}})+K_1(\sqrt{g/C_{\mathrm{De}}}r_{\mathrm{De}})I_1(\sqrt{g/C_{\mathrm{De}}}R_{\mathrm{De}})}{I_1(\sqrt{g/C_{\mathrm{De}}}R_{\mathrm{De}})} \tag{1-131}$$

当外边界为圆形供给边界时，其拉氏空间井底无因次拟压力解：

$$\bar{\psi}_{\mathrm{kWD}}=\frac{A(r_{\mathrm{De}}=1)}{g[\sqrt{g/C_{\mathrm{De}}}B(r_{\mathrm{De}}=1)+gA(r_{\mathrm{De}}=1)]} \tag{1-132}$$

$$A(r_{\mathrm{De}})=\frac{I_0(\sqrt{g/C_{\mathrm{De}}}r_{\mathrm{De}})K_0(\sqrt{g/C_{\mathrm{De}}}R_{\mathrm{De}})+K_0(\sqrt{g/C_{\mathrm{De}}}r_{\mathrm{De}})I_0(\sqrt{g/C_{\mathrm{De}}}R_{\mathrm{De}})}{I_0(\sqrt{g/C_{\mathrm{De}}}R_{\mathrm{De}})} \tag{1-133}$$

$$B(r_{\mathrm{De}})=\frac{I_1(\sqrt{g/C_{\mathrm{De}}}r_{\mathrm{De}})K_0(\sqrt{g/C_{\mathrm{De}}}R_{\mathrm{De}})+K_1(\sqrt{g/C_{\mathrm{De}}}r_{\mathrm{De}})I_0(\sqrt{g/C_{\mathrm{De}}}R_{\mathrm{De}})}{I_0(\sqrt{g/C_{\mathrm{De}}}R_{\mathrm{De}})} \tag{1-134}$$

2. 试井分析典型曲线

式(1-123)～(1-132)表明，如果用包含渗透率变化函数的拟压力和拟时间公式对实测资料进行处理后，就可按现今广泛采用的试井分析方法进行解释，唯一不同的是所计算的渗透率为岩石的绝对渗透率。因此，如果应用拟压力ψ_{kWD}和拟时间ζ_{D}的关系，低渗透气藏气体渗流的滑脱效应则没有直观地反映，为研究滑脱效应参数的影响，下面就从不同形式定义的拟压力与时间的关系来分析气体滑脱效应对低渗透气藏单相气体渗流试井分析典型曲线的影响。

图 1-31、图 1-32 为相同条件下考虑滑脱效应定义的拟压力和常规定义的拟压力与拟时间的关系曲线图。这些图表明，滑脱效应对井底压力动态的影响还是较大的，考虑滑脱效应定义的拟压力差$\Delta\psi_{\mathrm{kW}}$比常规定义的拟压力差$\Delta\psi_{\mathrm{W}}$大，而$\Delta\psi_{\mathrm{kW}}$的导数曲线在径向流动阶段为一水平线，$\Delta\psi_{\mathrm{W}}$的导数曲线在晚期井底压力较低时则偏离水平直线段往下掉，往下掉的原因是由于气体滑脱效应的影响相当于增大了储层的渗透率，减小了渗流阻力。

图 1-32 的半对数曲线的特征表明，两种形式的拟压力与拟时间的半对数关系在径向流动阶段几乎都呈直线，但是$\Delta\psi_{\mathrm{kW}}$的斜率比$\Delta\psi_{\mathrm{W}}$的斜率大，也就是说用$\Delta\psi_{\mathrm{kW}}$的半对数直线斜率计算的渗透率比$\Delta\psi_{\mathrm{W}}$的低。这与气体滑脱效应实验结果一致。

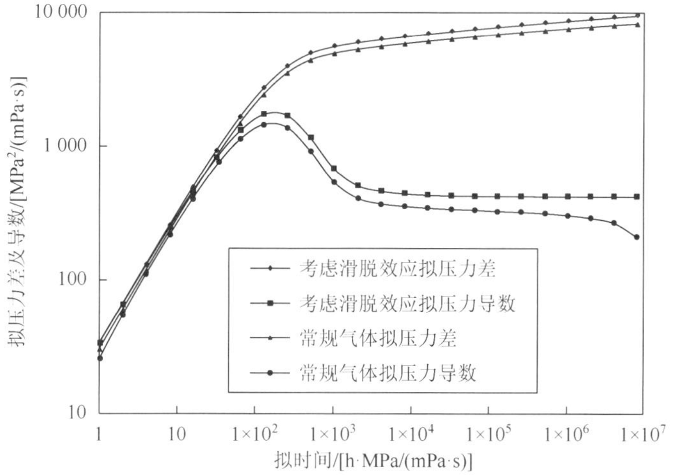

图 1-31　拟压力差及导数双对数图

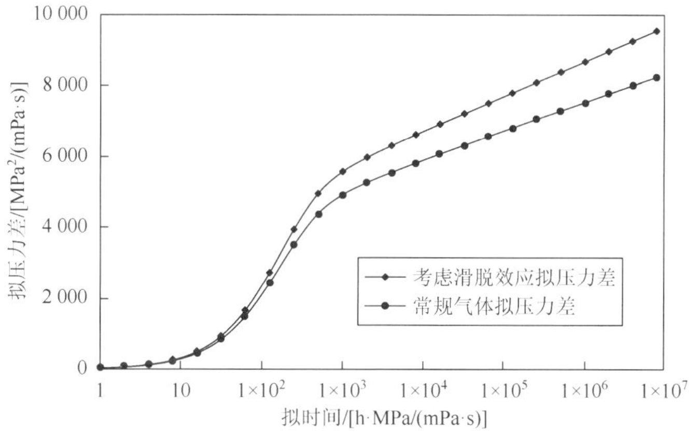

图 1-32　拟压力差与拟时间半对数关系图

图 1-33、图 1-34 为参数 β 对井底压力动态影响的双对数和半对数关系曲线图。这些图表明，β 值影响拟压力差及导数曲线在图中的位置，以及曲线晚期的形状。当井底压力比较高时径向流动的导数曲线几乎呈一水平直线，而在晚期井底压力很低时拟压力曲线变化平缓而导数曲线则向下滑掉（$\beta \neq 0$）；β 值越大曲线在双对数图中的位置越低，亦即 β 值越大解释的岩石的绝对渗透率越高。

图 1-34 的半对数曲线特征同样表明，当采用拟压力 ψ_W 时，在井筒储存效应结束以后，存在径向流动阶段的半对数直线段；但当晚期井底压力很低时，井底拟压力变化平缓且偏离径向流动直线段（β=0 除外）；通过直线段的斜率可计算渗透率 k_∞ 以及表皮系数 S。β 值越大径向流动直线段的斜率越小，解释计算的渗透率 k_∞ 越大。这和双对数曲线分析是一致的。

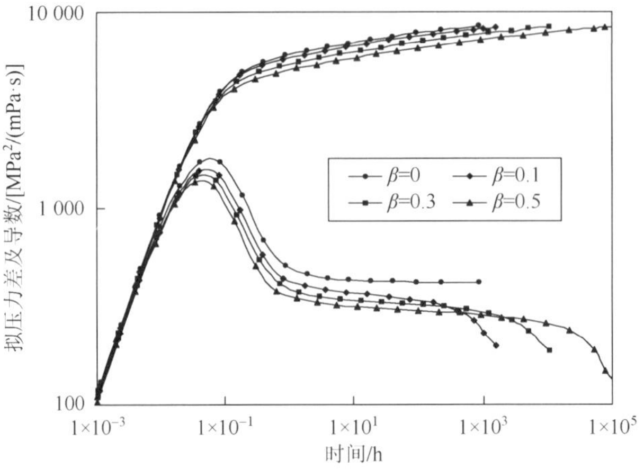

图 1-33　β 对井底压力动态影响双对数图

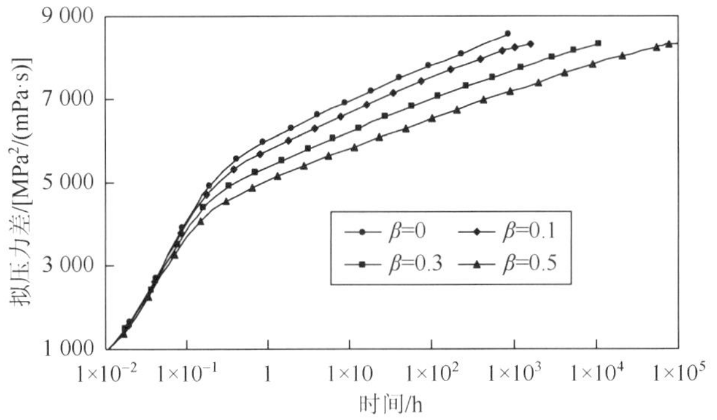

图 1-34　β 对井底压力动态影响半对数图

图 1-35、1-36 为参数 α 对井底压力动态影响的双对数和半对数关系曲线图。这两图表明，α 值影响拟压力差及导数曲线在图中的位置，以及曲线晚期的形状。当井底压力比

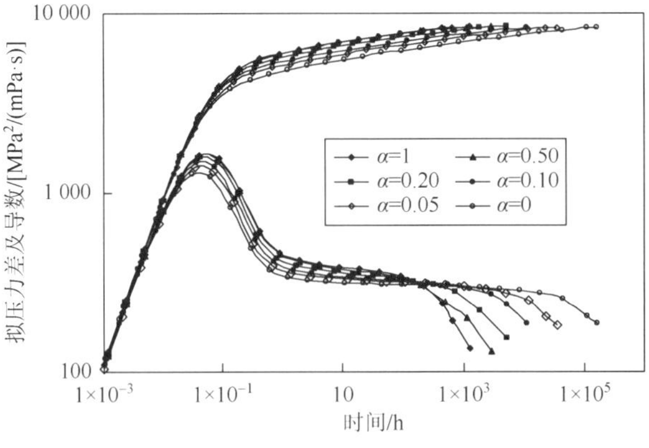

图 1-35　α 对井底压力动态影响双对数图

较高时径向流动的导数曲线几乎呈一水平直线，在晚期井底压力很低时拟压力曲线变化平缓而导数曲线则向下滑掉；α 值越大曲线在图中的位置越高，井底压降越大，导数曲线下掉的时间越早，反映的是滑脱效应的影响较弱。半对数图在压力较高时径向流动阶段呈直线，而后井底压力下降缓慢，半对数曲线偏离直线段。

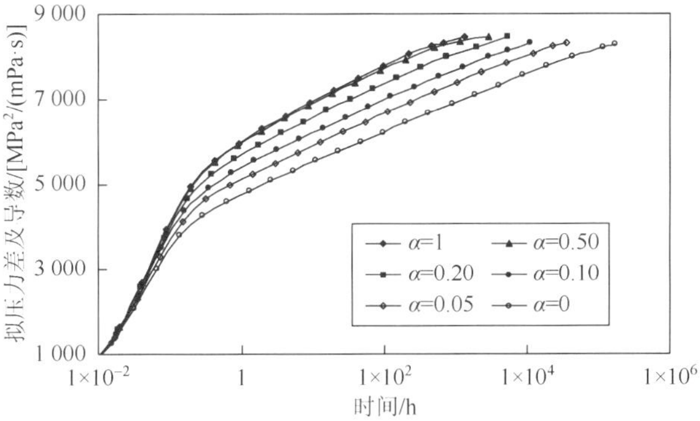

图 1-36　α 对井底压力动态影响半对数图

图 1-37 为当圆形封闭地层中气体渗流存在滑脱效应时，两种形式的拟压力与拟时间的关系曲线图。在压力波传播到边界以前，两种形式的拟压力导数曲线均呈现一水平直线段；在到达边界之后，考虑滑脱效应的拟压力 ψ_{kW} 导数曲线表现出 45°直线的拟稳定流动状态，而常规定义的拟压力 ψ_W 则渐渐偏离 45°直线。

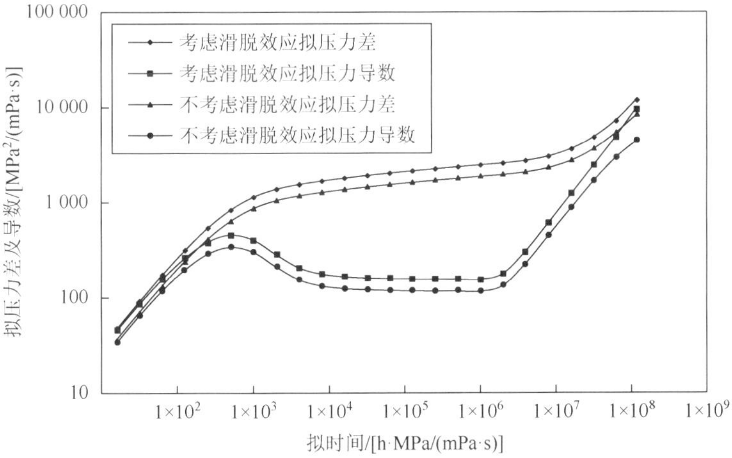

图 1-37　圆形封闭地层压力动态双对数图

图 1-38 为滑脱效应对圆形封闭地层压力动态影响的关系曲线图，由于采用常规定义拟压力 ψ_W 与真实时间作图，因此导数曲线在晚期低压下不遵循 45°直线，但在压力波传播到边界以前由于井底压力比较高，导数曲线仍呈径向流水平直线段。如果采用拟时间作图，则径向流动期呈水平直线段，晚期呈 45°直线段，滑脱效应的存在使得边界反映的时

间略为提前。在相同条件下，由于滑脱效应的影响井底压降将变小，曲线将位于下方，这和实验结果也是一致的。

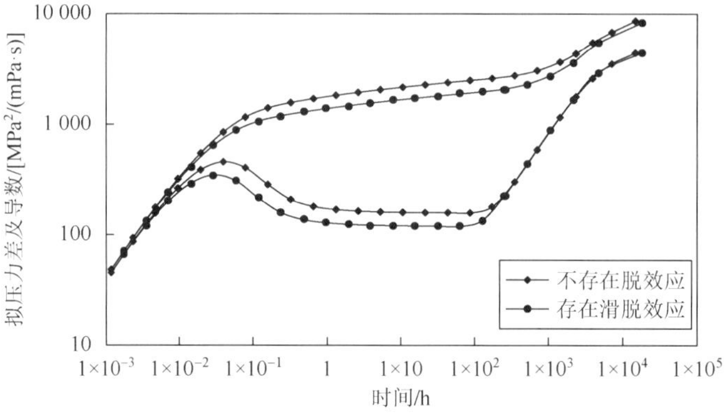

图 1-38　滑脱效应对圆形封闭地层压力动态的影响

图 1-39 为滑脱效应对圆形供给地层压力动态影响的关系曲线图，除晚期压力波传播到边界压力曲线保持水平而导数曲线下掉逐渐变为 0 外，其余同前。

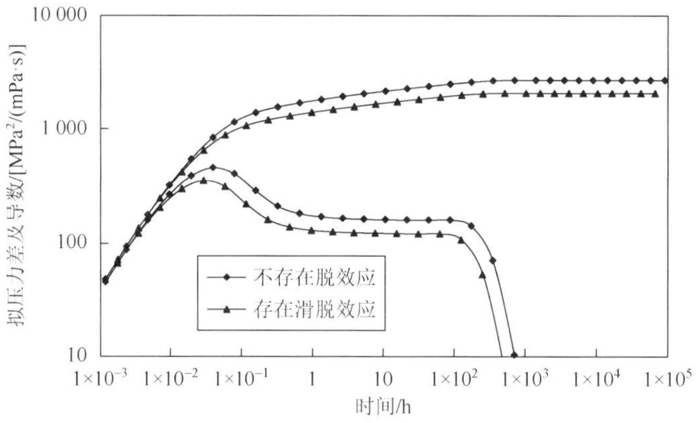

图 1-39　滑脱效应对圆形供给地层压力动态的影响

1.3.2　启动压力梯度影响的均质气藏试井分析理论

1. 试井分析数学模型及解

根据前述研究，低渗透均质气藏中一口气井定产量生产时的不稳定试井分析数学模型的基本方程：

$$\frac{1}{r_{\mathrm{De}}}\frac{\partial}{\partial r_{\mathrm{De}}}\left[r_{\mathrm{De}}\frac{\partial \psi_{\mathrm{D}}}{\partial r_{\mathrm{De}}}\right]+\frac{1}{r_{\mathrm{De}}}\lambda_{\psi_{\mathrm{BD}}}\mathrm{e}^{-S}=\frac{\partial \psi_{\mathrm{D}}}{\partial t_{\mathrm{De}}} \tag{1-135}$$

初始条件：

$$\psi_{\mathrm{D}}(r_{\mathrm{De}},t_{\mathrm{De}}=0)=0 \tag{1-136}$$

内边界条件：

$$\begin{cases} C_{\text{De}} \dfrac{\text{d}\psi_{\text{WD}}}{\text{d}t_{\text{De}}} - \left.\dfrac{\partial \psi_{\text{D}}}{\partial r_{\text{De}}}\right|_{r_{\text{De}}=1} = 1 + \lambda_{\psi_{\text{BD}}} \text{e}^{-S} \\ \psi_{\text{WD}} = \psi_{\text{D}}(r_{\text{De}} = 1) \end{cases} \tag{1-137}$$

外边界条件：

(1) 压力波瞬间传播情形的无限大外边界：

$$\psi_{\text{D}}(r_{\text{De}} \to \infty) = 0 \tag{1-138}$$

(2) 压力波瞬间传播情形的圆形封闭地层：

$$\left.\frac{\partial \psi_{\text{D}}}{\partial r_{\text{De}}}\right|_{r_{\text{De}}=R_{\text{De}}} = 0 \tag{1-139}$$

(3) 压力波瞬间传播情形的圆形供给地层：

$$\psi_{\text{D}}(r_{\text{De}} = R_{\text{De}}) = 0 \tag{1-140}$$

(4) 考虑流动边界影响，无限大地层或压力扰动未传到真实边界之前：

$$\begin{cases} \left.\dfrac{\partial \psi_{\text{D}}}{\partial r_{\text{De}}}\right|_{r_{\text{De}}=r_{\text{FDe}}(t_{\text{De}})} = -\lambda_{\psi_{\text{BD}}} \text{e}^{-S} \\ \psi_{\text{D}}\left[r_{\text{De}} > r_{\text{FDe}}(t_{\text{De}})\right] = 0 \end{cases} \tag{1-141}$$

式中：t_{De}——无因次时间，

$$t_{\text{De}} = t_{\text{D}} \text{e}^{2S} = \frac{3.6kt}{\phi \mu C_{\text{t}} r_{\text{w}}^2} \text{e}^{2S} \tag{1-142}$$

r_{De}——无因次距离，

$$r_{\text{De}} = r_{\text{D}} \text{e}^{S} = \frac{r}{r_{\text{we}}} = \frac{r}{r_{\text{w}} \text{e}^{-S}} \tag{1-143}$$

r_{FDe}——无因次流动边界距离，

$$r_{\text{FDe}} = r_{\text{FD}} \text{e}^{S} = \frac{r_{\text{F}}}{r_{\text{we}}} = \frac{r_{\text{F}}}{r_{\text{w}} \text{e}^{-S}} \tag{1-144}$$

R_{De}——无因次外边界距离，

$$R_{\text{De}} = R_{\text{D}} \text{e}^{S} = \frac{R}{r_{\text{we}}} = \frac{R}{r_{\text{w}} \text{e}^{-S}} \tag{1-145}$$

C_{De}——无因次井筒储存常数，

$$C_{\text{De}} = C_{\text{D}} \text{e}^{2S} = \frac{0.159C}{\phi h C_{\text{t}} r_{\text{w}}^2} \text{e}^{2S} \tag{1-146}$$

S——表皮系数；

r_F、R——流动边界及外边界半径，m；

C——井筒储存常数，m^3/MPa。

通过拉普拉斯变换和格林函数方法可求解上述方程，具体求解结果如下。

(1) 压力波瞬间传播情形的无限大外边界的解：

$$\bar{\psi}_{\mathrm{D}}=\frac{(1+d)K_0(\sqrt{g/C_{\mathrm{De}}}r_{\mathrm{De}})}{g[\sqrt{g/C_{\mathrm{De}}}K_1(\sqrt{g/C_{\mathrm{De}}})+gK_0(\sqrt{g/C_{\mathrm{De}}})]}+\int_1^{\infty}G(r_{\mathrm{De}},\tau)\mathrm{d}\tau \tag{1-147}$$

$$d=\lambda_{\psi_{\mathrm{BD}}}\mathrm{e}^{-S}+\frac{\pi\lambda_{\psi_{\mathrm{BD}}}\mathrm{e}^{-S}}{2}I_1(\sqrt{g/C_{\mathrm{De}}})-\frac{\pi\lambda_{\psi_{\mathrm{BD}}}\mathrm{e}^{-S}}{2\sqrt{g/C_{\mathrm{De}}}}gI_0(\sqrt{g/C_{\mathrm{De}}}) \tag{1-148}$$

式中：g——拉普拉斯变量；

$\bar{\psi}_{\mathrm{WD}}$——拉普拉斯空间井底无因次拟压力，

$$\bar{\psi}_{\mathrm{WD}}(g)=\int_0^{\infty}\psi_{\mathrm{WD}}\mathrm{e}^{-gt_{\mathrm{De}}/C_{\mathrm{De}}}\mathrm{d}(t_{\mathrm{De}}/C_{\mathrm{De}}) \tag{1-149}$$

$G(r_{\mathrm{De}},\tau)$——格林函数，

$$G(r_{\mathrm{De}},\tau)=\begin{cases}\dfrac{\lambda_{\psi_{\mathrm{BD}}}\mathrm{e}^{-S}}{g}K_0(r_{\mathrm{De}}\sqrt{g/C_{\mathrm{De}}})I_0(\tau\sqrt{g/C_{\mathrm{De}}}) & (1<\tau<r_{\mathrm{De}})\\ \dfrac{\lambda_{\psi_{\mathrm{BD}}}\mathrm{e}^{-S}}{g}K_0(\tau\sqrt{g/C_{\mathrm{De}}})I_0(r_{\mathrm{De}}\sqrt{g/C_{\mathrm{De}}}) & (r_{\mathrm{De}}<\tau<\infty)\end{cases} \tag{1-150}$$

在式(1-147)中取 $r_{\mathrm{De}}=1$ 井底无因次拟压力解为：

$$\bar{\psi}_{\mathrm{WD}}=\frac{(1+d)K_0(\sqrt{g/C_{\mathrm{De}}})}{g[\sqrt{g/C_{\mathrm{De}}}K_1(\sqrt{g/C_{\mathrm{De}}})+gK_0(\sqrt{g/C_{\mathrm{De}}})]}+\frac{\pi\lambda_{\psi_{\mathrm{BD}}}\mathrm{e}^{-S}}{2g\sqrt{g/C_{\mathrm{De}}}}I_0(\sqrt{g/C_{\mathrm{De}}}) \tag{1-151}$$

(2)压力波瞬间传播情形的圆形封闭地层的解

$$\bar{\psi}_{\mathrm{D}}=bE(r_{\mathrm{De}})+H(r_{\mathrm{De}})+\int_1^{R_{\mathrm{De}}}G(r_{\mathrm{De}},\tau)\mathrm{d}\tau \tag{1-152}$$

$$E(r_{\mathrm{De}})=\frac{I_0(\sqrt{g/C_{\mathrm{De}}}r_{\mathrm{De}})K_1(\sqrt{g/C_{\mathrm{De}}}R_{\mathrm{De}})+K_0(\sqrt{g/C_{\mathrm{De}}}r_{\mathrm{De}})I_1(\sqrt{g/C_{\mathrm{De}}}R_{\mathrm{De}})}{I_1(\sqrt{g/C_{\mathrm{De}}}R_{\mathrm{De}})} \tag{1-153}$$

$$H(r_{\mathrm{De}})=\frac{cI_0(\sqrt{g/C_{\mathrm{De}}}r_{\mathrm{De}})}{I_1(\sqrt{g/C_{\mathrm{De}}}R_{\mathrm{De}})} \tag{1-154}$$

$$c=\frac{\lambda_{\psi_{\mathrm{BD}}}\mathrm{e}^{-S}}{g}K_1(R_{\mathrm{De}}\sqrt{g/C_{\mathrm{De}}})\int_1^{R_{\mathrm{De}}}I_0(\tau\sqrt{g/C_{\mathrm{De}}})\mathrm{d}\tau \tag{1-155}$$

$$b=\frac{\dfrac{1}{g}+\dfrac{\lambda_{\psi_{\mathrm{BD}}}\mathrm{e}^{-S}}{g}-gH(r_{\mathrm{De}}=1)+gd+M(r_{\mathrm{De}}=1)+e}{[\sqrt{g/C_{\mathrm{De}}}F(r_{\mathrm{De}}=1)+gE(r_{\mathrm{De}}=1)]} \tag{1-156}$$

$$F(r_{\mathrm{De}})=\frac{-I_1(\sqrt{g/C_{\mathrm{De}}}r_{\mathrm{De}})K_1(\sqrt{g/C_{\mathrm{De}}}R_{\mathrm{De}})+K_1(\sqrt{g/C_{\mathrm{De}}}r_{\mathrm{De}})I_1(\sqrt{g/C_{\mathrm{De}}}R_{\mathrm{De}})}{I_1(\sqrt{g/C_{\mathrm{De}}}R_{\mathrm{De}})} \tag{1-157}$$

$$M(r_{\mathrm{De}})=\frac{c\sqrt{g/C_{\mathrm{De}}}I_1(\sqrt{g/C_{\mathrm{De}}}r_{\mathrm{De}})}{I_1(\sqrt{g/C_{\mathrm{De}}}R_{\mathrm{De}})} \tag{1-158}$$

$$d=\frac{\lambda_{\psi_{\mathrm{BD}}}\mathrm{e}^{-S}}{g}I_0(\sqrt{g/C_{\mathrm{De}}})\int_1^{R_{\mathrm{De}}}K_0(\tau\sqrt{g/C_{\mathrm{De}}})\mathrm{d}\tau \tag{1-159}$$

$$e=\frac{\lambda_{\psi_{\mathrm{BD}}}}{g}\sqrt{g/C_{\mathrm{De}}}I_1(\sqrt{g/C_{\mathrm{De}}})\int_1^{R_{\mathrm{De}}}K_0(\tau\sqrt{g/C_{\mathrm{De}}})\mathrm{d}\tau \tag{1-160}$$

在(1-152)中取 $r_{\mathrm{De}}=1$ 得井底无因次拟压力解为

$$\bar{\psi}_{\mathrm{WD}}=bE(r_{\mathrm{De}}=1)+H(r_{\mathrm{De}}=1)+d \tag{1-161}$$

(3)压力波瞬间传播情形的圆形供给地层的解：

$$\bar{\psi}_{\mathrm{D}}=bE(r_{\mathrm{De}})+H(r_{\mathrm{De}})+\int_1^{R_{\mathrm{De}}}G(r_{\mathrm{De}},\tau)\mathrm{d}\tau \tag{1-162}$$

$$E(r_{\mathrm{De}})=\frac{-I_0(\sqrt{g/C_{\mathrm{De}}}r_{\mathrm{De}})K_0(\sqrt{g/C_{\mathrm{De}}}R_{\mathrm{De}})+K_0(\sqrt{g/C_{\mathrm{De}}}r_{\mathrm{De}})I_0(\sqrt{g/C_{\mathrm{De}}}R_{\mathrm{De}})}{I_0(\sqrt{g/C_{\mathrm{De}}}R_{\mathrm{De}})} \tag{1-163}$$

$$H(r_{\mathrm{De}})=-\frac{cI_0(\sqrt{g/C_{\mathrm{De}}}r_{\mathrm{De}})}{I_0(\sqrt{g/C_{\mathrm{De}}}R_{\mathrm{De}})} \tag{1-164}$$

$$c=\frac{\lambda_{\psi_{\mathrm{BD}}}\mathrm{e}^{-S}}{g}K_0(R_{\mathrm{De}}\sqrt{g/C_{\mathrm{De}}})\int_1^{R_{\mathrm{De}}}I_0(\tau\sqrt{g/C_{\mathrm{De}}})\mathrm{d}\tau \tag{1-165}$$

$$b=\frac{\dfrac{1}{g}+\dfrac{\lambda_{\psi_{\mathrm{BD}}}\mathrm{e}^{-S}}{g}-gH(r_{\mathrm{De}}=1)+gd+M(r_{\mathrm{De}}=1)+e}{[\sqrt{g/C_{\mathrm{De}}}F(r_{\mathrm{De}}=1)+gE(r_{\mathrm{De}}=1)]} \tag{1-166}$$

$$F(r_{\mathrm{De}})=\frac{I_1(\sqrt{g/C_{\mathrm{De}}}r_{\mathrm{De}})K_0(\sqrt{g/C_{\mathrm{De}}}R_{\mathrm{De}})+K_1(\sqrt{g/C_{\mathrm{De}}}r_{\mathrm{De}})I_0(\sqrt{g/C_{\mathrm{De}}}R_{\mathrm{De}})}{I_0(\sqrt{g/C_{\mathrm{De}}}R_{\mathrm{De}})} \tag{1-167}$$

$$M(r_{\mathrm{De}})=-\frac{c\sqrt{g/C_{\mathrm{De}}}I_1(\sqrt{g/C_{\mathrm{De}}}r_{\mathrm{De}})}{I_0(\sqrt{g/C_{\mathrm{De}}}R_{\mathrm{De}})} \tag{1-168}$$

$$d=\frac{\lambda_{\psi_{\mathrm{BD}}}\mathrm{e}^{-S}}{g}I_0(\sqrt{g/C_{\mathrm{De}}})\int_1^{R_{\mathrm{De}}}K_0(\tau\sqrt{g/C_{\mathrm{De}}})\mathrm{d}\tau \tag{1-169}$$

$$e=\frac{\lambda_{\psi_{\mathrm{BD}}}}{g}\sqrt{g/C_{\mathrm{De}}}I_1(\sqrt{g/C_{\mathrm{De}}})\int_1^{R_{\mathrm{De}}}K_0(\tau\sqrt{g/C_{\mathrm{De}}})\mathrm{d}\tau \tag{1-170}$$

在式(1-162)中取 $r_{\mathrm{De}}=1$ 得井底无因次拟压力解为

$$\bar{\psi}_{\mathrm{WD}}=bE(r_{\mathrm{De}}=1)+H(r_{\mathrm{De}}=1)+d \tag{1-171}$$

(4)流动边界情形的解：

$$\bar{\psi}_{\mathrm{D}}=bE(r_{\mathrm{De}})+H(r_{\mathrm{De}})+\int_1^{R_{\mathrm{De}}}G(r_{\mathrm{De}},\tau)\mathrm{d}\tau \tag{1-172}$$

$$E(r_{\mathrm{De}})=\frac{I_0(\sqrt{g/C_{\mathrm{De}}}r_{\mathrm{De}})K_1(\sqrt{g/C_{\mathrm{De}}}r_{\mathrm{FDe}})+K_0(\sqrt{g/C_{\mathrm{De}}}r_{\mathrm{De}})I_1(\sqrt{g/C_{\mathrm{De}}}r_{\mathrm{FDe}})}{I_1(\sqrt{g/C_{\mathrm{De}}}r_{\mathrm{FDe}})} \tag{1-173}$$

$$H(r_{\mathrm{De}})=\frac{cI_0(\sqrt{g/C_{\mathrm{De}}}r_{\mathrm{De}})}{I_1(\sqrt{g/C_{\mathrm{De}}}r_{\mathrm{FDe}})} \tag{1-174}$$

$$c=\frac{\lambda_{\psi_{\mathrm{BD}}}\mathrm{e}^{-S}}{g}K_1(r_{\mathrm{FDe}}\sqrt{g/C_{\mathrm{De}}})\int_1^{r_{\mathrm{FDe}}}I_0(\tau\sqrt{g/C_{\mathrm{De}}})\mathrm{d}\tau-\frac{\lambda_{\psi_{\mathrm{BD}}}\mathrm{e}^{-S}}{g\sqrt{g/C_{\mathrm{De}}}} \tag{1-175}$$

$$b=\frac{\dfrac{1}{g}+\dfrac{\lambda_{\psi_{\mathrm{BD}}}\mathrm{e}^{-S}}{g}-gH(r_{\mathrm{De}}=1)+gd+M(r_{\mathrm{De}}=1)+e}{[\sqrt{g/C_{\mathrm{De}}}F(r_{\mathrm{De}}=1)+gE(r_{\mathrm{De}}=1)]} \tag{1-176}$$

$$F(r_{\mathrm{De}})=\frac{-I_1(\sqrt{g/C_{\mathrm{De}}}r_{\mathrm{De}})K_1(\sqrt{g/C_{\mathrm{De}}}r_{\mathrm{FDe}})+K_1(\sqrt{g/C_{\mathrm{De}}}r_{\mathrm{De}})I_1(\sqrt{g/C_{\mathrm{De}}}r_{\mathrm{FDe}})}{I_1(\sqrt{g/C_{\mathrm{De}}}r_{\mathrm{FDe}})} \tag{1-177}$$

$$M(r_{\mathrm{De}})=\frac{c\sqrt{g/C_{\mathrm{De}}}I_1(\sqrt{g/C_{\mathrm{De}}}r_{\mathrm{De}})}{I_1(\sqrt{g/C_{\mathrm{De}}}r_{\mathrm{FDe}})} \tag{1-178}$$

$$d=\frac{\lambda_{\psi_{\mathrm{BD}}}\mathrm{e}^{-S}}{g}I_0(\sqrt{g/C_{\mathrm{De}}})\int_1^{r_{\mathrm{FDe}}}K_0(\tau\sqrt{g/C_{\mathrm{De}}})\mathrm{d}\tau \tag{1-179}$$

$$e=\frac{\lambda_{\psi_{\mathrm{BD}}}}{g}\sqrt{g/C_{\mathrm{De}}}I_1(\sqrt{g/C_{\mathrm{De}}})\int_1^{r_{\mathrm{FDe}}}K_0(\tau\sqrt{g/C_{\mathrm{De}}})\mathrm{d}\tau \tag{1-180}$$

在式(1-172)中取$r_{\mathrm{De}}=1$得井底无因次拟压力解为

$$\bar{\psi}_{\mathrm{WD}}=bE(r_{\mathrm{De}}=1)+H(r_{\mathrm{De}}=1)+d \tag{1-181}$$

在上述公式中，只要令$\lambda_{\psi_{\mathrm{BD}}}=0$，则考虑梯度的低速非达西渗流的解就简化为常规的达西线性渗流的解。

2. 试井分析典型曲线

图 1-40 为流动边界特性对井底压力动态影响的关系曲线图。该图表明，流动边界特性以及启动压力梯度对井底压力动态的影响主要反映在井筒储存阶段以后，即达西线性渗流情形的径向流动阶段。当不存在启动压力梯度时，径向流动阶段压力变化平缓，导数曲线为一水平直线段；当考虑启动压力梯度影响时，如果假设压力波瞬间传播到无限远，则压力变化较陡，无因次拟压力及导数曲线均往上翘，曲线的表现特征类似于达西线性渗流情形下的断层边界的反映或地层物性变差的情形；如果假设流体的流动存在流动边界，无因次拟压力及导数曲线也均往上翘，但是上翘的幅度要小些。因此，针对低渗透气藏，当出现晚期曲线上翘时，不要因此而判断是边界反映或地层物性的变化，而应根据地层的实际情况作出具体的分析。

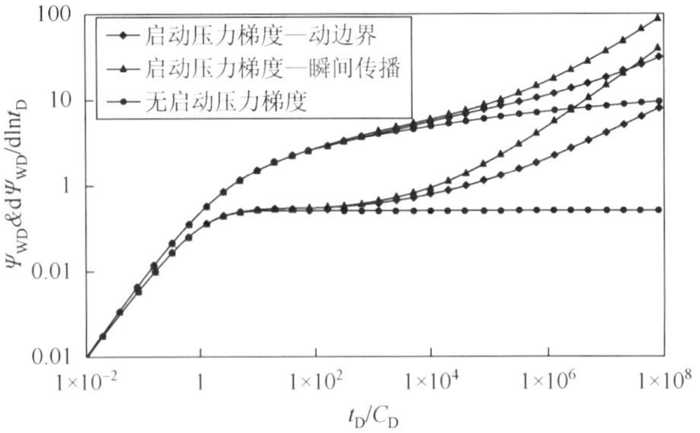

图 1-40 动边界特性对压力动态的影响

图 1-41 为无因次启动拟压力差对井底压力动态影响的双对数关系曲线图。无因次启动拟压力差ψ_{BD}的增大使无因次压力降落双对数曲线向上推移，早期推移较大，晚期推移较小。ψ_{BD}大时在早期就会形成较大的生产压差，并且部分掩盖由$\lambda_{\psi_{BD}}$造成的后期曲线上翘现象。由于地层压力有限，早期生产压差过大时，不可能长时间稳定生产，甚至不可能从地层中连续产出流体。ψ_{BD}小于一定值后，曲线几乎不受ψ_{BD}变化的影响，也就是说这时无论是用无限大地层模型求解，还是认为在较远的地方压差小于启动压差流体不流动，计算的结果都基本相同。

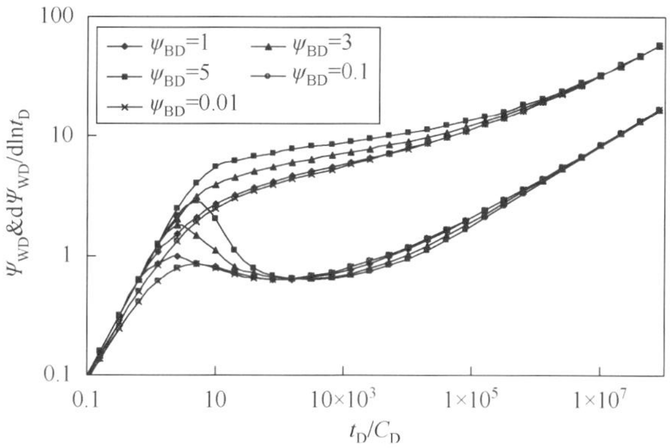

图 1-41　无因次启动拟压力差对井底压力动态的影响

图 1-42 为$\lambda_{\psi_{BD}}e^{-S}$对井底压力动态影响的双对数关系曲线图。$\lambda_{\psi_{BD}}e^{-S}$的大小影响压力降落曲线晚期上翘段的斜率，$\lambda_{\psi_{BD}}e^{-S}$越大，曲线上翘程度越大，$\lambda_{\psi_{BD}}e^{-S}$越小，曲线的上翘幅度越小，当$\lambda_{\psi_{BD}}e^{-S}$很小时，拟压力导数曲线出现水平直线段，反映出符合达西线性渗流的径向流特征。

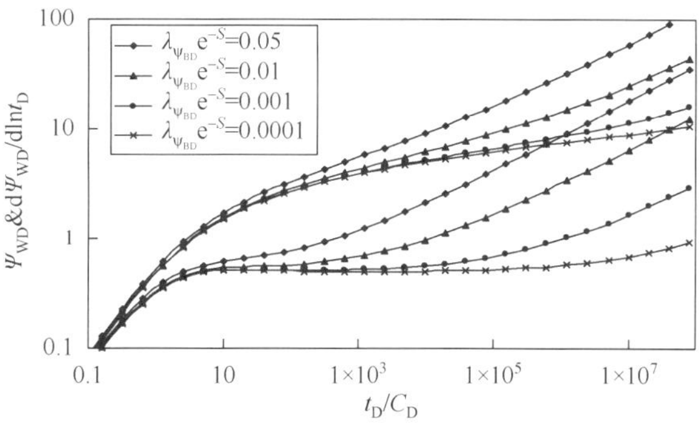

图 1-42　$\lambda_{\psi_{BD}}e^{-S}$对井底压力动态的影响

图 1-43、图 1-44 为C_De^{2S}对井底压力动态影响的双对数关系曲线图。C_De^{2S}增大使无因次压力降落曲线向上推移，并且拟压力及导数曲线开始上翘的时间提前，C_De^{2S}越大，压力及导数曲线上翘的幅度越大。

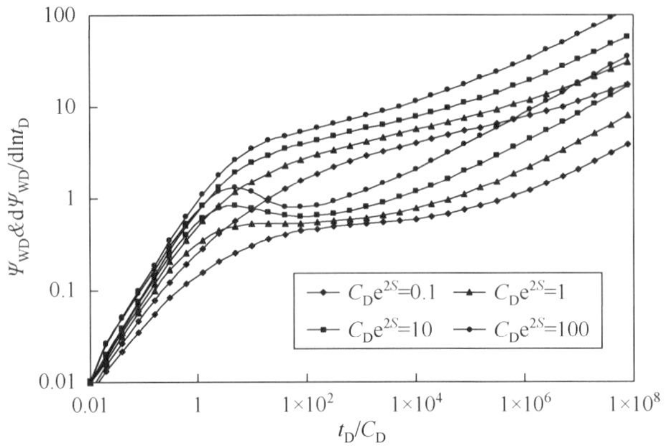

图 1-43　C_De^{2S} 对井底压力动态的影响(一)

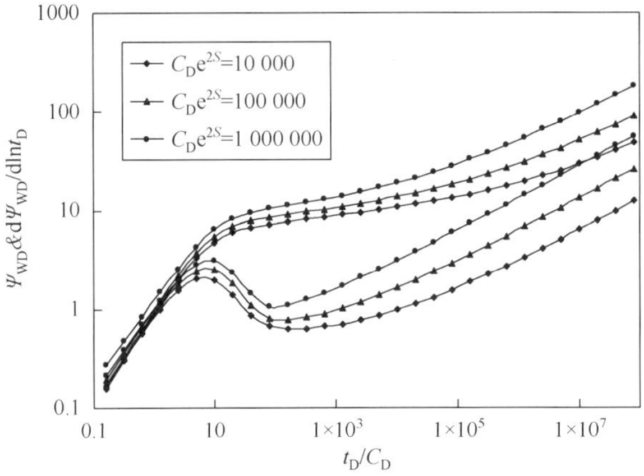

图 1-44　C_De^{2S} 对井底压力动态的影响(二)

图 1-45 为 R_De^S 对圆形封闭气藏井底压力动态影响的双对数关系曲线图。R_De^S 只影响流动边界已经扩展到封闭外边界以后的井底压力动态；在流动边界扩展到封闭外边界以前，井底压力动态遵循无限大地层流动边界模型解；在流动边界扩展到封闭外边界以后，反映出达西线性渗流拟稳定流动特征，即晚期拟压力及导数双对数曲线呈现 45°直线段；R_De^S 越大，出现边界反映的时间越晚，R_De^S 越小，出现边界反映的时间越早。

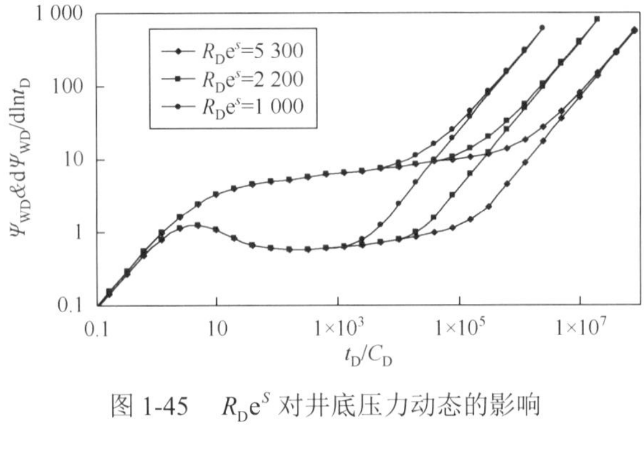

图 1-45　R_De^S 对井底压力动态的影响

图 1-46 为 $\lambda_{\psi_{BD}}e^{-S}$ 对圆形封闭地层井底压力动态影响的双对数关系曲线图。在流动边界半径小于圆形封闭边界的真实半径之前，$\lambda_{\psi_{BD}}e^{-S}$ 对井底压力动态的影响同无限大地层的流动边界模型一样，即 $\lambda_{\psi_{BD}}e^{-S}$ 的大小影响压力降落曲线晚期上翘段的斜率，$\lambda_{\psi_{BD}}e^{-S}$ 越大，曲线上翘程度越大，反之亦然，当 $\lambda_{\psi_{BD}}e^{-S}$ 很小时，拟压力导数曲线出现水平直线段。当流动边界半径扩展到地层的真实半径以后，反映出拟稳定流动特性，即拟压力及导数双对数曲线重合且呈 45°的直线。由于启动压力梯度及流动边界的影响，当 $\lambda_{\psi_{BD}}e^{-S}$ 越大时，流动边界向外扩展的速度越慢，因此 $\lambda_{\psi_{BD}}e^{-S}$ 越大出现边界反映的时间越晚。

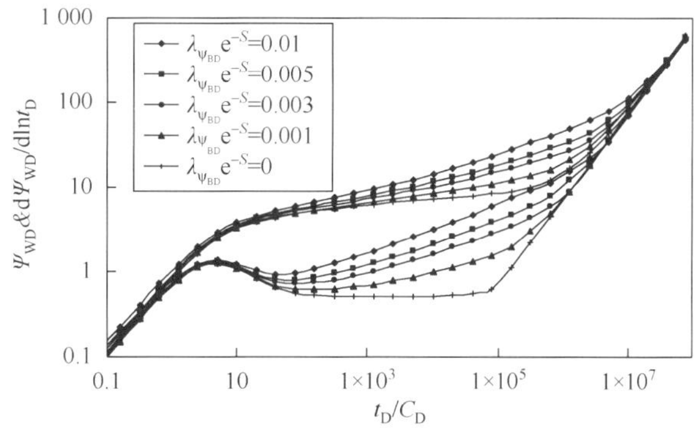

图 1-46　$\lambda_{\psi_{BD}}e^{-S}$ 对圆形封闭地层井底压力动态的影响

图 1-47 为 R_De^S 对圆形供给气藏井底压力动态影响的双对数关系曲线图。R_De^S 只影响流动边界已经扩展到供给边界以后的井底压力动态；在流动边界扩展到供给边界以前，井底压力动态遵循无限大地层流动边界模型的解；在流动边界扩展到供给边界以后，反映供给边界作用的稳定流动特征，即晚期拟压力曲线呈现水平直线段，而导数曲线则逐渐下滑变为零。R_De^S 越大，出现边界反映的时间越晚，稳定的井底流压越低，R_De^S 越小，出现边界反映的时间越早，稳定的井底流压越高。

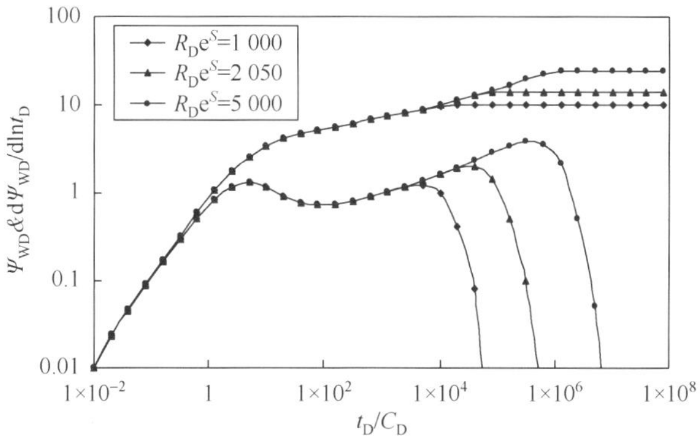

图 1-47　R_De^S 对圆形供给气藏井底压力动态的影响

图 1-48 为 $\lambda_{\psi_{BD}} e^{-S}$ 对圆形供给地层井底压力动态影响的双对数关系曲线图。在流动边界半径小于圆形供给边界的真实半径之前，$\lambda_{\psi_{BD}} e^{-S}$ 对井底压力动态的影响同无限大地层的流动边界模型解一样；当流动边界半径扩展到地层的真实半径以后，反映出供给边界作用的稳定流动特性，即井底压力以及地层中压力不再随时间的变化而改变。由于启动压力梯度及流动边界的影响，当 $\lambda_{\psi_{BD}} e^{-S}$ 越大时，流动边界向外扩展的速度越慢，因此 $\lambda_{\psi_{BD}} e^{-S}$ 越大出现边界反映的时间越晚，稳定的井底流压越低而无因次的拟压力则越高。

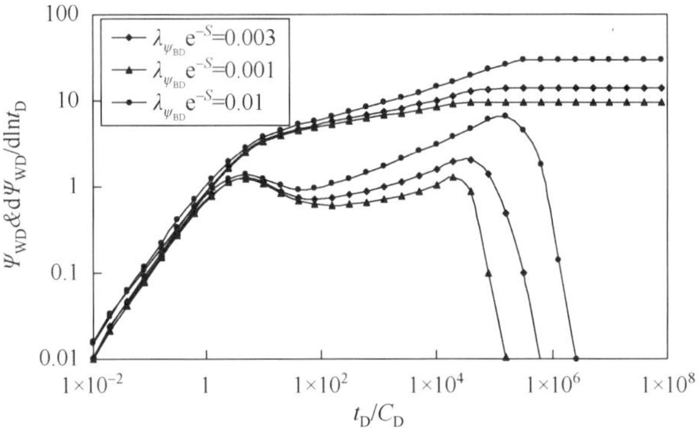

图 1-48　$\lambda_{\psi_{BD}} e^{-S}$ 对圆形供给地层井底压力动态的影响

1.3.3　启动压力梯度影响的低渗双重介质气藏试井分析理论

1. 试井分析数学模型及解

根据前述研究，低渗透双重介质气藏中一口井定产量生产时的不稳定试井分析数学模型具有以下几种情形。

(1) 压力波瞬间传播情形的无限大外边界模型

$$\begin{cases} \dfrac{1}{r_{De}}\dfrac{\partial}{\partial r_{De}}\left[r_{De}\dfrac{\partial \psi_{Df}}{\partial r_{De}}\right]+\dfrac{\lambda_{\psi_{BD}} e^{-S}}{r_{De}}=\omega\dfrac{\partial \psi_{Df}}{\partial t_{Def+m}}-\lambda e^{-2S}(\psi_{Dm}-\psi_{Df}) \\ (1-\omega)\dfrac{\partial \psi_{Dm}}{\partial t_{Def+m}}=\lambda e^{-2S}(\psi_{Df}-\psi_{Dm}) \\ \psi_{Df}(r_{De},t_{Def+m}=0)=\psi_{Dm}(r_{De},t_{Def+m}=0)=0 \\ C_{Def+m}\dfrac{d\psi_{WD}}{dt_{Def+m}}-\left.\dfrac{\partial \psi_{Df}}{\partial r_{De}}\right|_{r_{De}=1}=1+\lambda_{\psi_{BD}} e^{-S} \\ \psi_{WD}=\psi_D(r_{De}=1) \\ \psi_{Df}(r_{De}\to\infty)=\psi_{Dm}(r_{De}\to\infty)=0 \end{cases} \tag{1-182}$$

(2) 压力波瞬间传播情形的圆形封闭地层模型

对于压力波瞬间传播情形的圆形封闭地层，只需要将无限大模型 (1-182) 中的最后一个方程变为如下方程即可。

$$\left.\frac{\partial\psi_{\mathrm{Df}}}{\partial r_{\mathrm{De}}}\right|_{r_{\mathrm{De}}=R_{\mathrm{De}}}=0 \tag{1-183}$$

(3) 压力波瞬间传播情形的圆形供给地层模型

对于压力波瞬间传播情形的圆形供给地层，只需要将无限大模型(1-182)中的最后一个方程变为式(1-184)即可。

$$\psi_{\mathrm{Df}}(r_{\mathrm{De}}=R_{\mathrm{De}})=0 \tag{1-184}$$

(4) 考虑流动边界影响，无限大地层或压力扰动未传到真实边界之前

对于考虑流体流动边界的影响，只需将无限大模型(1-182)中的外边界条件改为式(1-185)即可。

$$\begin{cases}\left.\dfrac{\partial\psi_{\mathrm{Df}}}{\partial r_{\mathrm{De}}}\right|_{r_{\mathrm{De}}=r_{\mathrm{FDe}}(t_{\mathrm{Def+m}})}=-\lambda_{\psi_{\mathrm{BD}}}\mathrm{e}^{-S}\\ \psi_{\mathrm{Df}}\left[r_{\mathrm{De}}>r_{\mathrm{FDe}}(t_{\mathrm{Def+m}})\right]=0\end{cases} \tag{1-185}$$

式中：$t_{\mathrm{Def+m}}$——无因次时间，

$$t_{\mathrm{Def+m}}=t_{\mathrm{Df+m}}\mathrm{e}^{2S}=\frac{3.6k_{\mathrm{f}}}{(\phi VC_{\mathrm{g}})_{\mathrm{f+m}}\mu r_{\mathrm{we}}^{2}}t \tag{1-186}$$

$C_{\mathrm{Def+m}}$——无因次井筒储存常数，

$$C_{\mathrm{Def+m}}=C_{\mathrm{Df+m}}\mathrm{e}^{2S}=\frac{0.159C}{(\phi VC_{\mathrm{t}})_{\mathrm{f+m}}hr_{\mathrm{w}}^{2}}\mathrm{e}^{2S} \tag{1-187}$$

ψ_{Df}、ψ_{Dm}、ψ_{WD}——裂缝、基质、井底无因次拟压力；

其余符号同前。

通过拉普拉斯变换和格林函数方法可求解上述模型。

(1) 压力波瞬间传播情形的无限大外边界的解：

$$\bar{\psi}_{\mathrm{D}}=\frac{(1+d)K_0(ur_{\mathrm{De}})}{g[uK_1(u)+gK_0(u)]}+\int_1^{\infty}G(r_{\mathrm{De}},\tau)\mathrm{d}\tau \tag{1-188}$$

$$u=\sqrt{gf(g)/C_{\mathrm{Df+m}}\mathrm{e}^{2S}} \tag{1-189}$$

$$f(g)=\frac{\lambda\mathrm{e}^{-2S}+\omega(1-\omega)g/C_{\mathrm{Df+m}}\mathrm{e}^{2S}}{\lambda\mathrm{e}^{-2S}+(1-\omega)g/C_{\mathrm{Df+m}}\mathrm{e}^{2S}} \tag{1-190}$$

$$d=\lambda_{\psi_{\mathrm{BD}}}\mathrm{e}^{-S}+\frac{\pi\lambda_{\psi_{\mathrm{BD}}}\mathrm{e}^{-S}}{2}I_1(u)-\frac{\pi\lambda_{\psi_{\mathrm{BD}}}\mathrm{e}^{-S}}{2u}gI_0(u) \tag{1-191}$$

式中：g——拉普拉斯变量，

$\bar{\psi}_{\mathrm{WD}}$——拉普拉斯空间井底无因次拟压力，

$$\bar{\psi}_{\mathrm{WD}}(g)=\int_0^{\infty}\psi_{\mathrm{WD}}\mathrm{e}^{-gt_{\mathrm{Def+m}}/C_{\mathrm{Def+m}}}\mathrm{d}(t_{\mathrm{Def+m}}/C_{\mathrm{Def+m}}) \tag{1-192}$$

$G(r_{\mathrm{De}},\tau)$——格林函数，

$$G(r_{\mathrm{De}},\tau)=\begin{cases}\dfrac{\lambda_{\psi_{\mathrm{BD}}}\mathrm{e}^{-S}}{g}K_0(ur_{\mathrm{De}})I_0(u\tau) & (1<\tau<r_{\mathrm{De}})\\ \dfrac{\lambda_{\psi_{\mathrm{BD}}}\mathrm{e}^{-S}}{g}K_0(u\tau)I_0(ur_{\mathrm{De}}) & (r_{\mathrm{De}}<\tau<\infty)\end{cases} \tag{1-193}$$

在式(1-188)中取 $r_{\mathrm{De}}=1$，获得井底无因次拟压力解：

$$\bar{\psi}_{\mathrm{WD}}=\frac{(1+d)K_0(u)}{g[uK_1(u)+gK_0(u)]}+\frac{\pi\lambda_{\psi_{\mathrm{BD}}}\mathrm{e}^{-S}}{2gu}I_0(u) \tag{1-194}$$

(2)压力波瞬间传播情形的圆形封闭地层的解

$$\bar{\psi}_{\mathrm{D}}=bE(r_{\mathrm{De}})+H(r_{\mathrm{De}})+\int_1^{R_{\mathrm{De}}}G(r_{\mathrm{De}},\tau)\mathrm{d}\tau \tag{1-195}$$

$$E(r_{\mathrm{De}})=\frac{I_0(ur_{\mathrm{De}})K_1(uR_{\mathrm{De}})+K_0(ur_{\mathrm{De}})I_1(uR_{\mathrm{De}})}{I_1(uR_{\mathrm{De}})} \tag{1-196}$$

$$H(r_{\mathrm{De}})=\frac{cI_0(ur_{\mathrm{De}})}{I_1(uR_{\mathrm{De}})} \tag{1-197}$$

$$c=\frac{\lambda_{\psi_{\mathrm{BD}}}\mathrm{e}^{-S}}{g}K_1(uR_{\mathrm{De}})\int_1^{R_{\mathrm{De}}}I_0(\tau u)\mathrm{d}\tau \tag{1-198}$$

$$b=\frac{\dfrac{1}{g}+\dfrac{\lambda_{\psi_{\mathrm{BD}}}\mathrm{e}^{-S}}{g}-gH(r_{\mathrm{De}}=1)+gd+M(r_{\mathrm{De}}=1)+e}{[uF(r_{\mathrm{De}}=1)+gE(r_{\mathrm{De}}=1)]} \tag{1-199}$$

$$F(r_{\mathrm{De}})=\frac{-I_1(ur_{\mathrm{De}})K_1(uR_{\mathrm{De}})+K_1(ur_{\mathrm{De}})I_1(uR_{\mathrm{De}})}{I_1(uR_{\mathrm{De}})} \tag{1-200}$$

$$M(r_{\mathrm{De}})=\frac{cuI_1(ur_{\mathrm{De}})}{I_1(uR_{\mathrm{De}})} \tag{1-201}$$

$$d=\frac{\lambda_{\psi_{\mathrm{BD}}}\mathrm{e}^{-S}}{g}I_0(u)\int_1^{R_{\mathrm{De}}}K_0(\tau u)\mathrm{d}\tau \tag{1-202}$$

$$e=\frac{\lambda_{\psi_{\mathrm{BD}}}}{g}uI_1(u)\int_1^{R_{\mathrm{De}}}K_0(\tau u)\mathrm{d}\tau \tag{1-203}$$

在式(1-195)中取 $r_{\mathrm{De}}=1$，获得井底无因次拟压力解：

$$\bar{\psi}_{\mathrm{WD}}=bE(r_{\mathrm{De}}=1)+H(r_{\mathrm{De}}=1)+d \tag{1-204}$$

(3)压力波瞬间传播情形的圆形供给地层的解

$$\bar{\psi}_{\mathrm{D}}=bE(r_{\mathrm{De}})+H(r_{\mathrm{De}})+\int_1^{R_{\mathrm{De}}}G(r_{\mathrm{De}},\tau)\mathrm{d}\tau \tag{1-205}$$

$$E(r_{\mathrm{De}})=\frac{-I_0(ur_{\mathrm{De}})K_0(uR_{\mathrm{De}})+K_0(ur_{\mathrm{De}})I_0(uR_{\mathrm{De}})}{I_0(uR_{\mathrm{De}})} \tag{1-206}$$

$$H(r_{\mathrm{De}})=-\frac{cI_0(ur_{\mathrm{De}})}{I_0(uR_{\mathrm{De}})} \tag{1-207}$$

$$c=\frac{\lambda_{\psi_{\mathrm{BD}}}\mathrm{e}^{-S}}{g}K_0(uR_{\mathrm{De}})\int_1^{R_{\mathrm{De}}}I_0(u\tau)\mathrm{d}\tau \tag{1-208}$$

$$b=\frac{\dfrac{1}{g}+\dfrac{\lambda_{\psi_{\mathrm{BD}}}\mathrm{e}^{-S}}{g}-gH(r_{\mathrm{De}}=1)+gd+M(r_{\mathrm{De}}=1)+e}{\left[uF(r_{\mathrm{De}}=1)+gE(r_{\mathrm{De}}=1)\right]} \tag{1-209}$$

$$F(r_{\mathrm{De}})=\frac{I_1(ur_{\mathrm{De}})K_0(uR_{\mathrm{De}})+K_1(ur_{\mathrm{De}})I_0(uR_{\mathrm{De}})}{I_0(uR_{\mathrm{De}})} \tag{1-210}$$

$$M(r_{\mathrm{De}})=-\frac{cuI_1(ur_{\mathrm{De}})}{I_0(uR_{\mathrm{De}})} \tag{1-211}$$

$$d=\frac{\lambda_{\psi_{\mathrm{BD}}}\mathrm{e}^{-S}}{g}I_0(u)\int_1^{R_{\mathrm{De}}}K_0(\tau u)\mathrm{d}\tau \tag{1-212}$$

$$e=\frac{\lambda_{\psi_{\mathrm{BD}}}}{g}uI_1u\int_1^{R_{\mathrm{De}}}K_0(u\tau)\mathrm{d}\tau \tag{1-213}$$

在式(1-205)中取 $r_{\mathrm{De}}=1$，获得井底无因次拟压力解：

$$\bar{\psi}_{\mathrm{WD}}=bE(r_{\mathrm{De}}=1)+H(r_{\mathrm{De}}=1)+d \tag{1-214}$$

(4)流动边界情形的解

$$\bar{\psi}_{\mathrm{D}}=bE(r_{\mathrm{De}})+H(r_{\mathrm{De}})+\int_1^{R_{\mathrm{De}}}G(r_{\mathrm{De}},\tau)\mathrm{d}\tau \tag{1-215}$$

$$E(r_{\mathrm{De}})=\frac{I_0(ur_{\mathrm{De}})K_1(ur_{\mathrm{FDe}})+K_0(ur_{\mathrm{De}})I_1(ur_{\mathrm{FDe}})}{I_1(ur_{\mathrm{FDe}})} \tag{1-216}$$

$$H(r_{\mathrm{De}})=\frac{cI_0(ur_{\mathrm{De}})}{I_1(ur_{\mathrm{FDe}})} \tag{1-217}$$

$$c=\frac{\lambda_{\psi_{\mathrm{BD}}}\mathrm{e}^{-S}}{g}K_1(ur_{\mathrm{FDe}})\int_1^{r_{\mathrm{FDe}}}I_0(u\tau)\mathrm{d}\tau-\frac{\lambda_{\psi_{\mathrm{BD}}}\mathrm{e}^{-S}}{gu} \tag{1-218}$$

$$b=\frac{\dfrac{1}{g}+\dfrac{\lambda_{\psi_{\mathrm{BD}}}\mathrm{e}^{-S}}{g}-gH(r_{\mathrm{De}})=1+gd+M(r_{\mathrm{De}}=1)+e}{\left[uF(r_{\mathrm{De}}=1)+gE(r_{\mathrm{De}}=1)\right]} \tag{1-219}$$

$$F(r_{\mathrm{De}})=\frac{-I_1(ur_{\mathrm{De}})K_1(ur_{\mathrm{FDe}})+K_1(ur_{\mathrm{De}})I_1(ur_{\mathrm{FDe}})}{I_1(ur_{\mathrm{FDe}})} \tag{1-220}$$

$$M(r_{\mathrm{De}})=\frac{cuI_1(ur_{\mathrm{De}})}{I_1(ur_{\mathrm{FDe}})} \tag{1-221}$$

$$d=\frac{\lambda_{\psi_{\mathrm{BD}}}\mathrm{e}^{-S}}{g}I_0(u)\int_1^{r_{\mathrm{FDe}}}K_0(u\tau)\mathrm{d}\tau \tag{1-222}$$

$$e=\frac{\lambda_{\psi_{\mathrm{BD}}}}{g}uI_1(u)\int_1^{r_{\mathrm{FDe}}}K_0(u\tau)\mathrm{d}\tau \tag{1-223}$$

在式(1-215)中取 $r_{\mathrm{De}}=1$，获得井底无因次拟压力解：

$$\bar{\psi}_{\mathrm{WD}}=bE(r_{\mathrm{De}}=1)+H(r_{\mathrm{De}}=1)+d \tag{1-224}$$

在上述公式中，只要令 $\lambda_{\psi_{\mathrm{BD}}}=0$，则考虑启动压力梯度的低速非达西渗流的解简化为常规的达西线性渗流的解。

2. 试井分析典型曲线

图 1-49～图 1-51 为启动拟压力梯度参数 $\lambda_{\psi_{BD}}e^{-S}$ 对井底压力动态影响的关系曲线图。在其他参数不变情况下，$\lambda_{\psi_{BD}}e^{-S}$ 值增大，在井筒储集效应以后导数曲线将往上翘。$\lambda_{\psi_{BD}}e^{-S}$ 值越大，上翘时间越早，上翘幅度越大。双重介质的特征仍是导数曲线呈现一个向下的凹子而压力曲线则变化平缓，导数曲线凹子出现的时间与窜流系数 λ 有关，λ 越大，凹子出现的时间越早。同达西线性渗流相比，由于启动压力梯度的影响，双重介质低速非达西渗流拟压力半对数曲线过渡段的台阶比达西渗流拟压力曲线过渡段的台阶高得多(图 1-51)，并且不存在两条平行的直线段。

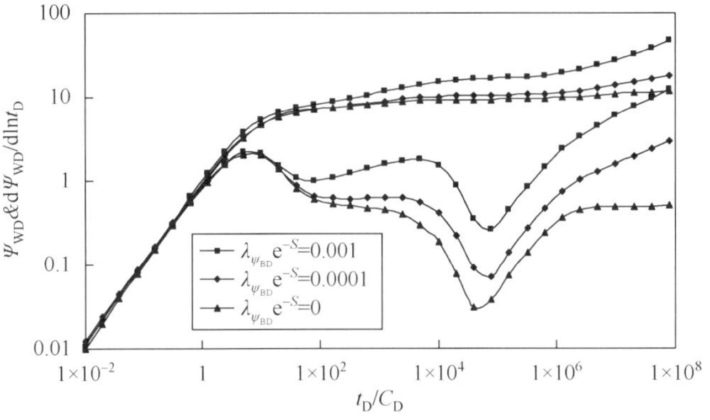

图 1-49　$\lambda_{\psi_{BD}}e^{-S}$ 对井底压力动态的影响(一)

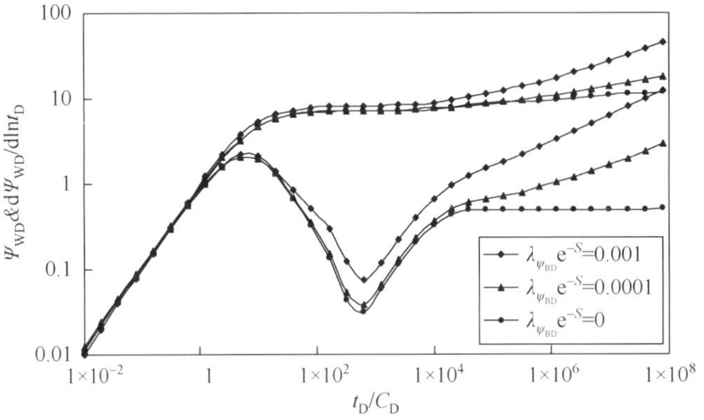

图 1-50　$\lambda_{\psi_{BD}}e^{-S}$ 对井底压力动态的影响(三)

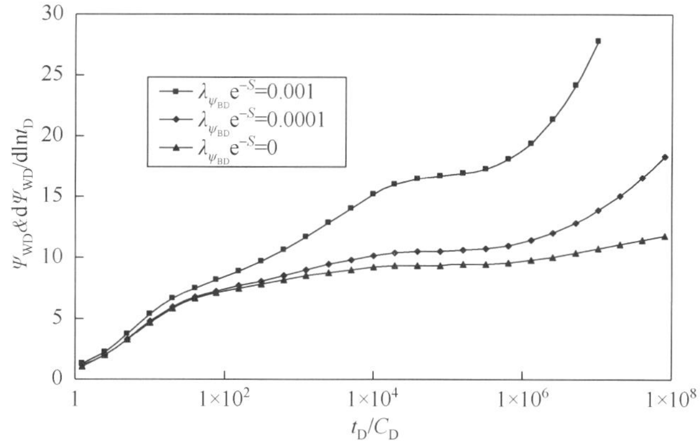

图 1-51　$\lambda_{\psi_{BD}}e^{-S}$ 对井底压力动态的影响(三)

图 1-52 为储容比 ω 对井底压力动态影响关系曲线图。在其他参数一定时，ω 的大小决定早期曲线的位置、台阶(半对数图)的宽度、凹子(双对数图)的深度和宽度。ω 越小，台阶越宽，凹子的宽度和深度越大，窜流过渡的时间越长，窜流开始的时间提前；ω 越大，与此相反。当 $\omega\to1$ 时，双重介质低速非达西渗流压力动态特征与均质低速非达西渗流压力动态特征相同。

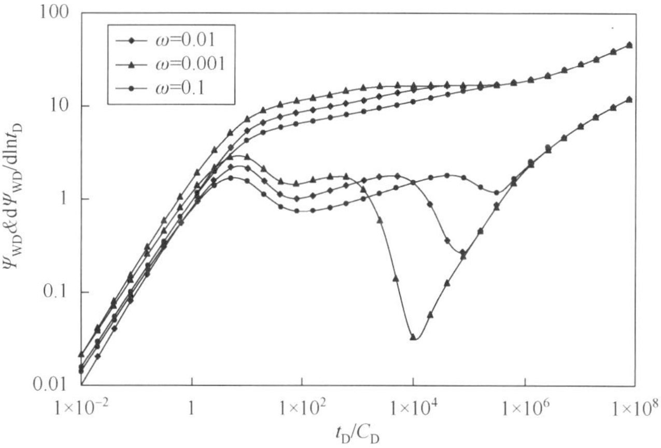

图 1-52　储容比 ω 对井底压力动态的影响

图 1-53 为窜流系数参数 λe^{-2S} 对井底压力动态影响的关系曲线图。在 ω、$\lambda_{\psi_{BD}}e^{-S}$、$C_De^{2S}$ 一定时，λe^{-2S} 决定台阶(半对数图)的高低、凹子(双对数图)的位置、开始窜流时间的早迟。λe^{-2S} 越大，台阶越低，凹子出现的时间越早并且位置也越低，开始窜流的时间越早；λe^{-2S} 越小，与此相反。λe^{-2S} 对井底压力动态的影响还受 $\lambda_{\psi_{BD}}e^{-S}$ 的影响，$\lambda_{\psi_{BD}}e^{-S}$ 越大，台阶越高(图 1-51)；$\lambda_{\psi_{BD}}e^{-S}$ 越大，λe^{-2S} 越大，台阶和凹子越不明显。

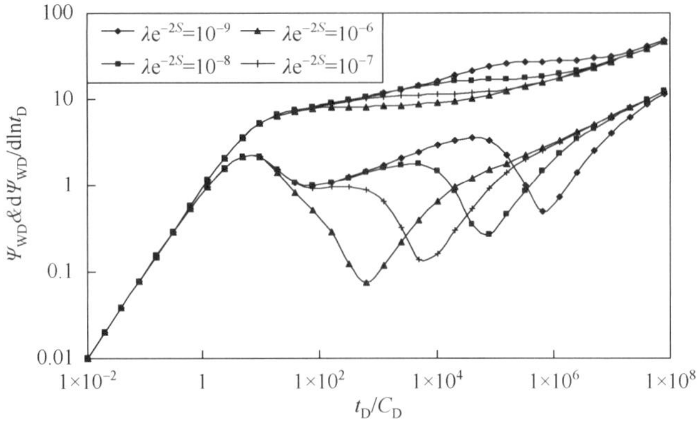

图 1-53　λe^{-2S} 对井底压力动态的影响

图 1-54 为 $C_D e^{2S}$ 对井底压力动态影响关系曲线图。在其他参数不变的情况下，$C_D e^{2S}$ 值增大，导数曲线上翘时间提前，上翘幅度增大。当 $C_D e^{2S}$ 很大并且导数曲线下凹位置靠近导数曲线的峰值时，导数曲线下凹程度越来越不明显。

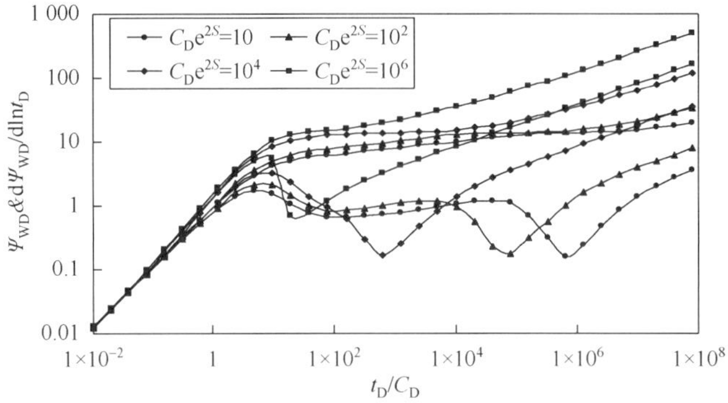

图 1-54　$C_D e^{2S}$ 对井底压力动态的影响

图 1-55、图 1-56 为圆形封闭外边界大小对井底压力动态影响的关系曲线图。边界半径越大，拟稳定流动出现的时间越晚，导数曲线呈 45°上翘的时间越晚；如果窜流系数 λ

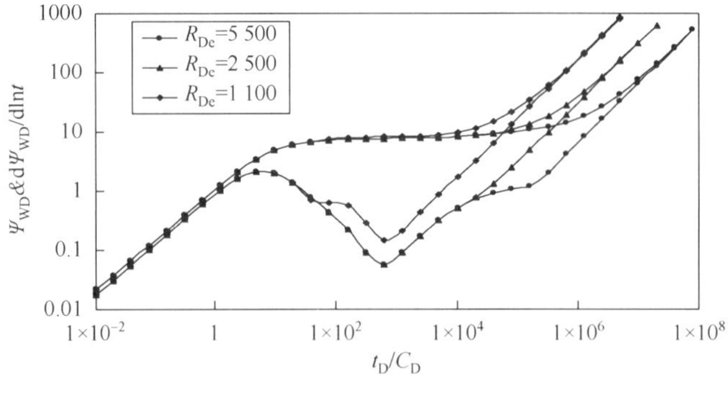

图 1-55　圆形封闭外边界大小对井底压力动态的影响(一)

比较大，窜流可能发生在边界反映之前，如果窜流系数 λ 比较小，窜流则可能发生在边界反映之后(如图 1-56)。

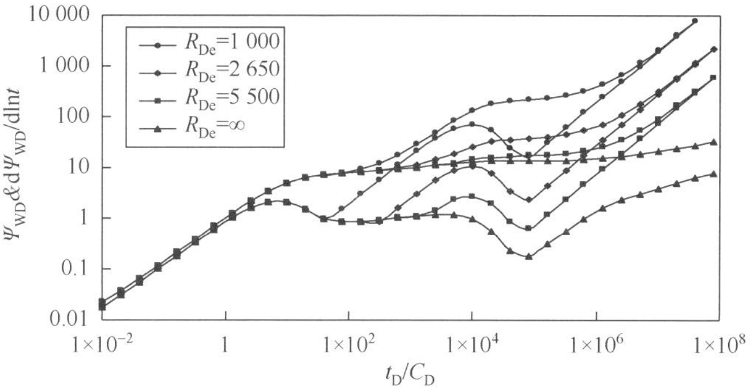

图 1-56　圆形封闭外边界大小对井底压力动态的影响(二)

图 1-57 为窜流系数参数 λe^{-2S} 对圆形封闭地层井底压力动态影响的关系曲线图。当 λe^{-2S} 较大时，窜流的反映在边界反映之前；当 λe^{-2S} 较小时，窜流的反映在边界反映之后。

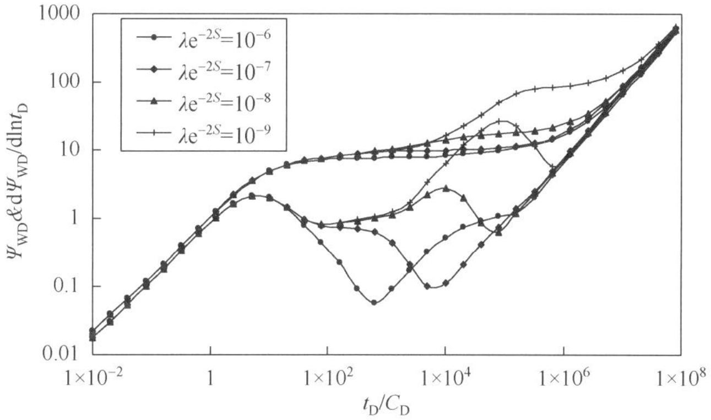

图 1-57　λe^{-2S} 对圆形封闭地层井底压力动态的影响

图 1-58 为圆形供给边界井底压力动态响应关系曲线图。在其他参数不变的情况下，

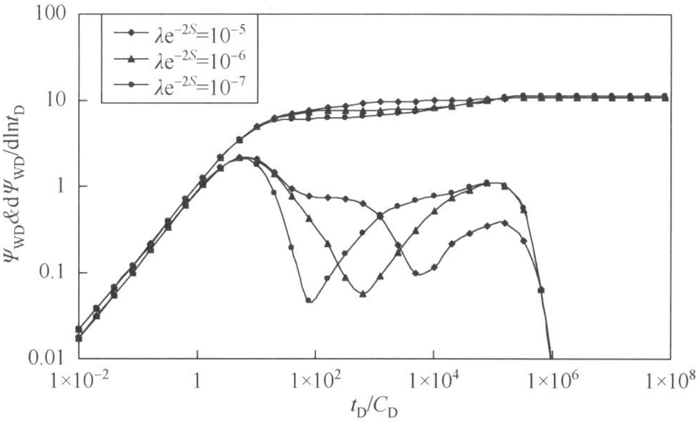

图 1-58　圆形供给边界井底压力动态响应关系图

当 λe^{-2S} 比较小时，由于供给边界作用的影响，基岩的窜流将不起任何作用；当 λe^{-2S} 比较大时，在供给边界反映之前表现出基岩向裂缝的窜流，即导数曲线向下凹，向下凹的程度和位置仍与 $\lambda_{\psi_{BD}} e^{-S}$ 有关，当 $\lambda_{\psi_{BD}} e^{-S}$ 比较小时，窜流作用往往掩盖非达西作用。

1.4 应用实例

1.4.1 均质低渗透气藏气井试井分析实例

某低渗气藏中一口气井以 $1.25\times10^4\ m^3/d$ 的产气量稳定生产了 208 d，其后关井测压力恢复，气藏及气井基本参数：气藏孔隙度 0.12，地层厚度 38 m，地层温度 42.44℃，井半径 0.095 25 m，天然气相对密度 0.621，拟临界压力 4.648 MPa，拟临界温度 198.599 K。

利用上述理论编制的试井解释软件的精细解释，结合地质资料分析，获得了较好的结果，如图 1-59 为双对数检验图，图 1-60 为半对数检验图，图 1-61 为压力历史检验图。试井解释结果为：地层渗透率 $k=0.017\ 8\times10^{-3}\ \mu m^2$，表皮系数 $S=-4.07$，原始地层压力 $p_i=14.235\ MPa$，井筒储存系数 $C=1.53\ m^3/MPa$，启动压力梯度 $\lambda_B=0.01511\ MPa/m$。

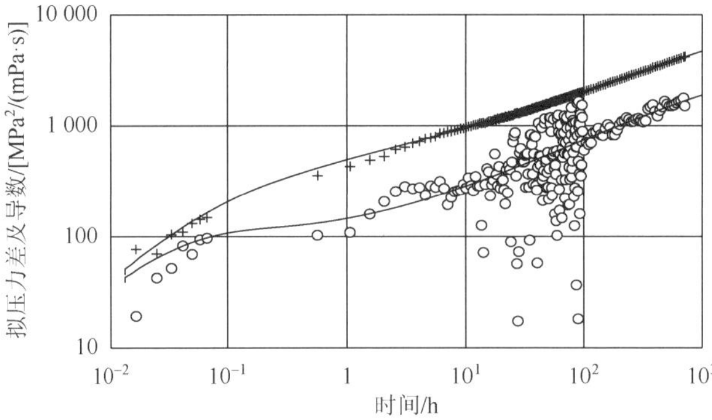

图 1-59　双对数检验图

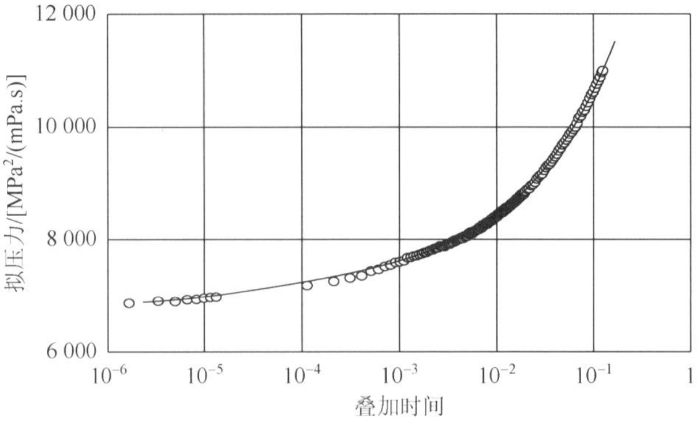

图 1-60　半对数检验图

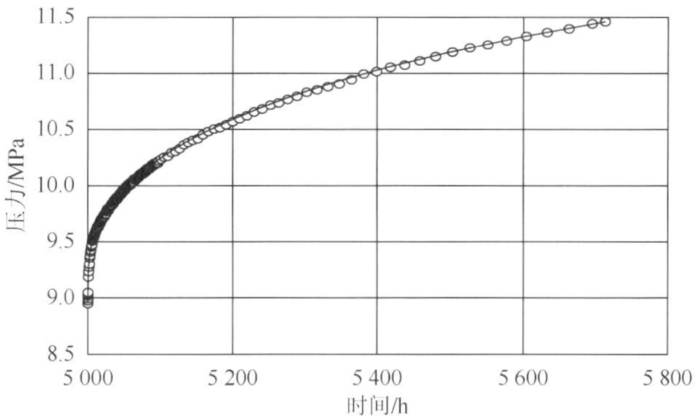

图 1-61　压力历史检验图

1.4.2　双重介质低渗透气藏气井试井分析实例

某气井以 $2.08\times10^4\ m^3/d$ 的产气量稳定生产了 179.8 h，其后关井测压力恢复，气藏及气井基本参数：气藏孔隙度 0.093，地层厚度 7.3 m，地层温度 86.7 ℃，井半径 0.079 m，天然气相对密度 0.578，硫化氢含量 1.306%，二氧化碳含量 0.33%，拟临界压力 4.655 MPa，拟临界温度 192.759 K。

如果采用常规的以达西线性渗流规律为基础的试井解释软件进行解释，则将解释出很近的断层边界反映，这与实际地质资料不符。利用上述理论编制的试井解释软件进行精细解释，结合地质资料分析，获得了较好的结果。拟合结果如图 1-62～图 1-64 所示。试井解释结果为：地层渗透率 $k=0.023\times10^{-3}\ \mu m^2$，表皮系数 $S=-4.7$，原始地层压力 $p_i=33.26$ MPa，井筒储存系数 $C=3.38\ m^3/MPa$，弹性储容比 $\omega=0.035$，窜流系数 $\lambda=0.000\ 27$，启动压力梯度 $\lambda_B=0.00837$ MPa/m。

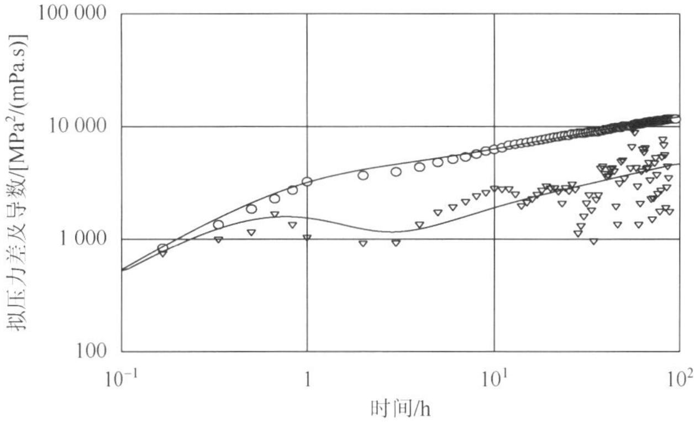

图 1-62　双对数检验图

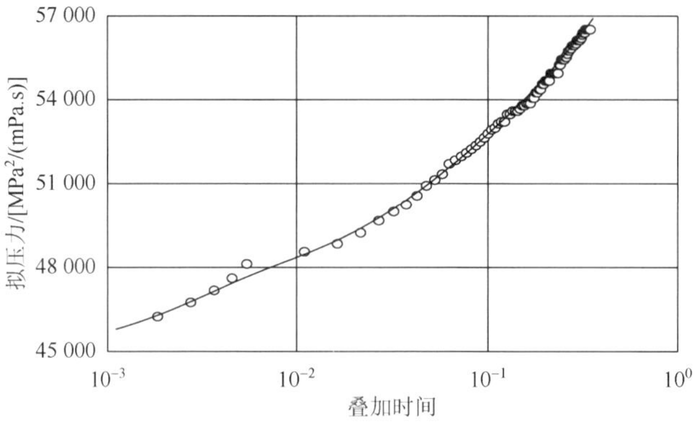

图 1-63　半对数检验图

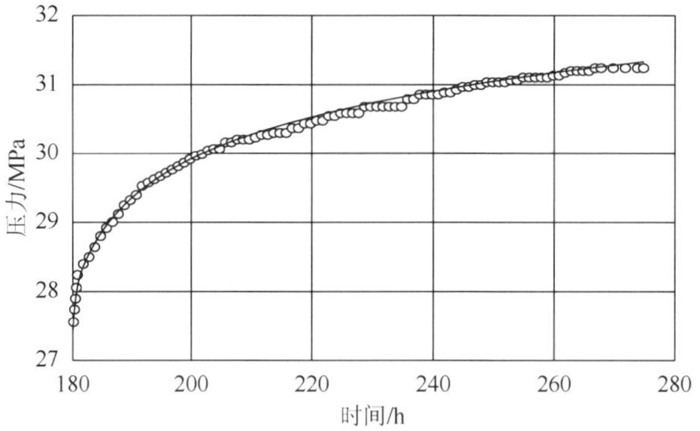

图 1-64　压力历史检验图

第 2 章　异常高压气藏渗流理论

国内外的大量实验研究表明，由于异常高压对储层及流体性质的影响，使得异常高压储层与常压储层具有一些不同的渗流及开采特征，这种特征是由于异常高压地层应力敏感性效应表现的结果。本章在阐述异常高压气藏渗透率应力敏感实验及渗透率与有效压力变化关系时，建立考虑应力敏感效应影响的均质、双重介质及复合气藏不稳定渗流数学模型，在获得数学模型解后，作出反映渗流及压力动态特征的典型曲线，并分析渗流及压力动态的变化规律，以此建立异常高压气藏的试井分析理论与方法，举实例解释分析了异常高压气藏气井的试井资料。

2.1　异常高压气藏渗流机理

随着地层流体的采出，孔隙流体压力不断降低，导致岩石骨架承受的有效应力增加，储集层可能发生弹性或塑性形变、孔隙空间压缩或微裂缝闭合，致使渗透率降低。净应力对渗透率的影响称为渗透率的应力敏感性。

2.1.1　渗透率应力敏感实验结果分析

岩心在太沙基(Terzaghi)有效变形下，降低内压和升高外压得到的 Terzaghi 有效应力是相同的。因此，目前在研究渗透率随有效应力的变化时，是通过改变岩心围压，保持岩心内压不变来改变有效应力，得到不同有效应力下的渗透率值。

众所周知，在油气藏开发前，流体压力、岩石骨架应力与上覆岩层压力处于平衡状态。油气藏实际生产时，外压基本是不发生变化的，通常情况下，油气藏的外应力(外压)为一常数。当从油气藏岩石的孔隙中采出流体时，孔隙压力(内应力、内压)从原始地层压力 p_i 下降到 p，内压不断减小，有效应力却在增加，岩石因而被压缩，表现出的是岩石随孔隙压力(内压)变化的敏感性，岩石的相关物性参数也跟着发生变化，一些强应力敏感性地层，还会伴随有地表的明显沉降和储层的垮塌现象。所以，在论证岩心在本体变形时，降低内压与升高外压两种方法对本体有效应力大小的影响程度不同，而应该选择改变内压的方式来对渗透率进行敏感性测试分析。

储层变形以及渗透率的变化与有效压力密切相关。在实际地层中，有效压力等于上覆岩石压力减去孔隙内流体压力，在实验室中等于岩心围压减去孔隙内流体的压力。

$$\sigma = p_{\mathrm{R}} - \phi p \tag{2-1}$$

式中：σ ——有效应力；

p_{R} ——上覆岩石压力；

p——地层压力；

ϕ——孔隙度，小数。

当改变外压时，假设外压增加量为 a（令 $a>0$）。由式(2-1)得

$$\sigma_{p1} = p_R + a - \phi p \tag{2-2}$$

在本体有效变形中让内压降低 a，则得到

$$\sigma_{p2} = p_R - \phi(p - a) \tag{2-3}$$

显然 $\sigma_{p1} \neq \sigma_{p2}$，且 σ_{p1} 的增量为 a，而 σ_{p2} 的增量为 ϕa。因为 $0<\phi<1$，所以有 $\phi a < a$，即说明 σ_{p1} 的增量大于 σ_{p2} 的增量，即改变外压对本体有效应力产生的影响，要大于改变内压对本体有效应力产生的影响。

因为应力敏感程度大小与有效应力变化程度基本成正比。由此推断，用改变岩心外压进行应力敏感分析得到的压敏程度要比改变岩心内压进行应力敏感分析得到的压敏程度严重。因此，选择改变内压来进行应力敏感测试，更能客观反映油气藏应力敏感的真实情况。

图 2-1 为变内压测试的岩心渗透率(k/k_0)的相对变化与净有效覆盖压力之间的关系曲线图。该图表明，相同压差下，随着净有效覆盖压力升降次数的增加，同一块岩心渗透率的变化越来越小，渗透率应力滞后效应也越来越弱。到第五次升降压时，岩心渗透率基本不再随升降次数而持续下降，出现了极限变化。主要是由于随着作用在岩样上的净有效覆盖压力的增加，基质中的岩石颗粒相互靠近，岩样的渗透率降低。当净有效覆盖压力达到某一值时，基质中的岩石颗粒靠得很近，随着净有效覆盖压力继续增加，岩样的渗透率趋于恒定。在不同的储层，由于岩石受到的压实作用、岩石的矿物种类和含量、裂缝中是否存在充填物以及充填物的种类和含量等不同，其影响程度也不同。

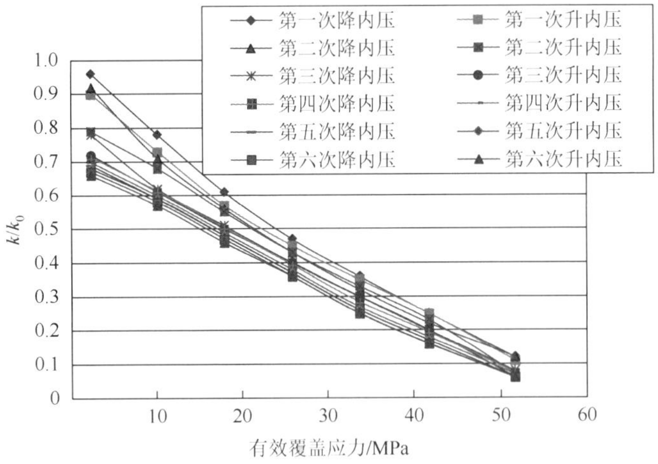

图 2-1 变内压测试 k/k_0 随净有效覆盖压力的变化关系曲线

图 2-2 为变外压测试的岩心渗透率与净有效覆盖压力之间的关系曲线图。从该图可以看出，岩心渗透率相对值在六次升外压过程中均随净有效覆盖压力的升高而逐渐降低，且

随着净有效覆盖压力的逐渐增大，渗透率相对值下降的幅度逐渐变小。即在净有效覆盖压力增加的早期，渗透率相对值下降幅度相对较大，而在增加的后期，渗透率相对值下降幅度相对较小。当净有效覆盖压力增加到一定程度时，会出现渗透率相对值趋于不变，说明此时净有效覆盖压力的变化对渗透率的影响已经到了极限。而在每次升压过后进行的降外压过程中，岩心渗透率相对值随净有效覆盖压力的下降而逐渐升高，且在净有效覆盖压力开始减小时，渗透率相对值增大的幅度最小；随着净有效覆盖压力的进一步减小，渗透率相对值的增大幅度较大，但不能恢复到原始地层渗透率值。即岩石卸压以后，渗透率有一定程度的恢复但不能恢复到其原始值。这种现象说明地层发生不可逆形变，从而导致渗透率发生部分不可逆变化，这个过程应为弹塑性变形。同时由于渗透率滞后效应，随着净有效覆盖压力的增加，岩样的渗透率下降，紧接着随着净有效覆盖压力的降低，岩样的渗透率又逐渐增加，但在同一净有效覆盖压力的作用下，岩样的渗透率值低于以前的渗透率值，表现出明显的渗透率滞后效应。

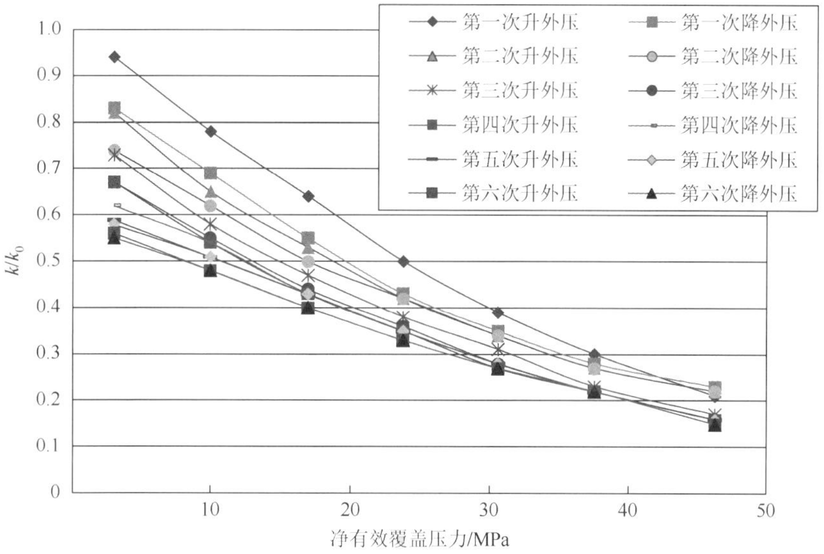

图 2-2　变外压测试 k/k_0 随净有效覆盖压力的变化关系曲线

2.1.2　渗透率随有效覆压变化的数学关系

1）指数关系式

在较宽的压力变化范围内，渗透率随有效覆盖压力的变化可以用指数关系式来描述[29]。

$$k = k_0 e^{-a_k \sigma} \tag{2-4}$$

式中：k_0——岩石没有施加压力时的初始渗透率，$10^{-3}\mu m^2$；

a_k——渗透率变化系数，MPa^{-1}；

k——目前渗透率，$10^{-3}\mu m^2$。

2) 乘幂关系式

渗透率随有效覆盖压力的变化也可以用乘幂关系式来描述。

$$k = k_o c\sigma^{-m} \tag{2-5}$$

式中：c、m——实验数据拟合系数。

2.2　异常高压气藏不稳定渗流理论研究

本节从渗流力学基本理论出发，建立考虑渗透率应力敏感条件下的气井不稳定渗流数学模型，求解其压力动态，研究其渗流特征。

2.2.1　应力敏感均质气藏不稳定渗流理论

均质气藏是油气渗流过程中最常见的一类地层模型，包括大部分的砂岩地层和裂缝发育很均匀的天然裂缝碳酸盐岩地层。

1. 渗流物理模型

均质气藏渗流物理模型如图 2-3 所示。其不稳定渗流数学模型假设条件如下。

(1) 储层均质、等厚、各向同性，顶、底为不渗透隔层，外边界为无限大、圆形封闭或圆形恒压；

(2) 单相气体在气藏中呈平面径向等温渗流，流动服从线性达西定律；

(3) 井位于气藏中心，完全打开储层，并以恒定产量 q_{sc} 生产；

(4) 投产前地层中各处压力恒为原始压力 p_i；

(5) 考虑应力敏感效应的影响；

(6) 忽略重力和毛管力影响。

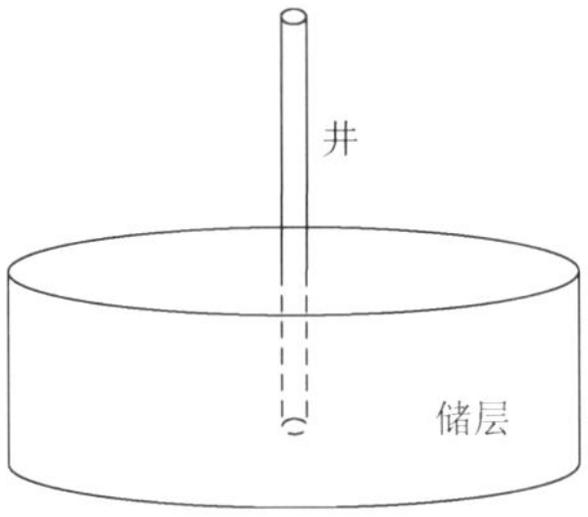

图 2-3　渗流物理模型示意图

2. 渗流数学模型及解

实验研究表明，渗透率随有效应力变化关系[30]：

$$\gamma' = \frac{1}{k}\frac{\partial k}{\partial p} \tag{2-6}$$

式中：γ'——渗透率模量(按压力定义)，$\mathrm{MPa^{-1}}$；

k——渗透率，μm^2；

p——应力，MPa。

考虑渗流过程中气体性质随有效应力发生变化，式(2-6)可变为

$$\gamma = \frac{1}{k}\frac{\partial k}{\partial \psi} \tag{2-7}$$

式中：γ ——渗透率模量(按拟压力定义)，$\text{mPa}\cdot\text{s/MPa}^2$；

ψ ——拟压力，$\text{MPa}^2/(\text{mPa}\cdot\text{s})$。

对式(2-7)积分得

$$k = k_i \text{e}^{-\gamma(\psi_i - \psi)} \tag{2-8}$$

式中：k_i ——原始地层压力下的储层渗透率，μm^2。

由运动方程、状态方程和物质平衡方程建立起考虑渗透率应力敏感效应的渗流微分基本方程：

$$\frac{1}{r}\frac{\partial}{\partial r}\left(r\frac{\partial \psi}{\partial r}\right) + \gamma\left(\frac{\partial \psi}{\partial r}\right)^2 = \frac{\phi\mu C_\text{t}}{3.6k_i}\text{e}^{\gamma(\psi_i - \psi)}\frac{\partial \psi}{\partial t} \tag{2-9}$$

式(2-9)表明，该方程式是一个非线性很强的偏微分方程，无法进行直接求解，要获得其解析解，需要对方程式进行线性化处理。为此，引入以下无因次变量[31]：

无因次拟压力：

$$\psi_\text{D} = \frac{78.55k_i h}{q_\text{sc}T}\Delta\psi(p) \tag{2-10}$$

无因次时间：

$$t_\text{D} = \frac{3.6k_i t}{\phi\mu C_\text{t} r_\text{w}^2} \tag{2-11}$$

无因次半径：

$$r_\text{D} = \frac{r}{r_\text{w}} \tag{2-12}$$

无因次渗透率模量：

$$\gamma_\text{D} = \frac{q_\text{g}T}{78.55k_i h}\gamma \tag{2-13}$$

将上述无因次变量代入渗流微分式(2-9)，并加上适当的定解条件，可得到考虑应力敏感效应的均质无限大气藏不稳定渗流数学模型：

$$\begin{cases} \dfrac{1}{r_\text{D}}\dfrac{\partial}{\partial r_\text{D}}\left(r_D\dfrac{\partial \psi_\text{D}}{\partial r_\text{D}}\right) - \gamma_\text{D}\left(\dfrac{\partial \psi_\text{D}}{\partial r_\text{D}}\right)^2 = \text{e}^{\gamma_\text{D}\psi_\text{D}}\dfrac{\partial \psi_\text{D}}{\partial t_\text{D}} \\ \psi_\text{D}(r_\text{D},0) = 0 \\ \left(r_\text{D}\text{e}^{-\gamma_\text{D}\psi_\text{D}}\dfrac{\partial \psi_\text{D}}{\partial r_\text{D}}\right)_{r_\text{D}=1} = -1 \\ \lim\limits_{r_\text{D}\to\infty}\psi_\text{D}(r_\text{D},t_\text{D}) = 0 \end{cases} \tag{2-14}$$

为了求解上述模型，引入如下变换关系式：

$$\psi_\text{D}(r_\text{D},t_\text{D}) = -\frac{1}{\gamma_\text{D}}\ln[1 - \gamma_\text{D}\eta_\text{D}(r_\text{D},t_\text{D})] \tag{2-15}$$

并应用以下各摄动技术[32]变换式：

$$\eta_\text{D} = \eta_{0\text{D}} + \gamma_\text{D}\eta_{1\text{D}} + \gamma_\text{D}^2\eta_{2\text{D}} + \cdots \tag{2-16}$$

$$\frac{1}{1-\gamma_D\eta_{wD}}=1+\gamma_D\eta_{wD}+\gamma_D^2\eta_{wD}^2+\cdots \tag{2-17}$$

$$-\frac{1}{\gamma_D}\ln(1-\gamma_D\eta_D)=\eta_D+\frac{1}{2}\gamma_D\eta_D^2+\cdots \tag{2-18}$$

$$-\frac{1}{\gamma_D}\ln(1-\gamma_D\eta_{wD})=\eta_{wD}+\frac{1}{2}\gamma_D\eta_{wD}^2+\cdots \tag{2-19}$$

再考虑到较小无因次渗透率模量，只要取零阶摄动解即可，于是不稳定渗流数学模型式(2-14)化为

$$\begin{cases}\dfrac{1}{r_D}\dfrac{\partial}{\partial r_D}\left(r_D\dfrac{\partial\eta_{0D}}{\partial r_D}\right)=\dfrac{\partial\eta_{0D}}{\partial t_D}\\ \eta_{0D}(r_D,0)=0\\ \left(r_D\dfrac{\partial\eta_{0D}}{\partial r_D}\right)_{r_D=1}=-1\\ \lim\limits_{r_D\to\infty}\eta_{0D}(r_D,t_D)=0\end{cases} \tag{2-20}$$

对式(2-20)进行拉普拉斯变换[33]，则拉普拉斯空间解：

$$\bar{\eta}_{0D}(r_D)=\frac{K_0(\sqrt{u}r_D)}{u\sqrt{u}K_1(\sqrt{u})} \tag{2-21}$$

式中：K_0、K_1——第二类零阶、一阶修正贝塞尔函数；

u——拉普拉斯变量。

考虑应力敏感效应的均质无限大气藏无因次拟压力解：

$$\psi_D(r_D,t_D)=-\frac{1}{\gamma_D}\ln\{1-\gamma_D L^{-1}[\bar{\eta}_{0D}(r_D)+O(\gamma_D)]\} \tag{2-22}$$

式中：L^{-1}—拉普拉斯逆变换；

$O(\gamma_D)$—η_D 零阶解以上的余量。

在式(2-22)中取 $r_D=1$，获得应力敏感均质无限大地层的井底拟压力解。

利用同样的方法，可以获得考虑应力敏感效应的均质圆形封闭气藏和均质圆形恒压气藏井底无因次拟压力解。

圆形封闭外边界解：

$$\psi_D(r_D,t_D)=-\frac{1}{\gamma_D}\ln\{1-\gamma_D \mathrm{L}^{-1}[\bar{\eta}_{0D}(r_D)+O(\gamma_D)]\} \tag{2-23}$$

$$\bar{\eta}_{0D}(r_D)=\frac{I_0(\sqrt{u}r_D)K_1(\sqrt{u}r_{eD})+K_0(\sqrt{u}r_D)I_1(\sqrt{u}r_{eD})}{u\sqrt{u}[-I_1(\sqrt{u})K_1(\sqrt{u}r_{eD})+K_1(\sqrt{u})I_1(\sqrt{u}r_{eD})]} \tag{2-24}$$

圆形恒压外边界解：

$$\psi_D(r_D,t_D)=-\frac{1}{\gamma_D}\ln\{1-\gamma_D \mathrm{L}^{-1}[\bar{\eta}_{0D}(r_D)+O(\gamma_D)]\} \tag{2-25}$$

$$\bar{\eta}_{0D}(r_D)=\frac{-I_0(\sqrt{u}r_D)K_0(\sqrt{u}r_{eD})+K_0(\sqrt{u}r_D)I_0(\sqrt{u}r_{eD})}{u\sqrt{u}[I_1(\sqrt{u})K_0(\sqrt{u}r_{eD})+K_1(\sqrt{u})I_0(\sqrt{u}r_{eD})]} \tag{2-26}$$

3. 渗流压力动态特征

通过拉普拉斯数值反演方法可将以上拉普拉斯空间解析解转化为实空间的数值解。取应力敏感参数 γ_D 为曲线参数，井底压力 p_{wf} 为纵坐标，时间 t 为横坐标作应力敏感效应影响的无限大均质气藏中气井井底压力响应关系曲线如图 2-4 所示。该图表明，当存在应力敏感效应影响时，在开井生产过程中为了维持相同的气井产量，其生产压差要增大，并且应力敏感效应越强（γ_D 越大），生产压差越大。因此，应力敏感效应是气藏开发的不利因素。

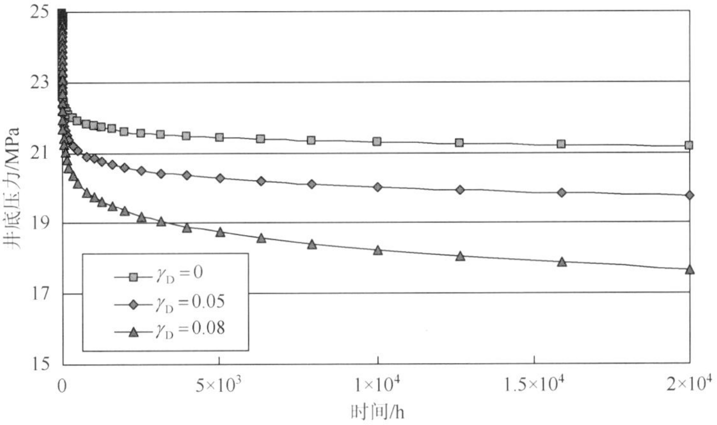

图 2-4　应力敏感效应影响的无限大均质气藏气井井底压力关系曲线

图 2-5、图 2-6 为应力敏感效应影响的均质无限大气藏中地层压力分布关系曲线图和半对数曲线图（$t_D=10^7$）。该图表明，应力敏感效应对地层压力分布的影响主要集中在近井地带的低压区，而远离井筒的高压区三条曲线几乎重合，应力敏感效应的影响可忽略。

图 2-5、图 2-6 还表明，当考虑应力敏感效应时，地层压力分布的压降漏斗将比不考虑应力敏感效应时深，即在相同条件下，由于应力敏感效应的影响使得地层的能量损失加快。

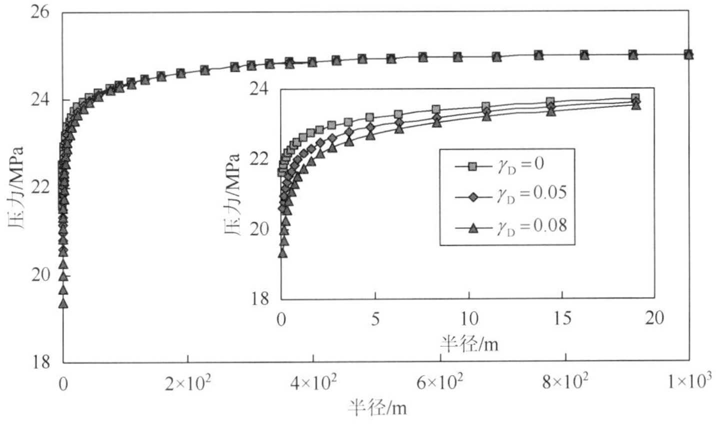

图 2-5　考虑应力敏感效应的地层压力分布关系曲线

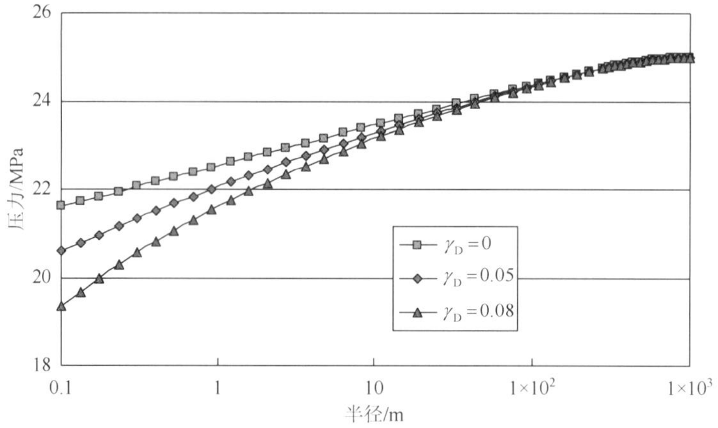

图 2-6　考虑应力敏感效应的地层压力分布半对数曲线

图 2-7 为受应力敏感效应影响的均质地层不同外边界条件的井底压力响应关系曲线图。该图表明，应力敏感效应对井底压力响应的影响在压力波传播到外部边界以前三者是一致的，当压力波传播到边界以后，定压外边界由于有供给的存在，井底流压高于无限大边界情形，而封闭外边界则由于没有流体从边界外补给，井底流压则明显低于无限大边界情形。无论是封闭边界还是定压边界，应力敏感效应越强（γ_D 越大），井底流压越低，生产压差越大。

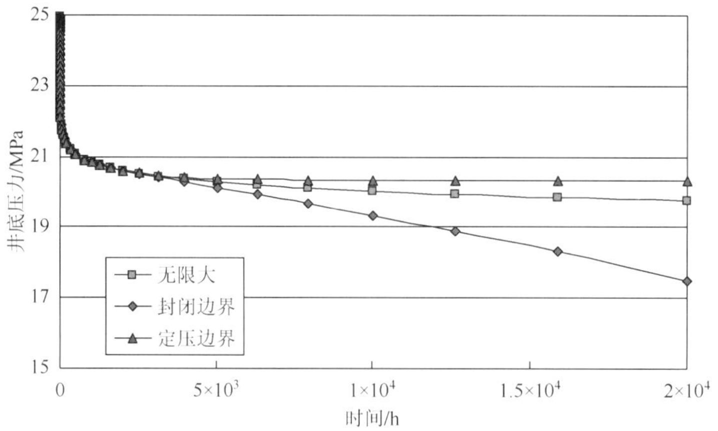

图 2-7　考虑应力敏感效应均质地层不同外边界气藏井底压力响应曲线

2.2.2　应力敏感双重介质气藏不稳定渗流理论

双重孔隙介质气藏是油气渗流过程中较常见的又一类地层模型，对于具有天然裂缝的碳酸盐岩地层，一般表现出双重孔隙介质气藏的渗流特征。

1. 渗流物理模型

对于天然裂缝性气藏（沃伦-鲁特模型[34]），考虑应力敏感效应影响的渗流物理模型如

图 2-8 所示。不稳定渗流数学模型假设条件：

(1) 地层水平等厚，各向同性，油层上下分别有不渗透隔层；

(2) 单相可压缩气体在储层中作平面径向等温渗流，流动服从线性达西定律；

(3) 投产前地层中各处压力恒为原始压力 p_i；

(4) 考虑应力敏感效应的影响；

(5) 井位于气藏中心，完全打开储层，并以恒定产量 q_{sc} 生产。

(6) 地层中存在两种具有不同孔隙度和渗透率的介质，即基质系统和裂缝系统，裂缝作为渗流通道，基质作为供给源；

(7) 介质间的窜流考虑为拟稳态情况；

(8) 忽略重力和毛管力影响。

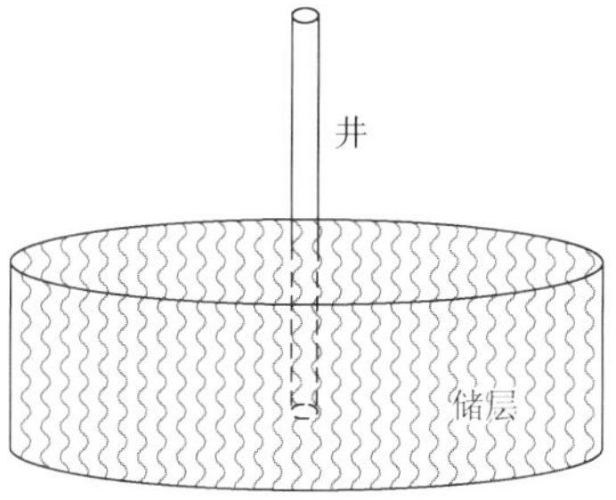

图 2-8　双重介质渗流物理模型示意图

2. 渗流数学模型及解

根据上述假设条件，由运动方程、状态方程和物质平衡方程建立起考虑渗透率应力敏感效应影响的双重孔隙介质无限大气藏不稳定渗流数学模型。

$$\begin{cases} \dfrac{1}{r_D}\dfrac{\partial}{\partial r_D}\left(r_D\dfrac{\partial \psi_{fD}}{\partial r_D}\right)-\gamma_D\left(\dfrac{\partial \psi_D}{\partial r_D}\right)^2=e^{\gamma_D\psi_D}\left[\omega\dfrac{\partial \psi_{fD}}{\partial t_D}-(1-\omega)\dfrac{\partial \psi_{mD}}{\partial t_D}\right] \\ e^{\gamma_D\psi_D}(1-\omega)\dfrac{\partial \psi_{mD}}{\partial t_D}=\lambda(\psi_{fD}-\psi_{mD}) \\ \psi_{fD}(r_D,t_D=0)=\psi_{mD}(r_D,t_D=0)=0 \\ \lim\limits_{r_D\to\infty}\psi_{fD}(r_D,t_D)=0 \\ e^{-\gamma_D\psi_D}\left.\dfrac{\partial \psi_{fD}}{\partial r_D}\right|_{r_D=1}=-1 \end{cases} \tag{2-27}$$

式中的无因次变量定义如下(下标 m 表示基质，f 表示裂缝)：

裂缝无因次拟压力：

$$\psi_{fD}=\frac{78.55k_{if}h}{q_{sc}T}\Delta\psi(p) \tag{2-28}$$

基岩无因次拟压力：

$$\psi_{mD}=\frac{78.55k_{if}h}{q_{sc}T}\Delta\psi(p) \tag{2-29}$$

无因次时间：

$$t_D=\frac{3.6k_{if}t}{[(\phi C_t)_f+(\phi C_t)_m]\mu r_w^2} \tag{2-30}$$

无因次半径：

$$r_{\mathrm{D}}=\frac{r}{r_{\mathrm{w}}} \tag{2-31}$$

无因次渗透率模量：

$$\gamma_{\mathrm{D}}=\frac{q_{\mathrm{sc}}T}{78.55k_{if}h}\gamma \tag{2-32}$$

储容比：

$$\omega=\frac{(\phi C_{\mathrm{t}})_{\mathrm{f}}}{(\phi C_{\mathrm{t}})_{\mathrm{f}}+(\phi C_{\mathrm{t}})_{\mathrm{m}}} \tag{2-33}$$

窜流系数：

$$\lambda=\frac{\alpha k_{\mathrm{m}}r_{\mathrm{w}}^{2}}{k_{if}}\ (\alpha\ 为形状系数) \tag{2-34}$$

对数学模型式(2-27)进行如下变换：

$$\psi_{\mathrm{fD}}(r_{\mathrm{D}},t_{\mathrm{D}})=-\frac{1}{\gamma_{\mathrm{D}}}\ln\left[1-\gamma_{\mathrm{D}}\eta_{\mathrm{D}}(r_{\mathrm{D}},t_{\mathrm{D}})\right] \tag{2-35}$$

将式(2-35)代入式(2-27)，并应用式(2-16)～(2-19)后取零阶解，得关于零阶 η_{D} 的线性化数学模型，对此模型进行关于无因次时间 t_{D} 的拉普拉斯变换，可得其拉普拉斯空间解：

$$\bar{\eta}_{0\mathrm{D}}(r_{\mathrm{D}})=\frac{K_{0}\left[\sqrt{uf(u)}r_{\mathrm{D}}\right]}{u\sqrt{uf(u)}K_{1}\left[\sqrt{uf(u)}\right]} \tag{2-36}$$

式中：K_0、K_1——第二类零阶、一阶修正贝塞尔函数；

u——拉普拉斯变量；

$f(u)$——窜流函数，

$$f(u)=\frac{\lambda+\omega(1-\omega)u}{\lambda+(1-\omega)u} \tag{2-37}$$

将式(2-36)代入式(2-35)，得零阶井筒拟压力近似解：

$$\psi_{\mathrm{fD}}(r_{\mathrm{D}},t_{\mathrm{D}})=-\frac{1}{\gamma_{\mathrm{D}}}\ln\{1-\gamma_{\mathrm{D}}L^{-1}[\bar{\eta}_{0\mathrm{D}}(r_{\mathrm{D}})+O(\gamma_{\mathrm{D}})]\} \tag{2-38}$$

其中：L^{-1}——拉普拉斯逆变换；

$O(\gamma_{\mathrm{D}})$——η_{WD} 零阶解以上的余量。

在式(2-38)中取 $r_{\mathrm{D}}=1$，获得应力敏感双重介质无限大地层的井底压力解。

3. 渗流压力动态特征

通过拉普拉斯数值反演方法可将应力敏感双重介质气藏不稳定渗流数学模型拉氏空间解转化为实空间的数值解。取 γ_{D}、ω、λ 为曲线参数，以井底压力 p_{wf} 为纵坐标，时间 t 的对数为横坐标，双重介质气藏不稳定渗流的井底压力响应特征曲线如图 2-9 所示。

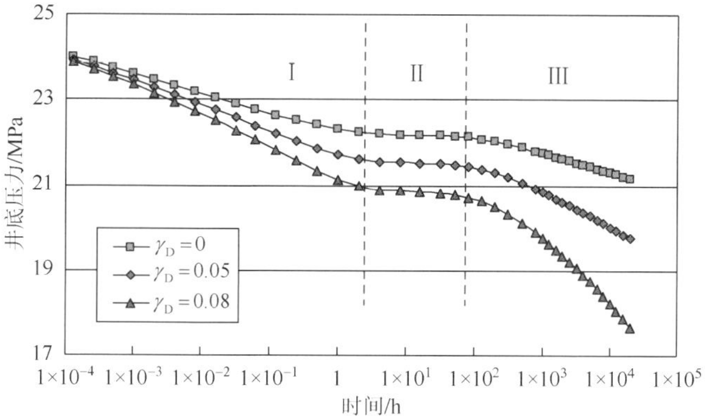

图 2-9　应力敏感天然裂缝性气藏不稳定渗流特征曲线

图 2-9 表明，受应力敏感效应影响的天然裂缝性气藏不稳定渗流表现出不同于均质气藏和常规的天然裂缝性气藏的特征，其渗流可分为三个阶段：第 I 阶段为裂缝流动阶段，第 II 阶段为基岩向裂缝发生窜流的阶段，第III阶段为基岩和裂缝构成的总系统流动阶段。但由于受应力敏感效应的影响，裂缝系统流动阶段与总系统流动阶段并不存在达西渗流时的半对数平行直线关系。总体趋势上是当存在应力敏感效应影响时，在开井生产过程中为了维持相同的气井产量，其生产压差要增大，并且应力敏感效应越强（γ_D 越大），生产压差越大，井底流压越低。

图 2-10 为窜流系数 λ 对压力动态影响的关系曲线图。该图表明，当渗透率模量 γ_D 和弹性储容比 ω 一定时，窜流系数 λ 决定井底流压时间半对数曲线台阶的高度以及开始窜流时间的迟早，这一点与双重介质达西渗流时相同。不同的是对于同一窜流系数 λ 值，当存在应力敏感效应时，井底流压曲线的台阶比不存在应力敏感效应时的台阶低，γ_D 越大，井底流压曲线台阶越低。

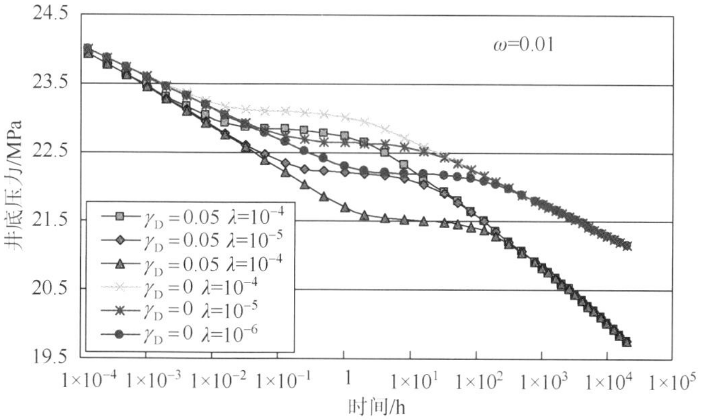

图 2-10　窜流系数 λ 对压力动态的影响

图 2-10 为弹性储容比 ω 对压力动态影响的关系曲线图。该图表明，弹性储容比 ω 对压力曲线的影响与双重介质达西渗流时 ω 对压力曲线的影响很相似。ω 决定井底流压时

间半对数曲线台阶的宽度、窜流时间的长短。ω越小，台阶越宽，窜流时间越长，窜流开始的时间提前；ω越大，与此相反。不同的是当存在应力敏感效应时，井底流压曲线的台阶比不存在应力敏感效应时的台阶低，γ_D越大，井底流压曲线台阶越低。

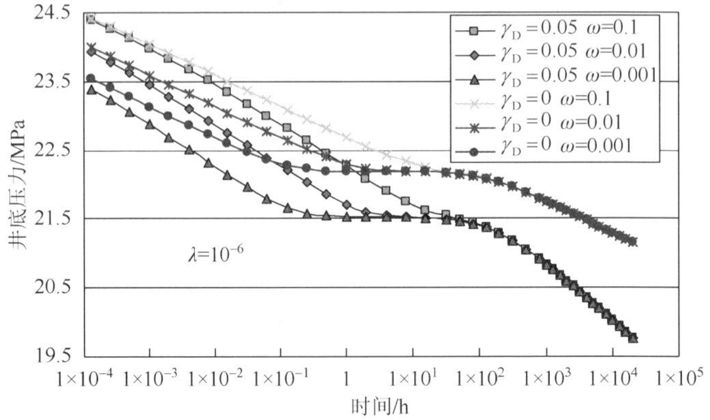

图 2-11　弹性储容比ω对压力动态的影响

2.2.3　应力敏感径向复合气藏不稳定渗流理论

两区径向复合气藏也是不稳定渗流过程中较常见的一类地层模型。两区径向复合气藏模型有天然沉积形成的，也有人工诱导形成的，其主要形式都是由流体和/或地层物性不同的两个区域组成(但在同一区域内流体和地层的物性不变)。

1. 渗流物理模型

两区径向复合气藏渗流物理模型如图 2-12 所示。渗流数学模型的假设条件如下：

(1) 地层由水平等厚物性不同的两个区域组成，内区半径为R_f，外区无限大，各区的地层渗透率k、孔隙度ϕ、综合压缩系数μ等参数不相同且为常数；

(2) 单相可压缩气体在储层中作平面径向等温渗流，流动服从线性达西定律；

(3) 两渗流区域界面不存在附加压力降；

(4) 投产前地层中各处压力恒为原始压力p_i；

(5) 考虑井筒储存效应、表皮效应和应力敏感效应的影响；

(6) 井位于气藏中心，完全打开储层，并以定产量q_{sc}生产；

(7) 忽略重力和毛管力影响。

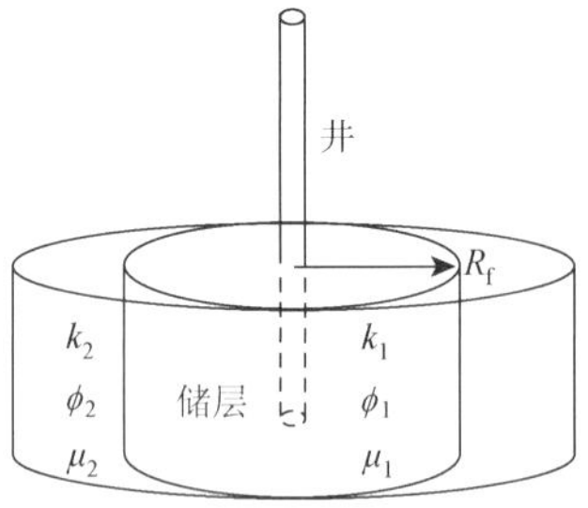

图 2-12　复合模型示意图

注：下标 1 表示内区，下标 2 表示外区。

2. 不稳定试井解释数学模型的建立及求解

根据上述假设条件，由运动方程、状态方程和物质平衡方程建立起考虑渗透率应力敏感效应影响的两区径向复合无限大气藏不稳定渗流数学模型。

$$\begin{cases}\dfrac{1}{r_\mathrm{D}}\dfrac{\partial}{\partial r_\mathrm{D}}\left(r_\mathrm{D}\dfrac{\partial \psi_{1\mathrm{D}}}{\partial r_\mathrm{D}}\right)-\gamma_\mathrm{D}\left(\dfrac{\partial \psi_{1\mathrm{D}}}{\partial r_\mathrm{D}}\right)^2=\mathrm{e}^{\gamma_\mathrm{D}\psi_{1\mathrm{D}}}\dfrac{\partial \psi_{1\mathrm{D}}}{\partial t_\mathrm{D}} & (1\leqslant r_\mathrm{D}\leqslant R_\mathrm{fD})\\ \dfrac{1}{r_\mathrm{D}}\dfrac{\partial}{\partial r_\mathrm{D}}\left(r_\mathrm{D}\dfrac{\partial \psi_{2\mathrm{D}}}{\partial r_\mathrm{D}}\right)=\eta_{12}\dfrac{\partial \psi_{2\mathrm{D}}}{\partial t_\mathrm{D}} & (R_\mathrm{fD}\leqslant r_\mathrm{D})\\ \psi_{1\mathrm{D}}(r_\mathrm{D},0)=\psi_{2\mathrm{D}}(r_\mathrm{D},0)=0 \\ \psi_{1\mathrm{D}}(R_\mathrm{fD},t_\mathrm{D})=\psi_{2\mathrm{D}}(R_\mathrm{fD},t_\mathrm{D}) \\ \mathrm{e}^{-\gamma_\mathrm{D}\psi_{1\mathrm{D}}}\dfrac{\partial \psi_{1\mathrm{D}}}{\partial r_\mathrm{D}}\bigg|_{r_\mathrm{D}=R_\mathrm{fD}}=\dfrac{1}{M_{12}}\dfrac{\partial \psi_{2\mathrm{D}}}{\partial r_\mathrm{D}}\bigg|_{r_\mathrm{D}=R_\mathrm{fD}} \\ \left(r_\mathrm{D}\mathrm{e}^{-\gamma_\mathrm{D}\psi_{1\mathrm{D}}}\dfrac{\partial \psi_{1\mathrm{D}}}{\partial r_\mathrm{D}}\right)_{r_\mathrm{D}=1}=-1 \\ \psi_{2\mathrm{D}}(\infty,t_\mathrm{D})=0 \quad \text{无限大}\end{cases} \tag{2-39}$$

式中的无因次变量定义如下(下标 1 表示内区，2 表示外区)：

无因次拟压力：

$$\psi_{k\mathrm{D}}=\frac{78.55k_{i1}h}{q_{\mathrm{sc}}T}\Delta\psi(p_j) \qquad j=1,2 \tag{2-40}$$

无因次时间：

$$t_\mathrm{D}=\frac{3.6k_{i1}t}{(\phi C_\mathrm{t}\mu)_1 r_\mathrm{w}^2} \tag{2-41}$$

无因次半径：

$$r_\mathrm{D}=\frac{r}{r_\mathrm{w}}, R_\mathrm{fD}=\frac{R_\mathrm{f}}{r_\mathrm{w}} \tag{2-42}$$

无因次渗透率模量：

$$\gamma_\mathrm{D}=\frac{q_\mathrm{g}T}{78.55k_{i1}h}\gamma \tag{2-43}$$

流度比：

$$M_{12}=\frac{M_1}{M_2}=\frac{k_{i1}/\mu_1}{k_2/\mu_2} \tag{2-44}$$

扩散系数比：

$$\eta_{12}=\frac{k_{i1}/(\phi C_\mathrm{t}\mu)_1}{k_2/(\phi C_\mathrm{t}\mu)_2} \tag{2-45}$$

同前述，通过摄动技术变换，并考虑到较小无因次渗透率模量，只要取零阶摄动解即可，于是有：

$$\psi_D(r_D,t_D)=-\frac{1}{\gamma_D}\ln\{1-\gamma_D L^{-1}[\bar{\eta}_{0D}(r_D)+O(\gamma_D)]\} \tag{2-46}$$

式中：

$$\bar{\eta}_{0D}(r_D)=\frac{GK_0(\sqrt{u}r_D)+HI_0(\sqrt{u}r_D)}{u\sqrt{u}[GK_1(\sqrt{u})-HI_1(\sqrt{u})]}\quad (1\leqslant r_D\leqslant R_{fD}) \tag{2-47}$$

$$\bar{\eta}_{0D}(r_D)=\frac{[GK_0(\sqrt{u}R_{fD})+HI_0(\sqrt{u}R_{fD})]K_0(\sqrt{\eta_{12}u}r_D)}{u\sqrt{u}[GK_1(\sqrt{u})-HI_1(\sqrt{u})]K_0(\sqrt{\eta_{12}u}R_{fD})}\quad (R_{fD}\leqslant r_D\leqslant\infty) \tag{2-48}$$

$$G=\sqrt{\eta_{12}}K_1(\sqrt{\eta_{12}u}R_{fD})I_0(\sqrt{u}R_{fD})+M_{12}K_0(\sqrt{\eta_{12}u}R_{fD})I_1(\sqrt{u}R_{fD}) \tag{2-49}$$

$$H=-\sqrt{\eta_{12}}K_1(\sqrt{\eta_{12}u}R_{fD})K_0(\sqrt{u}R_{fD})+M_{12}K_0(\sqrt{\eta_{12}u}R_{fD})K_1(\sqrt{u}R_{fD}) \tag{2-50}$$

3. 渗流压力动态特征

通过拉普拉斯数值反演方法可将以上解析解转化为实空间的数值解。取 γ_D、R_{fD}、M_{12}、η_{12} 为模数，以井底压力 p_{wf} 为纵坐标，时间 t 的对数为横坐标作应力敏感两区复合气藏不稳定渗流特征曲线如图 2-13 所示。该图表明，复合气藏的渗流主要表现为 3 个明显的流动阶段：I 内区流动阶段，III内区和外区共同作用阶段，在 I 和III之间是过渡流动阶段。当存在应力敏感效应时，由于井底流压的降低导致近井储层渗透率降低，最终使得生产压差增大，井底流压曲线低于不存在应力敏感效应时的流压曲线，并且无因次渗透率模量 γ_D 越大，井底流压曲线越低。

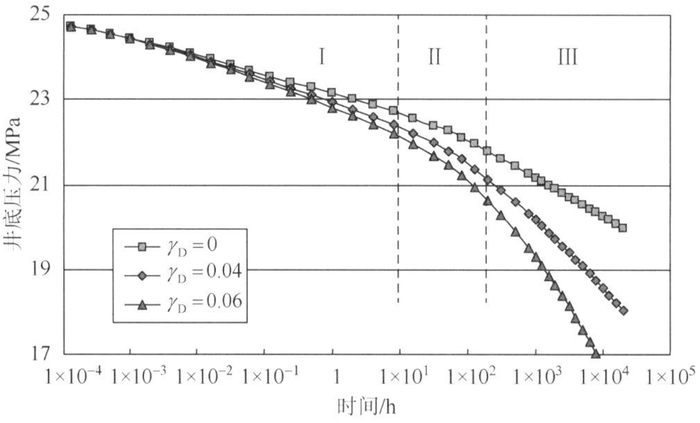

图 2-13　应力敏感两区复合气藏不稳定渗流特征曲线(外区变差)

图 2-14、图 2-15 为应力敏感复合气藏地层压力分布关系曲线图。这些图表明，地层压力的分布特征仍是以复合内区半径为界分为两个明显的区域，分别反映内外区储层流体的渗流状况；应力敏感效应的存在使得压力波及范围内储层压力的下降比无应力敏感效应时更大，并且无因次渗透率模量 γ_D 越大，储层中压力越低。

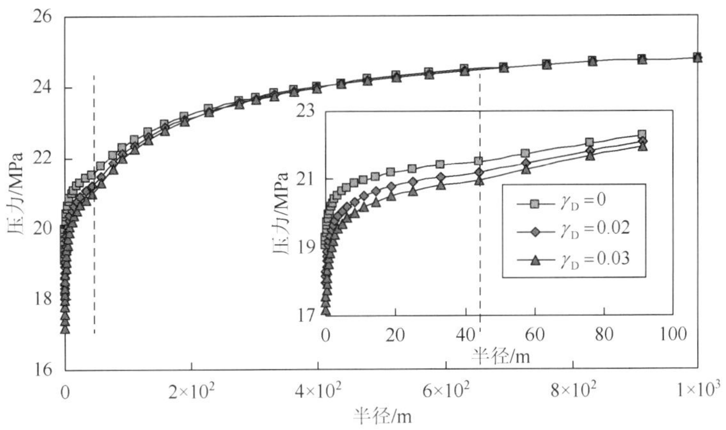

图 2-14　应力敏感复合气藏地层压力分布图(外区变差)(一)

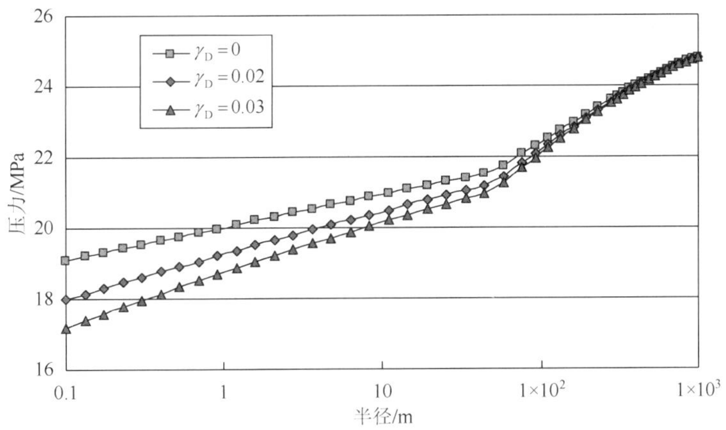

图 2-15　应力敏感复合气藏地层压力分布图(外区变差)(二)

2.3　异常高压气藏试井分析理论

本节从渗流力学基本理论出发，建立考虑渗透率应力敏感条件下的气井试井分析数学模型，求解其压力动态、研究其渗流压力动态特征。

2.3.1　应力敏感均质气藏试井分析理论

1. 试井分析数学模型

在 2.2.1 节不稳定渗流数学模型的基础上，考虑井筒储存效应和表皮效应[23]的影响，即建立起应力敏感均质气藏不稳定试井分析数学模型：

$$\begin{cases} \dfrac{1}{r_{\mathrm{D}}}\dfrac{\partial}{\partial r_{\mathrm{D}}}\left(r_{\mathrm{D}}\dfrac{\partial \psi_{\mathrm{D}}}{\partial r_{\mathrm{D}}}\right)-\gamma_{\mathrm{D}}\left(\dfrac{\partial \psi_{\mathrm{D}}}{\partial r_{\mathrm{D}}}\right)^2=\mathrm{e}^{\gamma_{\mathrm{D}}\psi_{\mathrm{D}}}\dfrac{\partial \psi_{\mathrm{D}}}{\partial t_{\mathrm{D}}} \\ \psi_{\mathrm{D}}(r_{\mathrm{D}},0)=0 \\ C_{\mathrm{D}}\dfrac{\mathrm{d}\psi_{\mathrm{wD}}}{\mathrm{d}t_{\mathrm{D}}}-\left(r_{\mathrm{D}}\mathrm{e}^{-\gamma_{\mathrm{D}}\psi_{\mathrm{D}}}\dfrac{\partial \psi_{\mathrm{D}}}{\partial r_{\mathrm{D}}}\right)_{r_{\mathrm{D}}=1}=1 \\ \psi_{\mathrm{wD}}=\left(\psi_{\mathrm{D}}-Sr_{\mathrm{D}}\mathrm{e}^{-\gamma_{\mathrm{D}}\psi_{\mathrm{D}}}\dfrac{\partial \psi_{\mathrm{D}}}{\partial r_{\mathrm{D}}}\right)_{r_{\mathrm{D}}=1} \\ \lim\limits_{r_{\mathrm{D}}\to\infty}\psi_{\mathrm{D}}(r_{\mathrm{D}},t_{\mathrm{D}})=0 \end{cases} \tag{2-51}$$

式中：C_{D}——无因次井筒储集常数；

$$C_{\mathrm{D}}=\frac{C}{2\pi h\phi C_{\mathrm{t}}r_{\mathrm{w}}^2} \tag{2-52}$$

S——表皮系数；

其余符号同前。

利用上节求解不稳定渗流数学模型的摄动技术变换方法，可求得模型(2-51)的井底无因次拟压力解：

$$\psi_{\mathrm{wD}}=-\frac{1}{\gamma_{\mathrm{D}}}\ln\{1-\gamma_{\mathrm{D}}L^{-1}[\bar{\eta}_{0\mathrm{wD}}+O(\gamma_{\mathrm{D}})]\} \tag{2-53}$$

$$\bar{\eta}_{0\mathrm{wD}}=\frac{K_0(\sqrt{u})+S\sqrt{u}K_1(\sqrt{u})}{u[\sqrt{u}K_1(\sqrt{u})+C_{\mathrm{D}}u(K_0(\sqrt{u})+S\sqrt{u}K_1(\sqrt{u}))]} \tag{2-54}$$

式中：K_0、K_1——第二类零阶、一阶修正贝塞尔函数；

u——拉普拉斯变量；

L^{-1}——拉普拉斯逆变换；

$O(\gamma_{\mathrm{D}})$——η_{WD} 零阶解以上的余量。

利用同样的方法，获得考虑应力敏感效应的均质圆形封闭气藏和均质圆形恒压气藏井底无因次拟压力解。

圆形封闭外边界解：

$$\psi_{\mathrm{wD}}=-\frac{1}{\gamma_{\mathrm{D}}}\ln\{1-\gamma_{\mathrm{D}}L^{-1}[\bar{\eta}_{0\mathrm{wD}}+O(\gamma_{\mathrm{D}})]\} \tag{2-55}$$

$$\bar{\eta}_{0\mathrm{wD}}=\frac{E(r_{\mathrm{D}}=1)+S\sqrt{u}F(r_{\mathrm{D}}=1)}{u\{\sqrt{u}F(r_{\mathrm{D}}=1)+C_{\mathrm{D}}u(E(r_{\mathrm{D}}=1)+S\sqrt{u}F(r_{\mathrm{D}}=1))\}} \tag{2-56}$$

$$E(r_{\mathrm{D}})=\frac{I_0(\sqrt{u}r_{\mathrm{D}})K_1(\sqrt{u}r_{\mathrm{eD}})+K_0(\sqrt{u}r_{\mathrm{D}})I_1(\sqrt{u}r_{\mathrm{eD}})}{I_1(\sqrt{u}r_{\mathrm{eD}})} \tag{2-57}$$

$$F(r_{\mathrm{D}})=\frac{-I_1(\sqrt{u}r_{\mathrm{D}})K_1(\sqrt{u}r_{\mathrm{eD}})+K_1(\sqrt{u}r_{\mathrm{D}})I_1(\sqrt{u}r_{\mathrm{eD}})}{I_1(\sqrt{u}r_{\mathrm{eD}})} \tag{2-58}$$

圆形恒压外边界解：

$$\psi_{\mathrm{wD}} = -\frac{1}{\gamma_{\mathrm{D}}}\ln\{1-\gamma_{\mathrm{D}}L^{-1}[\bar{\eta}_{0\mathrm{wD}}+O(\gamma_{\mathrm{D}})]\} \tag{2-59}$$

$$\bar{\eta}_{0\mathrm{wD}} = \frac{E(r_{\mathrm{D}}=1)+S\sqrt{u}F(r_{\mathrm{D}}=1)}{u\{\sqrt{u}F(r_{\mathrm{D}}=1)+C_{\mathrm{D}}u(E(r_{\mathrm{D}}=1)+S\sqrt{u}F(r_{\mathrm{D}}=1))\}} \tag{2-60}$$

$$E(r_{\mathrm{D}}) = \frac{-I_0(\sqrt{u}r_{\mathrm{D}})K_0(\sqrt{u}r_{\mathrm{eD}})+K_0(\sqrt{u}r_{\mathrm{D}})I_0(\sqrt{u}r_{\mathrm{eD}})}{I_0(\sqrt{u}r_{\mathrm{eD}})} \tag{2-61}$$

$$F(r_{\mathrm{D}}) = \frac{I_1(\sqrt{u}r_{\mathrm{D}})K_0(\sqrt{u}r_{\mathrm{eD}})+K_1(\sqrt{u}r_{\mathrm{D}})I_0(\sqrt{u}r_{\mathrm{eD}})}{I_0(\sqrt{u}r_{\mathrm{eD}})} \tag{2-62}$$

2. 试井分析典型曲线

通过拉普拉斯数值反演方法可将以上拉普拉斯空间解析解转化为实空间的数值解。应力敏感均质无限大气藏试井解释模型的特征曲线如图 2-16 所示。该图表明，存在与不存在应力敏感效应的均质无限大气藏试井分析典型曲线可分两部分阐述。

(1) 第 I 阶段为纯井筒储存效应控制阶段，无因次拟压力及其导数为一条斜率为 1.0 的直线段。存在与不存在应力敏感效应的均质无限大气藏试井分析典型征线在这一阶段的特征相同。

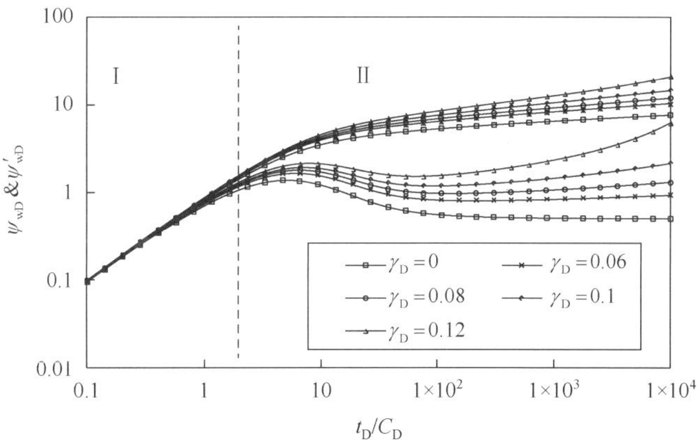

图 2-16　应力敏感无限大均质气藏试井分析典型曲线

(2) 在第 II 阶段，存在与不存在应力敏感效应的均质无限大气藏试井分析典型曲线开始出现差别，随着无因次渗透率模量数值的增加，无因次拟压力及其导数往上翘起，无因次渗透率模量数值越大，无因次拟压力及其导数往上翘越明显，这种特征和不存在应力敏感效应的均质气藏加不渗透外边界试井模型以及低渗透油气藏存在启动压力梯度的情形相类似。

图 2-17 为受应力敏感效应影响的均质圆形封闭外边界气藏井底压力响应双对数曲线。该图表明，由于受应力敏感效应的影响，拟压力导数曲线从早期井筒储存过渡期开始

上翘。当压力波传播到气藏外边界时，由于受封闭外边界和应力敏感效应的共同影响，导数曲线上翘幅度加剧，曲线斜率超过了拟稳定流动的 45°直线。

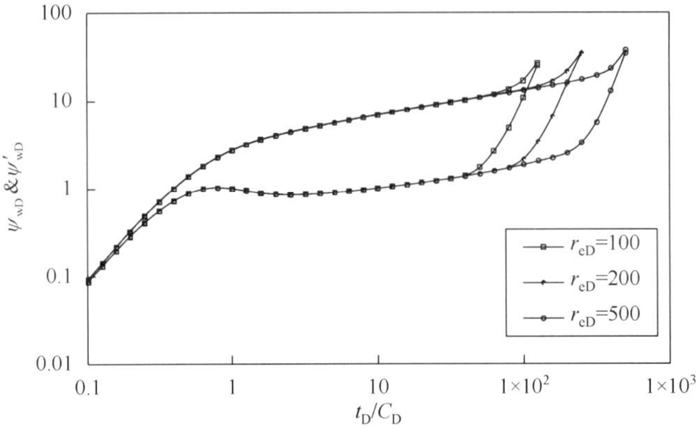

图 2-17　应力敏感均质圆形封闭气藏试井分析典型曲线

图 2-18 为受应力敏感效应影响的均质圆形恒压外边界气藏井底压力响应双对数曲线。该图表明，由于受应力敏感效应的影响，在压力波传播到恒压边界以前，拟压力导数曲线从早期井筒储存过渡期开始上翘。当压力波传播到气藏外边界后，由于受恒压边界的影响，导数曲线迅速下掉并很快趋于 0，而井底压力值则保持一恒定的值。但当恒压边界较远时，由于应力敏感效应的影响导致渗透率下降，致使压力波在讨论的时间范围内尚未传播到气藏的外边界(如 $r_{eD}=5000$)。

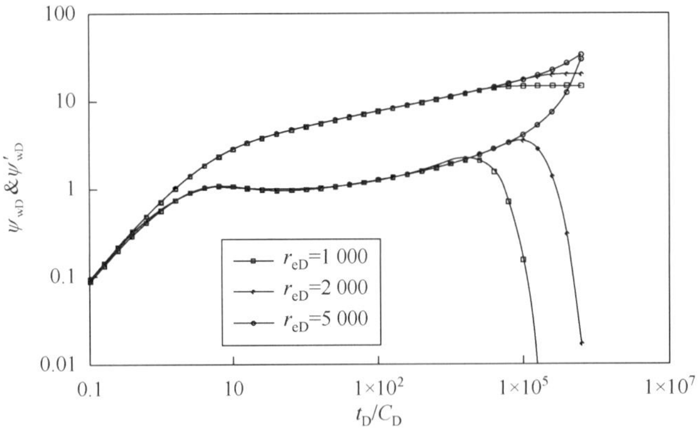

图 2-18　应力敏感均质圆形恒压气藏试井分析典型曲线

2.3.2　应力敏感影响的双重介质气藏试井分析理论

1. 试井分析数学模型

在 2.2.2 节不稳定渗流数学模型的基础上，加上井筒储存效应和表皮效应的影响，即建立起应力敏感双孔气藏不稳定试井分析数学模型：

$$\begin{cases}\dfrac{1}{r_D}\dfrac{\partial}{\partial r_D}\left(r_D\dfrac{\partial \psi_{fD}}{\partial r_D}\right)-\gamma_D\left(\dfrac{\partial \psi_D}{\partial r_D}\right)^2=e^{\gamma_D\psi_D}\left[\omega\dfrac{\partial \psi_{fD}}{\partial t_D}-(1-\omega)\dfrac{\partial \psi_{mD}}{\partial t_D}\right]\\ e^{\gamma_D\psi_D}(1-\omega)\dfrac{\partial \psi_{mD}}{\partial t_D}=\lambda\left(\psi_{fD}-\psi_{mD}\right)\\ \psi_{fD}(r_D,t_D=0)=\psi_{mD}(r_D,t_D=0)=0\\ \lim\limits_{r_D\to\infty}\psi_{fD}(r_D,t_D)=0\\ C_D\dfrac{\partial \psi_{wD}}{\partial t_D}-r_De^{-\gamma_D\psi_D}\left.\dfrac{\partial \psi_{fD}}{\partial r_D}\right|_{r_D=1}=1\\ \psi_{wD}=\psi_{fD}-Sr_De^{-\gamma_D\psi_D}\left.\left(r_D\dfrac{\partial \psi_{fD}}{\partial r_D}\right)\right|_{r_D=1}\end{cases} \tag{2-63}$$

式中：C_D——无因次井筒储集常数；

$$C_D=\frac{C}{2\pi h\left[(\phi VC_t)_f+(\phi VC_t)_m\right]\ r_w^2} \tag{2-64}$$

其余符号同前。

利用上节求解不稳定渗流数学模型的摄动技术变换方法，可获得模型(2-63)的井底无因次拟压力解：

$$\psi_{wD}(t_D)=-\frac{1}{\gamma_D}\ln\left\{1-\gamma_DL^{-1}\left[\eta_{0wD}+O(\gamma_D)\right]\right\} \tag{2-65}$$

$$\bar{\eta}_{0wD}=\frac{K_0(\sqrt{uf(u)})+S\sqrt{uf(u)}K_1\sqrt{uf(u)}}{u\{\sqrt{uf(u)}K_1(\sqrt{uf(u)})+C_Du[K_0(\sqrt{uf(u)}+S\sqrt{uf(u)}K_1(\sqrt{uf(u)}))]\}} \tag{2-66}$$

式中：K_0、K_1——第二类零阶、一阶修正贝塞尔函数；

$f(u)$——窜流函数：

$$f(u)=\frac{\lambda+\omega(1-\omega)u}{\lambda+(1-\omega)u} \tag{2-67}$$

2. 试井分析典型曲线

通过拉普拉斯数值反演方法可将应力敏感双重介质气藏数学模型拉氏空间解转化为实空间的数值解。应力敏感双重介质气藏试井解释模型的特征曲线如图 2-19 所示。该图表明，存在与不存在应力敏感效应的天然裂缝性气藏试井解释模型特征曲线可分两部分阐述。

(1) 在第 I 阶段，存在与不存在应力敏感双重介质气藏试井解释模型特征曲线基本上是一样的，主要受纯井筒储存效应影响控制，无因次拟压力及其导数为一条斜率为 1.0 的直线段。

(2) 在第 II 阶段，存在与不存在应力敏感双重介质气藏试井解释模型特征曲线开始出现区别。在应力敏感的情况下，拟压力导数曲线从早期井筒储存过渡期开始上移，中期拟稳态窜流段下凹形态基本不受应力敏感效应的影响，窜流段结束后导数曲线开始逐步上翘，随着应力敏感强度的增加(无因次渗透率模量 γ_D 增加)，拟压力导数曲线上翘速度加快，在晚期呈现出类似于不渗透外边界的动态，但是应力敏感模型的导数线上翘更快。

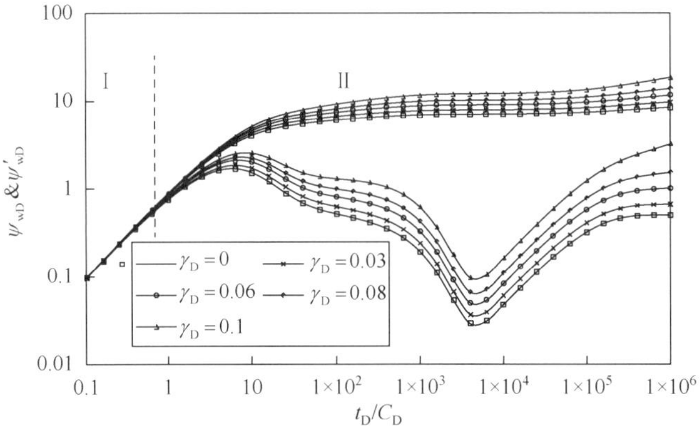

图 2-19　应力敏感双重介质气藏试井模型特征

2.3.3　应力敏感影响的两区径向复合气藏试井分析理论

1. 试井分析数学模型

在 2.2.3 节不稳定渗流数学模型的基础上，加上井筒储存效应和表皮效应的影响，即建立起应力敏感两区径向复合气藏不稳定试井分析数学模型：

$$\begin{cases}\dfrac{1}{r_D}\dfrac{\partial}{\partial r_D}\left(r_D\dfrac{\partial\psi_{1D}}{\partial r_D}\right)-\gamma_D\left(\dfrac{\partial\psi_{1D}}{\partial r_D}\right)^2=e^{\gamma_D\psi_{1D}}\dfrac{\partial\psi_{1D}}{\partial t_D} & (1\leqslant r_D\leqslant R_{fD})\\ \dfrac{1}{r_D}\dfrac{\partial}{\partial r_D}\left(r_D\dfrac{\partial\psi_{2D}}{\partial r_D}\right)=\eta_{12}\dfrac{\partial\psi_{2D}}{\partial t_D} & (R_{fD}\leqslant r_D)\\ \psi_{1D}(r_D,0)=\psi_{2D}(r_D,0)=0 \\ C_D\dfrac{d\psi_{wD}}{dt_D}-\left(r_De^{-\gamma_D\psi_{1D}}\dfrac{\partial\psi_{1D}}{\partial r_D}\right)_{r_D=1}=1 \\ \psi_{wD}=\left(\psi_{1D}-Sr_De^{-\gamma_D\psi_{1D}}\dfrac{\partial\psi_{1D}}{\partial r_D}\right)_{r_D=1} \\ \psi_{1D}(R_{fD},t_D)=\psi_{2D}(R_{fD},t_D) \\ e^{-\gamma_D\psi_{1D}}\left.\dfrac{\partial\psi_{1D}}{\partial r_D}\right|_{r_D=R_{fD}}=\dfrac{1}{M_{12}}\left.\dfrac{\partial\psi_{2D}}{\partial r_D}\right|_{r_D=R_{fD}} \\ \psi_{2D}(\infty,t_D)=0 & \text{无限大}\end{cases}\tag{2-68}$$

式中：C_D——无因次井筒储集常数；

$$C_{\mathrm{D}} = \frac{C}{2\pi h(\phi C_{\mathrm{t}})_1 r_{\mathrm{w}}^2} \tag{2-69}$$

其余符号同前。

同前节一样，通过摄动技术变换，并考虑到较小无因次渗透率模量，只要取零阶摄动解即可，于是有

$$\psi_{\mathrm{wD}} = -\frac{1}{\gamma_{\mathrm{D}}}\ln\{1-\gamma_{\mathrm{D}}L^{-1}[\bar{\eta}_{0\mathrm{wD}} + O(\gamma_{\mathrm{D}})]\} \tag{2-70}$$

式中：

$$\bar{\eta}_{0\mathrm{wD}} = \frac{1+S\bar{\eta}_{0\mathrm{D}}}{u[\bar{\eta}_{0\mathrm{D}} + C_{\mathrm{D}}u(1+S\bar{\eta}_{0\mathrm{D}})]} \tag{2-71}$$

$$\bar{\eta}_{0\mathrm{D}}(u,R_{\mathrm{fD}},M_{12},\eta_{12}) = \frac{-GI_1(\sqrt{u})+K_1(\sqrt{u})}{GI_0(\sqrt{u})+K_0(\sqrt{u})}\sqrt{u} \tag{2-72}$$

$$G = \frac{M_{12}E(R_{\mathrm{fD}})K_1(\sqrt{g}R_{\mathrm{fD}}) - \sqrt{\eta_{12}}F(R_{\mathrm{fD}})K_0(\sqrt{g}R_{\mathrm{fD}})}{M_{12}E(R_{\mathrm{fD}})I_1(\sqrt{g}R_{\mathrm{fD}}) + \sqrt{\eta_{12}}F(R_{\mathrm{fD}})I_0(\sqrt{g}R_{\mathrm{fD}})} \tag{2-73}$$

$$E(r_{\mathrm{D}}) = K_0(\sqrt{\eta_{12}g}r_{\mathrm{D}}) \tag{2-74}$$

$$F(r_{\mathrm{D}}) = K_1(\sqrt{\eta_{12}g}r_{\mathrm{D}}) \tag{2-75}$$

2. 试井分析典型曲线

通过拉普拉斯数值反演方法可将以上解析解转化为实空间的数值解。取 $C_{\mathrm{D}}\mathrm{e}^{2S}$ 、 γ_{D} 、 R_{fD} 、 M_{12} 、 η_{12} 为模数，以 ψ_{wD} 及其导数 ψ'_{wD} 的对数为纵坐标， $t_{\mathrm{D}}/C_{\mathrm{D}}$ 的对数为横坐标作应力敏感两区径向复合气藏试井模型的特征曲线如图 2-20 所示。

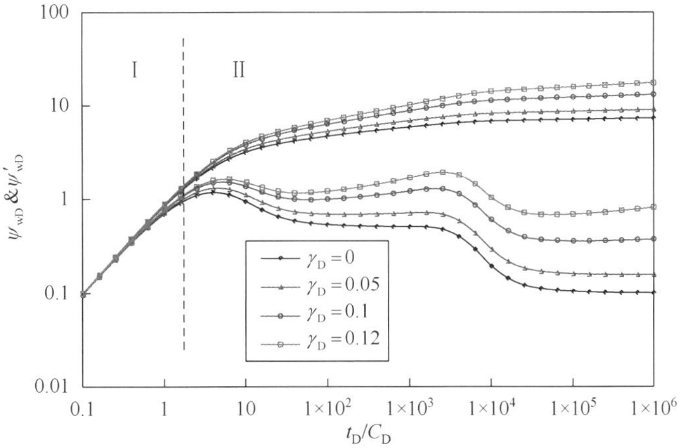

图 2-20　应力敏感两区径向复合气藏试井模型特征(外区变好)

图 2-20、图 2-21 表明，存在与不存在应力敏感的两区径向复合气藏试井解释模型特征曲线可分两部分描述。

(1) 第 I 阶段，存在与不存在应力敏感的两区径向复合气藏试井解释模型特征曲线基本上是一样的，主要受纯井筒存储效应影响控制，拟压力及其导数为一条斜率为 1.0 的直线段。

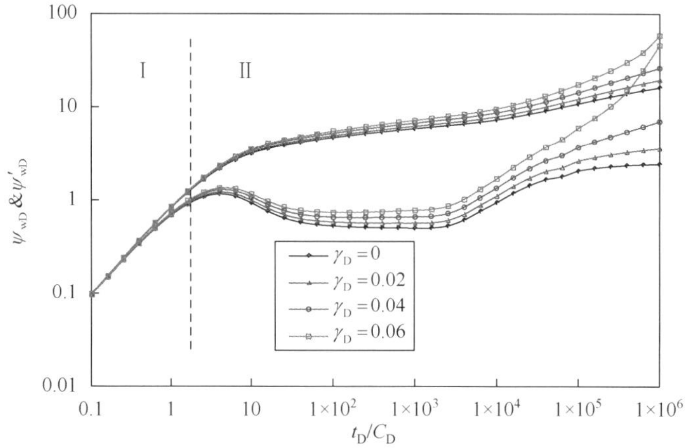

图 2-21　存在与不存在应力敏感的两区径向复合气藏试井模型特征(外区变差)

(2) 在第 II 阶段，存在与不存在应力敏感的两区径向复合气藏试井解释模型特征曲线开始出现区别，随着无因次渗透率模量数值的增加，拟压力及其导数往上翘起，无因次渗透率模量数值越大，拟压力及其导数往上翘越明显。当外区储层及流体物性变差时，导数曲线上翘特征和不存在应力敏感的两区径向复合气藏加不渗透外边界试井模型相类似。

2.4　应用实例

某异常高压气藏中一口气井经多次解堵酸化后测得产量为 $36\times10^4\ m^3/d$，其后进行关井测压力恢复。气藏及气井基本参数：气藏孔隙度 0.07，地层厚度 10m，地层温度 93.19℃，井半径 0.0543 m，天然气相对密度 0.5683，临界压力 4.6086，临界温度 190.81 K。

利用上述理论编制的试井解释软件的精细解释，结合地质资料分析，获得了较好的结果，如图 2-22 为双对数拟合检验图，图 2-23 为压力史拟合检验图，图 2-24 为半对数拟合检验图。

双对数拟合分析图 2-22 表明，双对数曲线具有较为明显的两个特征，早期的压力及压力导数曲线表现为单位斜率线，反映井筒储集效应的影响，压力导数晚期出现上翘特征，表现为外区地层特性变差的复合气藏特征。压力导数曲线表明，气藏具有复合特征，因此选用两区径向复合模型，通过参数调整，使理论试井曲线与实测试井曲线达到了较好的拟合。计算的参数：地层压力 67.595 MPa，井筒储集系数 0.78 m^3/MPa，表皮系数−4.63，内区地层渗透率(气相)：$0.45\times10^{-3}\ \mu m^2$，外区地层渗透率(气相) $0.020\ 25\times10^{-3}\ \mu m^2$，近井区半径 53 m。

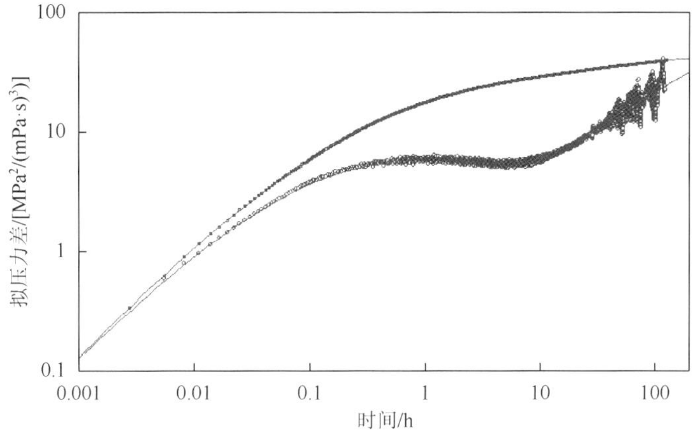

图 2-22　双对数拟合分析图

压力历史及半对数拟合图 2-23、图 2-24 表明，拟合结果较好，由此说明模型选择准确，解释结果可靠。

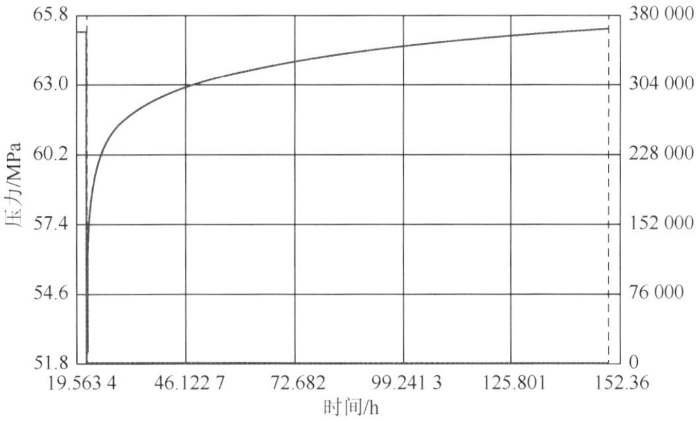

图 2-23　压力历史拟合分析图

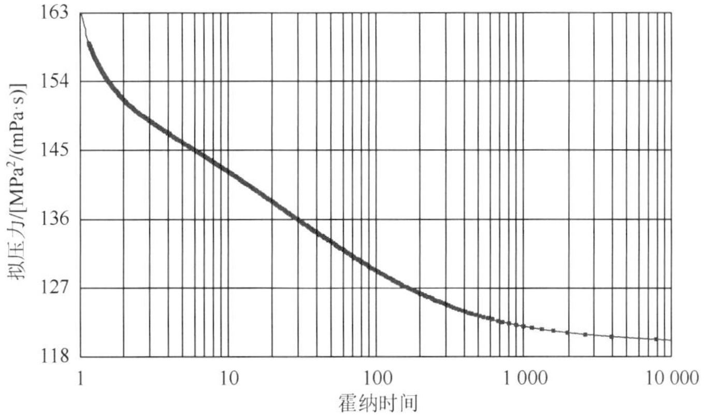

图 2-24　半对数拟合分析图

第 3 章　复合油气藏渗流理论

复合油气藏既有天然形成的，也有人工诱导形成的。无论是天然沉积形成的复合油气藏还是人工诱导形成的复合油气藏，其主要形式都是由流体和/或地层物性不同的多个区域组成(但在同一区域内流体和地层的物性不变)。复合油气藏渗流模型通常被理想化为流度和/或储存系数突变的两区、三区或多区模型。

3.1　界面存在附加阻力的两区径向复合油气藏

两区径向复合油气藏是指构成复合油气藏的两个区域以井轴为圆心，而每一区域储层介质可以是均匀介质，也可以是双重介质，其组合包括两区均质径向复合油气藏、两区双重介质径向复合油气藏、均质－双重介质径向复合油气藏以及双重介质－均质径向复合油气藏。

3.1.1　两区均质径向复合油气藏

1. 渗流物理模型

两区均质径向复合油气藏渗流物理模型如图 3-1 所示，其假设条件如下：

(1) 地层为水平、等厚的两区径向复合油气藏，内区半径为 R_f，外区半径为 R_e，地层厚度为 h，各区的地层渗透率 k、孔隙度 ϕ、综合压缩系数 C_t 等参数不相同且为常数；

(2) 地层中流体为单相、微可压缩的液体，忽略重力、毛管力以及微小压力梯度值的影响；

(3) 各区流体均符合达西平面径向渗流规律，等温渗流；

(4) 井以恒定的产量 q 从 t=0 时刻开井生产/注入，开井前地层中各处压力均等于原始地层压力 p_i；

(5) 两渗流区域界面存在附加压力降，界面附加表皮为 S_f[35-37]；

(6) 考虑井筒储存效应和表皮效应的影响；

(7) 考虑井筒中流体相分离的影响。

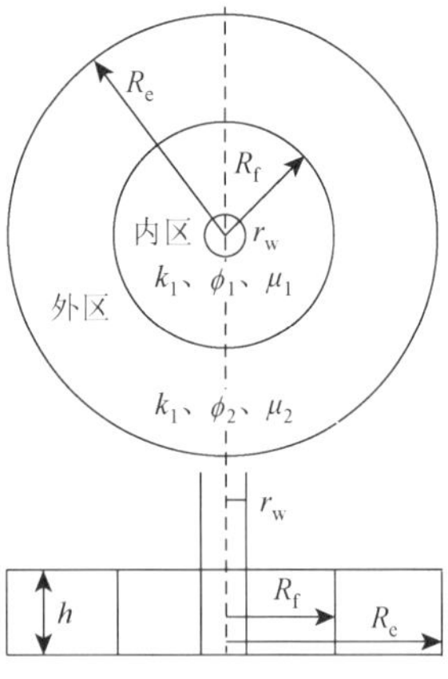

图 3-1　两区均质径向复合油气藏示意图

2. 渗流数学模型及解

1) 渗流数学模型的建立

依据前面的物理模型和假设条件，可建立如下的考虑井筒储存效应和表皮效应以及井筒内流体相分离影响的两区均质径向复合油气藏的渗流数学模型：

(1) 渗流微分方程

内区：

$$\frac{1}{r}\frac{\partial}{\partial r}\left(r\frac{\partial p_1}{\partial r}\right)=\left(\frac{\phi\mu c_{\mathrm{t}}}{k}\right)_1\frac{\partial p_1}{\partial t}\ (r_{\mathrm{w}}\leqslant r\leqslant R_{\mathrm{f}}) \tag{3-1}$$

外区：

$$\frac{1}{r}\frac{\partial}{\partial r}\left(r\frac{\partial p_2}{\partial r}\right)=\left(\frac{\phi\mu c_{\mathrm{t}}}{k}\right)_2\frac{\partial p_2}{\partial t}\ (R_{\mathrm{f}}\leqslant r\leqslant R_{\mathrm{e}}) \tag{3-2}$$

(2) 内边界条件

井筒储存效应：

$$\left(r\frac{\partial p_1}{\partial r}\right)_{r=r_{\mathrm{w}}}=\frac{\mu_1 B_1}{172.8\pi k_1 h}\left(q+\frac{24C}{B_1}\frac{\mathrm{d}p_{\mathrm{wf}}}{\mathrm{d}t}\right) \tag{3-3}$$

表皮效应：

$$p_{\mathrm{wf}}=p_1\big|_{r=r_{\mathrm{w}}}-S\left(r\frac{\partial p_1}{\partial r}\right)_{r=r_{\mathrm{w}}} \tag{3-4}$$

Fair 相分离模型：

$$p_{\phi}=C_{\phi}(1-\mathrm{e}^{-t/\alpha}) \tag{3-5}$$

(3) 外边界条件

无限大外边界：

$$p_2(r\to\infty,t)=p_i \tag{3-6}$$

圆形定压边界：

$$p_2(r=R_{\mathrm{e}},t)=p_i \tag{3-7}$$

圆形封闭边界：

$$\frac{\partial p_2}{\partial r}(r=R_{\mathrm{e}},t)=0 \tag{3-8}$$

(4) 界面连续条件

界面压力相等：

$$p_1(r=R_{\mathrm{f}},t)=p_2(r=R_{\mathrm{f}},t)-S_{\mathrm{f}}R_{\mathrm{f}}\frac{\partial p_2}{\partial r}\bigg|_{r=r_{\mathrm{f}}} \tag{3-9}$$

界面流速相等：

$$\left(\frac{k}{\mu}\right)_1\frac{\partial p_1}{\partial r}(r=R_{\mathrm{f}},t)=\left(\frac{k}{\mu}\right)_2\frac{\partial p_2}{\partial r}(r=R_{\mathrm{f}},t) \tag{3-10}$$

(5) 初始条件

初始时刻地层中各处压力相等：

$$p_1(r,t=0)=p_2(r,t=0)=p_i \tag{3-11}$$

2)渗流数学模型的无因次化

首先定义如下无因次变量：

(1)无因次压力

内区无因次压力：

$$p_{1\mathrm{D}}=\frac{k_1 h(p_i-p_1)}{1.842\times10^{-3}qB\mu} \tag{3-12}$$

外区无因次压力：

$$p_{2\mathrm{D}}=\frac{k_1 h(p_i-p_2)}{1.842\times10^{-3}qB\mu} \tag{3-13}$$

无因次井底压力：

$$p_{\mathrm{wfD}}=\frac{k_1 h(p_i-p_{\mathrm{wf}})}{1.842\times10^{-3}qB\mu} \tag{3-14}$$

(2)无因次时间

$$t_{\mathrm{D}}=\frac{3.6k_1 t}{\phi\mu c_{\mathrm{t}} r_{\mathrm{w}}^2} \tag{3-15}$$

(3)无因次半径

无因次半径：

$$r_{\mathrm{D}}=\frac{r}{r_{\mathrm{w}}} \tag{3-16}$$

无因次内区半径：

$$R_{\mathrm{fD}}=\frac{R_{\mathrm{f}}}{r_{\mathrm{w}}} \tag{3-17}$$

无因次外区半径：

$$R_{\mathrm{eD}}=\frac{R_{\mathrm{e}}}{r_{\mathrm{w}}} \tag{3-18}$$

(4)无因次井筒储存系数

$$C_{\mathrm{D}}=\frac{C}{2\pi\phi c_{\mathrm{t}} h r_{\mathrm{w}}^2} \tag{3-19}$$

(5)流度比

$$M_{12}=\frac{(k/\mu)_1}{(k/\mu)_2} \tag{3-20}$$

(6)扩散系数比

$$\eta_{12}=\frac{(k/\phi\mu c_{\mathrm{t}})_1}{(k/\phi\mu c_{\mathrm{t}})_2} \tag{3-21}$$

(7)无因次相分离参数

无因次相分离压力：

$$p_{\phi\mathrm{D}}=\frac{k_1 h p_{\phi}}{1.842\times10^{-3}qB\mu} \tag{3-22}$$

无因次相分离时间参数：

$$\alpha_D = \frac{3.6k_1\alpha}{\phi\mu c_t r_w^2} \tag{3-23}$$

无因次相分离压力参数：

$$C_{\phi D} = \frac{k_1 h C_\phi}{1.842 \times 10^{-3} qB\mu} \tag{3-24}$$

将无因次变量的定义公式(3-12)～式(3-24)代入试井分析数学模型(3-1)～(3-11)得无因次化数学模型：

(1)渗流微分方程

内区：

$$\frac{1}{r_D}\frac{\partial}{\partial r_D}\left(r_D\frac{\partial p_{1D}}{\partial r_D}\right) = \frac{\partial p_{1D}}{\partial t_D} \quad (1 \leqslant r_D \leqslant R_{fD}) \tag{3-25}$$

外区：

$$\frac{1}{r_D}\frac{\partial}{\partial r_D}\left(r_D\frac{\partial p_{2D}}{\partial r_D}\right) = \eta_{12}\frac{\partial p_{2D}}{\partial t_D} \quad (R_{fD} \leqslant r_D \leqslant R_{eD}) \tag{3-26}$$

(2)内边界条件。

井筒储存效应：

$$C_D\left(\frac{dp_{wfD}}{dt_D} - \frac{dp_{\phi D}}{dt_D}\right) - \left(r_D\frac{\partial p_{1D}}{\partial r_D}\right)_{r_D=1} = 1 \tag{3-27}$$

表皮效应：

$$p_{wfD} = \left(p_{1D} - S\frac{\partial p_{1D}}{\partial r_D}\right)_{r_D=1} \tag{3-28}$$

Fair 相分离模型：

$$p_{\phi D} = C_{\phi D}(1 - e^{-t_D/\alpha_D}) \tag{3-29}$$

(3)外边界条件

无限大外边界：

$$p_{2D}(r_D \to \infty, t_D) = 0 \tag{3-30}$$

圆形定压边界：

$$p_{2D}(r_D = R_{eD}, t_D) = 0 \tag{3-31}$$

圆形封闭边界：

$$\frac{\partial p_{2D}}{\partial r_D}(r_D = R_{eD}, t_D) = 0 \tag{3-32}$$

(4)界面连续条件

界面压力相等：

$$p_{1D}(R_{fD}) = \left(p_{2D} - S_f R_{fD}\frac{\partial p_{2D}}{\partial r_D}\right)_{r_D=R_{fD}} \tag{3-33}$$

界面流速相等：

$$\frac{\partial p_{1D}}{\partial r_D}(r_D = R_{fD}, t_D) = \frac{1}{M_{12}}\frac{\partial p_{2D}}{\partial r_D}(r_D = R_{fD}, t_D) \tag{3-34}$$

(5) 初始条件

初始时刻地层中各处压力相等：

$$p_{1D}(r_D, t_D = 0) = p_{2D}(r_D, t_D = 0) = 0 \tag{3-35}$$

3) 渗流数学模型的解

对上述无因次化模型进行关于无因次时间 t_D 的拉普拉斯变换，得拉普拉斯空间的试井分析数学模型：

(1) 渗流微分方程

内区：

$$\frac{1}{r_D}\frac{\partial}{\partial r_D}\left(r_D\frac{\partial \overline{p}_{1D}}{\partial r_D}\right) = g\overline{p}_{1D}\ (1 \leqslant r_D \leqslant R_{fD}) \tag{3-36}$$

外区：

$$\frac{1}{r_D}\frac{\partial}{\partial r_D}\left(r_D\frac{\partial \overline{p}_{2D}}{\partial r_D}\right) = \eta_{12}g\overline{p}_{2D}\ (R_{fD} \leqslant r_D \leqslant R_{eD}) \tag{3-37}$$

(2) 内边界条件

井筒储存效应：

$$C_D g(\overline{p}_{wfD}) - \overline{p}_{\phi D} - \left(r_D\frac{\partial \overline{p}_{1D}}{\partial r_D}\right)_{r_D=1} = \frac{1}{g} \tag{3-38}$$

表皮效应：

$$\overline{p}_{wfD} = \left(\overline{p}_{1D} - S\frac{\partial \overline{p}_{1D}}{\partial r_D}\right)_{r_D=1} \tag{3-39}$$

Fair 相分离模型：

$$\overline{p}_{\phi D} = C_{\phi D}\left(\frac{1}{g} - \frac{1}{g + 1/\alpha_D}\right) \tag{3-40}$$

(3) 外边界条件

无限大外边界：

$$\overline{p}_{2D}(r_D \to \infty, g) = 0 \tag{3-41}$$

圆形定压边界：

$$\overline{p}_{2D}(r_D = R_{eD}, g) = 0 \tag{3-42}$$

圆形封闭边界：

$$\frac{\partial \overline{p}_{2D}}{\partial r_D}(r_D = R_{eD}, g) = 0 \tag{3-43}$$

(4) 界面连续条件

界面压力相等：

$$\overline{p}_{1D}(R_{fD}) = \left(\overline{p}_{2D} - S_f R_{fD}\frac{\partial \overline{p}_{2D}}{\partial r_D}\right)_{r_D=R_{fD}} \tag{3-44}$$

界面流速相等：

$$\frac{\partial \overline{p}_{1\mathrm{D}}}{\partial r_{\mathrm{D}}}(r_{\mathrm{D}}=R_{\mathrm{fD}},g)=\frac{1}{M_{12}}\frac{\partial \overline{p}_{2\mathrm{D}}}{\partial r_{\mathrm{D}}}(r_{\mathrm{D}}=R_{\mathrm{fD}},g) \tag{3-45}$$

式中：g——拉普拉斯变量；

$\overline{p}_{1\mathrm{D}}$、$\overline{p}_{2\mathrm{D}}$——内区、外区的拉普拉斯空间无因次压力；

$\overline{p}_{\mathrm{wfD}}$——拉普拉斯空间无因次井底压力；

$\overline{p}_{\phi\mathrm{D}}$——拉普拉斯空间无因次相分离压力。

拉普拉斯空间渗流方程(3-36)、(3-37)的通解为

$$\overline{p}_{1\mathrm{D}}=A_1 I_0(r_{\mathrm{D}}\sqrt{g})+A_2 K_0(r_{\mathrm{D}}\sqrt{g}) \tag{3-46}$$

$$\overline{p}_{2\mathrm{D}}=A_3 I_0(r_{\mathrm{D}}\sqrt{\eta_{12}g})+A_4 K_0(r_{\mathrm{D}}\sqrt{\eta_{12}g}) \tag{3-47}$$

式中：$I_0(x)$、$K_0(x)$——零阶第一类和第二类变形贝赛尔函数；

A_1、A_2、A_3、A_4——系数，由内外边界条件和界面连接条件确定。

由内边界条件式(3-38)和式(3-39)得

$$C_{\mathrm{D}}g^2\,\overline{p}_{1\mathrm{D}}\Big|_{r_{\mathrm{D}}=1}-(C_{\mathrm{D}}g^2S+g)\frac{\partial \overline{p}_{1\mathrm{D}}}{\partial r_{\mathrm{D}}}\Bigg|_{r_{\mathrm{D}}=1}=1+C_{\mathrm{D}}g^2\overline{p}_{\phi\mathrm{D}} \tag{3-48}$$

将式(3-46)代入式(3-48)得

$$\alpha_{11}A_1+\alpha_{12}A_2=1+C_{\mathrm{D}}g^2\overline{p}_{\varphi\mathrm{D}} \tag{3-49}$$

将式(3-46)和式(3-48)代入界面连接条件式(3-44)和式(3-45)得

$$\alpha_{21}A_1+\alpha_{22}A_2+\alpha_{23}A_3+\alpha_{24}A_4=0 \tag{3-50}$$

$$\alpha_{31}A_1+\alpha_{32}A_2+\alpha_{33}A_3+\alpha_{34}A_4=0 \tag{3-51}$$

将式(3-47)代入外边界条件式(3-41)～式(3-43)得

$$\alpha_{43}A_3+\alpha_{44}A_4=0 \tag{3-52}$$

式中：

$$\alpha_{11}=C_{\mathrm{D}}g^2 I_0(\sqrt{g})-g\sqrt{g}(C_{\mathrm{D}}gS+1)I_1(\sqrt{g}) \tag{3-53}$$

$$\alpha_{12}=C_{\mathrm{D}}g^2 K_0(\sqrt{g})+g\sqrt{g}(C_{\mathrm{D}}gS+1)K_1(\sqrt{g}) \tag{3-54}$$

$$\alpha_{21}=I_0(R_{\mathrm{fD}}\sqrt{g}) \tag{3-55}$$

$$\alpha_{22}=K_0(R_{\mathrm{fD}}\sqrt{g}) \tag{3-56}$$

$$\alpha_{24}=-K_0(R_{\mathrm{fD}}\sqrt{\eta_{12}g})-S_{\mathrm{f}}R_{\mathrm{fD}}\sqrt{\eta_{12}g}K_1(R_{\mathrm{fD}}\sqrt{\eta_{12}g}) \tag{3-57}$$

$$\alpha_{31}=M_{12}\sqrt{g}I_1(R_{\mathrm{fD}}\sqrt{g}) \tag{3-58}$$

$$\alpha_{32}=-M_{12}\sqrt{g}K_1(R_{\mathrm{fD}}\sqrt{g}) \tag{3-59}$$

$$\alpha_{34}=\sqrt{\eta_{12}g}K_1(R_{\mathrm{fD}}\sqrt{\eta_{12}g}) \tag{3-60}$$

对于无限大外边界：

$$\alpha_{23}=\alpha_{33}=\alpha_{43}=\alpha_{44}=0 \tag{3-61}$$

对于圆形定压外边界：

$$\alpha_{23} = -I_0(R_{\text{fD}}\sqrt{\eta_{12}g}) + S_f R_{\text{fD}}\sqrt{\eta_{12}g}\, I_1(R_{\text{fD}}\sqrt{\eta_{12}g}) \tag{3-62}$$

$$\alpha_{33} = -\sqrt{\eta_{12}g}\, I_1(R_{\text{fD}}\sqrt{\eta_{12}g}) \tag{3-63}$$

$$\alpha_{43} = I_0(R_{\text{eD}}\sqrt{\eta_{12}g}) \tag{3-64}$$

$$\alpha_{44} = K_0(R_{\text{eD}}\sqrt{\eta_{12}g}) \tag{3-65}$$

对于圆形封闭外边界：

$$\alpha_{23} = -I_0(R_{\text{fD}}\sqrt{\eta_{12}g}) + S_{\text{f}} R_{\text{fD}}\sqrt{\eta_{12}g}\, I_1(R_{\text{fD}}\sqrt{\eta_{12}g}) \tag{3-66}$$

$$\alpha_{33} = -\sqrt{\eta_{12}g}\, I_1(R_{\text{fD}}\sqrt{\eta_{12}g}) \tag{3-67}$$

$$\alpha_{43} = I_1(R_{\text{eD}}\sqrt{\eta_{12}g}) \tag{3-68}$$

$$\alpha_{44} = -K_1(R_{\text{eD}}\sqrt{\eta_{12}g}) \tag{3-69}$$

求解方程(3-49)～(3-52)得

$$A_1 = \frac{\alpha_{10}}{\alpha_{11}} - \frac{\alpha_{12}}{\alpha_{11}}\frac{\beta_{20}\beta_{12} - \beta_{22}\beta_{10}}{\beta_{12}\beta_{21} - \beta_{22}\beta_{11}} \tag{3-70}$$

$$A_2 = \frac{\beta_{20}\beta_{12} - \beta_{22}\beta_{10}}{\beta_{12}\beta_{21} - \beta_{22}\beta_{11}} \tag{3-71}$$

$$A_3 = \frac{\beta_{10}\beta_{21} - \beta_{11}\beta_{20}}{\beta_{12}\beta_{21} - \beta_{22}\beta_{11}} \tag{3-72}$$

$$A_4 = -\frac{\alpha_{43}}{\alpha_{44}}\frac{\beta_{10}\beta_{21} - \beta_{11}\beta_{20}}{\beta_{12}\beta_{21} - \beta_{22}\beta_{11}} \tag{3-73}$$

式中：

$$\alpha_{10} = 1 + C_{\text{D}} g^2 \overline{p}_{\phi\text{D}} \tag{3-74}$$

$$\beta_{10} = -\frac{\alpha_{21}\alpha_{10}}{\alpha_{11}} \tag{3-75}$$

$$\beta_{11} = \alpha_{22} - \frac{\alpha_{21}\alpha_{12}}{\alpha_{11}} \tag{3-76}$$

$$\beta_{12} = \alpha_{23} - \frac{\alpha_{24}\alpha_{43}}{\alpha_{44}} \tag{3-77}$$

$$\beta_{20} = -\frac{\alpha_{31}\alpha_{10}}{\alpha_{11}} \tag{3-78}$$

$$\beta_{21} = \alpha_{32} - \frac{\alpha_{31}\alpha_{12}}{\alpha_{11}} \tag{3-79}$$

$$\beta_{22} = \alpha_{33} - \frac{\alpha_{34}\alpha_{43}}{\alpha_{44}} \tag{3-80}$$

将系数 A_1、A_2、A_3、A_4 代入方程(3-46)、(3-47)可得内区和外区任意位置处的拉普拉斯空间无因次压力计算公式。

将式(3-46)代入式(3-39)可得拉普拉斯空间无因次井底压力计算公式：

$$\bar{p}_{\mathrm{wfD}} = A_1[I_0(\sqrt{g}) - S\sqrt{g}I_1(\sqrt{g})] + A_2[K_0(\sqrt{g}) + S\sqrt{g}K_1(\sqrt{g})] \tag{3-81}$$

3. 典型曲线及影响因素分析

公式(3-81)给出了无限大边界、圆形封闭边界和圆形供给边界两区均质复合油藏的井底无因次压力拉氏空间解，利用数值拉氏反演变换即可计算实空间的解，下面就对其压力动态特征及影响因素进行分析。

取 $C_\mathrm{D}\mathrm{e}^{2S}$ 、 R_fD 、 M_{12} 、 η_{12} 为参数，以 ψ_wD 及其导数 ψ'_wD 的对数为纵坐标， $t_\mathrm{D}/C_\mathrm{D}$ 的对数为横坐标作两区均质复合气藏模型的特征曲线如图3-2所示。从图3-2可看出，该试井模型的拟压力及其导数的特征曲线由六部分构成，这六部分的特征及所反映的井和地层的信息分别为：

(1)在第I段，无因次拟压力及其导数重合为一条直线段，其斜率为1.0，反映的是井筒中纯井筒存储效应作用的结果。

(2)在第II段，无因次拟压力导数为一条有一极大值点上凸的曲线，反映的是井筒附近井筒存储效应和表皮效应共同作用的结果，极大值点主要受模数 $C_\mathrm{D}\mathrm{e}^{2S}$ 所控制。

(3)在第III段，无因次拟压力导数为一条值等于0.5的水平直线段，反映的是气体在地层中内区系统径向流特征。

(4)在第IV段，无因次拟压力导数表现为由0.5过渡到值等于 $0.5M_{12}$ 的水平直线段，反映的是外区向内区渗流的过渡阶段，曲线过渡发生时刻和内区半径大小有关系。

(5)在第V段，无因次拟压力导数表现为值等于 $0.5M_{12}$ 的水平直线段，反映的是气体在外区系统的径向流特征。

(6)第VI段，无因次拟压力导数随着外边界特征的不同而不同，对于定压外边界，拟压力导数直接下掉，对于封闭外边界，拟压力导数向上翘起成一条斜率为1.0的直线段，对于无限大外边界，拟压力导数依然保持值等于 $0.5M_{12}$ 的水平直线段。

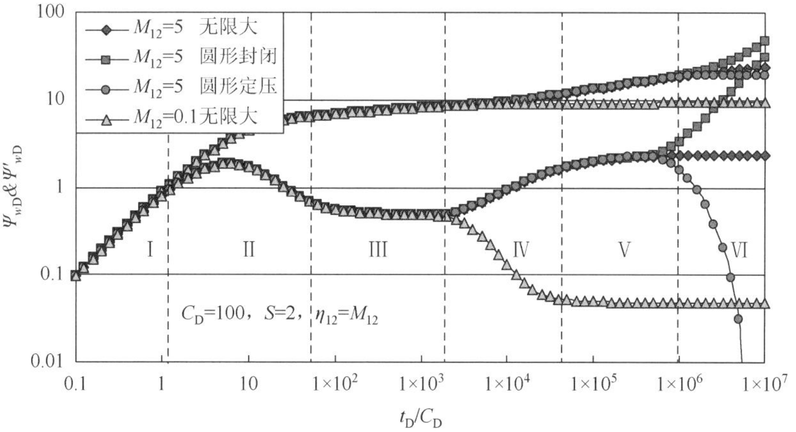

图3-2 两区均质径向复合油气藏压力动态双对数曲线

图 3-3 是表皮系数（S）对井底压力动态的影响关系图。从图中可以看出，表皮效应对井底压力动态曲线的影响存在于除纯井筒储存阶段以外的任何流动阶段，表皮系数 S 越大，无因次压力曲线的位置越高，无因次压力曲线与无因次压力导数曲线之间的距离越大，表示井所受的污染越严重；在压力导数曲线上，表皮系数对曲线形态的影响主要反映在由纯井筒储存阶段向内区径向流动阶段的过渡阶段，表皮系数 S 越大，过渡段的驼峰越高，反之表皮系数越小，过渡段的驼峰越低。

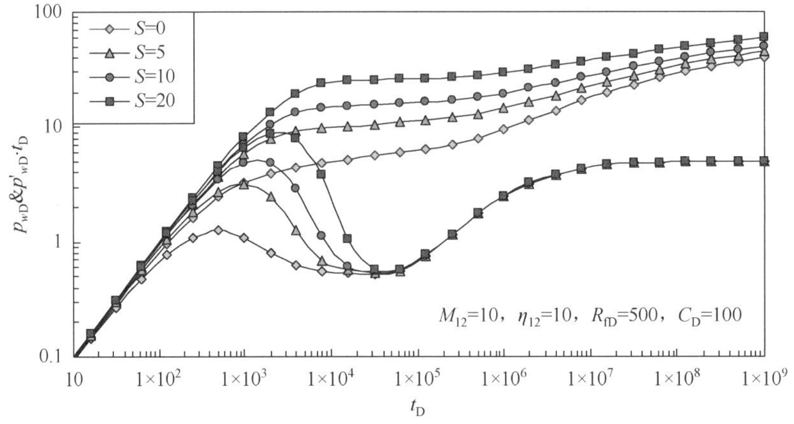

图 3-3　表皮系数对井底压力动态的影响

图 3-4 是流度比对井底压力动态的影响关系图。从图中可以看出，流度比主要影响从内区到外区流动的过渡阶段和内区与外区共同作用的径向流动阶段。流度比 M_{12} 越大，由内区和外区共同作用的径向流动阶段的拟压力导数曲线位置越高，其值为 $M_{12}/2$；如果 $M_{12}>1$，说明内区物性比外区物性好，由内区和外区共同作用的径向流动阶段的拟压力导数曲线位于内区径向流动导数曲线的上方；反之 $M_{12}<1$，说明内区物性比外区物性差，由内区和外区共同作用的径向流动阶段的拟压力导数曲线就位于内区径向流动导数曲线的下方。

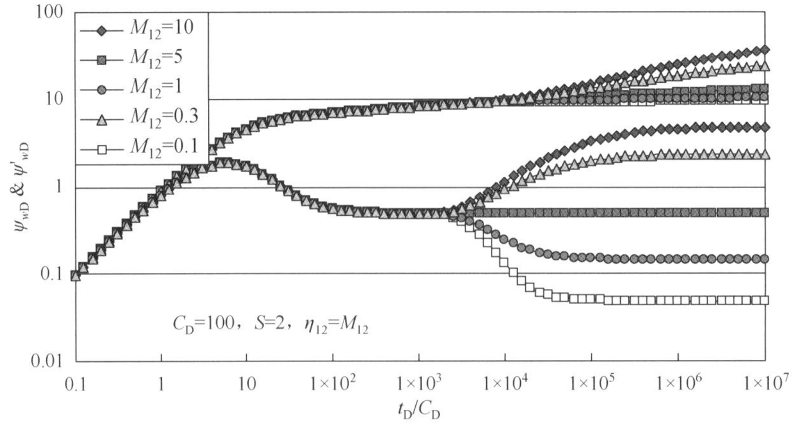

图 3-4　不同流度比对井底压力动态的影响

流度比 $M_{12}>1$ 越大或 $M_{12}<1$ 越小，由内区到外区流动的过渡阶段的压力导数曲线就越陡，过渡段持续的时间就越长。

图 3-5 和图 3-6 是扩散系数比对井底压力动态的影响关系图。从图中可以看出，扩散系数比主要影响从内区到外区流动的过渡阶段，在其余参数不变的情况下，无论流度比 $M_{12}>1$ 还是 $M_{12}<1$，当扩散系数比 $\eta_{12}>M_{12}$ 时，也就意味着外区的储容能力大于内区的储容能力，此时拟压力导数曲线在过渡段将低于 $\eta_{12}=M_{12}$ 时的导数曲线，η_{12} 越大拟压力导数曲线在过渡段的位置越低；反之，当扩散系数比 $\eta_{12}<M_{12}$ 时，也就意味着外区的储容能力小于内区的储容能力，此时压力导数曲线在过渡段将高于 $\eta_{12}=M_{12}$ 时的导数曲线，η_{12} 越小拟压力导数曲线在过渡段的位置越高。

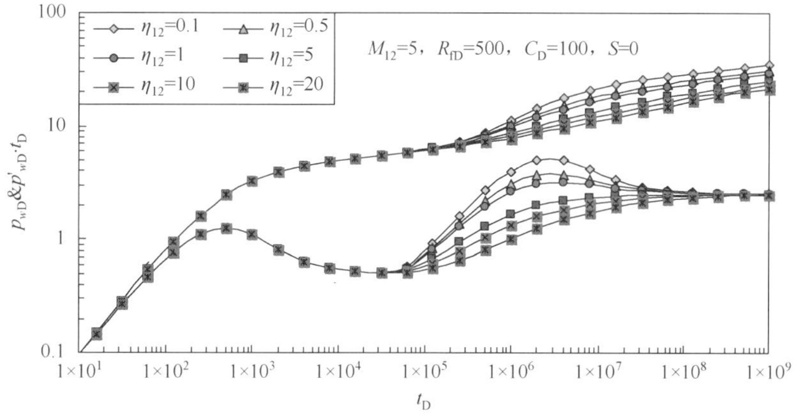

图 3-5　扩散系数比对井底压力动态的影响(一)

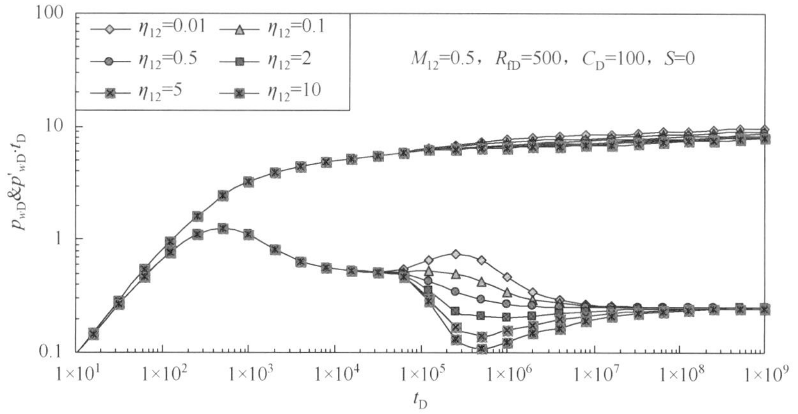

图 3-6　扩散系数比对井底压力动态的影响(二)

图 3-7 是内区半径对井底压力动态的影响关系图。从图中可以看出，内区半径主要影响内区径向流持续时间的长短、内区到外区流动过渡段的开始时间以及内区和外区共同作用径向流的开始时间。内区半径 R_{fD} 越大，内区径向流持续的时间越长，过渡段开始的时间以及内区和外区共同作用径向流的开始时间将越晚；反之，内区半径 R_{fD} 越小，内区径

向流持续的时间就越短，过渡段开始的时间以及内区和外区共同作用径向流的开始时间就越早，如果 R_{fD} 足够小，内区径向流将被井筒储存所掩盖，如图中 R_{fD}=100 的情形。

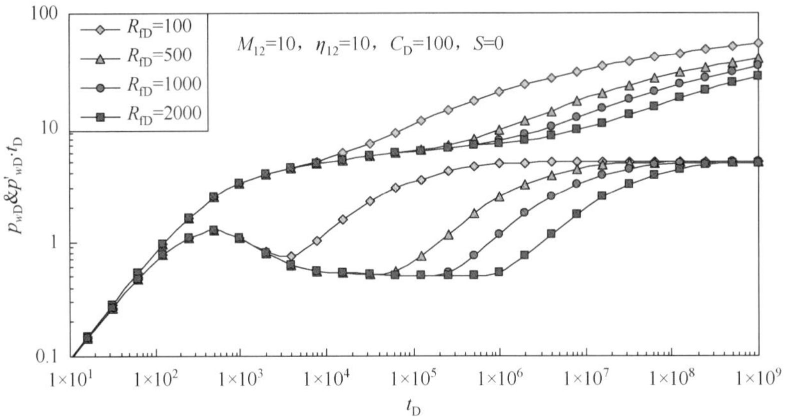

图 3-7　内区半径对井底压力动态的影响

图 3-8 是考虑界面表皮和不考虑界面表皮影响的无限大两区均质径向复合气藏典型的井底无因次拟压力及导数双对数曲线对比图。从图中可以看出，考虑界面表皮影响的井底压力响应流动阶段与不考虑界面表皮影响的流动阶段一致，界面表皮只影响从内区到外区过渡流动阶段的拟压力导数曲线特征，即由于附加阻力的存在，导致在界面处要保持相应的流动需要更大的压差和压力梯度。

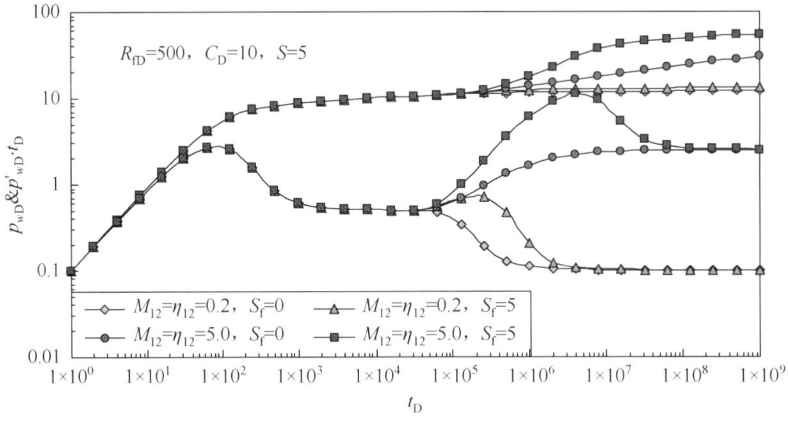

图 3-8　考虑界面表皮与否井底压力动态的对比

图 3-9 是界面表皮对井底压力动态的影响关系图。从图中可以看出，界面附加阻力对井底压力动态的影响主要反映在内区到外区流动的过渡阶段，其导数曲线形态类似于均质气藏压力导数图版的驼峰过渡段；界面表皮 S_f 越小，驼峰的峰值越低，流体流经两区界面处所需的附加阻力越小；反之，界面表皮 S_f 越大，驼峰的峰值越高，流体流经两区界面处所需的附加阻力越大，此时界面阻力的影响可能推迟内区和外区共同作用的径向流阶段的出现。

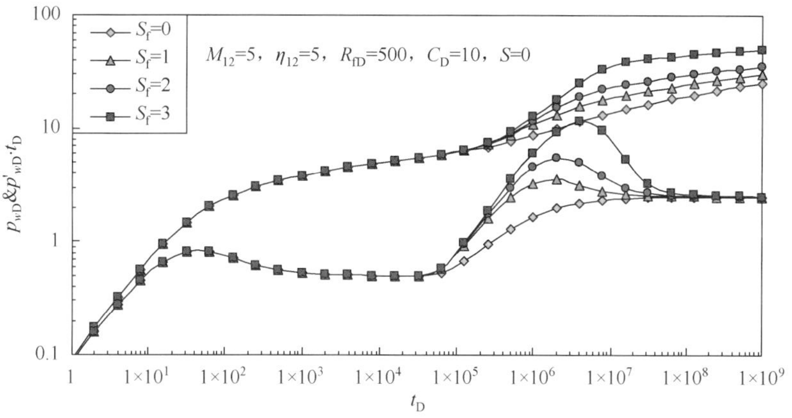

图 3-9　界面表皮对井底压力动态的影响

3.1.2　均质–双重介质两区径向复合油藏

均质-双重介质两区径向复合油藏是指构成复合油藏的两个区域以井轴为圆心，围绕井筒的内区为均匀介质，而远离井筒的外区为双重介质(基岩＋裂缝网络)。

1. 渗流物理模型

均质-双重介质两区径向复合油藏渗流物理模型如图 3-10 所示，其假设条件如下：

(1) 地层为水平、等厚的两区径向复合油藏，内区半径为 R_f，外区半径为 R_e，地层厚度为 h，内区渗透率为 k_1、孔隙度为 ϕ_1、流体黏度为 μ_1、综合压缩系数为 c_{1t}，外区裂缝渗透率为 k_{2f}、基岩渗透率为 k_{2m}、裂缝孔隙度为 ϕ_{2f}、基岩孔隙度为 ϕ_{2m}、流体黏度为 μ_2、综合压缩系数为 c_{2t}。

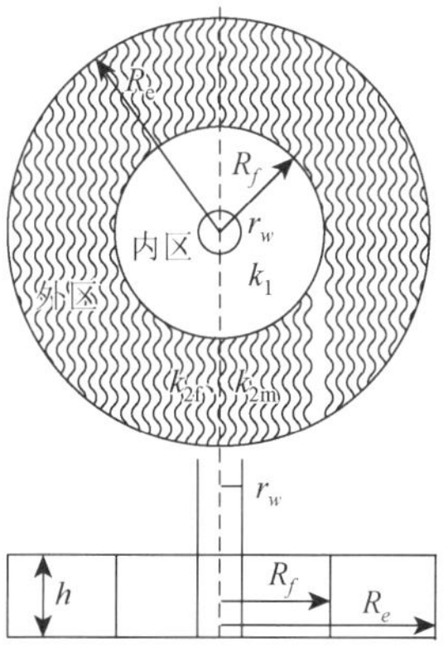

图 3-10　均质－双重介质径向复合油藏示意图

(2) 外区基岩向裂缝的流动为拟稳态窜流。

其余假设条件同两区均质径向复合油藏的假设。

2. 渗流数学模型及解

1) 渗流数学模型的建立

类似于两区均质径向复合油藏，对外区采用沃伦-鲁特模型，可建立如下的考虑井筒储存效应和表皮效应以及井筒内流体相分离影响的均质-双重介质两区径向复合油藏的渗流数学模型：

(1) 渗流微分方程

内区：

$$\frac{1}{r_D}\frac{\partial}{\partial r_D}\left(r_D\frac{\partial p_{1D}}{\partial r_D}\right)=\frac{\partial p_{1D}}{\partial t_D}\ (1\leqslant r_D\leqslant R_{fD}) \tag{3-82}$$

外区：

$$\frac{1}{r_{\mathrm{D}}}\frac{\partial}{\partial r_{\mathrm{D}}}\left(r_{\mathrm{D}}\frac{\partial p_{2\mathrm{fD}}}{\partial r_{\mathrm{D}}}\right)=\eta_{12}\left[\omega_2\frac{\partial p_{2\mathrm{fD}}}{\partial t_{\mathrm{D}}}+(1-\omega_2)\frac{\partial p_{2\mathrm{mD}}}{\partial t_{\mathrm{D}}}\right]\left(R_{\mathrm{fD}}\leqslant r_{\mathrm{D}}\leqslant R_{\mathrm{eD}}\right) \tag{3-83}$$

$$(1-\omega_2)\eta_{12}\frac{\partial p_{2\mathrm{mD}}}{\partial t_{\mathrm{D}}}=\lambda_2(p_{2\mathrm{fD}}-p_{2\mathrm{mD}}) \tag{3-84}$$

(2) 内边界条件

井筒储存效应：

$$C_{\mathrm{D}}\left(\frac{\mathrm{d}p_{\mathrm{wfD}}}{\mathrm{d}t_{\mathrm{D}}}-\frac{\mathrm{d}p_{\phi\mathrm{D}}}{\mathrm{d}t_{\mathrm{D}}}\right)-\left(r_{\mathrm{D}}\frac{\partial p_{1\mathrm{D}}}{\partial r_{\mathrm{D}}}\right)_{r_{\mathrm{D}}=1}=1 \tag{3-85}$$

表皮效应：

$$p_{\mathrm{wfD}}=\left(p_{1\mathrm{D}}-S\frac{\partial p_{1\mathrm{D}}}{\partial r_{\mathrm{D}}}\right)_{r_{\mathrm{D}}=1} \tag{3-86}$$

Fair 相分离模型：

$$p_{\phi\mathrm{D}}=C_{\phi\mathrm{D}}(1-\mathrm{e}^{-t_{\mathrm{D}}/\alpha_{\mathrm{D}}}) \tag{3-87}$$

(3) 外边界条件

无限大外边界：

$$p_{2\mathrm{fD}}(r_{\mathrm{D}}\to\infty,t_{\mathrm{D}})=p_{2\mathrm{mD}}(r_{\mathrm{D}}\to\infty,t_{\mathrm{D}})=0 \tag{3-88}$$

圆形定压边界：

$$p_{2\mathrm{fD}}(r_{\mathrm{D}}=R_{\mathrm{eD}},t_{\mathrm{D}})=p_{2\mathrm{mD}}(r_{\mathrm{D}}=R_{\mathrm{eD}},t_{\mathrm{D}})=0 \tag{3-89}$$

圆形封闭边界：

$$\frac{\partial p_{2\mathrm{fD}}}{\partial r_{\mathrm{D}}}(r_{\mathrm{D}}=R_{\mathrm{eD}},t_{\mathrm{D}})=\frac{\partial p_{2\mathrm{mD}}}{\partial r_{\mathrm{D}}}(r_{\mathrm{D}}=R_{\mathrm{eD}},t_{\mathrm{D}})=0 \tag{3-90}$$

(4) 界面连续条件

界面压力相等：

$$p_{1\mathrm{D}}(R_{\mathrm{fD}})=\left(p_{2\mathrm{fD}}-S_{\mathrm{f}}R_{\mathrm{fD}}\frac{\partial p_{2\mathrm{fD}}}{\partial r_{\mathrm{D}}}\right)_{r_{\mathrm{D}}=R_{\mathrm{fD}}} \tag{3-91}$$

界面流速相等：

$$\frac{\partial p_{1\mathrm{D}}}{\partial r_{\mathrm{D}}}(r_{\mathrm{D}}=R_{\mathrm{fD}},t_{\mathrm{D}})=\frac{1}{M_{12}}\frac{\partial p_{2\mathrm{fD}}}{\partial r_{\mathrm{D}}}(r_{\mathrm{D}}=R_{\mathrm{fD}},t_{\mathrm{D}}) \tag{3-92}$$

(5) 初始条件

初始时刻地层中各处压力相等：

$$p_{1\mathrm{D}}(r_{\mathrm{D}},t_{\mathrm{D}}=0)=p_{2\mathrm{fD}}(r_{\mathrm{D}},t_{\mathrm{D}}=0)=p_{2\mathrm{mD}}(r_{\mathrm{D}},t_{\mathrm{D}}=0)=0 \tag{3-93}$$

以上各式中：

流度比即

$$M_{12}=\frac{(k/\mu)_1}{(k/\mu)_{2\mathrm{f}}} \tag{3-94}$$

扩散系数比即

$$\eta_{12}=\frac{(k/\phi\mu c_{\mathrm{t}})_1}{k_{2\mathrm{f}}/[\mu(\phi Vc_{\mathrm{t}})_{2\mathrm{f+m}}]} \tag{3-95}$$

外区裂缝无因次拟压力即

$$p_{2\mathrm{fD}}=\frac{k_1h(p_i-p_{2\mathrm{f}})}{1.842\times10^{-3}qB\mu} \tag{3-96}$$

外区基岩无因次拟压力即　$p_{2\mathrm{mD}}=\dfrac{k_1 h(p_i-p_{2\mathrm{m}})}{1.842\times10^{-3}qB\mu}$　(3-97)

ω_2、λ_2 为外区的储容比和窜流系数；

其余无因次定义同前。

2)渗流数学模型的解

对上述无因次化模型进行关于无因次时间 t_D 的拉普拉斯变换，得到拉普拉斯空间的试井分析数学模型，然后求解得模型的拉普拉斯空间解为

$$\overline{p}_{1\mathrm{D}}=A_1 I_0(r_\mathrm{D}\sqrt{g})+A_2 K_0(r_\mathrm{D}\sqrt{g}) \tag{3-98}$$

$$\overline{p}_{2\mathrm{fD}}=A_3 I_0(r_\mathrm{D}\sqrt{\eta_{12}gf_2(\eta_{12}g)})+A_4 K_0(r_\mathrm{D}\sqrt{\eta_{12}gf_2(\eta_{12}g)}) \tag{3-99}$$

$$\overline{p}_{\mathrm{wfD}}=A_1[I_0(\sqrt{g})-S\sqrt{g}I_1(\sqrt{g})]+A_2[K_0(\sqrt{g})+S\sqrt{g}K_1(\sqrt{g})] \tag{3-100}$$

式中，A_1、A_2、A_3、A_4 和 β_{10}、β_{11}、β_{12}、β_{20}、β_{21}、β_{22} 的表达式见式(3-70)～式(3-73)和式(3-75)～式(3-80)，其他变量的表达式如下：

$$f_2(\eta_{12}g)=\frac{\omega_2(1-\omega_2)\eta_{12}g+\lambda_2}{(1-\omega_2)\eta_{12}g+\lambda_2} \tag{3-101}$$

$$\alpha_{10}=1+C_\mathrm{D}g^2\overline{p}_{\varphi\mathrm{D}} \tag{3-102}$$

$$\alpha_{11}=C_\mathrm{D}g^2 I_0(\sqrt{g})-g\sqrt{g}(C_\mathrm{D}gS+1)I_1(\sqrt{g}) \tag{3-103}$$

$$\alpha_{12}=C_\mathrm{D}g^2 K_0(\sqrt{g})+g\sqrt{g}(C_\mathrm{D}gS+1)K_1(\sqrt{g}) \tag{3-104}$$

$$\alpha_{21}=I_0(R_{\mathrm{fD}}\sqrt{g}) \tag{3-105}$$

$$\alpha_{22}=K_0(R_{\mathrm{fD}}\sqrt{g}) \tag{3-106}$$

$$\begin{aligned}\alpha_{24}=&-K_0(R_{\mathrm{fD}}\sqrt{\eta_{12}gf_2(\eta_{12}g)})\\&-S_\mathrm{f}R_{\mathrm{fD}}\sqrt{\eta_{12}gf_2(\eta_{12}g)}K_1(R_{\mathrm{fD}}\sqrt{\eta_{12}gf_2(\eta_{12}g)})\end{aligned} \tag{3-107}$$

$$\alpha_{31}=M_{12}\sqrt{g}I_1(R_{\mathrm{fD}}\sqrt{g}) \tag{3-108}$$

$$\alpha_{32}=-M_{12}\sqrt{g}K_1(R_{\mathrm{fD}}\sqrt{g}) \tag{3-109}$$

$$\alpha_{34}=\sqrt{\eta_{12}gf_2(\eta_{12}g)}K_1(R_{\mathrm{fD}}\sqrt{\eta_{12}gf_2(\eta_{12}g)}) \tag{3-110}$$

对于无限大外边界：

$$\alpha_{23}=\alpha_{33}=\alpha_{43}=\alpha_{44}=0 \tag{3-111}$$

对于圆形定压外边界：

$$\begin{aligned}\alpha_{23}=&-I_0(R_{\mathrm{fD}}\sqrt{\eta_{12}gf_2(\eta_{12}g)})\\&+S_\mathrm{f}R_{\mathrm{fD}}\sqrt{\eta_{12}gf_2(\eta_{12}g)}I_1(R_{\mathrm{fD}}\sqrt{\eta_{12}gf_2(\eta_{12}g)})\end{aligned} \tag{3-112}$$

$$\alpha_{33}=-\sqrt{\eta_{12}gf_2(\eta_{12}g)}I_1(R_{\mathrm{fD}}\sqrt{\eta_{12}gf_2(\eta_{12}g)}) \tag{3-113}$$

$$\alpha_{43}=I_0(R_{\mathrm{eD}}\sqrt{\eta_{12}gf_2(\eta_{12}g)}) \tag{3-114}$$

$$\alpha_{44}=K_0(R_{\mathrm{eD}}\sqrt{\eta_{12}gf_2(\eta_{12}g)}) \tag{3-115}$$

对于圆形封闭外边界：

$$\alpha_{23} = -I_0(R_{\text{fD}}\sqrt{\eta_{12}gf_2(\eta_{12}g)}) + S_{\text{f}}R_{\text{fD}}\sqrt{\eta_{12}gf_2(\eta_{12}g)}I_1(R_{\text{fD}}\sqrt{\eta_{12}gf_2(\eta_{12}g)}) \tag{3-116}$$

$$\alpha_{33} = -\sqrt{\eta_{12}gf_2(\eta_{12}g)}I_1(R_{\text{fD}}\sqrt{\eta_{12}gf_2(\eta_{12}g)}) \tag{3-117}$$

$$\alpha_{43} = I_1(R_{\text{eD}}\sqrt{\eta_{12}gf_2(\eta_{12}g)}) \tag{3-118}$$

$$\alpha_{44} = -K_1(R_{\text{eD}}\sqrt{\eta_{12}gf_2(\eta_{12}g)}) \tag{3-119}$$

3. 典型曲线及影响因素分析

公式(3-100)给出了无限大边界、圆形封闭边界和圆形供给边界均质-双重介质两区径向复合油藏的井底无因次拟压力拉氏空间解，利用数值拉氏反演变换即可计算实空间的解，下面就对其压力动态特征及影响因素进行分析。

图 3-11 是无限大均质-双重介质两区径向复合油藏典型的井底压力及导数双对数图形。从图中可以看出，井底压力响应可能存在明显的七个流动阶段：①纯井筒储存阶段；②过渡段；③内区径向流动阶段；④内区到外区流动的过渡段，这四个流动阶段的特征同均质两区径向复合气藏的特征一致；⑤外区裂缝系统的径向流动阶段，描述外区裂缝系统与内区共同作用的径向流动阶段，导数曲线为 $M_{12}/2$ 的水平直线段，如果外区窜流系数 λ_2 比较大，该流动阶段一般都被窜流所掩盖；⑥外区基岩向裂缝的窜流阶段，导数曲线表现为一个向下的凹子，其持续时间的长短由外区储容比 ω_2 确定，而开始下凹的时间则由外区窜流系数 λ_2 确定；⑦总系统作用段，描述内区和外区共同作用的总系统径向流动阶段，其特征是导数曲线为 $M_{12}/2$ 的水平直线段。

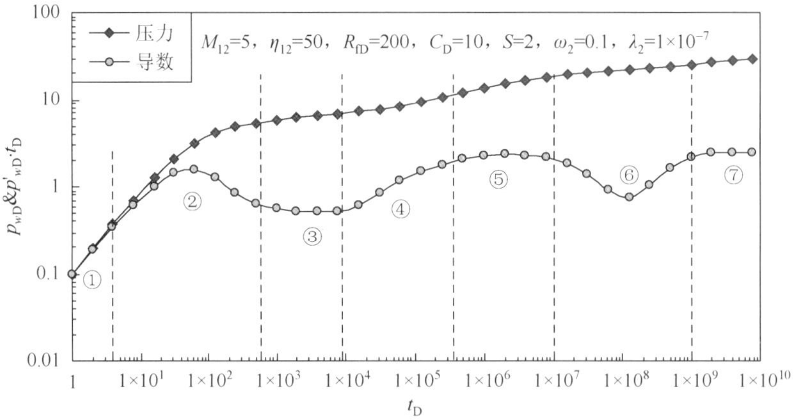

图 3-11　无限大均质-双重介质径向复合气藏压力动态典型曲线

井筒储存系数 C_{D}、表皮系数 S、内区半径 R_{fD}、相分离时间参数 α_{D}、相分离压力参数 $C_{\phi\text{D}}$ 以及外边界半径 R_{eD} 对均质-双重介质两区径向复合气藏井底压力动态的影响与对两区均质径向复合气藏的影响一致，因此，下面仅介绍外区储容比、窜流系数、流度比 M_{12}、扩散系数比 η_{12} 对均质－双重介质两区径向复合气藏井底压力动态的影响。

图 3-12 是外区储容比 ω_2 对井底压力动态的影响关系图。从图中可以看出，储容比 ω_2 对井底压力动态的影响主要表现在双对数拟压力导数曲线外区(晚期)凹子的深度和宽度；储容比 ω_2 越小，凹子的宽度和深度越大，窜流过渡段持续的时间越长，窜流开始的时间提前；ω_2 越大，与此相反。当 $\omega_2 \to 1$ 时，外区的双重介质压力动态特征就变为均质的压力动态特征。

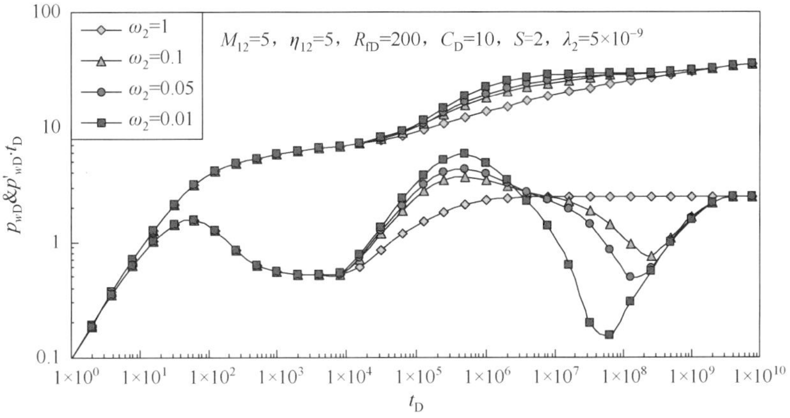

图 3-12　外区储容比对井底压力动态的影响

图 3-13 是外区窜流系数 λ_2 对井底压力动态的影响关系图。从图中可以看出，窜流系数 λ_2 对井底压力动态的影响主要表现在双对数拟压力导数曲线外区(晚期)凹子的开始时间；窜流系数 λ_2 越小，窜流开始的时间越晚，拟压力导数双对数曲线凹子出现的时间越晚；反之，λ_2 越大，窜流开始的时间越早，拟压力导数双对数曲线凹子出现的时间也越早；如果外区窜流系数 λ_2 足够大，凹子将出现在从内区到外区的过渡段流动阶段，甚至不出现，即外区的双重介质特征将反映不出来。

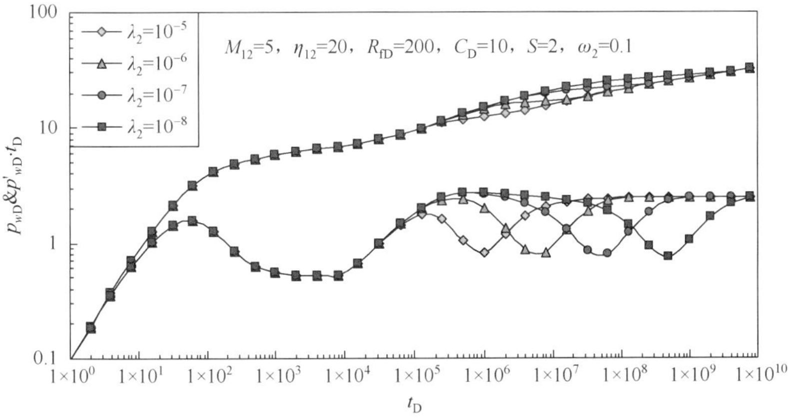

图 3-13　外区窜流系数对井底压力动态的影响

图 3-14 是流度比 M_{12} 对井底压力动态的影响关系图。从图中可以看出，流度比 M_{12} 不仅影响过渡段和外区径向流动阶段(同两区均质复合气藏)，而且还影响外区双重介质特征

的反映。在相同条件下，流度比 M_{12} 越大，基岩向裂缝的窜流发生越晚，双对数压力导数曲线外区(晚期)凹子出现的时间越晚；反之流度比 M_{12} 越小，基岩向裂缝的窜流发生越早，双对数拟压力导数曲线晚期凹子出现的时间越早。

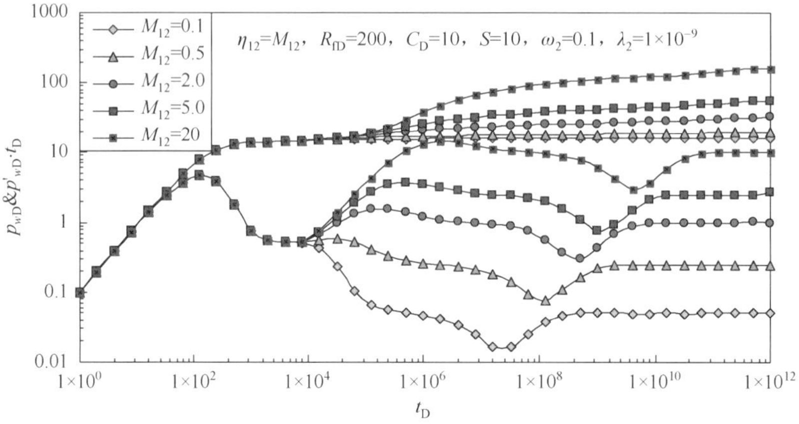

图 3-14　流度比对井底压力动态的影响

图 3-15 是扩散系数比 η_{12} 对井底压力动态的影响关系图。从图中可以看出，扩散系数比 η_{12} 不仅影响过渡段(同两区均质复合气藏)，而且也影响外区双重介质特征的反映。在相同条件下，扩散系数比 η_{12} 越大，基岩向裂缝的窜流发生越晚，双对数拟压力导数曲线晚期凹子出现的时间越晚；反之扩散系数比 η_{12} 越小，基岩向裂缝的窜流发生越早，双对数拟压力导数曲线晚期凹子出现的时间越早。

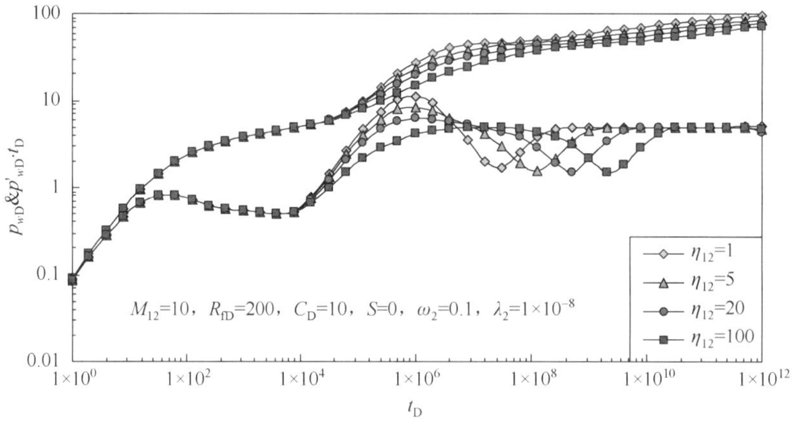

图 3-15　扩散系数比对井底压力动态的影响

图 3-16 是考虑界面表皮和不考虑界面表皮影响的无限大均质-双重介质两区径向复合气藏典型的井底拟压力及导数双对数曲线对比图。从图中可以看出，考虑界面表皮 S_f 影响的井底压力响应流动阶段与不考虑界面表皮影响的流动阶段基本一致，界面表皮 S_f 只

影响从内区到外区的过渡流动阶段以及外区裂缝流动阶段的拟压力导数曲线特征，即由于附加阻力的存在，可能导致外区裂缝流动阶段表现不出来。如果界面表皮 S_f 足够大，内区到外区的过渡流动阶段可能形成拟稳定流动阶段。

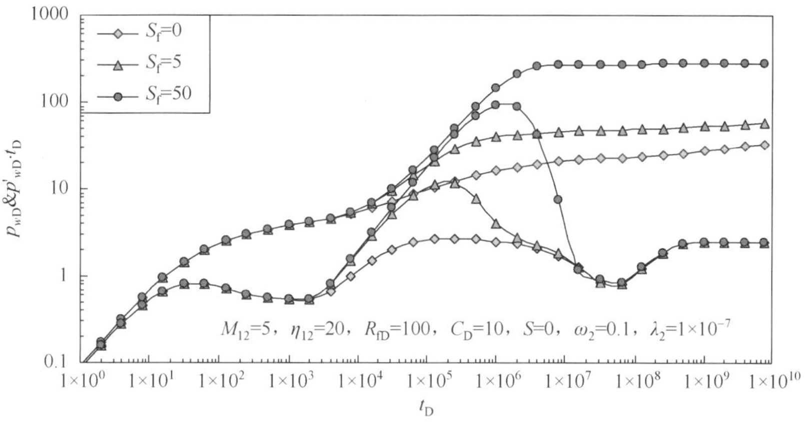

图 3-16　界面表皮对井底压力动态的影响

3.1.3　双重介质-均质两区径向复合油藏

双重介质-均质两区径向复合油藏是指构成复合油藏的两个区域以井轴为圆心，围绕井筒的内区为双重介质(基岩＋裂缝网络)，而远离井筒的外区为均匀介质。

1. 渗流物理模型

双重介质－均质两区径向复合油藏渗流物理模型如图 3-17 所示，其假设条件如下：

(1) 地层为水平、等厚的两区径向复合油藏，内区半径为 R_f，外区半径为 R_e，地层厚度为 h，外区裂缝渗透率为 k_{1f}、基岩渗透率为 k_{1m}、裂缝孔隙度为 ϕ_{1f}、基岩孔隙度为 ϕ_{1m}、流体黏度为 μ_1、综合压缩系数为 c_{1t}，内区渗透率为 k_2、孔隙度为 ϕ_2、流体黏度为 μ_2、综合压缩系数为 c_{2t}。

(2) 内区只有裂缝系统与井筒连通，流体通过裂缝向井筒供气，基岩向裂缝的流动为拟稳态窜流。

其余假设条件同两区均质径向复合油藏的假设。

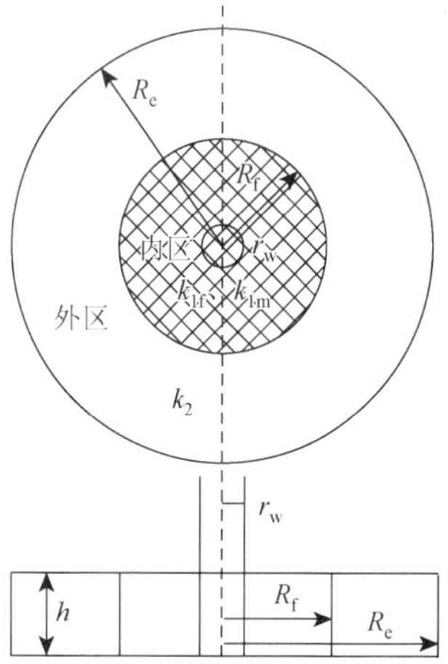

图 3-17　双重介质-均质径向复合油藏示意图

2. 渗流数学模型及解

1) 渗流数学模型的建立

类似于两区均质径向复合油藏，对内区采用沃伦-鲁特模型，可建立如下的考虑井筒储存效应和表皮效应以及井筒内流体相分离影响的双重介质-均质两区径向复合油藏的渗流数学模型：

(1)渗流微分方程

内区：

$$\frac{1}{r_D}\frac{\partial}{\partial r_D}\left(r_D\frac{\partial p_{1fD}}{\partial r_D}\right)=\omega_1\frac{\partial p_{1fD}}{\partial t_{fmD}}+(1-\omega_1)\frac{\partial p_{1mD}}{\partial t_{fmD}}\ (1\leqslant r_D\leqslant R_{fD}) \tag{3-120}$$

$$(1-\omega_1)\frac{\partial p_{1mD}}{\partial t_{fmD}}=\lambda_1(p_{1fD}-p_{1mD}) \tag{3-121}$$

外区：

$$\frac{1}{r_D}\frac{\partial}{\partial r_D}\left(r_D\frac{\partial p_{2D}}{\partial r_D}\right)=\eta_{12}\frac{\partial p_{2D}}{\partial t_{fmD}}\ (R_{fD}\leqslant r_D\leqslant R_{eD}) \tag{3-122}$$

(2)内边界条件。

井筒储存效应：

$$C_{fmD}\left(\frac{dp_{wfD}}{dt_{fmD}}-\frac{dp_{\phi D}}{dt_{fmD}}\right)-\left(r_D\frac{\partial p_{1fD}}{\partial r_D}\right)_{r_D=1}=1 \tag{3-123}$$

表皮效应：

$$p_{wfD}=\left(p_{1fD}-S\frac{\partial p_{1fD}}{\partial r_D}\right)_{r_D=1} \tag{3-124}$$

Fair 相分离模型：

$$p_{\phi D}=C_{\phi D}(1-e^{-t_{fmD}/\alpha_{fmD}}) \tag{3-125}$$

(3)外边界条件

外边界条件同均质两区径向复合油藏的外边界条件式(3-30)～式(3-32)。

(4)界面连续条件

界面压力相等：

$$p_{1fD}(R_{fD})=\left(p_{2D}-S_f R_{fD}\frac{\partial p_{2D}}{\partial r_D}\right)_{r_D=R_{fD}} \tag{3-126}$$

界面流速相等：

$$\frac{\partial p_{1fD}}{\partial r_D}(r_D=R_{fD},t_{fmD})=\frac{1}{M_{12}}\frac{\partial p_{2D}}{\partial r_D}(r_D=R_{fD},t_{fmD}) \tag{3-127}$$

(5)初始条件

初始时刻地层中各处压力相等：

$$p_{1fD}(r_D,t_{fmD}=0)=p_{1mD}(r_D,t_{fmD}=0)=p_{2D}(r_D,t_{fmD}=0)=0 \tag{3-128}$$

以上各式中：

内区裂缝无因次拟压力即　$$p_{1fD}=\frac{k_{1f}h(p_i-p_{1f})}{1.842\times10^{-3}qB\mu} \tag{3-129}$$

内区基岩无因次拟压力即　$$p_{1mD}=\frac{k_{1f}h(p_i-p_{1m})}{1.842\times10^{-3}qB\mu} \tag{3-130}$$

井底无因次拟压力即
$$p_{\mathrm{wfD}}=\frac{k_{1\mathrm{f}}h(p_i-p_{\mathrm{wf}})}{1.842\times10^{-3}qB\mu} \tag{3-131}$$

无因次时间即
$$t_{\mathrm{fmD}}=\frac{3.6k_{1\mathrm{f}}t}{(\phi Vc_{\mathrm{t}})_{1\mathrm{f+m}}\mu r_{\mathrm{w}}^2} \tag{3-132}$$

无因次井筒储存系数即
$$C_{\mathrm{fmD}}=\frac{C}{2\pi(\phi Vc_{\mathrm{t}})_{1\mathrm{f+m}}hr_{\mathrm{w}}^2} \tag{3-133}$$

无因次相分离时间参数即
$$\alpha_{\mathrm{fmD}}=\frac{3.6k_{1\mathrm{f}}t}{(\phi Vc_{\mathrm{t}})_{1\mathrm{f+m}}\mu r_{\mathrm{w}}^2} \tag{3-134}$$

流度比即
$$M_{12}=\frac{(k/\mu)_{1\mathrm{f}}}{(k/\mu)_2} \tag{3-135}$$

扩散系数比即
$$\eta_{12}=\frac{k_{1\mathrm{f}}/[\mu(\phi Vc_{\mathrm{t}})_{1\mathrm{f+m}}]}{(k/\phi\mu c_{\mathrm{t}})_2} \tag{3-136}$$

ω_1、λ_1为外区的储容比和窜流系数；

其余无因次定义同前。

2)渗流数学模型的解

对上述无因次化模型进行关于无因次时间t_{fmD}的拉普拉斯变换，得到拉普拉斯空间的试井分析数学模型，然后求解得模型的拉普拉斯空间解为

$$\overline{p}_{1\mathrm{fD}}=A_1I_0[r_{\mathrm{D}}\sqrt{gf_1(g)}]+A_2K_0[r_{\mathrm{D}}\sqrt{gf_1(g)}] \tag{3-137}$$

$$\overline{p}_{2\mathrm{D}}=A_3I_0(r_{\mathrm{D}}\sqrt{\eta_{12}g})+A_4K_0(r_{\mathrm{D}}\sqrt{\eta_{12}g}) \tag{3-138}$$

$$\begin{aligned}\overline{p}_{\mathrm{wfD}}=&A_1[I_0\sqrt{gf_1(g)}-S\sqrt{gf_1(g)}I_1)]\\&+A_2[K_0\sqrt{gf_1(g)}+S\sqrt{gf_1(g)}K_1\sqrt{gf_1(g)}]\end{aligned} \tag{3-139}$$

式中，A_1、A_2、A_3、A_4和β_{10}、β_{11}、β_{12}、β_{20}、β_{21}、β_{22}的表达式见式(3-70)～式(3-73)和式(3-75)～式(3-80)，α_{23}、α_{33}、α_{34}、α_{43}、α_{44}的表达式见式(3-61)～式(3-69)，其他变量的表达式如下：

$$f_1(g)=\frac{\omega_1(1-\omega_1)g+\lambda_1}{(1-\omega_1)g+\lambda_1} \tag{3-140}$$

$$\alpha_{10}=1+C_{\mathrm{fmD}}g^2\overline{p}_{\phi\mathrm{D}} \tag{3-141}$$

$$\alpha_{11}=C_{\mathrm{fmD}}g^2I_0\sqrt{gf_1(g)}-g\sqrt{gf_1(g)}(C_{\mathrm{fmD}}gS+1)I_1\sqrt{gf_1(g)} \tag{3-142}$$

$$\alpha_{12}=C_{\mathrm{fmD}}g^2K_0\sqrt{gf_1(g)}+g\sqrt{gf_1(g)}(C_{\mathrm{fmD}}gS+1)K_1\sqrt{gf_1(g)} \tag{3-143}$$

$$\alpha_{21}=I_0R_{\mathrm{fD}}\sqrt{gf_1(g)} \tag{3-144}$$

$$\alpha_{22}=K_0R_{\mathrm{fD}}\sqrt{gf_1(g)} \tag{3-145}$$

$$\alpha_{24}=-K_0(R_{\mathrm{fD}}\sqrt{\eta_{12}g})-S_{\mathrm{f}}R_{\mathrm{fD}}\sqrt{\eta_{12}g}K_1(R_{\mathrm{fD}}\sqrt{\eta_{12}g}) \tag{3-146}$$

$$\alpha_{31}=M_{12}\sqrt{gf_1(g)}I_1R_{\mathrm{fD}}\sqrt{gf_1(g)} \tag{3-147}$$

$$\alpha_{32}=-M_{12}\sqrt{gf_1(g)}K_1[R_{\mathrm{fD}}\sqrt{gf_1(g)}] \tag{3-148}$$

3. 典型曲线及影响因素分析

公式(3-139)给出了无限大边界、圆形封闭边界和圆形供给边界双重介质—均质径向复合气藏的井底无因次拟压力拉氏空间解，利用数值拉氏反演变换即可计算实空间的解，下面就对其压力动态特征及影响因素进行分析。

图 3-18 是无限大双重介质-均质两区径向复合气藏典型的井底无因次压力及导数双对数图形。从图中可以看出，井底压力响应可能存在明显的 7 个流动阶段：①纯井筒储存阶段；②纯井筒储存到内区径向流的过渡阶段；⑥内区到外区的过渡阶段；⑦内区和外区共同作用的径向流动阶段，这四个阶段的特征同两区均质径向复合气藏的特征一致；③内区裂缝径向流阶段，导数曲线为 0.5 的水平直线段，描述的是内区裂缝系统中的流动，如果内区窜流系数 λ_1 比较大或者井筒储存系数 C_{fmD} 比较大，该流动阶段可能观测不到；④内区基岩向裂缝的拟稳态窜流阶段，导数曲线表现为一个向下的凹子，其持续时间的长短由内区储容比 ω_1 确定，而开始下凹的时间则由内区窜流系数 λ_1 确定；⑤内区基岩与裂缝构成的总系统的径向流动阶段，如果内区窜流系数 λ_1 比较小或者内区半径 R_{fD} 比较小，则该流动阶段也可能观测不到。

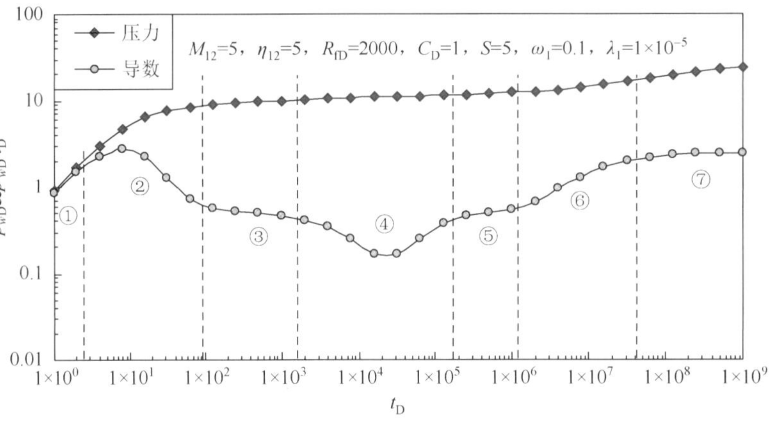

图 3-18　双重介质-均质径向复合油藏压力动态典型曲线

井筒储存系数 C_{fmD}、表皮系数 S、内区半径 R_{fD}、流度比 M_{12}、扩散系数比 η_{12}、相分离时间参数 α_{fmD}、相分离压力参数 $C_{\phi\mathrm{D}}$ 以及外边界半径 R_{eD} 对双重介质-均质两区径向复合油藏井底压力动态的影响与对两区均质径向复合油藏的影响一致，因此，下面仅介绍内区储容比和窜流系数对双重介质-均质两区径向复合油藏井底压力动态的影响。

图 3-19 是内区储容比 ω_1 对井底压力动态的影响关系图。从图中可以看出，内区储容比 ω_1 对井底压力动态的影响主要表现在双对数拟压力导数曲线早期凹子的深度和宽度：储容比 ω_1 越小，凹子的宽度和深度越大，窜流过渡段持续的时间越长，窜流开始的时间提前；ω_1 越大，与此相反。当 $\omega_1 \to 1$ 时，内区的双重介质压力动态特征就变为均质的压力动态特征。

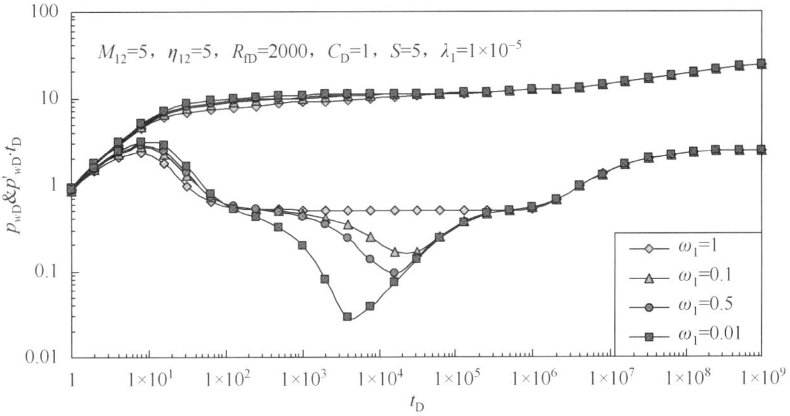

图 3-19　内区储容比对井底压力动态的影响

图 3-20 是内区窜流系数 λ_1 对井底压力动态的影响关系图。从图中可以看出，窜流系数 λ_1 对井底压力动态的影响主要表现在双对数拟压力导数曲线早期凹子的开始时间。窜流系数 λ_1 越小，窜流开始的时间越晚，拟压力导数双对数曲线凹子出现的时间越晚，但其影响不会超过内区到外区的过渡段；反之，λ_1 越大，窜流开始的时间越早，拟压力导数双对数曲线凹子出现的时间也越早；如果内区窜流系数 λ_1 足够大，凹子将被井筒储存效应所掩盖，即内区的双重介质特征将反映不出来。

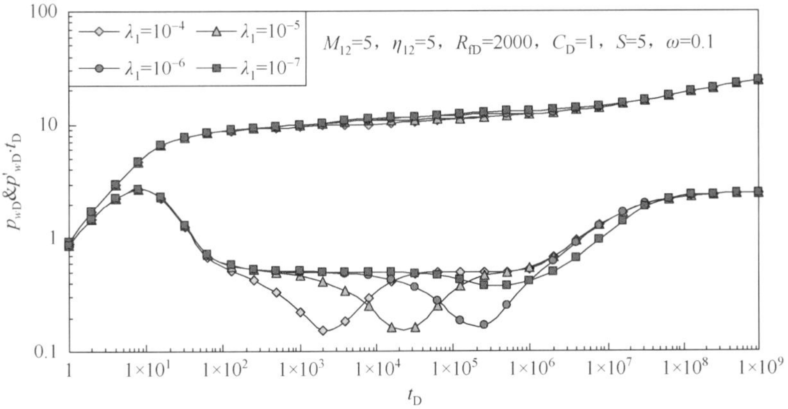

图 3-20　窜流系数对井底压力动态的影响

图 3-21 是界面附加阻力对无限大双重介质-均质两区径向复合气藏井底压力动态的影响双对数图形。从图中可以看出，当内区双重介质的窜流系数 λ_1 比较大，基岩向裂缝的窜流发生在界面附加阻力影响之前时，界面表皮系数 S_f 对双重介质-均质两区径向复合气藏井底压力动态的影响同对两区径向均质复合气藏的影响一致。当内区双重介质的窜流系数 λ_1 比较小，基岩向裂缝的窜流发生在内区到外区的过渡流动阶段时，如果不存在界面表皮（界面表皮系数 $S_f=0$），则内区双重介质的特征反映不出来；如果存在一定的界面附加阻力（界面表皮系数 $S_f>0$），则在过渡流动阶段将反映出双重介质的特征，即导数曲线形成一个向下的凹子，这特征类似于窜流发生在边界反映以后的情形。

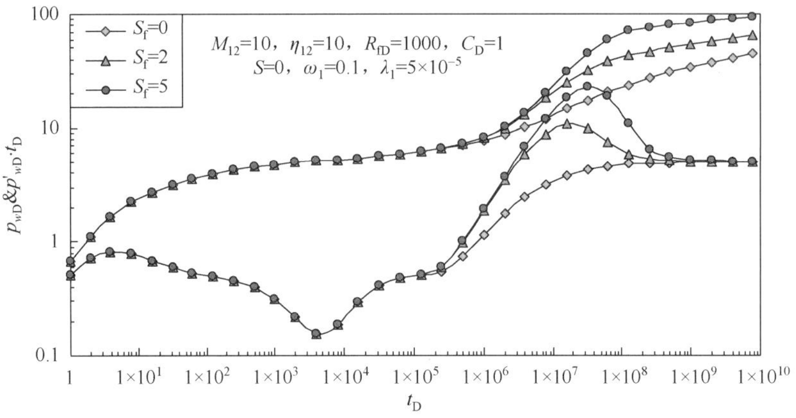

图 3-21　附加阻力对井底压力动态的影响

3.1.4　两区双重介质径向复合油藏

两区双重介质径向复合油藏是指构成复合油藏的两个区域以井轴为圆心，而每一区域地层特性为双重介质（基岩 + 裂缝网络）。

1. 渗流物理模型

两区双重介质径向复合油藏渗流物理模型如图 3-22 所示，其假设条件如下：

(1) 地层为水平、等厚的两区径向复合油藏，内区半径为 R_f，外区半径为 R_e，地层厚度为 h，各区的裂缝渗透率 k_f、基岩渗透率 k_m、孔隙度 ϕ、流体黏度 μ、综合压缩系数 c_t 等参数不相同且为常数；

(2) 基岩向裂缝的流动为拟稳态窜流；

其余假设条件同两区均质径向复合油藏的假设。

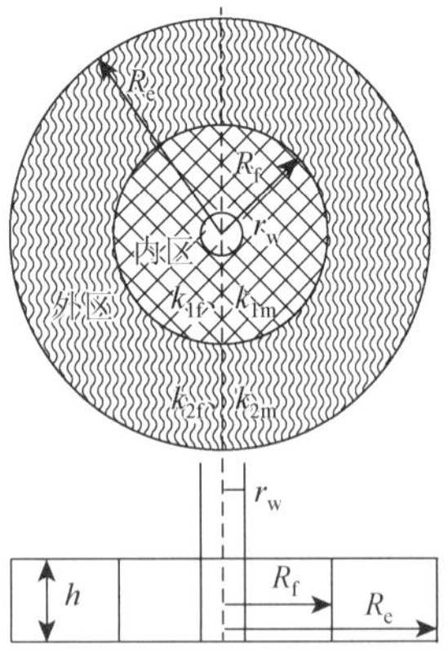

图 3-22　两区双重介质径向复合油藏示意图

2. 渗流数学模型及解

1) 渗流数学模型的建立

类似于两区均质径向复合油藏，采用 Warren 和 Root 模型，可建立如下的考虑井筒储存效应和表皮效应以及井筒内流体相分离影响的两区双重介质径向复合油藏的渗流数学模型：

(1) 渗流微分方程

内区：

$$\frac{1}{r_D}\frac{\partial}{\partial r_D}\left(r_D\frac{\partial p_{1fD}}{\partial r_D}\right)=\omega_1\frac{\partial p_{1fD}}{\partial t_{fmD}}+(1-\omega_1)\frac{\partial p_{1mD}}{\partial t_{fmD}}\,(1\leqslant r_D\leqslant R_{fD})\quad(3\text{-}149)$$

$$(1-\omega_1)\frac{\partial p_{1\mathrm{mD}}}{\partial t_{\mathrm{fmD}}}=\lambda_1(p_{1\mathrm{fD}}-p_{1\mathrm{mD}}) \tag{3-150}$$

外区：

$$\frac{1}{r_{\mathrm{D}}}\frac{\partial}{\partial r_{\mathrm{D}}}\left(r_{\mathrm{D}}\frac{\partial p_{2\mathrm{fD}}}{\partial r_{\mathrm{D}}}\right)=\eta_{12}\left[\omega_2\frac{\partial p_{2\mathrm{fD}}}{\partial t_{\mathrm{fmD}}}+(1-\omega_2)\frac{\partial p_{2\mathrm{mD}}}{\partial t_{\mathrm{fmD}}}\right]\ (R_{\mathrm{fD}}\leqslant r_{\mathrm{D}}\leqslant R_{\mathrm{eD}}) \tag{3-151}$$

$$(1-\omega_2)\eta_{12}\frac{\partial p_{2\mathrm{mD}}}{\partial t_{\mathrm{fmD}}}=\lambda_2(p_{2\mathrm{fD}}-p_{2\mathrm{mD}}) \tag{3-152}$$

(2)内边界条件

内边界条件同双重介质-均质两区径向复合气藏的内边界条件(式(3-123)～式(3-125))。

(3)外边界条件

外边界条件同均质-双重介质两区径向复合气藏的外边界条件[式(3-88)～式(3-90)]。

(4)界面连续条件

界面压力相等：

$$p_{1\mathrm{fD}}(R_{\mathrm{fD}})=\left(p_{2\mathrm{fD}}-S_{\mathrm{f}}R_{\mathrm{fD}}\frac{\partial p_{2\mathrm{fD}}}{\partial r_{\mathrm{D}}}\right)_{r_{\mathrm{D}}=R_{\mathrm{fD}}} \tag{3-153}$$

界面流速相等：

$$\frac{\partial p_{1\mathrm{fD}}}{\partial r_{\mathrm{D}}}(r_{\mathrm{D}}=R_{\mathrm{fD}},t_{\mathrm{fmD}})=\frac{1}{M_{12}}\frac{\partial p_{2\mathrm{fD}}}{\partial r_{\mathrm{D}}}(r_{\mathrm{D}}=R_{\mathrm{fD}},t_{\mathrm{fmD}}) \tag{3-154}$$

(5)初始条件

初始时刻地层中各处压力相等：

$$p_{1\mathrm{fD}}(r_{\mathrm{D}},t_{\mathrm{fmD}}=0)=p_{1\mathrm{mD}}(r_{\mathrm{D}},t_{\mathrm{fmD}}=0)=0 \tag{3-155}$$

$$p_{2\mathrm{fD}}(r_{\mathrm{D}},t_{\mathrm{fmD}}=0)=p_{2\mathrm{mD}}(r_{\mathrm{D}},t_{\mathrm{fmD}}=0)=0 \tag{3-156}$$

以上各式中：

流度比即
$$M_{12}=\frac{(k/\mu)_{1\mathrm{f}}}{(k/\mu)_{2\mathrm{f}}} \tag{3-157}$$

扩散系数比即
$$\eta_{12}=\frac{k_{1\mathrm{f}}/[\mu(\phi Vc_{\mathrm{t}})_{1\mathrm{f+m}}]}{k_{2\mathrm{f}}/[\mu(\phi Vc_{\mathrm{t}})_{2\mathrm{f+m}}]} \tag{3-158}$$

ω_1、ω_2、λ_1、λ_2分别为内区和外区的储容比和窜流系数；

其余无因次定义同前。

2)渗流数学模型的解

对上述无因次化模型进行关于无因次时间t_{fmD}的拉普拉斯变换，得到拉普拉斯空间的试井分析数学模型，然后求解得模型的拉普拉斯空间解为

$$\overline{p}_{1\mathrm{fD}}=A_1I_0\left(r_{\mathrm{D}}\sqrt{gf_1(g)}\right)+A_2K_0\left(r_{\mathrm{D}}\sqrt{gf_1(g)}\right) \tag{3-159}$$

$$\overline{p}_{2\mathrm{fD}}=A_3I_0\left(r_{\mathrm{D}}\sqrt{\eta_{12}gf_2(\eta_{12}g)}\right)+A_4K_0\left(r_{\mathrm{D}}\sqrt{\eta_{12}gf_2(\eta_{12}g)}\right) \tag{3-160}$$

$$\begin{aligned}\overline{p}_{\mathrm{wfD}} &= A_1\left[I_0(\sqrt{gf_1(g)}) - S\sqrt{gf_1(g)}I_1(\sqrt{gf_1(g)})\right] \\ &\quad + A_2[K_0(\sqrt{gf_1(g)}) + S\sqrt{gf_1(g)}K_1(\sqrt{gf_1(g)})]\end{aligned} \tag{3-161}$$

式中，A_1、A_2、A_3、A_4 和 β_{10}、β_{11}、β_{12}、β_{20}、β_{21}、β_{22} 的表达式见式(3-70)～式(3-73)和式(3-75)～式(3-80)，α_{10}、α_{11}、α_{12}、α_{21}、α_{22}、α_{31}、α_{32} 的表达式见式(3-141)～式(3-148)，α_{23}、α_{33}、α_{34}、α_{43}、α_{44} 的表达式见式(3-111)～式(3-119)，其他变量的表达式如下：

$$f_1(g) = \frac{\omega_1(1-\omega_1)g + \lambda_1}{(1-\omega_1)g + \lambda_1} \tag{3-162}$$

$$f_2(\eta_{12}g) = \frac{\omega_2(1-\omega_2)\eta_{12}g + \lambda_2}{(1-\omega_2)\eta_{12}g + \lambda_2} \tag{3-163}$$

$$\begin{aligned}\alpha_{24} &= -K_0(R_{\mathrm{fD}}\sqrt{\eta_{12}gf_2(\eta_{12}g)}) \\ &\quad - S_{\mathrm{f}}R_{\mathrm{fD}}\sqrt{\eta_{12}gf_2(\eta_{12}g)}K_1(R_{\mathrm{fD}}\sqrt{\eta_{12}gf_2(\eta_{12}g)})\end{aligned} \tag{3-164}$$

3. 典型曲线及影响因素分析

公式(3-161)给出了无限大边界、圆形封闭边界和圆形供给边界两区双重介质径向复合气藏的井底无因次拟压力拉氏空间解，利用数值拉氏反演变换即可计算实空间的解，下面就对其压力动态特征及影响因素进行分析。

图 3-24 是无限大两区双重介质径向复合气藏典型的井底无因次拟压力及导数双对数图形。从图中可以看出，井底压力响应可能存在明显的九个流动阶段：①纯井筒储存阶段；②过渡段，这两个流动阶段的特征同均质两区径向复合气藏的特征一致；③内区裂缝径向流阶段，导数曲线为 0.5 的水平直线段，描述的是内区裂缝系统中的流动，如果内区窜流系数 λ_1 比较大或者井筒储存系数 C_{fmD} 比较大，该流动阶段可能观测不到；④内区基岩向裂缝的拟稳态窜流阶段，导数曲线表现为一个向下的凹子，其持续时间的长短由内区储容

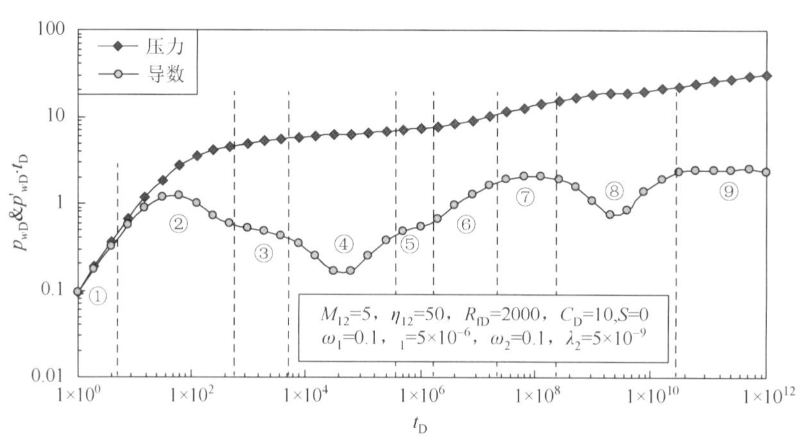

图 3-24　无限大两区双重介质径向复合气藏典型压力动态特征

比 ω_1 确定，而开始下凹的时间则由内区窜流系数 λ_1 确定；⑤内区基岩与裂缝构成的总系统的径向流动阶段，如果内区窜流系数 λ_1 比较小或者内区半径 R_{fD} 比较小，则该流动阶段也可能观测不到；⑥内区到外区流动的过渡段，由流度比 M_{12} 和扩散系数比 η_{12} 确定，M_{12} 越大，持续的时间越长；⑦外区裂缝系统的径向流动阶段，描述外区裂缝系统与内区共同作用的径向流动阶段，导数曲线为 $M_{12}/2$ 水平直线段，如果外区窜流系数 λ_2 比较大（$\lambda_2 < \lambda_1$），该流动阶段一般都被窜流所掩盖；⑧外区基岩向裂缝的窜流阶段，导数曲线表现为一个向下的凹子，其持续时间的长短由外区储容比 ω_2 确定，而开始下凹的时间则由外区窜流系数 λ_2 确定；⑨总系统作用段，描述内区和外区共同作用的总系统径向流动阶段，其特征是导数曲线为 $M_{12}/2$ 的水平直线段。

井筒储存系数 C_{fmD}、表皮系数 S、内区半径 R_{fD}、流度比 M_{12}、扩散系数比 η_{12}、相分离时间参数 α_{fmD}、相分离压力参数 $C_{\phi D}$ 以及外边界半径 R_{eD} 对两区双重介质径向复合气藏井底压力动态的影响与对两区均质径向复合气藏的影响一致，因此，下面仅介绍内、外区储容比和窜流系数对两区双重介质径向复合气藏井底压力动态的影响。

图 3-25 是内区储容比 ω_1 对井底压力动态的影响关系图。从图中可以看出，内区储容比 ω_1 对两区双重介质径向复合气藏井底压力动态的影响与对双重介质-均质两区径向复合气藏的影响一致，主要表现在双对数拟压力导数曲线凹子的深度和宽度；储容比 ω_1 越小，凹子的宽度和深度越大，窜流过渡段持续的时间越长，窜流开始的时间提前；ω_1 越大，与此相反。

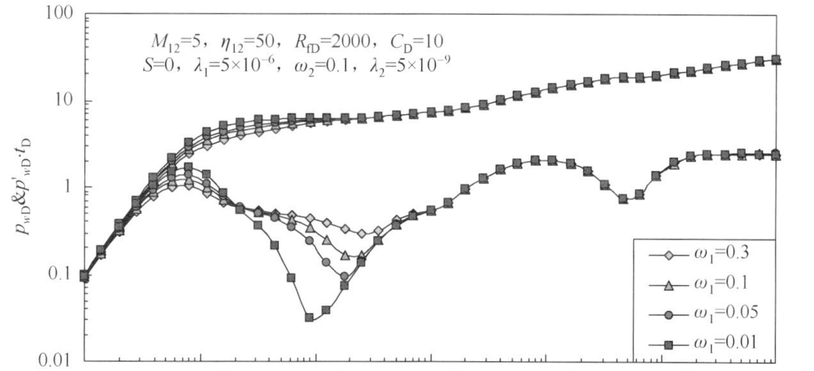

图 3-25　内区储容比对井底压力动态的影响

图 3-26 是内区窜流系数 λ_1 对井底压力动态的影响关系图。从图中可以看出，内区窜流系数 λ_1 对两区双重介质径向复合气藏井底压力动态的影响与对双重介质-均质两区径向复合气藏的影响一致，主要表现在双对数拟压力导数曲线凹子的开始时间；窜流系数 λ_1 越大，窜流开始的时间越早，拟压力导数双对数曲线凹子出现的时间越早；反之，λ_1 越小，窜流开始的时间则越晚，拟压力导数双对数曲线凹子出现的时间也越晚；如果内区窜流系数 λ_1 足够小，凹子将不出现，内区双重介质的特征将反映不出来。

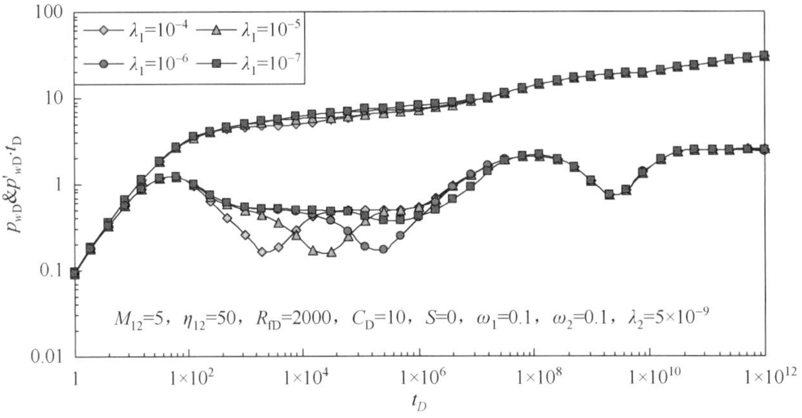

图 3-26　内区窜流系数对井底压力动态的影响

图 3-27 是外区储容比 ω_2 对井底压力动态的影响关系图。从图中可以看出，储容比 ω_2 对两区双重介质径向复合气藏井底压力动态的影响与对均质-双重介质两区径向复合气藏的影响一致，主要表现在双对数拟压力导数曲线晚期凹子的深度和宽度：储容比 ω_2 越小，凹子的宽度和深度越大，窜流过渡段持续的时间越长；ω_2 越大，与此相反。

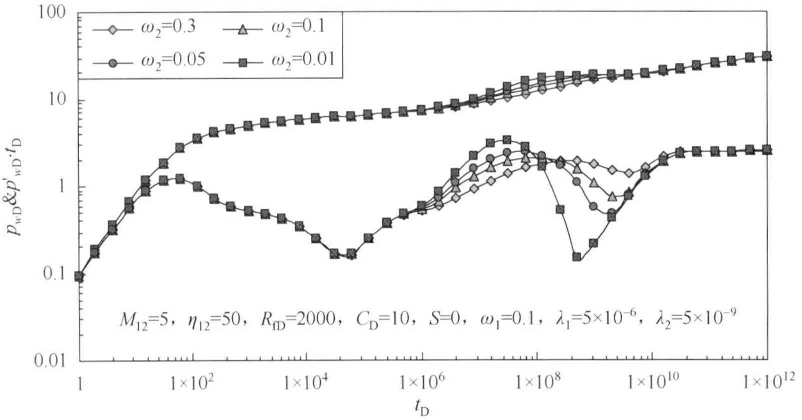

图 3-27　外区储容比对井底压力动态的影响

图 3-28 是外区窜流系数 λ_2 对井底压力动态的影响关系图。从图中可以看出，窜流系数 λ_2 对两区双重介质径向复合气藏井底压力动态的影响也与对均质-双重介质两区径向复合气藏的影响一致，主要表现在双对数压力导数曲线晚期凹子的开始时间：窜流系数 λ_2 越小，窜流开始的时间越晚，压力导数双对数曲线凹子出现的时间越晚；反之，λ_2 越大，

窜流开始的时间越早，拟压力导数双对数曲线凹子出现的时间也越早；如果外区窜流系数λ_2足够大，凹子将出现在从内区到外区的过渡段流动阶段，甚至不出现，即外区的双重介质特征将反映不出来。

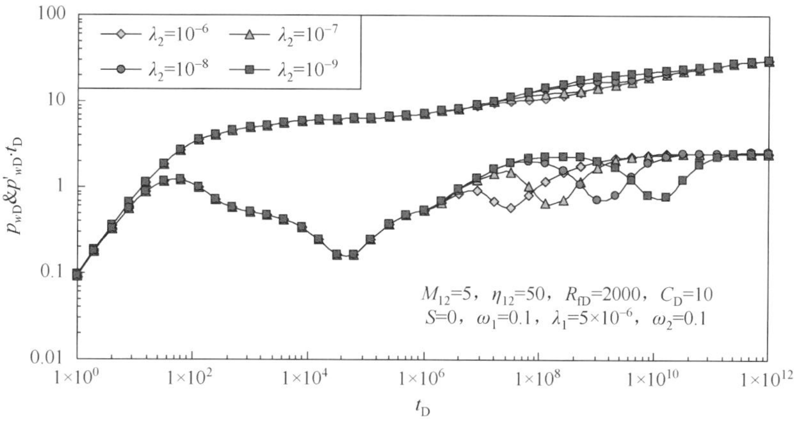

图3-28 外区窜流系数对井底压力动态的影响

图3-29和图3-30是界面附加阻力对两区双重介质径向复合气藏井底压力动态的影响关系图。由图3-29可知，在外区的窜流系数λ_2较大，外区基岩向裂缝的窜流发生在内区到外区的过渡流动阶段时，内区与外区界面附加阻力的影响将掩盖外区的双重介质特征(界面表皮系数$S_f>2$)。由图3-30可知，当外区的窜流系数λ_2较小，外区基岩向裂缝的窜流发生在内区到外区的过渡流动阶段以后时，内区与外区界面附加阻力的影响主要反映在过渡流动阶段，即由于附加阻力的存在，导致在界面处要保持相应的流动需要更大的压差和压力梯度。

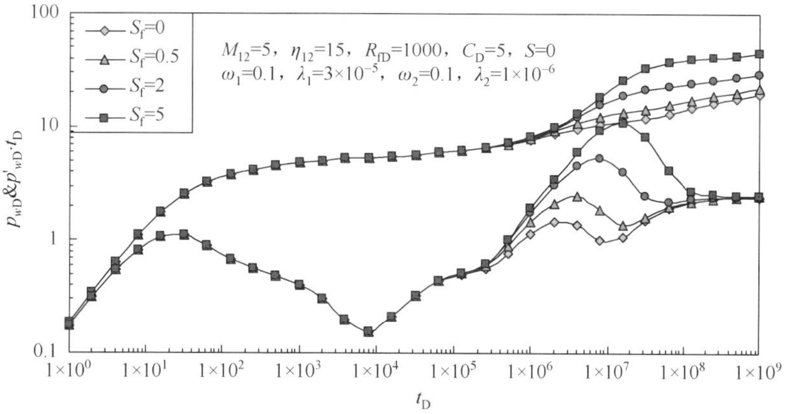

图3-29 界面附加阻力对井底压力动态的影响(一)

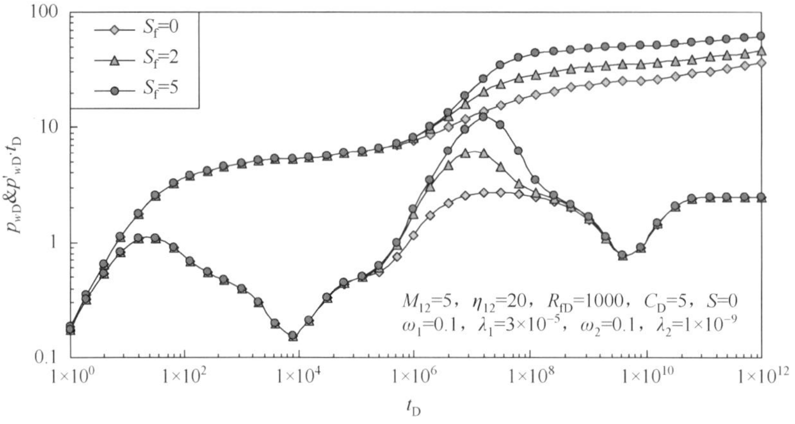

图 3-30　界面附加阻力对井底压力动态的影响(二)

3.2　界面存在附加阻力的三区径向复合油藏

3.2.1　渗流物理模型

三区径向复合油藏[38-45]渗流物理模型如图 3-31 所示，其假设条件如下：

(1)地层为水平、等厚的三区径向复合油藏，各区的地层渗透率 k、孔隙度 ϕ、流体黏度 μ、综合压缩系数 C_t 等参数不相同且为常数；

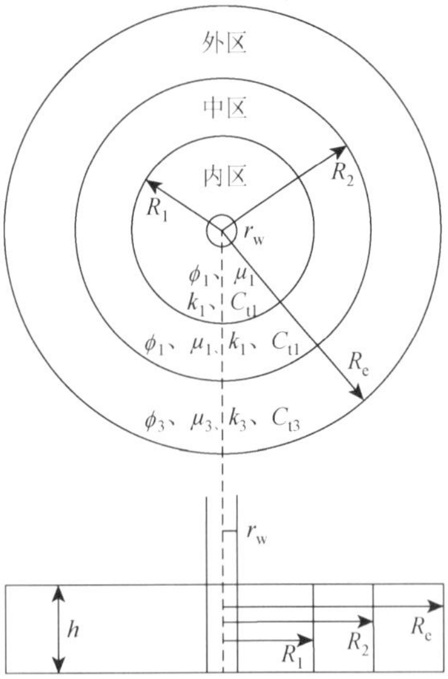

图 3-31　三区径向复合油藏渗流后竖模型

(2)地层中流体为单相、弱可压缩的液体，忽略重力、毛管力以及微小压力梯度值的影响；

(3)各区流体均符合达西平面径向渗流规律，等温渗流；

(4)井以恒定的产量 q 从 $t=0$ 时刻开井生产，开井前地层中各处压力均等于 p_i；

(5)各渗流区域界面处存在附加阻力[1-5]；

(6)考虑井筒储存效应和表皮效应的影响；

(7)考虑井筒中流体相分离的影响。

3.2.2　渗流数学模型及解

依据前面的物理模型和假设条件，采用 3.1 节的方法可建立如下的考虑井筒储存效应、表皮效应以及界面阻力影响的三区均质径向复合油藏的渗流数学模型。

$$
\begin{cases}
\dfrac{1}{r_{\mathrm{D}}}\dfrac{\partial}{\partial r_{\mathrm{D}}}\left(r_{\mathrm{D}}\dfrac{\partial p_{1\mathrm{D}}}{\partial r_{\mathrm{D}}}\right)=\dfrac{\partial p_{1\mathrm{D}}}{\partial t_{\mathrm{D}}} & (1\leqslant r_{\mathrm{D}}\leqslant R_{\mathrm{fD}}) \\
\dfrac{1}{r_{\mathrm{D}}}\dfrac{\partial}{\partial r_{\mathrm{D}}}\left(r_{\mathrm{D}}\dfrac{\partial p_{2\mathrm{D}}}{\partial r_{\mathrm{D}}}\right)=\eta_{12}\dfrac{\partial p_{2\mathrm{D}}}{\partial t_{\mathrm{D}}} & (R_{1\mathrm{D}}\leqslant r_{\mathrm{D}}\leqslant R_{2\mathrm{D}}) \\
\dfrac{1}{r_{\mathrm{D}}}\dfrac{\partial}{\partial r_{\mathrm{D}}}\left(r_{\mathrm{D}}\dfrac{\partial p_{3\mathrm{D}}}{\partial r_{\mathrm{D}}}\right)=\eta_{13}\dfrac{\partial p_{3\mathrm{D}}}{\partial t_{\mathrm{D}}} & (R_{2\mathrm{D}}\leqslant r_{\mathrm{D}}\leqslant R_{\mathrm{eD}}) \\
p_{1\mathrm{D}}(r_{\mathrm{D}},0)=p_{2\mathrm{D}}(r_{\mathrm{D}},0)=p_{3\mathrm{D}}(r_{\mathrm{D}},0)=0 \\
C_{\mathrm{D}}\dfrac{\mathrm{d}p_{\mathrm{wD}}}{\mathrm{d}t_{\mathrm{D}}}-\left(r_{\mathrm{D}}\dfrac{\partial p_{1\mathrm{D}}}{\partial r_{\mathrm{D}}}\right)_{r_{\mathrm{D}}=1}=1 \\
p_{\mathrm{wD}}=\left(p_{1\mathrm{D}}-S\dfrac{\partial p_{1\mathrm{D}}}{\partial r_{\mathrm{D}}}\right)_{r_{\mathrm{D}}=1} \\
p_{3\mathrm{D}}(r_{\mathrm{D}}\to\infty,t_{\mathrm{D}})=0 \\
p_{1\mathrm{D}}(R_{1\mathrm{D}})=\left(p_{2\mathrm{D}}-S_{1\mathrm{f}}R_{1\mathrm{D}}\dfrac{\partial p_{2\mathrm{D}}}{\partial r_{\mathrm{D}}}\right)_{r_{\mathrm{D}}=R_{1\mathrm{D}}} \\
\dfrac{\partial p_{1\mathrm{D}}}{\partial r_{\mathrm{D}}}(R_{1\mathrm{D}},t_{\mathrm{D}})=\dfrac{1}{M_{12}}\dfrac{\partial p_{2\mathrm{D}}}{\partial r_{\mathrm{D}}}(R_{1\mathrm{D}},t_{\mathrm{D}}) \\
p_{2\mathrm{D}}(R_{2\mathrm{D}})=\left(p_{3\mathrm{D}}-S_{2\mathrm{f}}R_{2\mathrm{D}}\dfrac{\partial p_{3\mathrm{D}}}{\partial r_{\mathrm{D}}}\right)_{r_{\mathrm{D}}=R_{2\mathrm{D}}} \\
\dfrac{\partial p_{2\mathrm{D}}}{\partial r_{\mathrm{D}}}(R_{2\mathrm{D}},t_{\mathrm{D}})=\dfrac{1}{M_{13}}\dfrac{\partial p_{3\mathrm{D}}}{\partial r_{\mathrm{D}}}(R_{2\mathrm{D}},t_{\mathrm{D}})
\end{cases}
\tag{3-165}
$$

其中无因次变量定义如下。

1）无因次压力

内区无因次拟压力：

$$
p_{1\mathrm{D}}=\frac{k_1 h(p_i-p_1)}{1.842\times 10^{-3}qB\mu} \tag{3-166}
$$

外区无因次拟压力：

$$
p_{2\mathrm{D}}=\frac{k_1 h(p_i-p_2)}{1.842\times 10^{-3}qB\mu} \tag{3-167}
$$

外区无因次拟压力：

$$
p_{3\mathrm{D}}=\frac{k_1 h(p_i-p_3)}{1.842\times 10^{-3}qB\mu} \tag{3-168}
$$

无因次井底拟压力：

$$
p_{\mathrm{wD}}=\frac{k_1 h(p_i-p_{\mathrm{w}})}{1.842\times 10^{-3}qB\mu} \tag{3-169}
$$

2）无因次时间

$$t_{\mathrm{D}}=\frac{3.6k_1t}{\phi\mu c_{\mathrm{t}}r_{\mathrm{w}}^2} \tag{3-170}$$

3）无因次半径

$$r_{\mathrm{D}}=r/r_{\mathrm{w}},\quad R_{1\mathrm{D}}=R_1/r_{\mathrm{w}},\quad R_{2\mathrm{D}}=R_2/r_{\mathrm{w}},\quad R_{\mathrm{eD}}=R_{\mathrm{e}}/r_{\mathrm{w}} \tag{3-171}$$

4）无因次井筒储存系数

$$C_{\mathrm{D}}=\frac{C}{2\pi\phi c_{\mathrm{t}}hr_{\mathrm{w}}^2} \tag{3-172}$$

5）流度比

$$M_{12}=\frac{(k/\mu)_1}{(k/\mu)_2}\ M_{13}=\frac{(k/\mu)_1}{(k/\mu)_3} \tag{3-173}$$

6）扩散系数比

$$\eta_{12}=\frac{k_1/(\mu\phi C_{\mathrm{t}})_1}{k_2/(\mu\phi C_{\mathrm{t}})_2}\ \eta_{13}=\frac{k_1/(\mu\phi C_{\mathrm{t}})_1}{k_3/(\mu\phi C_{\mathrm{t}})_3} \tag{3-174}$$

对上述无因次化模型进行关于无因次时间t_{D}的拉普拉斯变换，得到拉普拉斯空间的试井分析数学模型，拉氏空间中控制方程的通解为

$$\overline{p}_{1\mathrm{D}}=A_1I_0(r_{\mathrm{D}}\sqrt{g})+B_1K_0(r_{\mathrm{D}}\sqrt{g}) \tag{3-175}$$

$$\overline{p}_{2\mathrm{D}}=A_2I_0(r_{\mathrm{D}}\sqrt{\eta_{12}g})+B_2K_0(r_{\mathrm{D}}\sqrt{\eta_{12}g}) \tag{3-176}$$

$$\overline{p}_{3\mathrm{D}}=A_3I_0(r_{\mathrm{D}}\sqrt{\eta_{13}g})+B_3K_0(r_{\mathrm{D}}\sqrt{\eta_{13}g}) \tag{3-177}$$

$$\overline{p}_{\mathrm{wD}}=A_1[I_0(\sqrt{g})-S\sqrt{g}I_1(\sqrt{g})]+B_1[K_0(\sqrt{g})+S\sqrt{g}K_1(\sqrt{g})] \tag{3-178}$$

将通解(3-175)～(3-177)带入模型定解条件可得如下形式矩阵方程，求解该矩阵方程可得待定系数A_1、A_2、A_3、B_1、B_2、B_3。

$$\boldsymbol{CX}=\boldsymbol{D} \tag{3-179}$$

$$\boldsymbol{C}=\begin{bmatrix}\alpha_{11}&\alpha_{12}&&&&\\\alpha_{21}&\alpha_{22}&\alpha_{23}&\alpha_{24}&&\\\alpha_{31}&\alpha_{32}&\alpha_{33}&\alpha_{34}&&\\&&\alpha_{43}&\alpha_{44}&\alpha_{45}&\alpha_{46}\\&&\alpha_{53}&\alpha_{54}&\alpha_{55}&\alpha_{56}\\&&&&\alpha_{65}&\alpha_{66}\end{bmatrix} \tag{3-180}$$

$$\boldsymbol{X}=[A_1\quad B_1\quad A_2\quad B_2\quad A_3\quad B_3]^{\mathrm{T}} \tag{3-181}$$

$$\boldsymbol{D}=[1/\mathrm{g}\quad 0\quad 0\quad 0\quad 0\quad 0]^{\mathrm{T}} \tag{3-182}$$

$\boldsymbol{C}$是一个6×6阶的对角矩阵，空白处元素为0，其他各元素表达式如下：

$$\alpha_{10}=1 \tag{3-183}$$

$$\alpha_{11}=C_{\mathrm{D}}g^2I_0(\sqrt{g})-g\sqrt{g}(C_{\mathrm{D}}gS+1)I_1(\sqrt{g}) \tag{3-184}$$

$$\alpha_{12}=C_{\mathrm{D}}g^2K_0(\sqrt{g})+g\sqrt{g}(C_{\mathrm{D}}gS+1)K_1(\sqrt{g}) \tag{3-185}$$

$$\alpha_{21}=I_0(R_{1\mathrm{D}}\sqrt{g}),\ \alpha_{22}=K_0(R_{1\mathrm{D}}\sqrt{g}) \tag{3-186}$$

$$\alpha_{23} = -I_0(R_{1D}\sqrt{\eta_{12}g}) + S_{1f}R_{1D}\sqrt{\eta_{12}g}I_1(R_{1D}\sqrt{\eta_{12}g}) \tag{3-187}$$

$$\alpha_{24} = -K_0(R_{1D}\sqrt{\eta_{12}g}) - S_{1f}R_{1D}\sqrt{\eta_{12}g}K_1(R_{1D}\sqrt{\eta_{12}g}) \tag{3-188}$$

$$\alpha_{31} = M_{12}\sqrt{g}I_1(R_{1D}\sqrt{g}) \quad \alpha_{32} = -M_{12}\sqrt{g}K_1(R_{1D}\sqrt{g}) \tag{3-189}$$

$$\alpha_{33} = -\sqrt{\eta_{12}g}I_1(R_{1D}\sqrt{\eta_{12}g}) \quad \alpha_{34} = \sqrt{\eta_{12}g}K_1(R_{1D}\sqrt{\eta_{12}g}) \tag{3-190}$$

$$\alpha_{43} = I_0(R_{2D}\sqrt{\eta_{12}g}) \quad \alpha_{44} = K_0(R_{2D}\sqrt{\eta_{12}g}) \tag{3-191}$$

$$\alpha_{45} = -I_0(R_{2D}\sqrt{\eta_{13}g}) + S_{2f}R_{2D}\sqrt{\eta_{13}g}I_1(R_{2D}\sqrt{\eta_{13}g}) \tag{3-192}$$

$$\alpha_{46} = -K_0(R_{2D}\sqrt{\eta_{13}g}) - S_{2f}R_{2D}\sqrt{\eta_{13}g}K_1(R_{2D}\sqrt{\eta_{13}g}) \tag{3-193}$$

$$\alpha_{53} = M_{13}\sqrt{\eta_{12}g}I_1(R_{2D}\sqrt{\eta_{12}g}) \quad \alpha_{54} = -M_{13}\sqrt{\eta_{12}g}K_1(R_{2D}\sqrt{\eta_{12}g}) \tag{3-194}$$

$$\alpha_{55} = -\sqrt{\eta_{13}g}I_1(R_{2D}\sqrt{\eta_{13}g}) \quad \alpha_{56} = \sqrt{\eta_{13}g}K_1(R_{2D}\sqrt{\eta_{13}g}) \tag{3-195}$$

$$\alpha_{45} = \alpha_{55} = \alpha_{65} = \alpha_{66} = 0 \tag{3-196}$$

求得系数 A_1、B_1 后，即可由方程(3-178)计算拉普拉斯空间的井底无因次拟压力，然后借助数值反演公式计算实空间的井底无因次拟压力及拟压力导数响应。

3.2.3　典型曲线及影响因素分析

图 3-32 是无限大三区均质径向复合气藏典型的井底无因次拟压力及导数双对数图形。从图中可以看出，该试井模型的无因次拟压力及其导数的特征曲线由七部分构成，这七部分的特征及所反映的井和地层的信息分别为：

(1)第 I 段，无因次拟压力及其导数重合为一条直线段，其斜率为 1.0，反映的是井筒中纯井筒存储效应作用的结果；

(2)第 II 段，无因次拟压力导数为一条有一极大值点上凸的曲线，反映的是井筒存储效应和表皮效应共同作用的结果，极大值点主要受模数 $C_D e^{2S}$ 所控制；

(3)第 III 段，无因次拟压力导数为一条值等于 0.5 的水平直线段，反映的是内区系统的径向流特征；

(4)第 IV 段，内区到中区的过渡流动阶段，开始时间与内区半径大小有关；

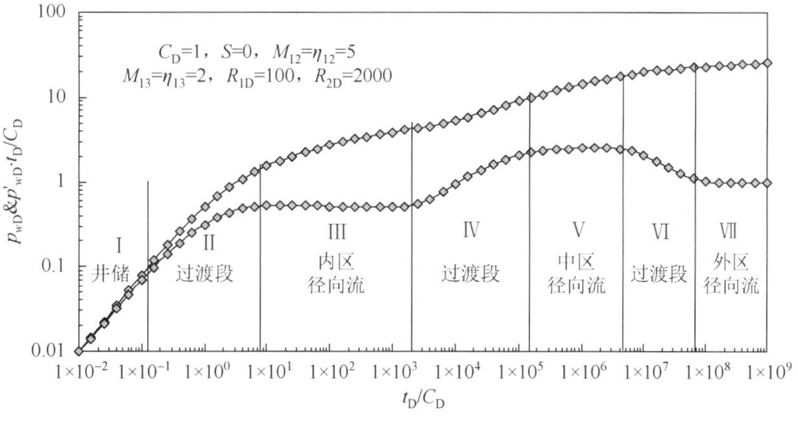

图 3-32　无限大三区均质径向复合气藏压力动态典型曲线

(5) 第Ⅴ段，无因次拟压力导数表现为值等于 $0.5M_{12}$ 的水平直线段，反映的是中区系统的径向流特征；

(6) 第Ⅵ段，中区到外区的过渡流动阶段，开始时间与中区外半径大小有关；

(7) 第Ⅶ段，无因次拟压力导数表现为值等于 $0.5M_{13}$ 的水平直线段，反映的是地层中三区系统的径向流特征。

图 3-33 是内区与中区流度比 M_{12} 对井底压力动态的影响关系图。从图中可以看出，内区与中区流度比 M_{12} 主要影响从内区到中区流动的过渡阶段和内区与中区共同作用的径向流动阶段的拟压力导数曲线特征。流度比 M_{12} 越大，由内区和中区共同作用的径向流动阶段的拟压力导数曲线位置越高，其值为 $M_{12}/2$；如果 $M_{12}>1$，说明内区物性比中区物性好，由内区和中区共同作用的径向流动阶段的拟压力导数曲线位于内区径向流动导数曲线的上方，反之 $M_{12}<1$，说明内区物性比中区物性差，由内区和中区共同作用的径向流动阶段的拟压力导数曲线就位于内区径向流动导数曲线的下方。

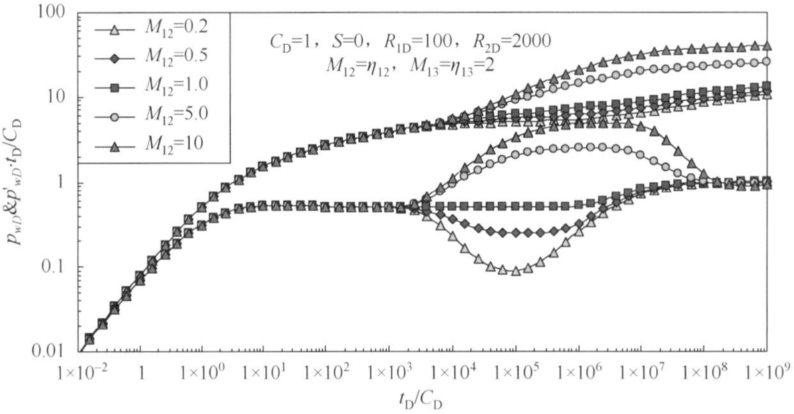

图 3-33　流度比 M_{12} 对井底压力动态的影响

图 3-34 是内区与外区流度比 M_{13} 对井底压力动态的影响关系图。从图中可以看出，内区与外区流度比 M_{13} 主要影响从中区到外区流动的过渡阶段和中区与外区共同作用的

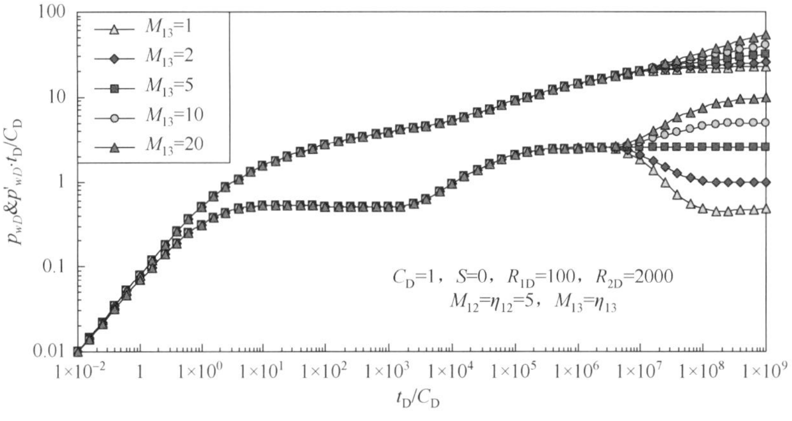

图 3-34　流度比 M_{13} 对井底压力动态的影响

径向流动阶段的拟压力导数曲线特征。流度比 M_{13} 越大，由中区和外区共同作用的径向流动阶段的拟压力导数曲线位置越高，其值为 $M_{13}/2$。

图3-35是内区与中区扩散系数比 η_{12} 对井底压力动态的影响关系图。从图中可以看出，内区与中区扩散系数比 η_{12} 主要影响从内区到中区流动的过渡阶段和内区与中区共同作用的径向流动阶段的拟压力导数曲线特征。在其余参数不变的情况下，当扩散系数比 $\eta_{12}>M_{12}$ 时，也就意味着外区的储容能力大于内区的储容能力，此时拟压力导数曲线在过渡段将低于 $\eta_{12}=M_{12}$ 时的导数曲线，η_{12} 越大拟压力导数曲线在过渡段的位置越低；反之，当扩散系数比 $\eta_{12}<M_{12}$ 时，也就意味着外区的储容能力小于内区的储容能力，此时拟压力导数曲线在过渡段将高于 $\eta_{12}=M_{12}$ 时的导数曲线，η_{12} 越小拟压力导数曲线在过渡段的位置越高。

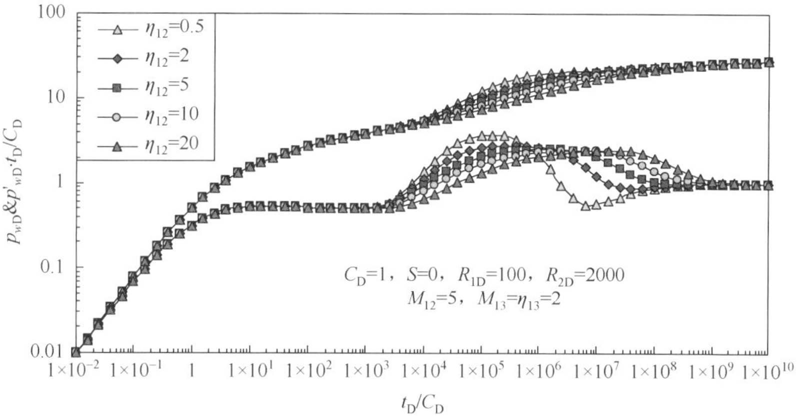

图3-35　扩散系数比 η_{12} 对井底压力动态的影响

图3-36是内区与外区扩散系数比 η_{13} 对井底压力动态的影响关系图。从图中可以看出，内区与外区扩散系数比 η_{13} 主要影响从中区到外区流动的过渡阶段的拟压力导数曲线特征。扩散系数比 η_{13} 越小，也就意味着外区的储容能力越小，流体补充的能力越弱，拟压力导数曲线在过渡段的位置将越高；反之拟压力导数曲线在过渡段的位置将越低。

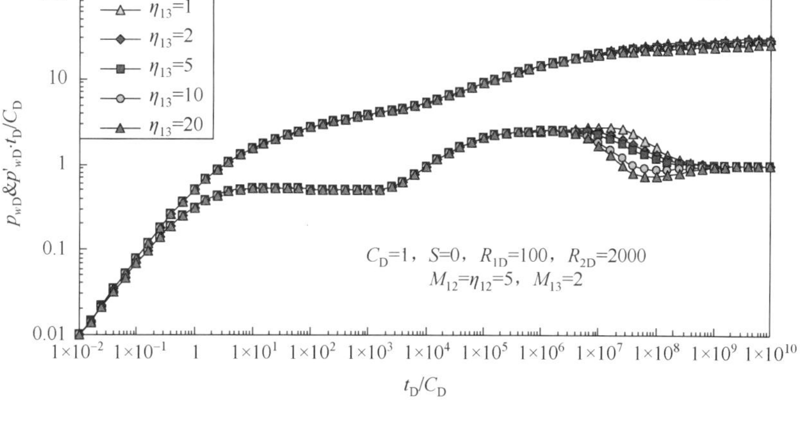

图3-36　扩散系数比 η_{13} 对井底压力动态的影响

图 3-37 是内区半径对井底压力动态的影响关系图。从图中可以看出，内区半径主要影响内区径向流持续时间的长短、内区到中区流动过渡段的开始时间以及内区和中区共同作用径向流的开始时间。内区半径 R_{1D} 越大，内区径向流持续的时间越长，过渡段开始的时间以及内区和中区共同作用径向流的开始时间将越晚；反之，内区半径 R_{1D} 越小，内区径向流持续的时间就越短，过渡段开始的时间以及内区和中区共同作用径向流的开始时间就越早，如果 R_{1D} 足够小，内区径向流将可能被井筒储存所掩盖。

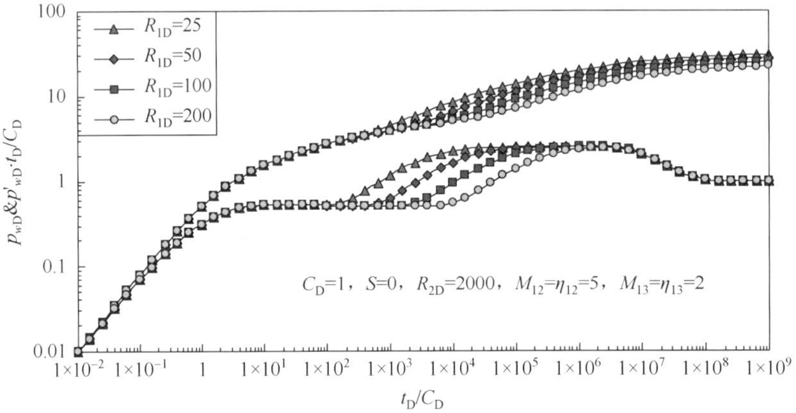

图 3-37　内区半径对井底压力动态的影响

图 3-38 是中区外半径 R_{2D} 对井底压力动态的影响关系图。从图中可以看出，中区外半径 R_{2D} 主要影响中区径向流结束的时间、中区到外区流动过渡段的开始时间以及总系统径向流的开始时间。中区外半径 R_{2D} 越大，中区径向流结束的时间、过渡段开始的时间以及总系统径向流的开始时间将越晚；反之，中区外半径 R_{2D} 越小，中区径向流结束的时间、过渡段开始的时间以及总系统径向流的开始时间就越早。

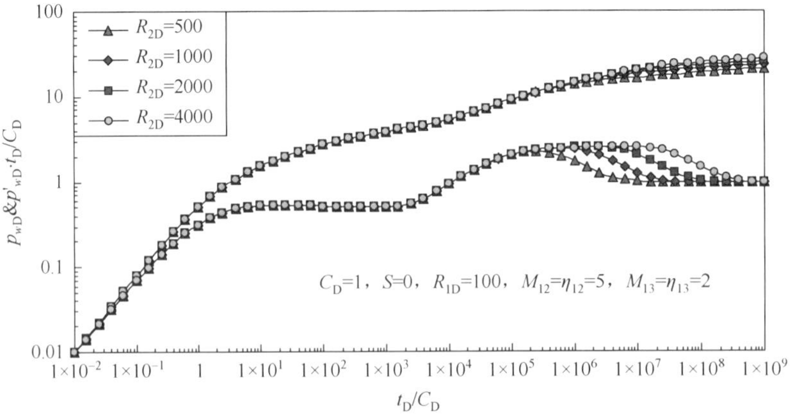

图 3-38　中区外半径对井底压力动态的影响

图 3-39 和图 3-40 是界面表皮 S_f 对井底压力动态的影响关系图。从图中可以看出，界面表皮 S_{1f} 对井底压力动态的影响主要反映在内区到中区流动的过渡阶段，界面表皮 S_{2f} 对井底压力动态的影响主要反映在中区到外区流动的过渡阶段，其导数曲线形态类似于均质气藏压力导数图版的驼峰过渡段；界面表皮越小，驼峰的峰值越低，流体流经两区界面处所需的附加阻力越小；反之，界面表皮越大，驼峰的峰值越高，流体流经两区界面处所需的附加阻力越大，此时界面阻力的影响可能推迟其后径向流阶段的出现。

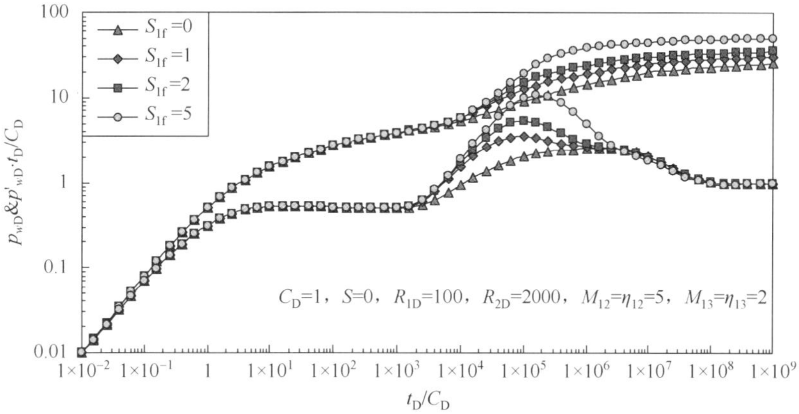

图 3-39 界面表皮 S_{1f} 对井底压力动态的影响

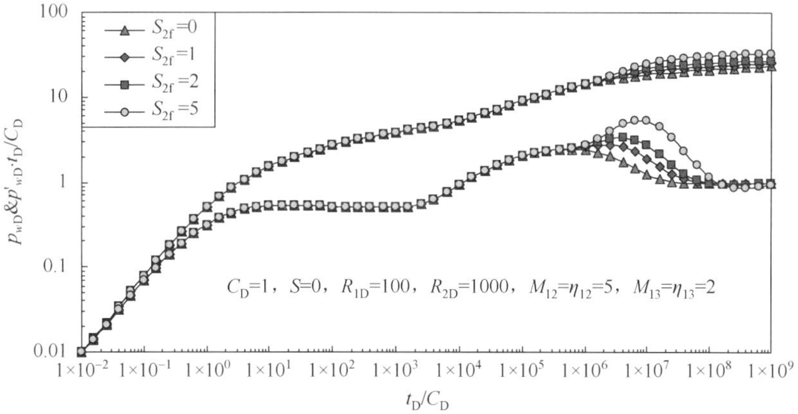

图 3-40 界面表皮 S_{2f} 对井底压力动态的影响

3.3 中区物性呈幂函数变化的三区复合油藏

无论是天然沉积形成的复合气藏还是人工诱导形成的复合油藏，其流度和/或储存系数在一定范围内是连续变化的，典型的复合油藏存在的三个特征区域：内区、过渡区和外区，如图 3-41 所示。针对这样的径向非均质油藏，通常都被理想化为流度和/或储存系数突变的两区或多区模型。在两区模型中忽略了过渡区的存在，在多区模型中只是将过渡区细化，它们都只是对流度和/或储存系数连续变化的近似处理。根据数值模拟研究结果发现，在提高采收率过程中形成的“过渡区”的流度和储存系数随径向距离呈幂函数变化。中区(过渡区)物性呈幂函数变化的三区径向复合油藏是实际地层特性的进一步逼近，因此，研究中区(过渡区)物性呈幂函数变化的三区径向复合油藏的试井分析理论具有重要的理论和实际意义。

3.3.1 渗流物理模型

中区物性呈幂函数变化的三区径向复合油藏渗流物理模型如图 3-41 所示，其假设条件如下：

(1) 地层为水平、等厚的三区径向复合油藏，内区和外区的地层渗透率 k、孔隙度 ϕ、流体黏度 μ、综合压缩系数 C_t 等参数不相同且为常数；

(2) 中区(过渡区)的流度和储存系数与径向距离呈幂函数变化，如图 3-42 所示；

$$(k/\mu)_2 = \frac{(k/\mu)_1}{M_{12}}\left(\frac{r_D}{R_{1D}}\right)^{-\theta_1} \tag{3-197}$$

$$(\phi C_t)_2 = \frac{(\phi C_t)_1}{F_{12}}\left(\frac{r_D}{R_{1D}}\right)^{-\theta_2} \tag{3-198}$$

(3) 地层中流体为单相、微可压缩的液体，忽略重力、毛管力以及微小压力梯度值的影响；

(4) 各区流体均符合达西平面径向渗流规律，等温渗流；

(5) 井以恒定的产量 q 从 t=0 时刻开井生产，开井前地层中各处压力均等于 p_i；

(6) 各渗流区域界面处存在附加阻力[1-5]；

(7) 考虑井筒储存效应和表皮效应的影响。

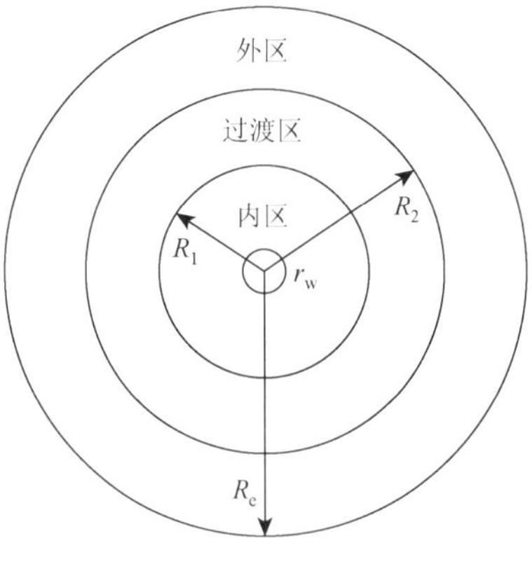

图 3-41　三区径向复合油藏渗流物理模型

从渗流的物理模型及假设条件可知，中区物性呈幂函数变化的三区径向复合油藏模型与常规三区径向复合油藏模型相比，其差别仅在过渡区(中区)地层及流体物性的处理方法不同，前者是连续变化，而后者则是跃变的。

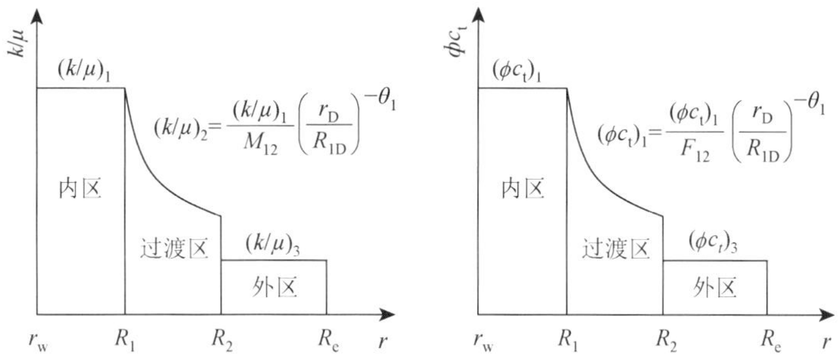

图 3-42　三区复合油藏流度和储存系数分布示意图

3.3.2　渗流数学模型及解

1. 渗流数学模型的建立

依据前面的物理模型和假设条件，以渗流力学理论为基础，可建立如下的考虑井筒储存效应和表皮效应、界面附加阻力影响的中区物性呈幂函数变化的三区径向复合油藏渗流数学模型。

1) 渗流微分方程

内区：

$$\frac{1}{r_D}\frac{\partial}{\partial r_D}\left(r_D\frac{\partial p_{1D}}{\partial r_D}\right)=\frac{\partial p_{1D}}{\partial t_D}\ (1\leqslant r_D\leqslant R_{1D}) \tag{3-199}$$

中区：

$$\frac{1}{r_D}\frac{\partial}{\partial r_D}\left(r_D^{1-\theta_1}\frac{\partial p_{2D}}{\partial r_D}\right)=\eta_{12}R_{1D}^{\theta_2-\theta_1}r_D^{-\theta_2}\frac{\partial p_{2D}}{\partial t_D}\ (R_{1D}\leqslant r_D\leqslant R_{2D}) \tag{3-200}$$

外区：

$$\frac{1}{r_D}\frac{\partial}{\partial r_D}\left(r_D\frac{\partial p_{3D}}{\partial r_D}\right)=\eta_{13}\frac{\partial p_{3D}}{\partial t_D}\ (R_{2D}\leqslant r_D\leqslant R_{eD}) \tag{3-201}$$

2) 内边界条件

井筒储存效应：

$$C_D\left(\frac{dp_{wfD}}{dt_D}-\frac{dp_{\phi D}}{dt_D}\right)-\left(r_D\frac{\partial p_{1D}}{\partial r_D}\right)_{r_D=1}=1 \tag{3-202}$$

表皮效应：

$$p_{wfD}=\left(p_{1D}-S\frac{\partial p_{1D}}{\partial r_D}\right)_{r_D=1} \tag{3-203}$$

3) 外边界条件

$$p_{3D}(r_D\to\infty,t_D)=0 \tag{3-204}$$

4) 界面连续条件

界面压力相等：

$$p_{1D}(R_{1D})=\left(p_{2D}-S_{1f}R_{1D}\frac{\partial p_{2D}}{\partial r_D}\right)_{r_D=R_{1D}} \tag{3-205}$$

$$p_{2D}(R_{2D})=\left(p_{3D}-S_{2f}R_{2D}\frac{\partial p_{3D}}{\partial r_D}\right)_{r_D=R_{eD}} \tag{3-206}$$

界面流速相等：

$$\frac{\partial p_{1D}}{\partial r_D}(r_D=R_{1D},t_D)=\frac{1}{M_{12}}\frac{\partial p_{2D}}{\partial r_D}(r_D=R_{1D},t_D) \tag{3-207}$$

$$\frac{\partial p_{2D}}{\partial r_D}(r_D=R_{2D},t_D)=\frac{M_{12}}{M_{13}}\frac{\partial p_{3D}}{\partial r_D}(r_D=R_{2D},t_D) \tag{3-208}$$

5）初始条件

$$p_{1D}(r_D,t_D=0)=p_{2D}(r_D,t_D=0)=p_{3D}(r_D,t_D=0)=0 \tag{3-209}$$

式中无因次变量定义同前。

2. 数学模型的解

对上述无因次化模型进行关于无因次时间 t_D 的拉普拉斯变换，得渗流微分方程在拉普拉斯空间的通解为

$$\overline{p}_{1D}=A_1I_0(r_D\sqrt{g})+B_1K_0(r_D\sqrt{g}) \tag{3-210}$$

$$\overline{p}_{2D}=A_2r_D^{\gamma}I_v(r_D^{\beta}\xi)+B_2r_D^{\gamma}K_v(r_D^{\beta}\xi) \tag{3-211}$$

$$\overline{p}_{3D}=A_3I_0(r_D\sqrt{\eta_{13}g})+B_3K_0(r_D\sqrt{\eta_{13}g}) \tag{3-212}$$

$$\overline{p}_{wD}=A_1[I_0(\sqrt{g})-S\sqrt{g}I_1(\sqrt{g})]+B_1[K_0(\sqrt{g})+S\sqrt{g}K_1(\sqrt{g})] \tag{3-213}$$

$$\gamma=\theta_1/2 \tag{3-214}$$

$$\beta=(\theta_1-\theta_2+2)/2 \tag{3-215}$$

$$v=\theta_1/(\theta_1-\theta_2+2)=\gamma/\beta \tag{3-216}$$

$$\xi=\frac{2\sqrt{\eta_{12}R_{1D}^{\theta_2-\theta_1}g}}{\theta_1-\theta_2+2}=\frac{\sqrt{\eta_{12}R_{1D}^{\theta_2-\theta_1}g}}{\beta} \tag{3-217}$$

将通解(3-210)～(3-212)带入模型定解条件可得如下形式矩阵方程，求解该矩阵方程可得待定系数 A_1、A_2、A_3、B_1、B_2、B_3。

$$\boldsymbol{CX}=\boldsymbol{D} \tag{3-218}$$

$$\boldsymbol{C}=\begin{bmatrix}\alpha_{11} & \alpha_{12} & & & & \\ \alpha_{21} & \alpha_{22} & \alpha_{23} & \alpha_{24} & & \\ \alpha_{31} & \alpha_{32} & \alpha_{33} & \alpha_{34} & & \\ & & \alpha_{43} & \alpha_{44} & \alpha_{45} & \alpha_{46} \\ & & \alpha_{53} & \alpha_{54} & \alpha_{55} & \alpha_{56} \\ & & & & \alpha_{65} & \alpha_{66}\end{bmatrix} \tag{3-219}$$

$$\boldsymbol{X}=[A_1\quad B_1\quad A_2\quad B_2\quad A_3\quad B_3]^{\mathrm{T}} \tag{3-220}$$

$$\boldsymbol{D}=[1/g\quad 0\quad 0\quad 0\quad 0\quad 0]^{\mathrm{T}} \tag{3-221}$$

$\boldsymbol{C}$ 是一个 6×6 阶的对角矩阵，空白处元素为 0，其他各元素表达式如下：

$$\alpha_{10}=1 \tag{3-222}$$

$$\alpha_{11}=C_{\mathrm{D}}g^2 I_0(\sqrt{g})-g\sqrt{g}(C_{\mathrm{D}}gS+1)I_1(\sqrt{g}) \tag{3-223}$$

$$\alpha_{12}=C_{\mathrm{D}}g^2 K_0(\sqrt{g})+g\sqrt{g}(C_{\mathrm{D}}gS+1)K_1(\sqrt{g}) \tag{3-224}$$

$$\alpha_{21}=I_0\left(R_{1\mathrm{D}}\sqrt{g}\right)\ \alpha_{22}=K_0(R_{1\mathrm{D}}\sqrt{g}) \tag{3-225}$$

$$\alpha_{23}=-R_{1\mathrm{D}}^{\gamma}I_{\mathrm{v}}(R_{1\mathrm{D}}^{\beta}\xi)+S_{1\mathrm{f}}R_{1\mathrm{D}}[\gamma R_{1\mathrm{D}}^{\gamma-1}I_{\mathrm{v}}(R_{1\mathrm{D}}^{\beta}\xi)+R_{1\mathrm{D}}^{\gamma}\beta R_{1\mathrm{D}}^{\beta-1}\xi I_{\mathrm{v}}'(R_{1\mathrm{D}}^{\beta}\xi)] \tag{3-226}$$

$$\alpha_{24}=-R_{1\mathrm{D}}^{\gamma}K_{\mathrm{v}}(R_{1\mathrm{D}}^{\beta}\xi)+S_{1\mathrm{f}}R_{1\mathrm{D}}[\gamma R_{1\mathrm{D}}^{\gamma-1}K_{\mathrm{v}}(R_{1\mathrm{D}}^{\beta}\xi)+R_{1\mathrm{D}}^{\gamma}\beta R_{1\mathrm{D}}^{\beta-1}\xi K_{\mathrm{v}}'(R_{1\mathrm{D}}^{\beta}\xi)] \tag{3-227}$$

$$I_{\mathrm{v}}'(x)=I_{\mathrm{v}-1}(x)-\frac{v}{x}I_{\mathrm{v}}(x)=\frac{v}{x}I_{\mathrm{v}}(x)+I_{\mathrm{v}+1}(x) \tag{3-228}$$

$$K_{\mathrm{v}}'(x)=-K_{\mathrm{v}-1}(x)-\frac{v}{x}K_{\mathrm{v}}(x)=\frac{v}{x}K_{\mathrm{v}}(x)-K_{\mathrm{v}+1}(x) \tag{3-229}$$

$$\alpha_{31}=-M_{12}\sqrt{g}I_1(R_{1\mathrm{D}}\sqrt{g})\ \alpha_{32}=M_{12}\sqrt{g}K_1(R_{1\mathrm{D}}\sqrt{g}) \tag{3-230}$$

$$\alpha_{33}=\gamma R_{1\mathrm{D}}^{\gamma-1}I_{\mathrm{v}}(R_{1\mathrm{D}}^{\beta}\xi)+\beta R_{1\mathrm{D}}^{\gamma+\beta-1}\xi I_{\mathrm{v}}'(R_{1\mathrm{D}}^{\beta}\xi) \tag{3-231}$$

$$\alpha_{34}=\gamma R_{1\mathrm{D}}^{\gamma-1}K_{\mathrm{v}}(R_{1\mathrm{D}}^{\beta}\xi)+\beta R_{1\mathrm{D}}^{\gamma+\beta-1}\xi K_{\mathrm{v}}'(R_{1\mathrm{D}}^{\beta}\xi) \tag{3-232}$$

$$\alpha_{43}=R_{2\mathrm{D}}^{\gamma}I_{\mathrm{v}}(R_{2\mathrm{D}}^{\beta}\xi)\ \alpha_{44}=R_{2\mathrm{D}}^{\gamma}K_{\mathrm{v}}(R_{2\mathrm{D}}^{\beta}\xi) \tag{3-233}$$

$$\alpha_{45}=-I_0(R_{2\mathrm{D}}\sqrt{\eta_{13}g})+S_{2\mathrm{f}}R_{2\mathrm{D}}\sqrt{\eta_{13}g}I_1(R_{2\mathrm{D}}\sqrt{\eta_{13}g}) \tag{3-234}$$

$$\alpha_{46}=-K_0(R_{2\mathrm{D}}\sqrt{\eta_{13}g})-S_{2\mathrm{f}}R_{2\mathrm{D}}\sqrt{\eta_{13}g}K_1(R_{2\mathrm{D}}\sqrt{\eta_{13}g}) \tag{3-235}$$

$$\alpha_{53}=\gamma R_{2\mathrm{D}}^{\gamma-1}I_{\mathrm{v}}(R_{2\mathrm{D}}^{\beta}\xi)+\beta R_{2\mathrm{D}}^{\gamma+\beta-1}\xi I_{\mathrm{v}}'(R_{2\mathrm{D}}^{\beta}\xi) \tag{3-236}$$

$$\alpha_{54}=\gamma R_{2\mathrm{D}}^{\gamma-1}K_{\mathrm{v}}(R_{2\mathrm{D}}^{\beta}\xi)+\beta R_{2\mathrm{D}}^{\gamma+\beta-1}\xi K_{\mathrm{v}}'(R_{2\mathrm{D}}^{\beta}\xi) \tag{3-237}$$

$$\alpha_{55}=-\frac{M_{12}}{M_{13}}\sqrt{\eta_{13}g}I_1(R_{2\mathrm{D}}\sqrt{\eta_{13}g})\ \alpha_{56}=\frac{M_{12}}{M_{13}}\sqrt{\eta_{13}g}K_1(R_{2\mathrm{D}}\sqrt{\eta_{13}g}) \tag{3-238}$$

$$\alpha_{45}=\alpha_{55}=\alpha_{65}=\alpha_{66}=0 \tag{3-239}$$

求得系数 A_1、B_1 后，即可由方程(3-213)计算拉普拉斯空间的井底无因次压力，然后借助数值反演公式计算实空间的井底无因次压力及压力导数响应。

3. 数学模型分析

从模型的建立和假设条件可知，模型的参数为：M_{12}、M_{13}、η_{12}、η_{13}、$\mathrm{R}_{1\mathrm{D}}$、$R_{2\mathrm{D}}$、θ_1 和 θ_2。从公式(3-197)和(3-198)可以看出，如果参数 θ_1 和 θ_2 均等于 0，则本模型简化为物性跃变的三区径向复合油藏；如果参数 $\theta_1=\theta_2=0$ 和 $M_{12}=F_{12}=1$，则本模型简化为物性跃变的两区径向复合油藏；如果参数 $\theta_1=\theta_2=0$、$M_{12}=F_{12}=M_{13}=F_{13}=1$，则本模型退化为通常的均质油藏。

3.3.3　典型曲线及影响因素分析

图 3-43 是无限大边界、圆形封闭边界和圆形供给边界情形，中区物性呈幂函数变化

的三区径向复合气藏的井底无因次拟压力典型曲线。从图中可以看出，井底压力响应主要表现为如下几个明显的流动阶段：

①纯井筒储存阶段，无因次拟压力和拟压力导数曲线均为 45° 斜率的直线；

②内区径向流的反映，无因次拟压力导数曲线为 0.5 的水平直线段；

③中区物性变化的反映，与参数 θ_1 相关；

④外区径向流动的反映，无因次拟压力导数曲线为 $M_{13}/2$ 的水平直线段；

⑤封闭外边界拟稳定流动阶段，无因次拟压力及导数曲线为 45° 斜率的直线；

⑥恒压边界稳定流动阶段的反映，无因次拟压力导数曲线逐渐下掉，直至为 0；

⑦纯井筒储存到内区径向流动的过渡阶段；

⑧中区与外区的过渡流动阶段。

对比图 3-43 和图 3-32 可知，中区物性呈幂函数变化的三区复合气藏的井底无因次压力响应由于参数 θ_1、θ_2 的影响，其特征有别于常规的三区复合气藏，主要表现在流动阶段③，即物性呈幂函数变化的中区渗流的反映在导数曲线上不再是水平直线段(图 3-43 中③所示)。而对于常规的三区复合气藏，如果 $R_{2D}-R_{1D}$ 足够大，则在中区可能形成径向流动阶段，导数曲线为一水平直线段(图 3-32 中“中区径向流”所示)。

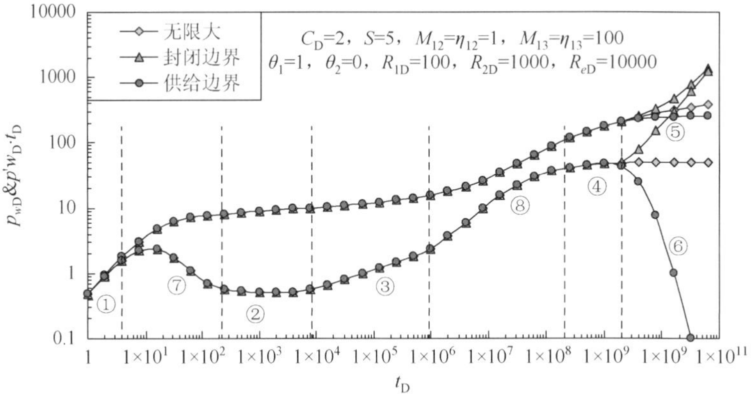

图 3-43　中区物性呈幂函数变化的三区径向复合气藏典型压力曲线

图 3-44 是参数 θ_1 对井底压力动态的影响关系图。从图中可以看出，θ_1 的影响主要表现在中区的渗流，即流动阶段③和⑧；θ_1 并不影响流动阶段③开始时间的早晚，但要影响该流动阶段持续时间的长短；另外，θ_1 将影响流动阶段⑧开始时间的早晚和持续时间的长短。如果 θ_1 越大，内区流度 $(k/\mu)_1$ 与位于中区位置 r_D 处的流度 $(k/\mu)_2$ 之比越大，流动阶段③的拟压力导数曲线的斜率越大、曲线越陡，并且该流动阶段持续的时间越长，而流动阶段⑧开始的时间则越晚、持续的时间也越短；反之，θ_1 越小，流动阶段③的压力导数曲线就越平缓、持续的时间则越短，而流动阶段⑧开始的时间则越早、持续的时间就越长。如果 θ_1=0，$M_{12}=\eta_{12}=1$，则该模型退化为常规的两区复合气藏模型；如果 θ_1=0，$M_{12}=\eta_{12}\neq 1$，则该模型退化为常规的三区复合气藏模型。

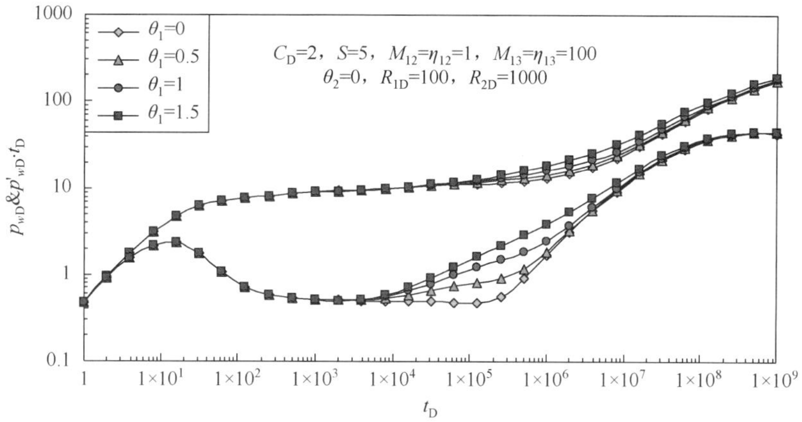

图3-44　参数 θ_1 对井底压力动态的影响

图 3-45 是参数 θ_2 对井底压力动态的影响关系图。从图中可以看出，θ_2 的影响也主要表现在中区的渗流，即流动阶段，θ_2 并不影响流动阶段开始时间的早晚和持续时间的长短，但要影响其拟压力导数曲线的形态。如果 θ_2 越大，位于中区位置 r_D 处的储容系数 $(\phi c_t)_2=(\phi c_t)_1/F_{12}(r_D/R_{1D})^{-\theta_2}$ 与内区储容系数 $(\phi c_t)_1$ 相比就越小，拟压力导数曲线则越陡、曲线的斜率在该流动期的早期将增大然后逐渐变小；反之，θ_2 越小，拟压力导数曲线就越平缓。

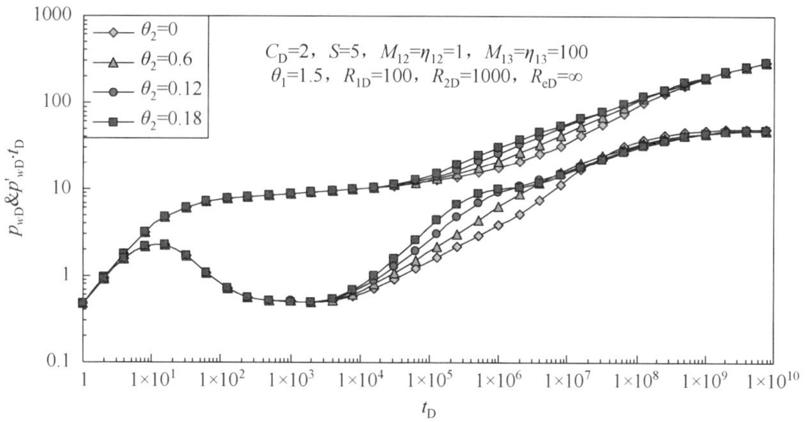

图3-45　参数 θ_2 对井底压力动态的影响

图 3-46 是内区与中区界面 R_{1D} 处的流度比 M_{12} 对井底压力动态的影响关系图。从公式(3-197)可知，M_{12} 的变化将导致过渡区与外区界面 R_{2D} 处的流度比 M_{23} 的变化，M_{12} 越大则 M_{23} 越小，M_{12} 越小则 M_{23} 越大。结合图 3-46 可以看出，M_{12} 的影响主要表现在流动阶段。如果 $M_{12}\neq1$，意味着在内区与中区界面 R_{1D} 处的流度存在突变，从压力响应曲线看，则在流动阶段之前存在一过渡阶段。M_{12} 越大，过渡阶段导数曲线的斜率越大、持续

的时间越长，过渡阶段开始时间越晚、持续时间越短，流动阶段的位置则越高，但反映中区及过渡阶段流动的时间几乎不变。

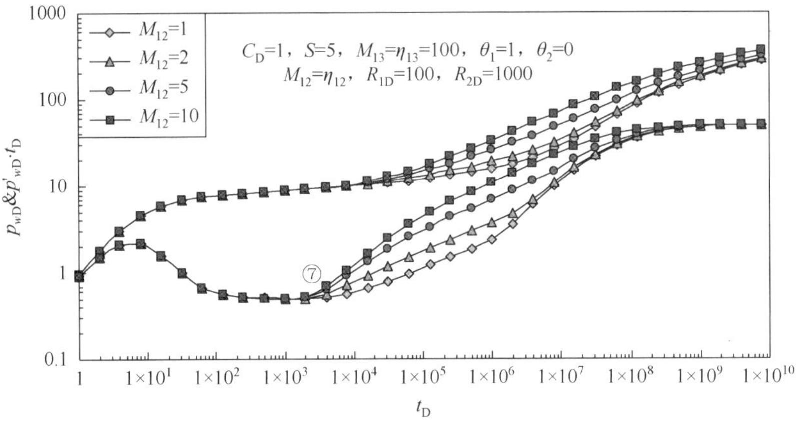

图 3-46 流度比 M_{12} 对井底压力动态的影响

图 3-47 是内区与中区界面处的扩散系数比 η_{12} 对井底压力动态的影响关系图。从图中可以看出，η_{12} 对井底压力动态的影响类似于 M_{12}，也主要表现在流动阶段。如果 η_{12} 与 M_{12} 相比越小，则流动阶段之前存在一过渡阶段，且 η_{12} 越小，过渡阶段的导数曲线斜率就越大，流动阶段出现的时间就越晚；如果 η_{12} 与 M_{12} 相比越大，同样在流动阶段之前将存在一过渡阶段，且 η_{12} 越大，过渡阶段导数曲线斜率的绝对值就越大，流动阶段出现的时间就越晚，流动阶段持续的时间就越短。

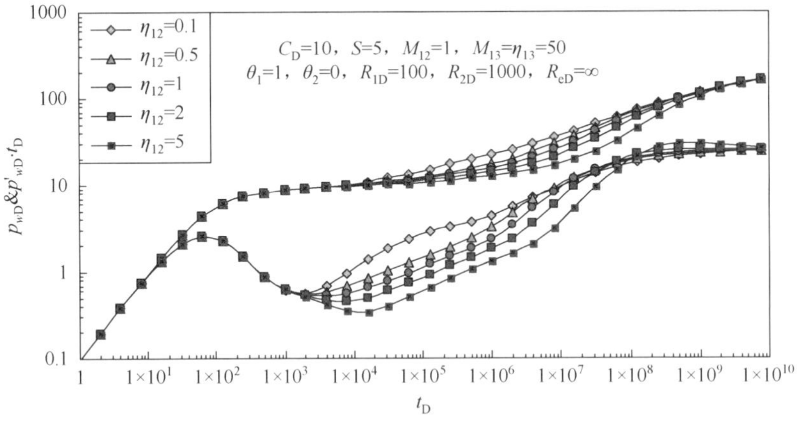

图 3-47 扩散系数比 η_{12} 对井底压力动态的影响

图 3-48 是内区流度与外区流度之比 M_{13} 对井底压力动态的影响关系图。从图中可以看出，流度比 M_{13} 对井底压力动态的影响主要表现在流体在外区渗流的反映，即流动阶段。流度比 M_{13} 越大，流体从外区到中区渗流的过渡阶段持续的时间越长，拟压力导数曲线的

斜率越大，而外区流体径向流动阶段出现的时间则越晚，导数曲线的位置就越高，其值为 $M_{13}/2$。反之亦然。

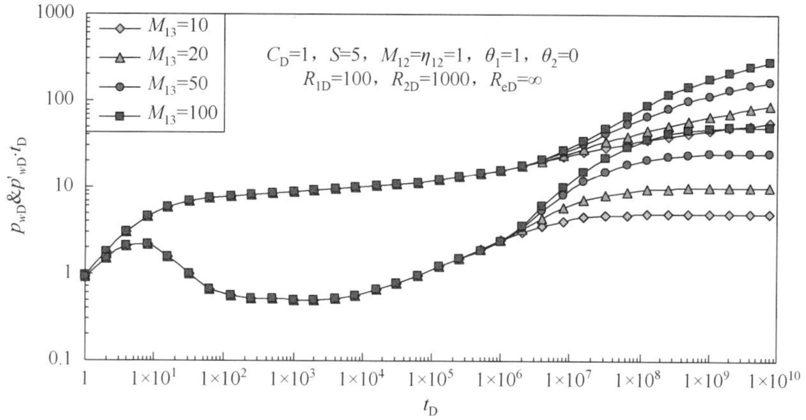

图 3-48　流度比 M_{13} 对井底压力动态的影响

图 3-49 是内区与外区扩散系数比 η_{13} 对井底压力动态的影响关系图。从图中可以看出，η_{13} 对井底压力动态的影响主要表现在过渡流动阶段。在其余参数不变的情况下，当 $\eta_{13}>M_{13}$ 时，意味着外区的储容能力大于内区的储容能力，此时拟压力导数曲线在过渡段将低于 $\eta_{13}=M_{13}$ 时的导数曲线，η_{13} 越大拟压力导数曲线在过渡段的位置越低；反之，当 $\eta_{13}<M_{13}$ 时，也就意味着外区的储容能力小于内区的储容能力，此时拟压力导数曲线在过渡段将高于 $\eta_{13}=M_{13}$ 时的导数曲线，η_{13} 越小拟压力导数曲线在过渡段的位置越高。

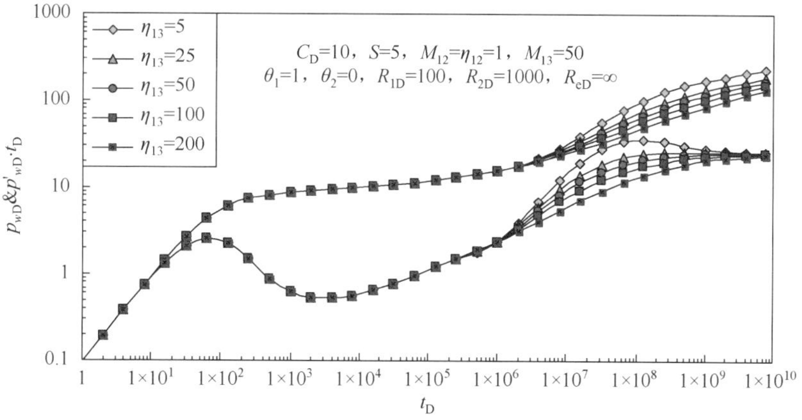

图 3-49　扩散系数比 η_{13} 对井底压力动态的影响

图 3-50 是内区半径 R_{1D} 对井底压力动态的影响关系图。从图中可以看出，在其他参数不变的情况下，内区半径 R_{1D} 越大，内区径向流结束的时间和过渡区流动阶段开始的时间就越晚，而中区到外区的过渡流动阶段开始的时间则越早。

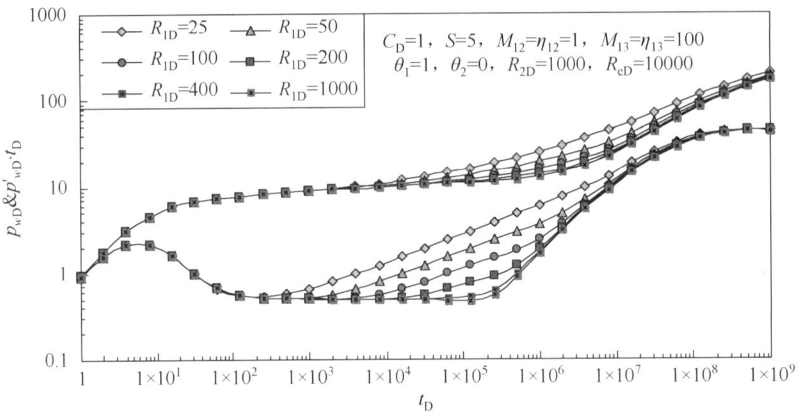

图 3-50　内区半径 R_{1D} 对井底压力动态的影响

图 3-51 是过渡区半径 R_{2D} 对井底压力动态的影响关系图。从图中可以看出，在其他参数不变的情况下，过渡区半径 R_{2D} 越大，过渡区流动阶段持续的时间越长，而中区到外区的过渡流动阶段持续的时间则越短；反之，过渡区半径 R_{2D} 越小，过渡区流动阶段持续的时间越短，而中区到外区的过渡流动阶段持续的时间则越长。

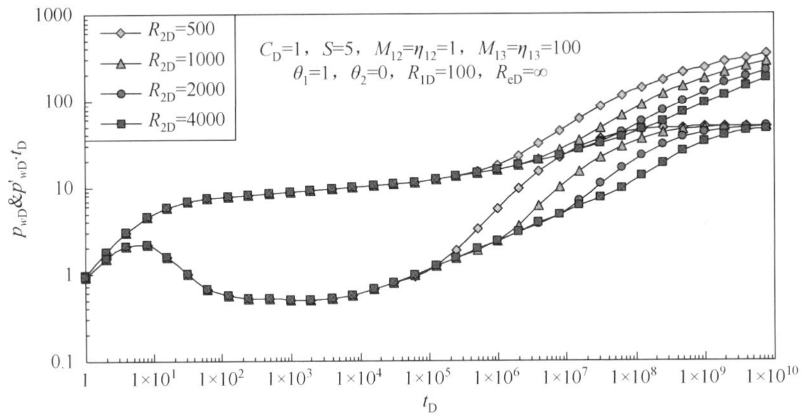

图 3-51　过渡区半径 R_{2D} 对井底压力动态的影响

图 3-52 是内区与过渡区的界面附加阻力对井底压力动态的影响关系图，其附加阻力用界面表皮 S_{1f} 描述。从图中可以看出，界面附加阻力对井底压力动态的影响主要表现在流体流经内区与过渡区的界面时，由于界面附加阻力的存在，使得流体在界面处的流动阻力增加，导致在该流动阶段拟压力导数双对数曲线变陡。在其他参数不变的情况下，界面表皮 S_{1f} 越大，在内区与过渡区的界面上存在的附加阻力越大，其对应的拟压力导数曲线越陡，台阶则越高；反之，界面表皮 S_{1f} 越小，在内区与过渡区的界面上存在的附加阻力越小，其对应的拟压力导数曲线越平缓，台阶则越低。

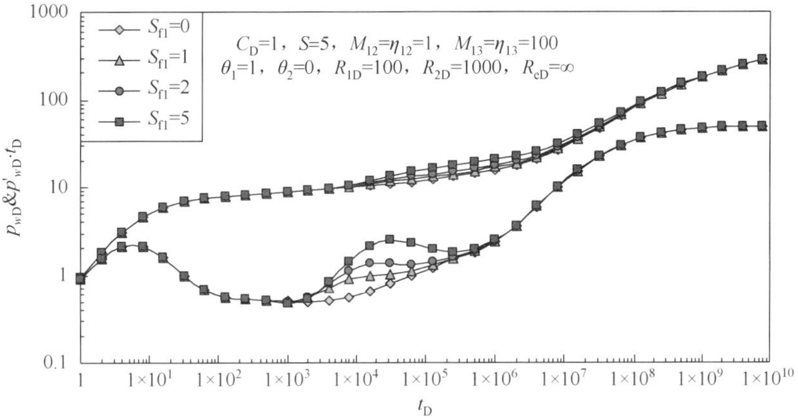

图 3-52　内区与过渡区界面阻力对井底压力动态的影响

图 3-53 是过渡区与外区的界面附加阻力对井底压力动态的影响关系图，其附加阻力用界面表皮 S_{2f} 描述。从图中可以看出，界面表皮 S_{2f} 对井底压力动态的影响主要表现在过渡区到外区的过渡流动阶段，其导数曲线形态类似于考虑井储和表皮效应影响的均质气藏拟压力导数图版的驼峰过渡段。在其他参数不变的情况下，界面表皮 S_{2f} 越大，驼峰的峰值越高，流体流经两区界面处所需的附加阻力越大；反之，界面表皮 S_{2f} 越小，驼峰的峰值越低，流体流经两区界面处所需的附加阻力越小。

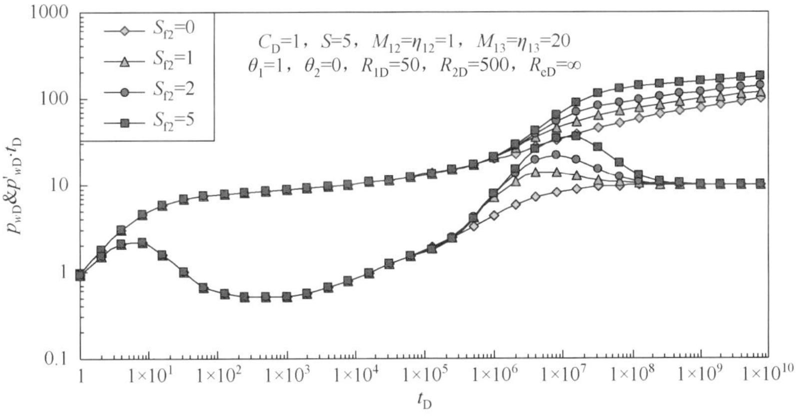

图 3-53　过渡区与外区界面阻力对井底压力动态的影响

3.4　幂律-牛顿流体两区复合油藏

在聚合物的注入过程中，当以聚合物注入井为中心时，油藏流体的性质由内到外将发生巨大的变化，聚合物溶液驱替到的内区，渗流流体可视为幂律型流体，而聚合物溶液还没有驱替到的外区，渗流流体可视为牛顿流体。此时的渗流模型即演变为幂律-牛顿流体形成的两区径向复合模型[21-24]。

3.4.1　渗流物理模型

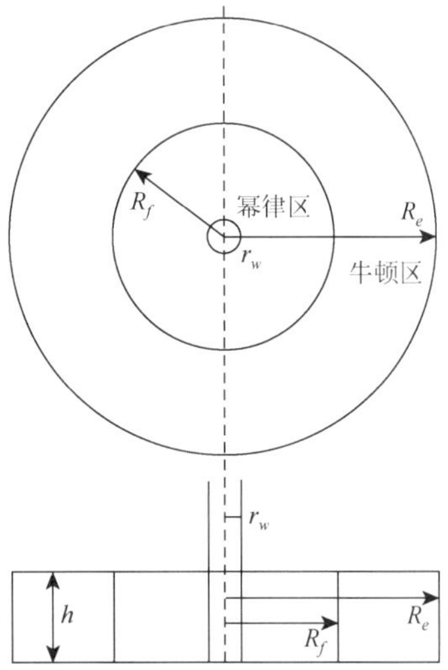

图 3-54　幂律-牛顿流体两区均质径向渗流物理模型

幂律-牛顿流体两区均质径向复合油藏[22-24]是指构成复合油藏的两个区域以井轴为圆心，每一区域地层物性为均质各向同性，当以注入井为中心时，内区为幂律流体渗流、外区为牛顿流体渗流的情形。其渗流物理模型如图 3-54 所示，其假设条件如下：

(1) 均质、水平、等厚无限大地层中心有一口注入井，以一定的流速注入幂律流体(聚合物)到某一时刻，聚合物前缘半径为 R_f；

(2) 地层厚度为 h，各区的地层渗透率 k、孔隙度 ϕ、综合压缩系数 C_t 等参数可以不同但为常数；

(3) 地层中每个区域内流体为单相、微可压缩的流体，忽略重力和毛管力的影响；

(4) 考虑井筒储存效应和表皮效应的影响；

(5) 各区流体均符合达西平面径向渗流规律，等温渗流；

(6) 两区渗流区域界面不存在附加压力降。

3.4.2　渗流数学模型及解

1. 数学模型的建立

依据前面的渗流物理模型和假设条件，可建立如下的渗流数学模型。

(1) 渗流微分方程

内区：

$$\frac{1}{r}\frac{\partial}{\partial r}\left(r\frac{K_1}{\mu_a}\frac{\partial p_1}{\partial r}\right)=\frac{(\phi C_t)_1}{3.6}\frac{\partial p_1}{\partial t}\ \ (r_w\leqslant r\leqslant R_f) \tag{3-240}$$

外区：

$$\frac{1}{r}\frac{\partial}{\partial r}\left(r\cdot\frac{K_2}{\mu_2}\cdot\frac{\partial p_2}{\partial r}\right)=\frac{(\phi C_t)_2}{3.6}\frac{\partial p_2}{\partial t}\ \ (r\geqslant R_f) \tag{3-241}$$

(2) 内边界条件

井筒储存效应：

$$\frac{172.8\pi k_1 h}{\mu_a}\left(r\frac{\partial p_1}{\partial r}\right)_{r=r_w}-24C\frac{dp_w}{dt}=qB \tag{3-242}$$

表皮效应：

$$p_{\mathrm{w}}=\left[p_1-Sr\frac{\partial p_1}{\partial r}\right]_{r=r_{\mathrm{w}}} \tag{3-243}$$

(3) 外边界条件

无限大外边界：

$$p_2(r\to\infty,t)=p_i \tag{3-244}$$

(4) 界面连续条件

界面压力相等：

$$p_1(r=R_{\mathrm{f}},t)=p_2(r=R_{\mathrm{f}},t) \tag{3-245}$$

界面流速相等：

$$\left(\frac{K}{\mu}\right)_1\frac{\partial p_1}{\partial r}(r=R_{\mathrm{f}},t)=\left(\frac{K}{\mu}\right)_2\frac{\partial p_2}{\partial r}(r=R_{\mathrm{f}},t) \tag{3-246}$$

(5) 初始条件

$$p_1(r,t=0)=p_2(r,t=0)=p_i \tag{3-247}$$

2. 数学模型的无因次化

首先定义如下无因次变量：

(1) 无因次压力

内区无因次压力：

$$p_{1\mathrm{D}}=\frac{K_1h(p_1-p_i)}{1.842\times10^{-3}qB\mu_1^*} \tag{3-248}$$

外区无因次压力：

$$p_{2\mathrm{D}}=\frac{K_1h(p_2-p_i)}{1.842\times10^{-3}qB\mu_1^*} \tag{3-249}$$

无因次井底压力：

$$p_{\mathrm{wD}}=\frac{K_1h(p_{\mathrm{wf}}-p_i)}{1.842\times10^{-3}qB\mu_1^*} \tag{3-250}$$

(2) 无因次时间

$$t_{\mathrm{D}}=\frac{3.6K_1t}{(\phi C_{\mathrm{t}})_1\mu_1^*r_{\mathrm{w}}^2} \tag{3-251}$$

(3) 无因次半径

无因次井半径：

$$r_{\mathrm{D}}=\frac{r}{r_{\mathrm{w}}} \tag{3-252}$$

无因次内区半径：

$$R_{\mathrm{fD}}=\frac{R_{\mathrm{f}}}{r_{\mathrm{w}}} \tag{3-253}$$

(4)无因次井筒储存系数

$$C_{\mathrm{D}}=\frac{C}{2\pi\phi C_{\mathrm{t}}hr_{\mathrm{w}}^{2}} \tag{3-254}$$

(5)幂律流体的黏度随无因次半径的变化关系式

$$\mu_{\mathrm{a}}=\mu_{1}^{*}r_{\mathrm{D}}^{1-n} \tag{3-255}$$

(6)流度比

$$M_{12}=\frac{K_{1}/\mu_{1}^{*}}{K_{2}/\mu_{2}} \tag{3-256}$$

(7)导压系数比

$$\eta_{12}=\frac{K_{1}/\phi_{1}\mu_{1}^{*}C_{\mathrm{t1}}}{K_{2}/\phi_{2}\mu_{2}C_{\mathrm{t2}}} \tag{3-257}$$

式中：n——幂律流体幂律指数；

μ_{a}——内区非牛顿流体的视黏度；

μ_{1}^{*}——内区非牛顿流体在井底处的特征黏度；

μ_{2}——外区牛顿流体黏度。

将上面的无因次变量的定义公式代入试井分析数学模型(3-240)～(3-241)，可以得到无因次化的渗流数学模型：

其渗流微分方程如下：

$$\begin{cases}\dfrac{1}{r_{\mathrm{D}}}\dfrac{\partial}{\partial r_{\mathrm{D}}}\left(r_{\mathrm{D}}^{n}\dfrac{\partial p_{1\mathrm{D}}}{\partial r_{\mathrm{D}}}\right)=\dfrac{\partial p_{1\mathrm{D}}}{\partial t_{\mathrm{D}}} & (1\leqslant r_{\mathrm{D}}\leqslant R_{\mathrm{fD}})\\ \dfrac{1}{r_{\mathrm{D}}}\dfrac{\partial}{\partial r_{\mathrm{D}}}\left(r_{\mathrm{D}}\dfrac{\partial p_{2\mathrm{D}}}{\partial r_{\mathrm{D}}}\right)=\eta_{12}\dfrac{\partial p_{2\mathrm{D}}}{\partial t_{\mathrm{D}}} & (r_{\mathrm{D}}\geqslant R_{\mathrm{fD}})\\ C_{\mathrm{D}}\left(\dfrac{\mathrm{d}p_{\mathrm{wD}}}{\mathrm{d}t_{\mathrm{D}}}\right)-\left(r_{\mathrm{D}}\dfrac{\partial p_{1\mathrm{D}}}{\partial r_{\mathrm{D}}}\right)_{r_{\mathrm{D}}=1}=1 & \\ p_{\mathrm{wD}}=\left(p_{1\mathrm{D}}-S\dfrac{\partial p_{1\mathrm{D}}}{\partial r_{\mathrm{D}}}\right)_{r_{\mathrm{D}}=1} & \\ p_{2\mathrm{D}}(r_{\mathrm{D}}\to\infty,t_{\mathrm{D}})=0 & \\ p_{1\mathrm{D}}(R_{\mathrm{fD}},t_{\mathrm{D}})=p_{2\mathrm{D}}(R_{\mathrm{fD}},t_{\mathrm{D}}) & \\ \dfrac{\partial p_{1\mathrm{D}}}{\partial r_{\mathrm{D}}}(r_{\mathrm{D}}=R_{\mathrm{fD}},t_{\mathrm{D}})=\dfrac{1}{M_{12}}r_{\mathrm{fD}}^{n-1}\dfrac{\partial p_{2\mathrm{D}}}{\partial r_{\mathrm{D}}}(r_{\mathrm{D}}=R_{\mathrm{fD}},t_{\mathrm{D}}) & \\ p_{1\mathrm{D}}(r_{\mathrm{D}},t_{\mathrm{D}}=0)=p_{2\mathrm{D}}(r_{\mathrm{D}},t_{\mathrm{D}}=0)=0 & \end{cases} \tag{3-258}$$

3. 数学模型的求解

对上述无因次化数学模型进行关于无因次时间 t_{D} 的拉普拉斯变换，可以得到内外区渗流微分方程的通解为

$$\overline{p}_{1D} = r_D^{\frac{1-n}{2}}\left[A_1 I_v\left(\frac{\sqrt{g}}{\beta}r_D{}^{\beta}\right) + A_2 K_v\left(\frac{\sqrt{g}}{\beta}r_D{}^{\beta}\right)\right] \tag{3-259}$$

$$\overline{p}_{2D} = A_3 I_0(r_D\sqrt{\eta_{12}g}) + A_4 K_0(r_D\sqrt{\eta_{12}g}) \tag{3-260}$$

$$v = \frac{1-n}{3-n} \tag{3-261}$$

$$\beta = \frac{3-n}{2} \tag{3-262}$$

式中：g——拉普拉斯变量；

$\overline{p}_{1D}$、$\overline{p}_{2D}$——内区、外区的拉普拉斯空间无因次压力；

$\overline{p}_{wD}$——拉普拉斯空间无因次井底压力；

A_1、A_2、A_3、A_4——待定系数，由内、外边界条件和界面连接条件确定；

I_0、K_0——零阶第一类和第二类变形贝赛尔函数；

I_v、K_v——v 阶第一类和第二类变形贝赛尔函数。

将式(3-259)、(3-260)代入内边界条件得

$$\alpha_{11}A_1 + \alpha_{12}A_2 = 1 \tag{3-263}$$

式中：

$$\alpha_{11} = g\left[C_D g - \frac{1-n}{2}\cdot(C_D g S+1)\right]I_v\left(\frac{\sqrt{g}}{\beta}\right) - g\sqrt{g}(C_D g S+1)I_v'\left(\frac{\sqrt{g}}{\beta}\right) \tag{3-264}$$

$$\alpha_{12} = g\left[C_D g - \frac{1-n}{2}\cdot(C_D g S+1)\right]K_v\left(\frac{\sqrt{g}}{\beta}\right) - g\sqrt{g}(C_D g S+1)K_v'\left(\frac{\sqrt{g}}{\beta}\right) \tag{3-265}$$

其中：$I_v'(x)$、$K_v'(x)$——v 阶第一类和第二类变形贝赛尔函数的导数。

将式(3-259)、(3-260)代入界面连续条件(压力相等)得

$$\alpha_{21}A_1 + \alpha_{22}A_2 + \alpha_{23}A_3 + \alpha_{24}A_4 = 0 \tag{3-266}$$

式中：

$$\alpha_{21} = R_{fD}^{\frac{1-n}{2}} I_v\left(\frac{\sqrt{g}}{\beta}R_{fD}^{\beta}\right) \tag{3-267}$$

$$\alpha_{22} = R_{fD}^{\frac{1-n}{2}} K_v\left(\frac{\sqrt{g}}{\beta}R_{fD}^{\beta}\right) \tag{3-268}$$

$$\alpha_{23} = -I_0(R_{fD}\sqrt{\eta_{12}g}) \tag{3-269}$$

$$\alpha_{24} = -K_0(R_{fD}\sqrt{\eta_{12}g}) \tag{3-270}$$

将式(3-259)、(3-260)代入界面连续条件(流速相等)得

$$\alpha_{31}A_1 + \alpha_{32}A_2 + \alpha_{33}A_3 + \alpha_{34}A_4 = 0 \tag{3-271}$$

$$\alpha_{31}=\sqrt{g}\cdot I_{v-1}\left(\frac{\sqrt{g}}{\beta}R_{\mathrm{fD}}^{\beta}\right) \tag{3-272}$$

$$\alpha_{32}=-\sqrt{g}\cdot K_{v-1}\left(\frac{\sqrt{g}}{\beta}R_{\mathrm{fD}}^{\beta}\right) \tag{3-273}$$

$$\alpha_{33}=-\frac{1}{M_{12}}\sqrt{\eta_{12}g}I_1(R_{\mathrm{fD}}\sqrt{\eta_{12}g}) \tag{3-274}$$

$$\alpha_{34}=\frac{1}{M_{12}}\sqrt{\eta_{12}g}K_1(R_{\mathrm{fD}}\sqrt{\eta_{12}g}) \tag{3-275}$$

将式(3-260)代入外边界条件得

$$A_3=0 \tag{3-276}$$

求解关于待定系数 A_1、A_2、A_3、A_4 的方程(3-263)、(3-266)、(3-271)、(3-276)即可求得系数 A_1、A_2、A_4：

$$A_1=\frac{\alpha_{10}}{\alpha_{11}}-\frac{\alpha_{12}}{\alpha_{11}}\cdot\frac{\beta_{20}\beta_{12}-\beta_{22}\beta_{10}}{\beta_{12}\beta_{21}-\beta_{22}\beta_{11}} \tag{3-277}$$

$$A_2=\frac{\beta_{20}\beta_{12}-\beta_{22}\beta_{10}}{\beta_{12}\beta_{21}-\beta_{22}\beta_{11}} \tag{3-278}$$

$$A_4=-\frac{\alpha_{43}}{\alpha_{44}}\cdot\frac{\beta_{10}\beta_{21}-\beta_{11}\beta_{20}}{\beta_{12}\beta_{21}-\beta_{22}\beta_{11}} \tag{3-279}$$

式中：

$$\alpha_{10}=1 \tag{3-280}$$

$$\beta_{10}=-\frac{\alpha_{21}\alpha_{10}}{\alpha_{11}}=-\frac{\alpha_{21}}{\alpha_{11}} \tag{3-281}$$

$$\beta_{11}=\alpha_{22}-\frac{\alpha_{21}\alpha_{12}}{\alpha_{11}} \tag{3-282}$$

$$\beta_{12}=\alpha_{23}-\frac{\alpha_{24}\alpha_{43}}{\alpha_{44}} \tag{3-283}$$

$$\beta_{20}=-\frac{\alpha_{31}\alpha_{10}}{\alpha_{11}}=-\frac{\alpha_{31}}{\alpha_{11}} \tag{3-284}$$

$$\beta_{21}=\alpha_{32}-\frac{\alpha_{31}\alpha_{12}}{\alpha_{11}} \tag{3-285}$$

$$\beta_{22}=\alpha_{33}-\frac{\alpha_{34}\alpha_{43}}{\alpha_{44}} \tag{3-286}$$

将公式(3-259)代入内边界条件方程可得拉普拉斯空间的无因次井底压力计算公式：

$$\bar{p}_{\mathrm{wD}}=A_1\left[I_v\left(\frac{\sqrt{g}}{\beta}\right)-S\sqrt{g}I_{v-1}\left(\frac{\sqrt{g}}{\beta}\right)\right]+A_2\left[K_v\left(\frac{\sqrt{g}}{\beta}\right)+S\sqrt{g}K_{v-1}\left(\frac{\sqrt{g}}{\beta}\right)\right] \tag{3-287}$$

3.4.3　典型曲线及影响因素分析

利用试井数学模型在拉氏空间的解析解以及 Stehfest 的数值反演方法，可以将拉氏空间的解转化为实空间的解并绘制出相应的试井模型的无因次压力典型曲线。

图 3-55 是无限大幂律流体-牛顿流体两区均质径向复合油藏无因次井底压力及压力导数双对数曲线。从图中可以看出，井底无因次压力响应存在五个明显的流动阶段：①纯井筒储存阶段，压力与导数曲线相重合，且呈斜率为 1 的直线，其持续时间的长短由井筒储存系数 C_D 的大小决定，井筒储存系数 C_D 越大，纯井筒储集阶段持续的时间就越长；②过渡段，描述纯井筒储存阶段到内区径向流阶段的过渡，其时间长短由 C_De^{2S} 确定，C_De^{2S} 越大，过渡段持续的时间也就越长；③内区径向流段，在这一阶段与牛顿流体渗流情形不同的是，压力导数曲线由原来的 0.5 水平线变为一条斜率为$(1-n)/(3-n)$的直线，这一阶段持续时间的长短由内区半径 R_{fD} 确定，其半径越大，持续时间越长；④幂律流体区域到牛顿流体区域的过渡阶段，由参数团 M_{12} 和 η_{12} 确定；⑤总系统作用段，描述幂律流体区域和牛顿流体区域共同作用的阶段，其特征是压力导数呈值为 $M_{12}/2$ 的直线。

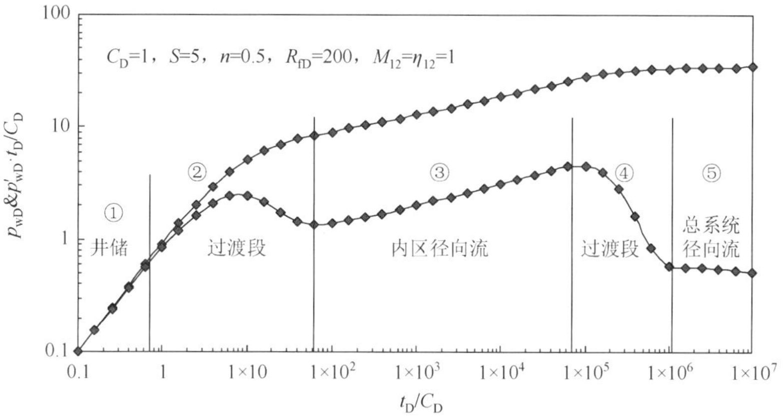

图 3-55　幂律流体-牛顿流体复合模型试井曲线

图 3-56 是表皮系数 S 对井底压力动态的影响关系图。从图中可以看出，除在纯井筒储存阶段以外，表皮效应对于井底压力动态曲线的影响都存在，表皮系数 S 越大，无因次压力曲线的对应位置就越高，无因次压力曲线与无因次压力导数曲线间的距离也就越大，表示井筒所受的污染也越严重。在压力导数曲线上，表皮系数对其曲线形态的影响主要反映在纯井筒储存阶段向内区径向流动阶段的过渡阶段，表皮系数越大，过渡段的驼峰值就越大；反之表皮系数越小，过渡段的驼峰值就越小。

图 3-57 和图 3-58 是流度比对井底压力动态的影响关系图。从图中可以看出，流度比主要影响从内区非牛顿流体渗流区域到外区牛顿流体渗流区域的过渡阶段和内区与外区共同作用的流动阶段。流度比 M_{12} 越大，由内区和外区共同作用的流动阶段的压力导数曲线的位置就越高，导数曲线的值等于 $M_{12}/2$。

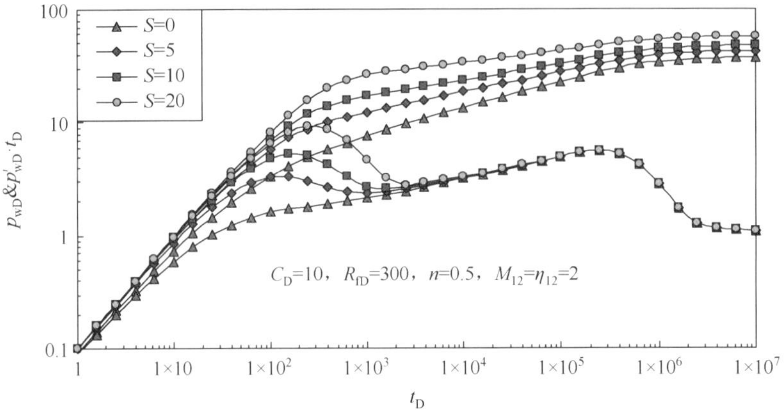

图 3-56　表皮系数 S 对井底压力动态的影响关系图

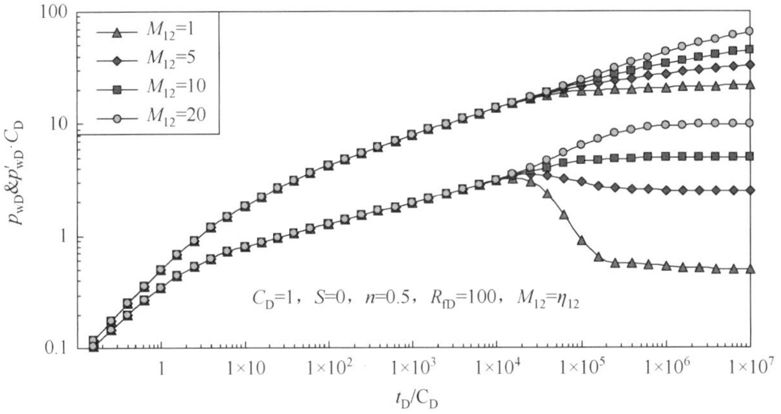

图 3-57　流度比对井底压力动态的影响关系图(n=0.5)

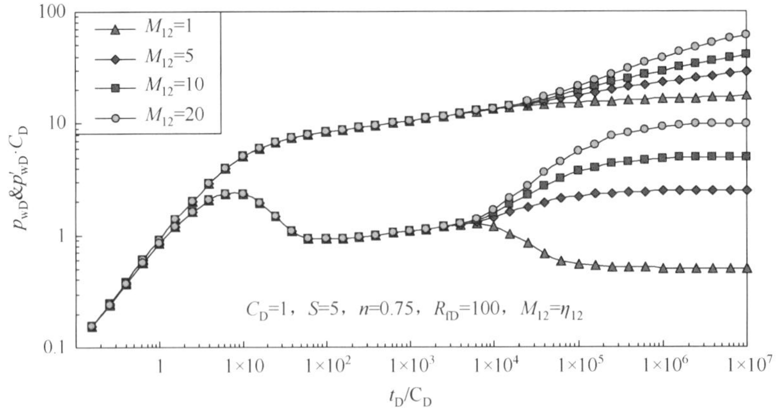

图 3-58　流度比对井底压力动态的影响关系图(n=1.0)

图 3-59 是内区幂律流体幂律指数 n 对井底压力动态的影响关系图。从图中可以看出，随着非牛顿幂律流体幂律指数 n 的增大，压力和压力导数曲线均向下方移动，即非牛顿幂律流体的性质越接近牛顿流体的性质。在无因次压力导数曲线图上，内区径向流作用阶段直线段的斜率随幂律指数 n 的增大而减小；当 $n \to 1$ 时，内区径向流无因次压力导数曲线将呈现值为 0.5 的水平直线段，这时，幂律流体和牛顿流体形成的复合油藏也就等效于牛顿流体形成的常规两区复合油藏的情况。

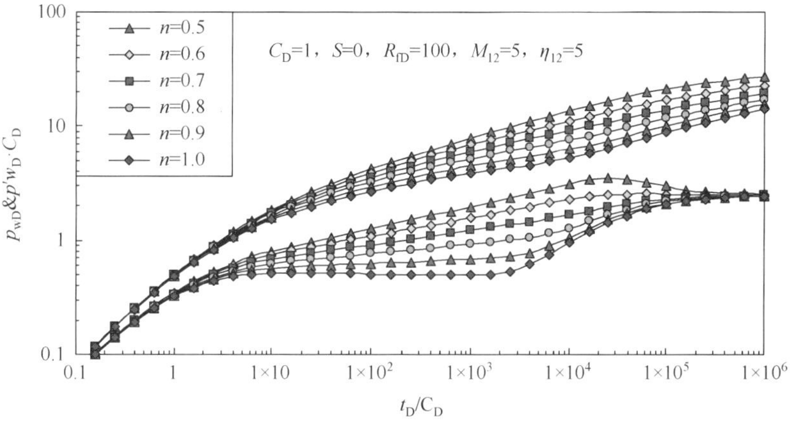

图 3-59　幂律指数对井底压力动态的影响关系图

图 3-60 是内区非牛顿流体区域流动半径对井底压力动态的影响关系图。从图中可以看出，内区非牛顿流体区域流动半径主要影响内区径向作用时间的长短、内区到外区流动过渡段的开始时间以及内区和外区共同作用阶段的开始时间。内区幂律流体流动半径 R_{fD} 越大，内区径向流作用持续的时间就越长，过渡段开始的时间以及内区和外区共同作用阶段的开始时间就将越晚；反之，内区幂律流体流动半径 R_{fD} 越小，内区径向流作用持续的时间就越短，过渡段开始的时间以及内区和外区共同作用阶段的开始时间就将越早；如果内区幂律流体半径 R_{fD} 足够小，则井筒储存效应将掩盖内区径向流作用阶段。

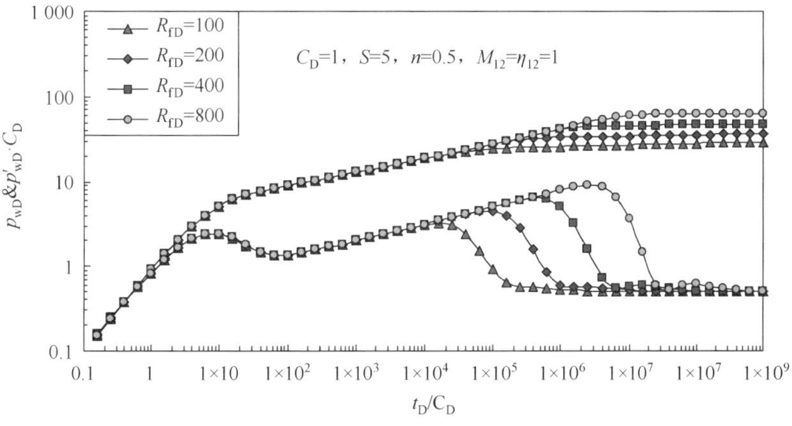

图 3-60　幂律指数对井底压力动态的影响关系图

3.5 牛顿流体-幂律流体-牛顿流体复合油藏

油藏调驱将造成地层中存在聚合物段塞，即地层中流体分布表现为以井为中心，由内向外形成牛顿流体-幂律流体-牛顿流体的径向分布特征，此时的渗流模型即演变为牛顿流体-幂律流体-牛顿流体形成的三区径向复合模型[46]。

3.5.1 渗流物理模型

牛顿流体-幂律流体-牛顿流体三区均质径向复合油藏渗流物理模型如图 3-61 所示，其假设条件如下：

(1) 均质、水平、等厚、各向同性无限大地层中心有一口井，油井完全穿透地层；

(2) 地层厚度为 h，各区的地层渗透率 k、孔隙度 ϕ、综合压缩系数 C_t 等参数可以不同但为常数；

(3) 地层中每个区域内流体为单相、微可压缩的流体，忽略重力和毛管力的影响；

(4) 考虑井筒储存效应和表皮效应的影响；

(5) 各区流体均符合达西平面径向渗流规律，等温渗流；

(6) 渗流区域界面不存在附加压力降；

(7) 非牛顿流体黏度服从 Ostwald-De Waele 幂律流体模型。

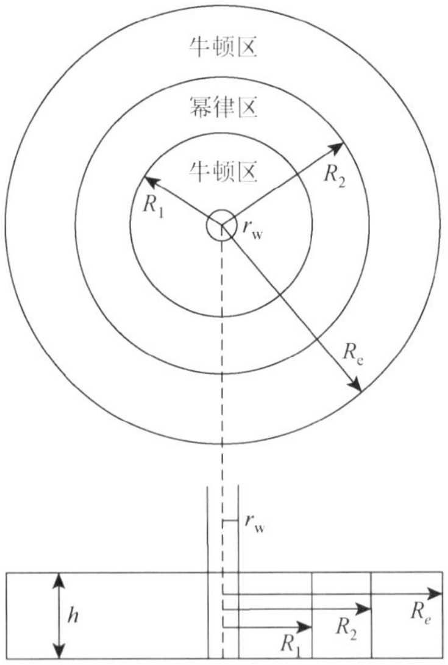

图 3-61 牛顿流体-幂律流体-牛顿流体三区径向渗流物理模型

3.5.2 渗流数学模型及解

依据上述渗流物理模型和假设条件，采用 3.2 的方法，可建立如下的牛顿流体-幂律流体-牛顿流体三区复合渗流数学模型：

$$\left\{\begin{array}{l}\dfrac{1}{r_D}\dfrac{\partial}{\partial r_D}\left(r_D\dfrac{\partial p_{1D}}{\partial r_D}\right)=\dfrac{\partial p_{1D}}{\partial t_D}\\ \dfrac{1}{r_D}\dfrac{\partial}{\partial r_D}\left(r_D^{n_2}\dfrac{\partial p_{2D}}{\partial r_D}\right)=\eta_{12}\dfrac{\partial p_{2D}}{\partial t_D}\\ \dfrac{1}{r_D}\dfrac{\partial}{\partial r_D}\left(r_D\dfrac{\partial p_{3D}}{\partial r_D}\right)=\eta_{13}\dfrac{\partial p_{3D}}{\partial t_D}\\ p_{1D}(r_D,0)=p_{2D}(r_D,0)=p_{3D}(r_D,0)=0\\ p_{1D}(R_{1D},t_D)=p_{2D}(R_{1D},t_D)\\ \left(\dfrac{\partial p_{2D}}{\partial r_D}\right)_{r_D=R_{1D}}=F_{12}\left(\dfrac{\partial p_{1D}}{\partial r_D}\right)_{r_D=R_{1D}}\\ p_{2D}(R_{2D},t_D)=p_{3D}(R_{2D},t_D)\\ \left(\dfrac{\partial p_{3D}}{\partial r_D}\right)_{r_D=R_{2D}}=F_{23}\left(\dfrac{\partial p_{2D}}{\partial r_D}\right)_{r_D=R_{2D}}\\ C_D\dfrac{\mathrm{d}p_{wD}}{\mathrm{d}t_D}-\left(r_D\dfrac{\partial p_{1D}}{\partial r_D}\right)_{r_D=1}=1\\ p_{wD}=\left(p_{1D}-S\dfrac{\partial p_{1D}}{\partial r_D}\right)_{r_D=1}\\ p_{3D}(\infty,t_D)=0\end{array}\right. \tag{3-288}$$

式中：M_{12}、M_{23}——一二区、二三区流度比；

η_{12}、η_{13}——一二区、一三区导压系数比。

$$M_{12}=\frac{k_1/\mu_1}{k_2/\mu_2^*}\qquad M_{23}=\frac{k_2/\mu_2^*}{k_3/\mu_3} \tag{3-289}$$

$$\eta_{12}=\frac{(k/\phi\mu c_t)_1}{(k/\phi\mu^* c_t)_2}\qquad \eta_{1j}=\frac{(k/\phi\mu c_t)_1}{(k/\phi\mu c_t)_3} \tag{3-290}$$

$$F_{12}=M_{12}R_{1D}^{1-n_2}\qquad F_{23}=M_{23}R_{2D}^{n_2-1} \tag{3-291}$$

对上述无因次化数学模型进行关于无因次时间 t_D 的拉普拉斯变换，可以得到各区渗流微分方程的通解为

$$\bar{p}_{1D}=A_1I_0\left(\sqrt{g}r_D\right)+B_1K_0\left(\sqrt{g}r_D\right) \tag{3-292}$$

$$\bar{p}_{2D}=r_D^{\frac{1-n_2}{2}}\left[A_2I_{v_2}\left(\frac{\sqrt{\eta_{12}g}}{\beta_2}r_D^{\beta_2}\right)+B_2K_{v_2}\left(\frac{\sqrt{\eta_{12}g}}{\beta_2}r_D^{\beta_2}\right)\right] \tag{3-293}$$

$$\bar{p}_{3D}=A_3I_0\left(\sqrt{\eta_{13}g}r_D\right)+B_3K_0\left(\sqrt{\eta_{13}g}r_D\right) \tag{3-294}$$

$$v_2=\frac{1-n_2}{3-n_2} \tag{3-295}$$

$$\beta_2=\frac{3-n_2}{2} \tag{3-296}$$

式中：A_1、A_2、A_3、B_1、B_2、B_3——待定系数。

将通解(3-292)～(3-294)带入模型定解条件可得如下形式矩阵方程，求解该矩阵方程可得待定系数 A_1、A_2、A_3、B_1、B_2、B_3。

$$\boldsymbol{C}\boldsymbol{X}=\boldsymbol{D} \tag{3-297}$$

$$\boldsymbol{C}=\begin{bmatrix} \alpha_{11} & \alpha_{12} & & & & \\ \alpha_{21} & \alpha_{22} & \alpha_{23} & \alpha_{24} & & \\ \alpha_{31} & \alpha_{32} & \alpha_{33} & \alpha_{34} & & \\ & & \alpha_{43} & \alpha_{44} & \alpha_{45} & \alpha_{46} \\ & & \alpha_{53} & \alpha_{54} & \alpha_{55} & \alpha_{56} \\ & & & & \alpha_{65} & \alpha_{66} \end{bmatrix} \tag{3-298}$$

$$\boldsymbol{X}=[A_1 \quad B_1 \quad A_2 \quad B_2 \quad A_3 \quad B_3]^{\mathrm{T}} \tag{3-299}$$

$$\boldsymbol{D}=[1/g \quad 0 \quad 0 \quad 0 \quad 0 \quad 0]^{\mathrm{T}} \tag{3-300}$$

$\boldsymbol{C}$ 是一个 6×6 阶的对角矩阵，空白处元素为 0，其他各元素表达式如下：

$$\alpha_{11}=g[C_{\mathrm{D}}gI_0(\sqrt{g})-(1+C_{\mathrm{D}}gS)\sqrt{g}I_1(\sqrt{g})] \tag{3-301}$$

$$\alpha_{12}=g[C_{\mathrm{D}}gK_0(\sqrt{g})+(1+C_{\mathrm{D}}gS)\sqrt{g}K_1(\sqrt{g})] \tag{3-302}$$

$$\alpha_{21}=I_0(\sqrt{g}R_{1\mathrm{D}}),\quad \alpha_{22}=K_0(\sqrt{\eta_{11}g}R_{1\mathrm{D}}) \tag{3-303}$$

$$\alpha_{23}=-R_{1\mathrm{D}}^{\frac{1-n_2}{2}}I_{v_2}\left(\frac{\sqrt{\eta_{12}g}}{\beta_2}R_{\mathrm{D}}^{\beta_2}\right),\quad \alpha_{24}=-R_{1\mathrm{D}}^{\frac{1-n_2}{2}}K_{v_2}\left(\frac{\sqrt{\eta_{12}g}}{\beta_2}R_{1\mathrm{D}}^{\beta_2}\right) \tag{3-304}$$

$$\alpha_{31}=F_{12}\sqrt{g}I_1(\sqrt{g}R_{1\mathrm{D}}),\quad \alpha_{32}=-F_{12}\sqrt{g}K_1(\sqrt{g}R_{1\mathrm{D}}) \tag{3-305}$$

$$\alpha_{33}=-\sqrt{\eta_{12}g}R_{1\mathrm{D}}^{1-n_2}I_{v_2-1}\left(\frac{\sqrt{\eta_{12}g}}{\beta_2}R_{1\mathrm{D}}^{\beta_2}\right),\quad \alpha_{34}=\sqrt{\eta_{12}g}R_{1\mathrm{D}}^{1-n_2}K_{v_2-1}\left(\frac{\sqrt{\eta_{12}g}}{\beta_2}R_{1\mathrm{D}}^{\beta_2}\right) \tag{3-306}$$

$$\alpha_{43}=R_{2\mathrm{D}}^{\frac{1-n_2}{2}}I_{v_2}\left(\frac{\sqrt{\eta_{12}g}}{\beta_2}R_{2\mathrm{D}}^{\beta_2}\right),\quad \alpha_{44}=R_{2\mathrm{D}}^{\frac{1-n_2}{2}}K_{v_2}\left(\frac{\sqrt{\eta_{12}g}}{\beta_2}R_{2\mathrm{D}}^{\beta_2}\right) \tag{3-307}$$

$$\alpha_{45}=-I_0(\sqrt{\eta_{13}g}R_{2\mathrm{D}}),\quad \alpha_{46}=-K_0(\sqrt{\eta_{13}g}R_{2\mathrm{D}}) \tag{3-308}$$

$$\alpha_{53}=F_{23}\sqrt{\eta_{12}g}r_{2\mathrm{D}}^{1-n_2}I_{v_2-1}\left(\frac{\sqrt{\eta_{12}g}}{\beta_2}r_{2\mathrm{D}}^{\beta_2}\right) \tag{3-309}$$

$$\alpha_{54}=-F_{23}\sqrt{\eta_{12}g}r_{2\mathrm{D}}^{1-n_2}K_{v_2-1}\left(\frac{\sqrt{\eta_{12}g}}{\beta_2}r_{2\mathrm{D}}^{\beta_2}\right) \tag{3-310}$$

$$\alpha_{55}=-\sqrt{\eta_{13}g}I_1(\sqrt{\eta_{13}g}R_{2\mathrm{D}})\qquad \alpha_{56}=\sqrt{\eta_{13}g}K_1(\sqrt{\eta_{13}g}R_{2\mathrm{D}}) \tag{3-311}$$

$$A_3=0 \tag{3-312}$$

利用式(3-297)求得待定系数 A_1、B_1 后，可由下式计算牛顿流体-幂律流体-牛顿流体三区复合模型拉普拉斯空间的井底无因次压力：

$$p_{\mathrm{wD}}=A_1[I_0(\sqrt{g})-S\sqrt{g}I_1(\sqrt{g})]+B_1[K_0(\sqrt{g})+S\sqrt{g}K_1(\sqrt{g})] \tag{3-313}$$

3.5.3　典型曲线及影响因素分析

利用试井数学模型在拉氏空间的解析解(3-313)以及 Stehfest 的数值反演方法,可以将拉氏空间的解转化为实空间的解并绘制出相应的试井模型的无因次压力典型曲线。

图 3-62 是无限大牛顿流体-幂律流体-牛顿流体三区均质径向复合油藏无因次井底压力及压力导数双对数曲线。从图中可以看出，井底无因次压力响应存在七个明显的流动阶段：①纯井筒储存阶段，压力与导数曲线相重合，且呈斜率为 1 的直线，其持续时间的长短由井筒储存系数 C_D 的大小决定，井筒储存系数 C_D 越大，纯井筒储集阶段持续的时间就越长；②过渡段，描述纯井筒储存阶段到内区径向流阶段的过渡，其时间长短由 C_De^{2S} 确定，C_De^{2S} 越大，过渡段持续的时间也就越长；③内区径向流段，压力导数曲线呈值为 0.5 的水平线，持续时间的长短由内区半径 R_{1D} 确定，其半径越大，持续时间越长；④牛顿流体区域到幂律流体区域的过渡阶段，由参数团 M_{12} 和 η_{12} 确定；⑤幂律流体径向流段，导数曲线呈现幂律流体的特征，呈一定斜率的直线；⑥中区幂律流体区域到外区牛顿流体区域的过渡段，由参数团 M_{23} 和 η_{13} 确定；⑦总系统作用段，描述压力波已传播到外区牛顿流体的渗流特征，压力导数呈值为 $M_{13}/2$ 的水平直线。

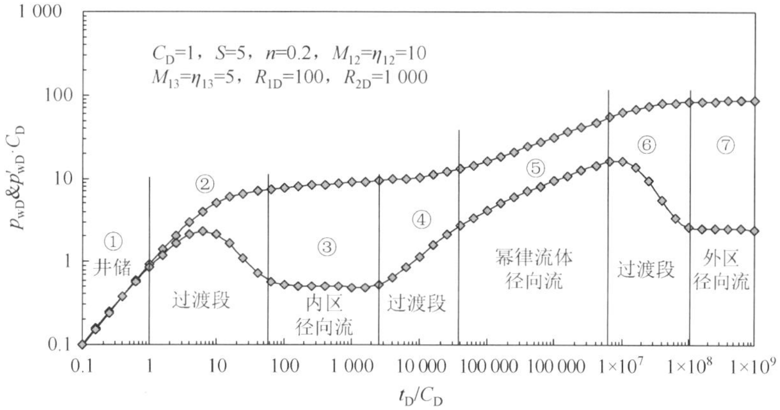

图 3-62　牛顿流体-幂律流体-牛顿流体三区均质径向复合模型试井曲线

图 3-63 是中区幂律流体幂律指数对井底压力动态的影响关系图。从图中可以看出，随着幂律流体幂律指数的增大，压力和压力导数曲线均向下方移动，即幂律流体的性质越接近牛顿流体的性质。在无因次压力导数曲线图上，中区径向流作用阶段直线段的斜率随幂律指数 n 的增大而减小；当 n_2=1 时，中区径向流无因次压力导数曲线将呈现值为 $M_{12}/2$ 的水平直线段，这时，牛顿流体-幂律流体-牛顿流体形成的三区复合油藏也就等效于牛顿流体形成的常规三区复合油藏的情况。

图 3-64 是流度比 M_{12} 对井底压力动态的影响关系图。从图中可以看出，流度比 M_{12} 主要影响压力波传播到中区后的压力动态特征。流度比 M_{12} 越大，整个中区流体的流动能力越差，导数曲线的位置越高，但由于中区为幂律流体，所以中区径向流阶段导数曲线呈一定斜率的直线。

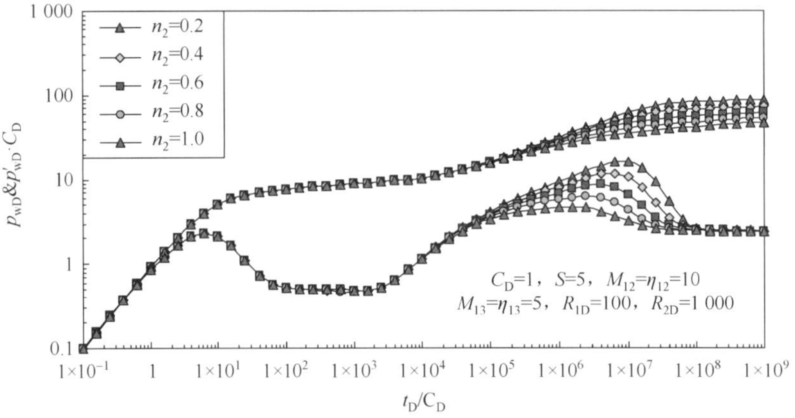

图 3-63　幂律指数对井底压力动态的影响关系图

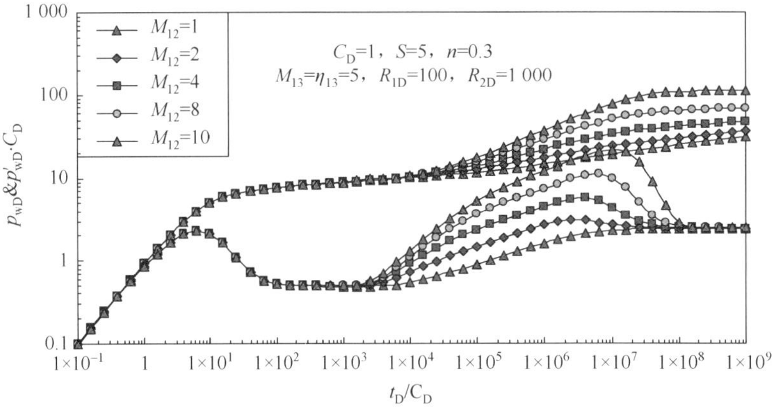

图 3-64　流度比 M_{12} 对井底压力动态的影响关系图

图 3-65 是非牛顿幂律流体区域(中区)半径对井底压力动态的影响关系图。从图中可以看出，非牛顿幂律流体区域半径主要影响中区径向流作用时间的长短和外区流动阶段

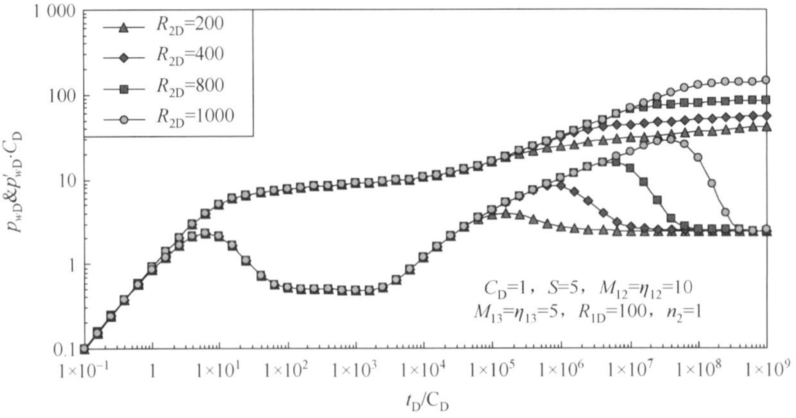

图 3-65　幂律流体区半径 R_{2D} 对井底压力动态的影响关系图

的开始时间。中区幂律流体流动半径 R_{2D} 越大，中区径向流作用持续的时间就越长，过渡段开始的时间以及外区流动阶段的开始时间就将越晚；如果中区幂律流体区域半径 R_{2D} 与内区牛顿流体区域半径 R_{1D} 差异不是特别大，则中区幂律流体径向流的特征将不明显。

图 3-66 是流度比 M_{13} 对井底压力动态的影响关系图。从图中可以看出，流度比 M_{13} 主要影响从中区非牛顿流体渗流区域到外区牛顿流体渗流区域的过渡阶段和总系统的径向流动阶段。流度比 M_{13} 越大，总系统径向流动阶段的压力导数曲线的位置就越高，导数曲线的值等于 $M_{13}/2$。

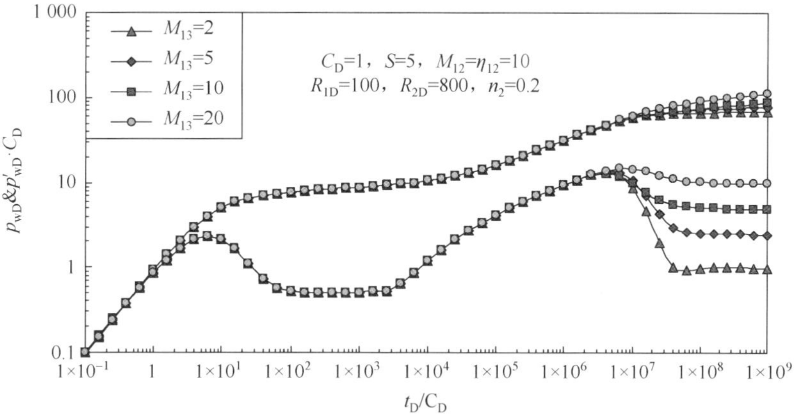

图 3-66　流度比 M_{13} 对井底压力动态的影响关系图

3.6　两区线性复合油气藏模型

在前面四节的讨论中，均假设地层形状为圆形，但在实际情况中，经常会遇到另外一种常见的地层形状——条带状。针对条带状地层，Ambastha 等 1989 年提出两区线性复合不稳定试井模型[47]，但他推导得到的试井模型中没有考虑井筒储集效应和表皮效应的影响。

3.6.1　渗流物理模型

本节所考虑的为一具有平行不渗透边界的条带状地层，建立渗流数学模型时用到的假设条件如下：

(1) 该条带状地层可被划分为两个半无限大区域，井位于其中一个区域内，如图 3-67 所示，两区的岩石性质、流体性质和储层有效厚度均不同，但同一区域内为均质地层，各区内的渗透率 k 和孔隙度 ϕ 等地层参数不随压力变化；

(2) 单相弱可压缩流体，渗流过程为等温渗流；

(3) 井具有井筒储集效应和表皮效应；

(4) 区域界面宽度不计，储层性质在界面处发生突变，忽略界面处的流动阻力；

(5) 各区流体渗流过程均符合线性渗流规律并忽略重力影响；

(6)井以定产量 q(地下产量)生产，开井前地层各处压力相等，均为 p_i。

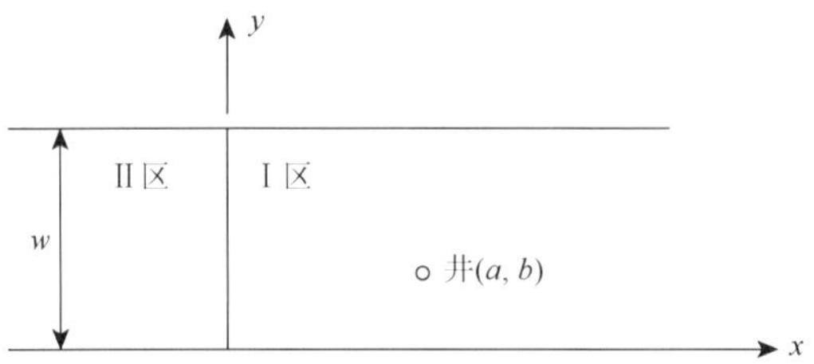

图 3-67　两区线性复合条带状油藏示意图

3.6.2　渗流数学模型及解

1. 数学模型的建立

根据上述假设条件和图 3-67 中所建立的坐标系，以渗流力学理论为基础，可得到两区线性复合条带状油气藏渗流模型[48-50]。

(1)渗流微分方程

将井视为定产量线源，并假设各区内地层均为各向同性地层，即 $k_{1x}=k_{1y}=k_1$、$k_{2x}=k_{2y}=k_2$，可得到两区的渗流微分方程如下：

I 区：

$$\frac{\partial^2 p_1}{\partial x^2}+\frac{\partial^2 p_1}{\partial y^2}-\frac{q\mu_1}{k_1 h_1}\delta(x-a)\delta(y-b)=\frac{(\phi\mu C_t)_1}{k_1}\frac{\partial p_1}{\partial t}\quad (x\geqslant 0) \tag{3-314}$$

II 区：

$$\frac{\partial^2 p_2}{\partial x^2}+\frac{\partial^2 p_2}{\partial y^2}=\frac{(\phi\mu C_t)_2}{k_2}\frac{\partial p_2}{\partial t}\quad (x\leqslant 0) \tag{3-315}$$

式中：

p_1、p_2——分别为 I 区、II 区压力；

k_1、k_2——分别为 I 区、II 区地层渗透率；

h_1、h_2——分别为 I 区、II 区地层厚度；

μ_1、μ_2——分别为 I 区、II 区流体黏度；

ϕ_1、ϕ_2——分别为 I 区、II 区孔隙度；

C_{t1}、C_{t2}——分别为 I 区、II 区地层综合压缩系数；

x、y——横、纵坐标；

a、b——井点横、纵坐标；

δ——δ 函数，表示定产量线源井；

其余符号意义同前。

(2)边界条件。

x 方向外边界条件为

$$\lim_{x\to\infty} p_1 = p_i \tag{3-316}$$

$$\lim_{x\to-\infty} p_2 = p_i \tag{3-317}$$

y 方向外边界条件为

$$\left.\frac{\partial p_1}{\partial y}\right|_{y=w} = \left.\frac{\partial p_1}{\partial y}\right|_{y=0} = 0 \tag{3-318}$$

$$\left.\frac{\partial p_2}{\partial y}\right|_{y=w} = \left.\frac{\partial p_2}{\partial y}\right|_{y=0} = 0 \tag{3-319}$$

式中：w——条带状油藏宽度；

其余符号意义同前。

(3)界面连续条件

界面压力相等：

$$p_1|_{x=0} = p_2|_{x=0} \tag{3-320}$$

界面流量相等：

$$\frac{k_1h_1}{\mu_1}\left.\frac{\partial p_1}{\partial x}\right|_{x=0} = \frac{k_2h_2}{\mu_2}\left.\frac{\partial p_2}{\partial x}\right|_{x=0} \tag{3-321}$$

(4)初始条件

$$p_1|_{t=0} = p_2|_{t=0} = 0 \tag{3-322}$$

2. 数学模型的无因次化

引入如下无因次变量。

(1)无因次压力

无因次Ⅰ区压力：

$$p_{1\mathrm{D}} = \frac{2\pi k_1h_1}{q\mu_1}(p_i - p_1) \tag{3-323}$$

无因次Ⅱ区压力：

$$p_{2\mathrm{D}} = \frac{2\pi k_1h_1}{q\mu_1}(p_i - p_2) \tag{3-324}$$

(2)无因次时间

$$t_{\mathrm{D}} = \frac{k_1t}{\phi_1\mu_1C_{\mathrm{t1}}r_{\mathrm{w}}^2} \tag{3-325}$$

(3)无因次距离

$$x_{\mathrm{D}} = \frac{x}{r_{\mathrm{w}}},\quad a_{\mathrm{D}} = \frac{a}{r_{\mathrm{w}}},\quad w_{\mathrm{D}} = \frac{w}{r_{\mathrm{w}}},\quad y_{\mathrm{D}} = \frac{\pi}{w_{\mathrm{D}}}\frac{y}{r_{\mathrm{w}}},\quad b_{\mathrm{D}} = \frac{\pi}{w_{\mathrm{D}}}\frac{b}{r_{\mathrm{w}}} \tag{3-326}$$

(4)流度比

$$M = \frac{k_2/\mu_2}{k_1/\mu_1} \tag{3-327}$$

(5)厚度比

$$h_D = \frac{h_2}{h_1} \tag{3-328}$$

(6) 导压系数比

$$\eta_D = \frac{k_2/\phi_2\mu_2 C_{t2}}{k_1/\phi_1\mu_1 C_{t1}} \tag{3-329}$$

将上述无因次量定义代入数学模型式(3-314)～(3-322)，可得到如下两区不等厚线性复合条带状油气藏无因次渗流模型。

(1) 渗流微分方程

Ⅰ区：

$$\frac{\partial^2 p_{1D}}{\partial x_D^2} + \left(\frac{\pi}{w_D}\right)^2 \frac{\partial^2 p_{1D}}{\partial y_D^2} + \frac{2\pi^2}{w_D}\delta(x_D - a_D)\delta(y_D - b_D) = \frac{\partial p_{1D}}{\partial t_D} \quad (x_D \geqslant 0) \tag{3-330}$$

Ⅱ区：

$$\frac{\partial^2 p_{2D}}{\partial x_D^2} + \left(\frac{\pi}{w_D}\right)^2 \frac{\partial^2 p_{2D}}{\partial y_D^2} = \frac{1}{\eta_D}\frac{\partial p_{2D}}{\partial t_D} \quad (x_D \leqslant 0) \tag{3-331}$$

(2) 边界条件

x 方向外边界条件为：

$$\lim_{x_D \to \infty} p_{1D} = 0 \tag{3-332}$$

$$\lim_{x_D \to -\infty} p_{2D} = 0 \tag{3-333}$$

y 方向外边界条件为：

$$\left.\frac{\partial p_{1D}}{\partial y_D}\right|_{y_D=\pi} = \left.\frac{\partial p_{1D}}{\partial y_D}\right|_{y_D=0} = 0 \tag{3-334}$$

$$\left.\frac{\partial p_{2D}}{\partial y_D}\right|_{y_D=\pi} = \left.\frac{\partial p_{2D}}{\partial y_D}\right|_{y_D=0} = 0 \tag{3-335}$$

(3) 界面连续条件

界面压力相等：

$$p_{1D}\big|_{x_D=0} = p_{2D}\big|_{x_D=0} \tag{3-336}$$

界面流量相等：

$$\left.\frac{\partial p_{1D}}{\partial x_D}\right|_{x_D=0} = Mh_D \left.\frac{\partial p_{2D}}{\partial x_D}\right|_{x_D=0} \tag{3-337}$$

(4) 初始条件

$$p_{1D}\big|_{t_D=0} = p_{2D}\big|_{t_D=0} = 0 \tag{3-338}$$

3. 数学模型的解

采用有限傅里叶余弦变换和拉普拉斯变换方法对上述无因次试井模型式(3-330)～式(3-335)进行求解。

对式(3-330)取基于 y_D 的有限傅里叶余弦变换和基于 t_D 的拉普拉斯变换，可得到：

$$\frac{\mathrm{d}^2\hat{\bar{p}}_{1D}}{\mathrm{d}x_D^2}-\alpha_1\hat{\bar{p}}_{1D}=\alpha_3\delta(x_D-a_D)\quad(x_D\geqslant 0) \tag{3-339}$$

式中：$\alpha_1=\left(\dfrac{m\pi}{w_D}\right)^2+u$，$\alpha_3=-\dfrac{2\pi^2\cos(mb_D)}{uw_D}$。

对式(3-331)取基于 y_D 的有限傅里叶余弦余弦变换和基于 t_D 的拉普拉斯变换，可得到：

$$\frac{d^2\hat{\bar{p}}_{2D}}{dx_D^2}-\alpha_2\hat{\bar{p}}_{2D}=0\quad(x_D\leqslant 0) \tag{3-340}$$

式中：$\alpha_2=\left(\dfrac{m\pi}{w_D}\right)^2+\dfrac{u}{\eta_D}$。

式(3-340)的通解为

$$\hat{\bar{p}}_{2D}=A\mathrm{e}^{\sqrt{\alpha_2}x_D}+B\mathrm{e}^{-\sqrt{\alpha_2}x_D} \tag{3-341}$$

由式(3-333)得

$$\hat{\bar{p}}_{2D}=A\mathrm{e}^{\sqrt{\alpha_2}x_D}\quad(x_D\leqslant 0) \tag{3-342}$$

对式(3-339)取基于 x_D 的拉普拉斯变换，可得到

$$s^2W_1-s\hat{\bar{p}}_{1D}(x_D=0)-\frac{\partial\hat{\bar{p}}_{1D}}{\partial x_D}(x_D=0)-\alpha_1W_1=\alpha_3\mathrm{e}^{-a_Ds} \tag{3-343}$$

式中：W_1 为 $\hat{\bar{p}}_{1D}$ 基于 x_D 的拉普拉斯变换，s 为基于 x_D 的拉普拉斯变量。

由上式可解出 W_1，对其取拉普拉斯逆变换并将式(3-336)、(3-337)代入，可得到：

$$\hat{\bar{p}}_{1D}(x_D,m,u)=\begin{cases}A\dfrac{\mathrm{e}^{\sqrt{\alpha_1}x_D}+\mathrm{e}^{-\sqrt{\alpha_1}x_D}}{2}+\dfrac{\alpha_3}{\sqrt{\alpha_1}}\dfrac{\mathrm{e}^{\sqrt{\alpha_1}(x_D-a_D)}-\mathrm{e}^{-\sqrt{\alpha_1}(x_D-a_D)}}{2}+A\dfrac{Mh_D\sqrt{\alpha_2}}{\sqrt{\alpha_1}}\dfrac{\mathrm{e}^{\sqrt{\alpha_1}x_D}-\mathrm{e}^{-\sqrt{\alpha_1}x_D}}{2}(x_D\geqslant a_D)\\ A\dfrac{\mathrm{e}^{\sqrt{\alpha_1}x_D}+\mathrm{e}^{-\sqrt{\alpha_1}x_D}}{2}+A\dfrac{Mh_D\sqrt{\alpha_2}}{\sqrt{\alpha_1}}\dfrac{\mathrm{e}^{\sqrt{\alpha_1}x_D}-\mathrm{e}^{-\sqrt{\alpha_1}x_D}}{2}(x_D\leqslant a_D)\end{cases} \tag{3-344}$$

由式(3-332)得

$$A=-\frac{\alpha_3\mathrm{e}^{-\sqrt{\alpha_1}a_D}}{\sqrt{\alpha_1}+Mh_D\sqrt{\alpha_2}} \tag{3-345}$$

最终可得到 $\hat{\bar{p}}_{1D}(x_D,m,u)$ 和 $\hat{\bar{p}}_{2D}(x_D,m,u)$ 的表达式：

$$\hat{\bar{p}}_{1D}(x_D,m,u)=-\frac{\alpha_3}{2\sqrt{\alpha_1}}\left[\mathrm{e}^{-\sqrt{\alpha_1}|x_D-a_D|}+\frac{\sqrt{\alpha_1}-Mh_D\sqrt{\alpha_2}}{\sqrt{\alpha_1}+Mh_D\sqrt{\alpha_2}}e^{-\sqrt{\alpha_1}(x_D+a_D)}\right]\quad(x_D\geqslant 0) \tag{3-346}$$

$$\hat{\bar{p}}_{2D}(x_D,m,u)=-\frac{\alpha_3\mathrm{e}^{\sqrt{\alpha_2}x_D-\sqrt{\alpha_1}a_D}}{\sqrt{\alpha_1}+Mh_D\sqrt{\alpha_2}}\quad(x_D\leqslant 0) \tag{3-347}$$

4. 杜阿梅尔原理

上一小节推导的试井模型中未考虑井筒储集效应和表皮效应的影响，利用杜阿梅尔原

理，可将井筒储集效应和表皮效应叠加到上述推导结果中去。其具体表达式如下：

$$\bar{p}_{\text{wfD}}(u)=\frac{u\bar{p}_{\text{wfD}}^{*}(u)+S}{u[1+uC_{\text{D}}(u\bar{p}_{\text{wfD}}^{*}(u)+u)]} \tag{3-348}$$

式中：$\bar{p}_{\text{wfD}}^{*}(u)$—不考虑井储和表皮效应影响的拉氏空间内无因次井底压力；

$\bar{p}_{\text{wfD}}(u)$—考虑井储和表皮效应影响的拉氏空间内无因次井底压力；

其余符号意义同前。

3.6.3 典型曲线及影响因素分析

首先对 $\hat{\bar{p}}_{1\text{D}}(x_{\text{D}},m,u)$ 进行有限傅里叶余弦逆变换，然后根据式(3-348)可得到考虑井储和表皮效应影响的拉氏空间内压力表达式，再采用 Stehfest 数值反演方法对其进行拉普拉斯逆变换，并令 $x_{\text{D}}=a_{\text{D}}-1$、$y_{\text{D}}=b_{\text{D}}$，最终可得到实空间内的考虑井储和表皮效应影响的井底压力 p_{wfD} 的数值解，从而可绘制两区不等厚线性复合油气藏的典型曲线。下面对典型曲线特征及主要影响因素进行分析。

1. 边界距离的影响

图 3-68 所示为井位于条带状地层中部时，a_{D}、b_{D} 对典型曲线的影响。从图中可以看出，无论 a_{D}、b_{D} 取值如何，典型曲线早期都表现出井储阶段的特征，压力与压力导数曲线重合，二者均为斜率为 1 的直线。随着压力波不断向外传播，当 t_{D} 较小时，压力波尚未传播到任何断层边界或界面，地层中表现出均质储层渗流特征，压力导数曲线表现为 0.5 水平线，该阶段持续时间的长短取决于 a_{D} 和 b_{D} 中的较小值。

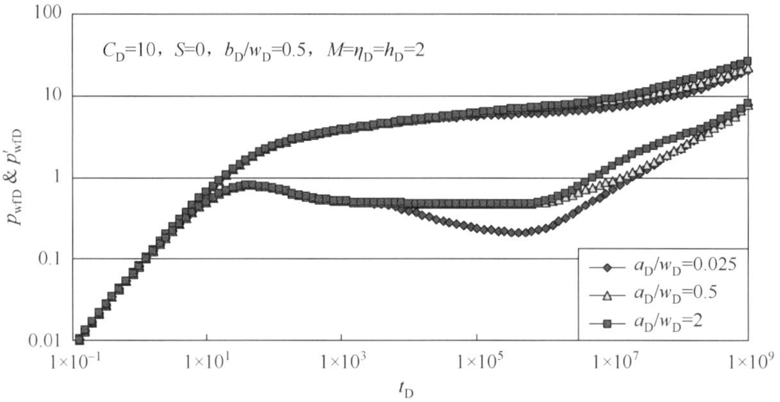

图 3-68　a_{D} 和 b_{D} 对典型曲线的影响(井位于条带状地层中部)

当 $a_{\text{D}}/b_{\text{D}}<1$ 时，如图 3-68 中 $a_{\text{D}}/w_{\text{D}}=0.025$ 的情况，随着 t_{D} 不断增大，压力波首先传播到两区分界面处，由于此时压力波尚未传播到断层边界处，故压力导数曲线上出

现第二个水平段，该水平段是两区作用的等效均质储层流动反映，其位置高低取决于两区物性的平均值，若流度比 M_D 与厚度比 h_D 的乘积大于 1，则该水平段位置低于 0.5 水平线；反之若流度比 M_D 与厚度比 h_D 的乘积小于 1，该水平段位置高于 0.5 水平线。该水平段在压力波传播到平行断层边界时结束，其持续时间取决于井离平行断层边界的距离 b_D。由于井位于条带状地层中部（$b_D/w_D=0.5$），故压力波同时传到两平行断层边界处，之后地层中流动变为等效均质储层中的线性流，压力导数曲线表现为斜率为 1/2 的直线。

当 $a_D/b_D=1$ 时，如图 3-68 中 $a_D/w_D=0.5$ 的情况，经过早期井储流动和 I 区均质储层径向流阶段后，压力波同时传到两平行断层边界和区域交界面处。由于区域界面处物性发生突变，此时会出现一短暂的过渡阶段，过渡段形状及持续时间与流度比 M_D、厚度比 h_D 和导压系数比 η_D 有关。过渡段结束后，地层中流动进入等效均质储层线性流阶段，压力导数曲线表现为斜率为 1/2 的直线。

当 $a_D/b_D>1$ 时，如图 3-68 中 $a_D/w_D=2$ 的情况，经过早期井储流动和 I 区均质储层径向流阶段后，随着 t_D 不断增大，压力波首先传播到平行断层边界，地层中出现均质储层线性流，压力导数曲线表现为斜率 1/2 的直线，该阶段一直持续到压力波传播到区域界面 a_D 处为止。当压力波继续向外传播至两区界面时，由于界面处物性发生突变，此时典型曲线上会出现一过渡段，过渡段形状及持续时间与流度比 M_D、厚度比 h_D 和导压系数比 η_D 有关。过渡段结束后，地层中流动进入等效均质储层线性流阶段，压力导数曲线又出现斜率为 1/2 的直线。需要注意的是，第二次出现的 1/2 斜率直线段反映的是等效均质储层中的线性流，故与之前出现的 1/2 斜率直线段并不重合，两直线截距之差的大小与流度比和厚度比有关。

图 3-69 所示为井靠近一条断层边界时，a_D、b_D 对两区不等厚线性复合条带状油气藏对典型曲线的影响。从图中可以看出，当压力波未传播到任何边界和界面之前，典型曲线表现出与图 3-68 完全一样的特征，即出现早期井储流动阶段和 I 区均质储层流动阶段。

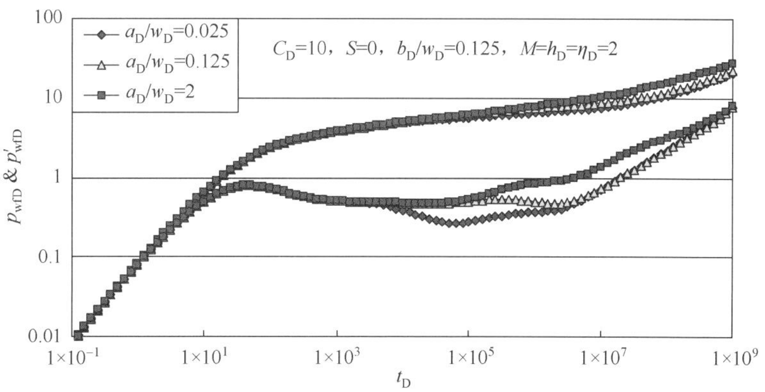

图 3-69　a_D 和 b_D 对典型曲线的影响(井靠近断层边界)

随着压力波不断向外传播，当 $a_D/b_D<1$ 时，如图 4.3 中的 $a_D/w_D=0.025$ 情况，压力波首先传播到两区分界面，由于此时压力波尚未传播到断层边界处，故此时压力导数曲线上可观察到第二个水平段。同图 3-68 一样，该水平段反映的是两区平均作用的等效均质储层径向流阶段，水平段位置的高低取决于两区物性的平均值。当压力波继续向外传播时，由于井不处于条带状地层中心，故压力波首先传播到距井较近的一条断层边界处，受断层边界的影响，压力导数曲线出现第三个水平段，水平段对应的压力导数值为第二个水平段对应的压力导数值的 2 倍。第三个水平段的持续时间取决于井到另外一条断层边界的距离，距离越大，相应的水平段持续时间就越长。当压力波传播到另外一条断层边界时，地层中流动变为等效均质储层线性流，压力导数曲线表现为 1/2 斜率直线。

当 $a_D/b_D=1$ 时，如图 3-69 中的 $a_D/w_D=0.125$ 情况，经过早期井储流动和Ⅰ区均质储层径向流阶段后，压力波同时传至区域交界面处和靠近井的断层边界处，此时的压力导数曲线形态是流度比 M_D、厚度比 h_D 和断层边界的综合作用效果，在图 3-69 中所示情况下，Ⅱ区物性变好与断层边界的作用几近抵消，故压力导数曲线保持为约等于 0.5 的水平线。最后，压力波传至另外一断层边界，地层中流动变为等效均质储层线性流，压力导数曲线表现为 1/2 斜率直线。

当 $a_D/b_D>1$ 时，如图 3-69 中的 $a_D/w_D=2$ 情况，经过早期井储流动和Ⅰ区均质储层径向流阶段后，压力波首先传至靠近井的断层边界处，受断层边界的影响，压力导数曲线由 0.5 水平线上升为 1.0 水平线。之后，压力波继续向外传播至另外一条断层边界处时，压力导数曲线出现斜率为 1/2 的直线，反映此时处于Ⅰ区均质储层线性流阶段。随着 t_D 的不断增大，压力波最终传至区域交界面处，同图 3-68 一样，在一个过渡段后，地层中流动进入等效均质储层线性流阶段，压力导数曲线又出现斜率为 1/2 的直线。

2. 厚度比的影响

图 3-70～图 3-72 显示了厚度比 h_D 对处于油藏中不同位置的井的井底压力动态曲

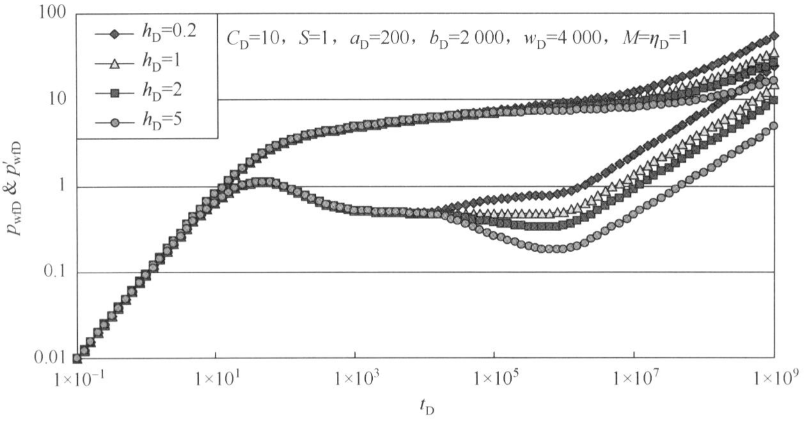

图 3-70　厚度比对典型曲线的影响（a_D/b_D<1）

线的影响。当 $a_D/b_D<1$ 时(图 3-70)，厚度比 h_D 主要影响压力导数曲线上第二个水平段位置的高低，h_D 越大，说明Ⅱ区地层供给能力越强，流体在地层中流动的压力损失就越小，反映等效均质储层径向流的第二个压力导数水平段位置就越低。相应地，最后出现的反映等效均质储层线性流的 1/2 斜率压力导数曲线位置也越靠下。

当 $a_D/b_D\geqslant1$ 时，厚度比 h_D 主要影响最后等效均质储层线性流阶段的压力及压力导数曲线的位置，h_D 越大，则地层中压降损失就越小，相应的压力及压力导数曲线的位置越靠下。

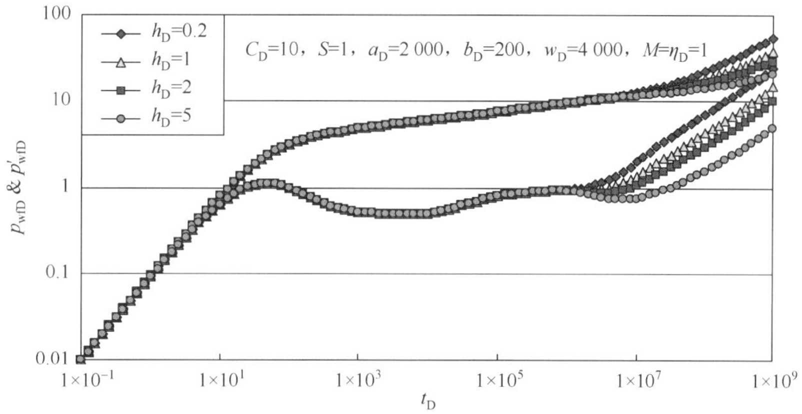

图 3-71　厚度比对井底压力动态曲线的影响($a_D/b_D>1$)

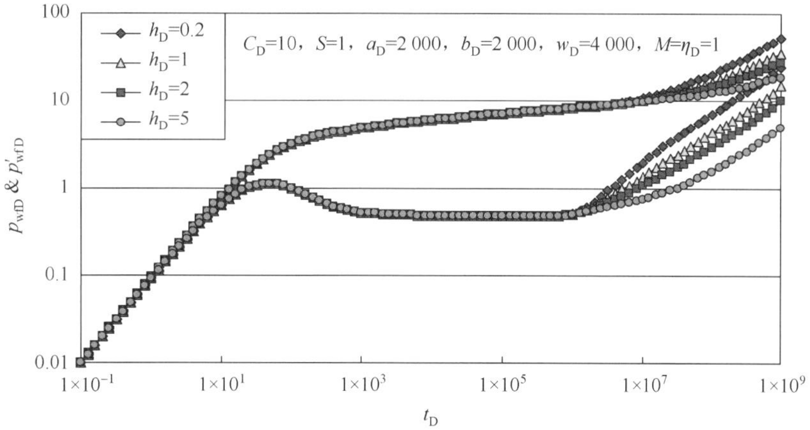

图 3-72　厚度比对井底压力动态曲线的影响(a_D/b_D=1)

3. 流度比的影响

图 3-73～图 3-75 显示了流度比 M 对处于条带状油藏中不同位置的井的井底压力动态曲线的影响。从图中可以看出，流度比 M 对井底压力动态的影响与厚度比 h_D 对井底压力动态的影响类似。

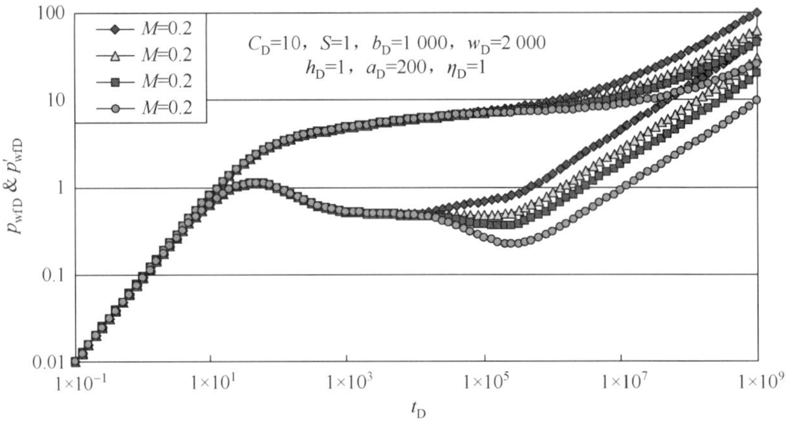

图 3-73　流度比对井底压力动态曲线的影响($a_D/b_D<1$)

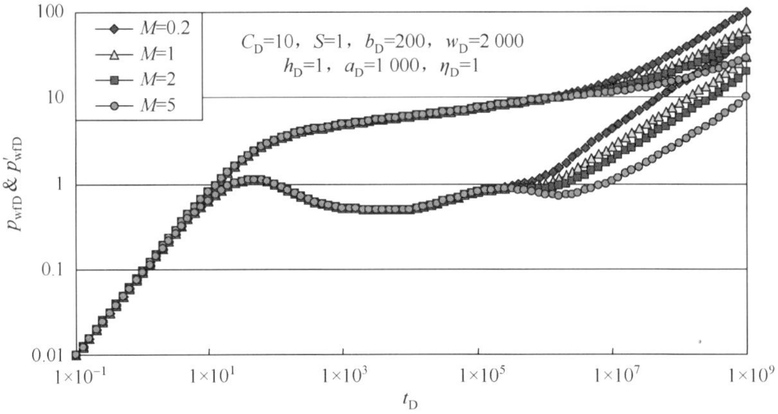

图 3-74　流度比对井底压力动态曲线的影响($a_D/b_D>1$)

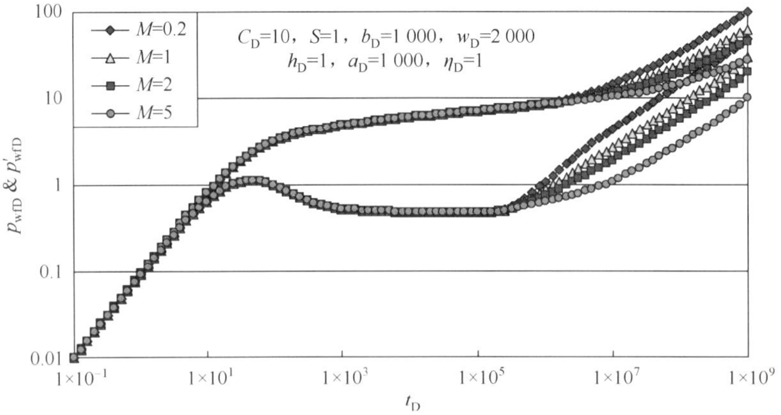

图 3-75　流度比对井底压力动态曲线的影响($a_D/b_D=1$)

4. 导压系数比的影响

图3-76～图3-78显示了导压系数比η_D对处于条带状油藏中不同位置的井的井底压力动

态曲线的影响。从图中可以看出，η_D 对典型曲线形态的影响主要发生在压力波传播到区域交界面之后。其他参数一定的情况下，η_D 越小，相应的压力及压力导数曲线位置越靠下。

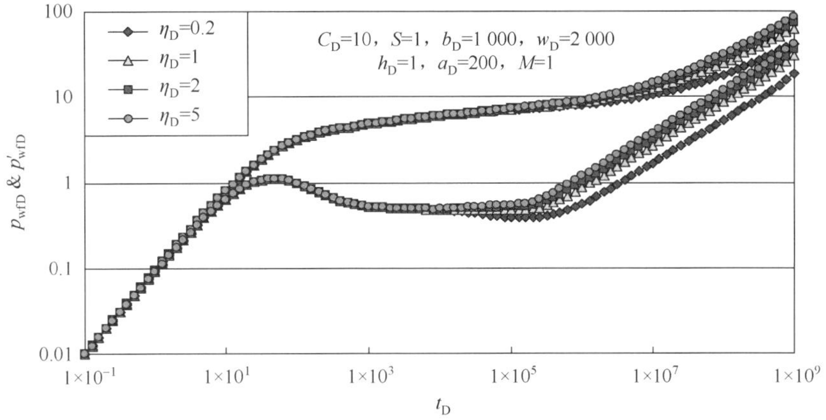

图 3-76　导压系数比对井底压力动态曲线的影响($a_D/b_D<1$)

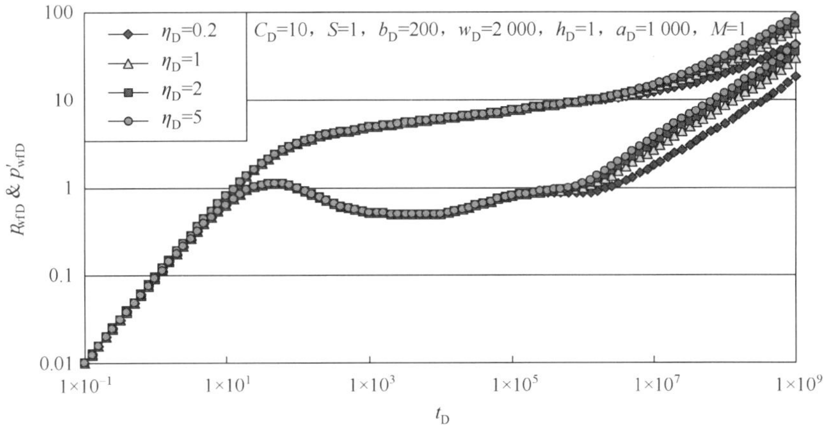

图 3-77　导压系数比对井底压力动态曲线的影响($a_D/b_D>1$)

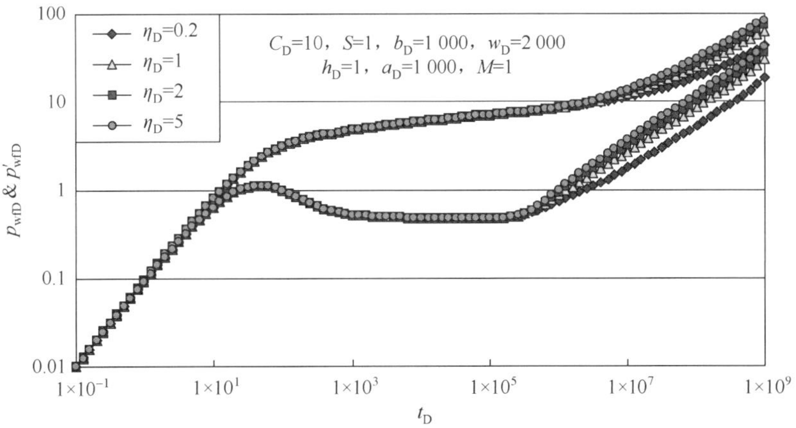

图 3-78　导压系数比对井底压力动态曲线的影响(a_D/b_D=1)

5. 组合参数的影响

图 3-79 和图 3-80 所示为组合参数 $Mh_D/\sqrt{\eta_D}$ 对处于条带状油藏中不同位置的井的井底压力动态曲线的影响。从图中可以看出，当井处于条带状地层中部，即 $b_D/w_D=0.5$ 时，如图 3-79 所示，无论压力波是先传到断层边界还是先传到区域交界面，只要 $Mh_D/\sqrt{\eta_D}$ 值相等，相应的典型曲线就完全重合。当井不处于条带状地层中部，即 $b_D/w_D\neq 0.5$ 时，如图 3-80 所示，如果压力波先传播到断层边界（$a_D/b_D\geqslant 1$），则相等的 $Mh_D/\sqrt{\eta_D}$ 值所对应的典型曲线也完全重合；如果压力波先传到区域交界面（$a_D/b_D<1$），除了传到区域交界面之后的过渡段稍有偏离外，相等的 $Mh_D/\sqrt{\eta_D}$ 值所对应的典型曲线也几乎完全重合。

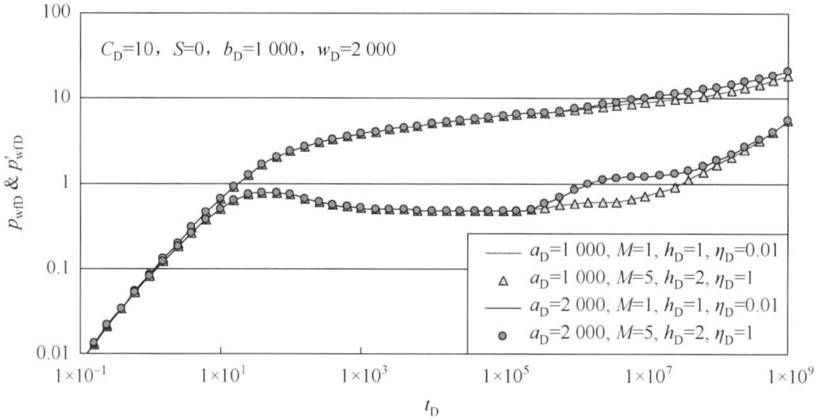

图 3-79　组合参数 $Mh_D/\sqrt{\eta_D}$ 对井底压力动态曲线的影响（井位于条带状地层中部）

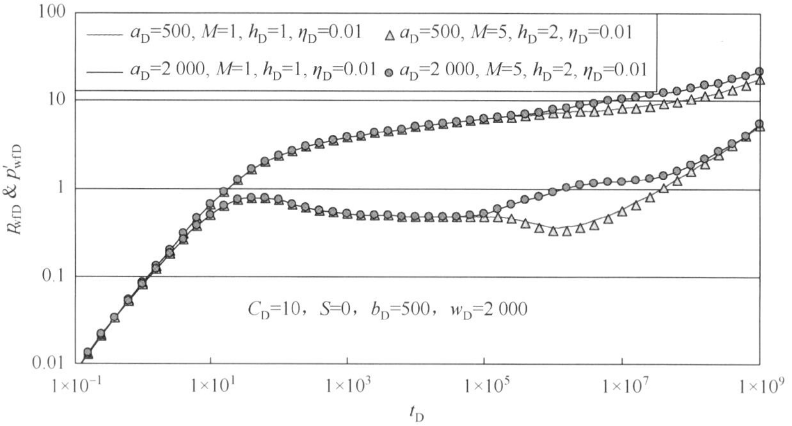

图 3-80　组合参数 $Mh_D/\sqrt{\eta_D}$ 对井底压力动态曲线的影响（井靠近断层边界）

第 4 章　水驱气藏渗流理论

水驱气藏是指具有一定边底水的气藏，合理利用好边底水能量是水驱气藏开发研究的重要工作之一，要利用好这一能量首先需要了解水驱气藏的渗流理论。本章首先对水驱气藏的微观渗流实验结果进行分析，其次分别对气水两相同时流动及复合水驱气藏和水驱强度影响下的渗流理论进行研究，其结果将为水驱气藏的早期识别、地层参数的求取提供了理论基础。

4.1　气水两相渗流机理

水驱气藏水侵是气藏开发过程的必然结果，在此过程中的微观渗流机理相当复杂，目前的研究手段主要有激光刻蚀气水两相渗流人工物理模型实验、气水相互驱替岩心实验等，国内外在此方面做了较多的研究工作。

4.1.1　裂缝-孔隙模型水驱气微观渗流可视化实验

1. 物理模型

利用铸体薄片或扫描电镜照片，将岩石的真实孔隙结构翻拍到光学玻璃板上，利用激光刻蚀技术，将岩石的真实孔隙结构刻蚀在光学玻璃板上，制成可供摄录像用的透明微观物理模型。裂缝-孔隙介质实验模型如图 4-1 所示。

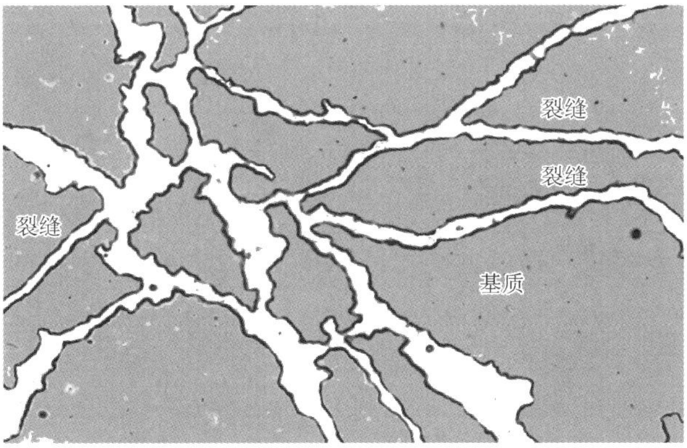

图 4-1　裂缝-孔隙模型的孔隙结构图

2. 主要渗流特征

1) 卡断形成封闭气

实验研究表明，水窜入裂缝后，总是沿裂缝和孔隙表面流动，气体占据孔道中央流动。在比较粗糙的裂缝表面和孔隙喉道变形部位，由于贾敏效应产生附加阻力，使连续流动的气体发生卡断而形成封闭气。实验表明：提高驱替压差，在水动力作用下，卡断形成的封闭气可以进一步采出；降低模型出口压力(相当于降低井底压力)，卡断形成的封闭气能产生较大规模的膨胀，利用自身的膨胀能量可以将其采出，如图 4-2 所示。

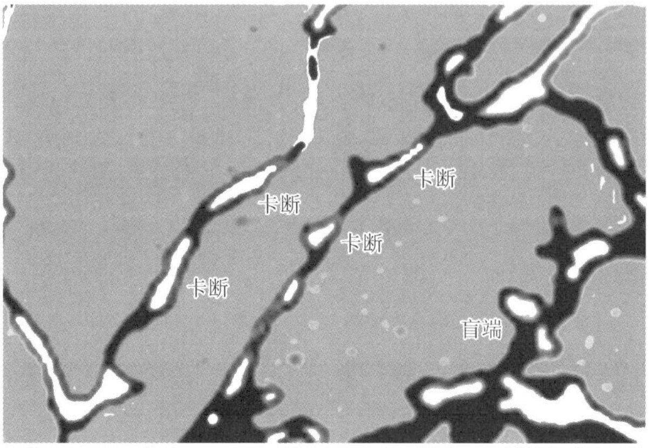

图 4-2　卡断形成封闭气

2)绕流形成封闭气

由于裂缝具有很高的导流能力，在较低的压差下，水会窜入较大的裂缝，以较快的速度发生水窜，其结果会将许多孔隙和微细裂缝中的气体封闭起来。如图 4-3 所示。实验表明：提高驱替压差，可以进一步采出微细裂缝中由于绕流形成的封闭气；降低出口压力依靠封闭气膨胀能量也可采出部分绕流形成的封闭气。

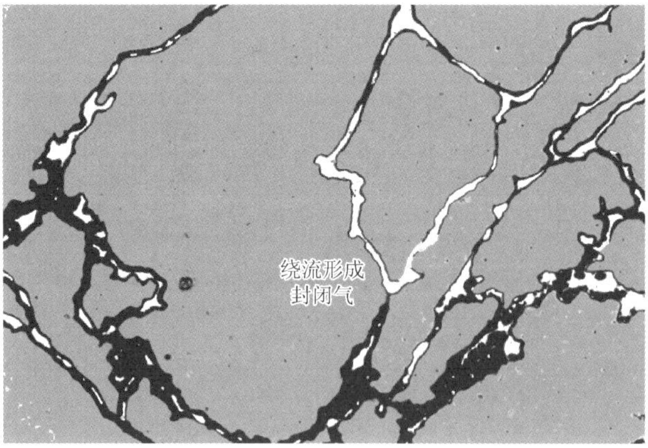

图 4-3　绕流形成的封闭气

3)死孔隙形成封闭气

不连通的孔隙和孔隙盲端，也会形成一定数量的封闭气，并且不连通孔隙尤其是盲端形成的封闭气，通过提高驱替压差，也不能将其采出。因为提高驱替压差，实际上是表现为地层压力升高，这时死孔隙和盲端中的气体受到压缩而进一步向孔隙和盲端深处退缩，无法进入流动通道而依靠水驱能量将其带出。盲端形成的封闭气如图 4-4 所示。

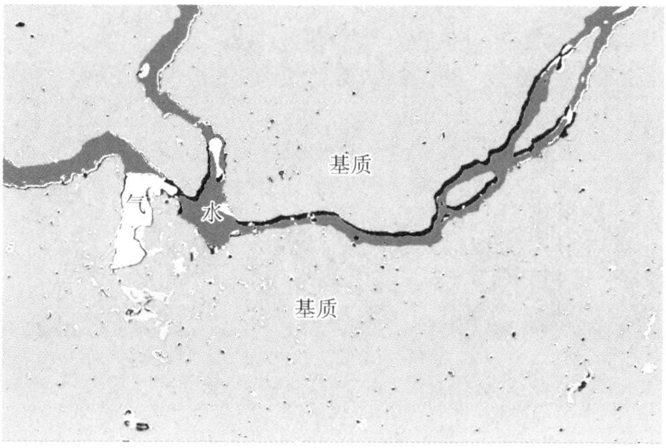

图 4-4　盲端形成封闭气

4) 关井复压形成封闭气

实验表明，将模型出口端关闭，即模型出口端无流体产出，同时非常平稳缓慢地适当提高出口端的压力。实验发现，提高出口端压力，水快速退回到模型，而且具有选择性，即总是沿着大裂缝和大孔道退回地层，将小孔道中的气体封闭起来。此外，退回的水还将部分气体压回地层中，出现反向渗流现象。在实际生产中发现，气水退回的强弱取决于井底与地层的平衡压力，如果地层压力较高则退回的速度就较慢，而且退回的距离不大。如果地层压力较低，则气水退回地层的速度就较快，退回距离较远，甚至达到边界。

气井关井复压后再开井，气水会重新产出，尤其是在主要渗流通道上退回的气水都可能采出，但是在那些连通状态较差的孔隙，退回后形成的封闭气就很难进一步采出。

4.1.2　裂缝-孔隙模型平面径向水驱气微观渗流可视化实验

1. 物理模型

直径为 20 cm、厚度 2 cm 的裂缝-孔隙平面径向微观渗流实验模型如图 4-5 所示。实验模型中心有一个直径为 4 mm 的圆孔，如图 4-6 (a) 所示。模型中心的基质具有比较均匀的孔隙分布，远离中心部位孔隙分布不均匀，同时模型在中心孔有 4 条裂缝并沿着径向向模型四周延伸。在远离模型中心部位，有裂缝与径向裂缝发生纵横交错，裂缝具有较高的导流能力，水在一定的驱替压力作用下从模型中心孔进入模型。

图 4-5 微观渗流模型本体

(a)

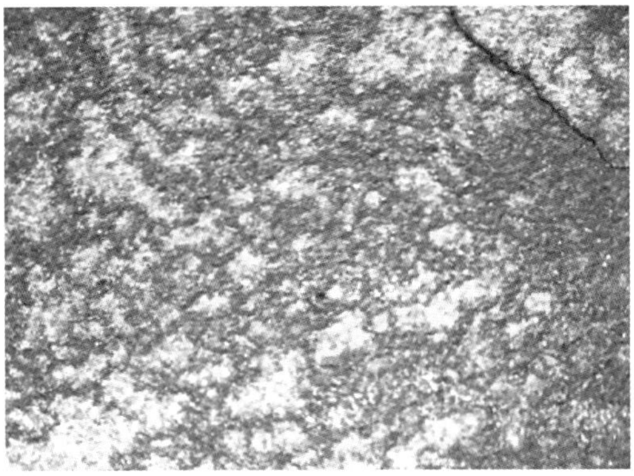

(b)

图 4-6 平面径向渗流过程中的气水分布关系

2. 主要渗流特征

实验表明：在水驱气过程中，水(蓝色)从模型中心孔进入，由于中心孔有 4 条裂缝，因此水在压力作用下优先进入 4 条裂缝，由于裂缝和基质相比具有较高的导流能力，因此水在裂缝中的流动速度比在基质孔隙中快得多，当水进入 4 条裂缝后，对基质进行了切割包围。由于基质具有亲水性，在毛细管力和水动力的作用下，在模型中心部位，水均匀地渗入基质孔隙，将其孔隙中的气体排出，排出的气体一方面在驱替压力的作用下向前流动，另一方面通过与水的渗吸交换进入裂缝中，在水动力的作用下沿裂缝向前流动。在模型均质的部分，水线推进比较均匀，水驱气效率比较高，估算可达 60%左右，如图 4-6(b)深色部分。平面径向渗流过程中的气水分布关系见图 4-7。

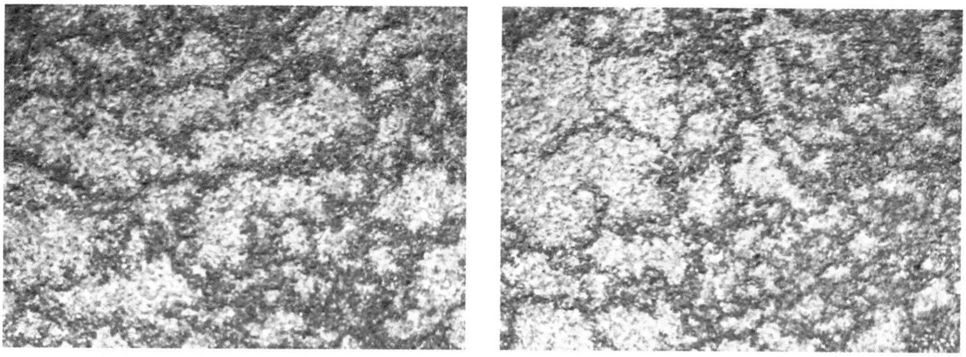

(a)　(b)

图 4-7　平面径向渗流过程中基质的气水分布关系

当从模型均质部位均匀推进的水遇到与流动方向相交的裂缝时，水进入相交裂缝沿着裂缝流动而改变原来的流动方向。这条裂缝好像成为一条隔离墙而阻碍了气水的流动，也就是说，由于裂缝的存在，当水进入纵横交错的裂缝后，便将大量的基质中的天然气封闭起来而形成封闭气。从这一实验现象可以预见，在裂缝孔隙储层中，一旦底水或边水进入储层，水将沿着裂缝高速水窜而将大片基质中的天然气进行封闭，当水进入井底后，天然气产量必然急剧下降，产能必然急剧降低。对于低孔低渗裂缝性储层，这一现象更加明显。沿着裂缝流动的水，在渗流过程中遇到渗透性较好的区域或高渗透带，水也会进入高渗透带中而进行水驱气。在高渗透带中流动的水必然出现指进渗流现象，气水两相渗流特征见图 4-8，图中深色部分是水，浅色部分是水没有波及的区域。

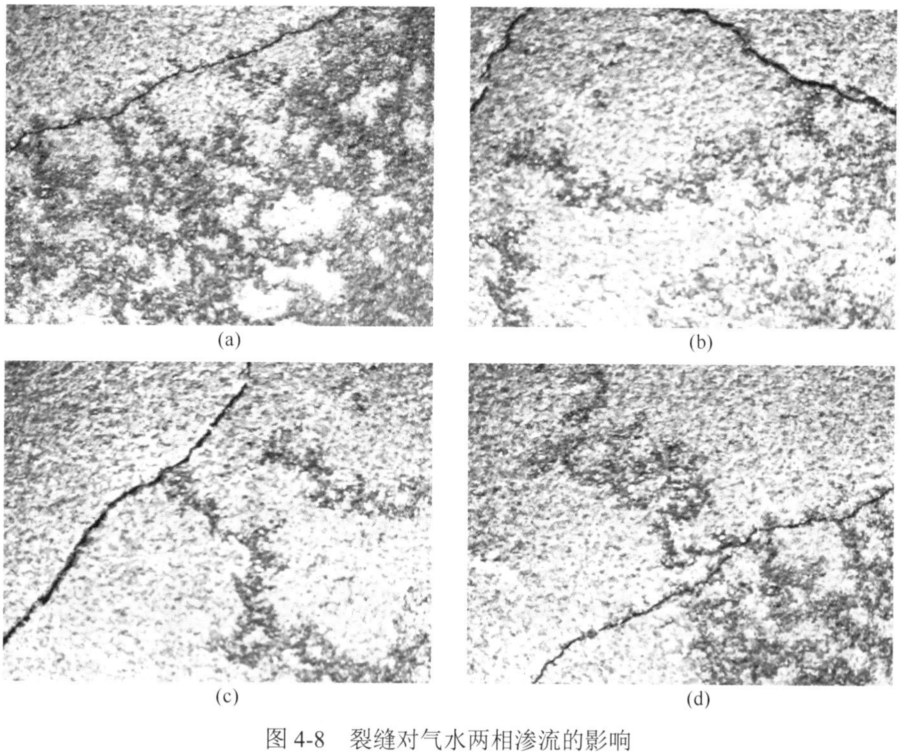

(a)　(b)

(c)　(d)

图 4-8　裂缝对气水两相渗流的影响

实验现象还表明，即使储层中有大片的基质岩块存在，但是由于受沉积环境、条件和时间的限制和沉积差异，不管是从纵向还是横向上看，孔隙储层的非均质性宏观上是客观存在的。只要储层存在非均质性，一旦底水或边水侵入储层，就会造成水在储层中的指进渗流。当水进入井底后，气井产量也会下降，但是和存在有裂缝沟通井底的裂缝性储层相比，其下降的速度相对要慢一些。孔隙中的微观指进现象见图 4-9，图中深色部分是水，浅色部分是水没有波及的区域。

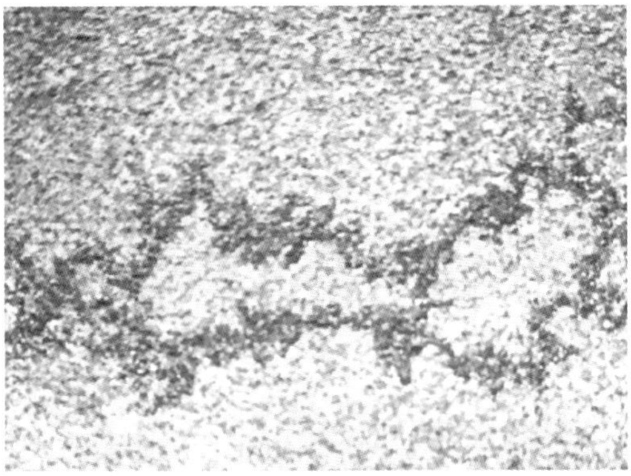

(a)

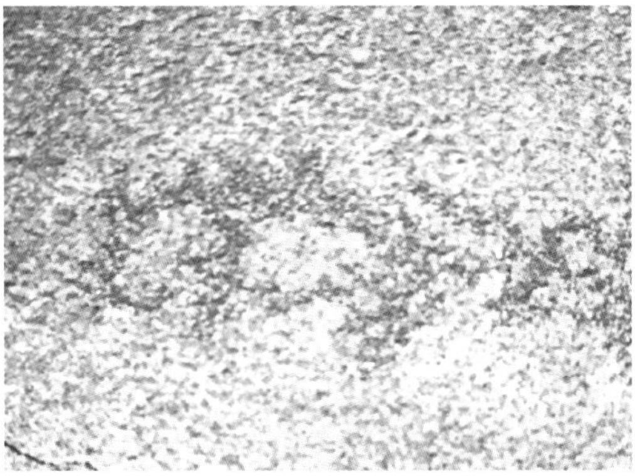

(b)

图 4-9　孔隙中的微观指进渗流现象

不管是裂缝性储层还是孔隙性储层，不管储层存在底水还是边水，只要储层被打开，在储层边界和井底之间建立了气水两相流动的压差，则水的侵入就不可避免，气井出水迟早都会出现，水的防治就将成为永恒的话题。因此对于有水气藏的开发，我们必须对储层要有清楚的认识，尤其是储层裂缝和高渗带的分布和发育状况，水体能量的大小和储层的边界条件、层间连通状况等，要进行深入研究，才能制定有效的治水和排水措施。

4.2　气水两相不稳定渗流理论及应用

对于边水驱气藏而言，边水实际上是一种驱替能量，边水水体的大小标志着边水驱能量强弱的不同程度。不同强弱程度的边水能量对气井的压力动态有着不同的影响。边水气藏气水渗流特征可以分为三种情形予以描述，第一种情形是边水已经侵入气区，在生产压差作用下，侵入气区的水与气一起流向井底，即地层中存在气水两相流动，这种情形在气田开发中后期普遍存在，此时气水两相井的试井资料根本无法用纯气井试井分析方法来解释，即使将水量折算为气产量，再用纯气井试井分析方法来解释，其结果也不可靠，主要原因是纯气井的试井分析理论和分析方法是建立在单相渗流理论基础之上的，而实际上地层已经出现气水两相流动，因此必须研究气水两相井的不稳定渗流及相应的试井分析方法，目前这方面的研究很少报道[51-54]。第二种情形是边水还未侵入气区，此时可将边水气藏视为复合水驱气藏[55-58]，即内区为纯气流动，外区为纯水流动。第三种情形是利用水驱强度来描述气水界面的能量变化，从而建立起不同水驱强度影响下的渗流及相应的试井分析理论。

4.2.1　渗流数学模型

假设在均质、水平、等厚且各向同性的边水驱气藏中有一口气水井同产井。气水彼此互不相溶，气水连续流向井底并服从达西定律。原始地层压力为定值，忽略重力及毛管压力的影响。

由渗流力学理论，气水两相渗流数学模型偏微分方程可表示为：

气相：

$$\nabla\cdot\left[\frac{K_{\mathrm{rg}}}{\mu_{\mathrm{g}}B_{\mathrm{g}}}\nabla P\right]=\frac{\phi}{3.6K}\frac{\partial}{\partial t}\left(\frac{S_{\mathrm{g}}}{B_{\mathrm{g}}}\right) \tag{4-1}$$

水相：

$$\nabla\cdot\left[\frac{K_{\mathrm{rw}}}{\mu_{\mathrm{w}}B_{\mathrm{w}}}\nabla P\right]=\frac{\phi}{3.6K}\frac{\partial}{\partial t}\left(\frac{S_{\mathrm{w}}}{B_{\mathrm{w}}}\right) \tag{4-2}$$

式中：K——气藏绝对渗透率，$\mu\mathrm{m}^2$；

K_{rg}、K_{rw}——分别为气相和水相的相对渗透率；

μ_{g}、μ_{w}——分别为气相和水相的黏度，$\mathrm{mPa\cdot s}$；

B_{g}、B_{w}——分别为气相和水相的体积系数；

S_{g}、S_{w}——分别为气相和水相的饱和度；

P——任意时刻任意点的压力，MPa；

t——时间，h；

ϕ——气藏孔隙度。

由上述假设条件，则数学模型的定解条件：

初始条件：

$$P(r,0)=P_i \tag{4-3}$$

内边界条件：

$$\Delta P_{\mathrm{w}}=\Delta P+r_{\mathrm{w}}\left(\frac{\partial P}{\partial r}\right)_{r_{\mathrm{w}}}S \tag{4-4}$$

$$q_{\mathrm{sf}}=q_{\mathrm{t}}+24C\frac{\mathrm{d}P_{\mathrm{w}}}{\mathrm{d}t} \tag{4-5}$$

外边界条件：

$$P(\infty,t)=P_i \tag{4-6}$$

砂面流量：

$$q_{\mathrm{sf}}=\frac{rh\lambda_{\mathrm{t}}}{1.842\times10^{-3}}\frac{\partial P_{\mathrm{w}}}{\partial r} \tag{4-7}$$

两相流度：

$$\lambda_{\mathrm{t}} = K\left(\frac{K_{\mathrm{rg}}}{\mu_{\mathrm{g}}} + \frac{K_{\mathrm{rw}}}{\mu_{\mathrm{w}}}\right) \tag{4-8}$$

定义气水两相表皮系数：

$$S = \frac{h\lambda_{\mathrm{t}}}{1.842\times10^{-3}}(P_{\mathrm{f}} - P_{\mathrm{wf}}) \tag{4-9}$$

式中：P_i、P_{w}——分别为气藏中的原始、井底压力，MPa；

q_{t}、q_{sf}——分别为气水的总产量、砂面总流量，$\mathrm{m^3/d}$；

r、r_{w}——分别为径向距离、气井半径，m；

h——气藏有效厚度，m；

C——井筒储存系数，$\mathrm{m^3/MPa}$；

S——表皮系数。

扩散方程(4-1)、(4-2)经过数学推导得到如下形式：

$$\frac{\partial^2 P}{\partial r^2} + \frac{1}{r}\frac{\partial P}{\partial r} = \frac{\phi C_{\mathrm{t}}}{3.6\lambda_{\mathrm{t}}}\frac{\partial P}{\partial t} \tag{4-10}$$

其中综合系数：

$$C_{\mathrm{t}} = -\frac{S_{\mathrm{g}}}{B_{\mathrm{g}}}\frac{\partial B_{\mathrm{g}}}{\partial P} - \frac{S_{\mathrm{w}}}{B_{\mathrm{w}}}\frac{\partial B_{\mathrm{w}}}{\partial P} \tag{4-11}$$

由式(4-3)、(4-4)、(4-5)、(4-10)构成考虑井筒储存和表皮影响的气水两相不稳定渗流数学模型。

定义无因次量：

$$P_{\mathrm{D}} = \frac{\lambda_{\mathrm{g}} h(P_i - P_j)}{1.842\times10^{-3} q_{\mathrm{t}}},\quad t_{\mathrm{D}} = \frac{3.6\lambda_{\mathrm{g}} t}{\phi C_{\mathrm{t}} r_{\mathrm{w}}^2},\quad r_{\mathrm{D}} = \frac{r}{r_{\mathrm{w}}},\quad C_{\mathrm{D}} = \frac{C}{2\pi\phi C_{\mathrm{t}} h r_{\mathrm{w}}^2}$$

式中：λ_{g}——气的流度，$\mathrm{\mu m^2/mPa\cdot s}$；

D——无因次表示符号。

考虑井筒储存和表皮影响的气水两相不稳定渗流无因次数学模型：

$$\frac{\partial^2 P_{\mathrm{D}}}{\partial r_{\mathrm{D}}^2} + \frac{1}{r_{\mathrm{D}}}\frac{\partial P_{\mathrm{D}}}{\partial r_{\mathrm{D}}} = (1 - f_{\mathrm{w}})\frac{\partial P_{\mathrm{D}}}{\partial t_{\mathrm{D}}} \tag{4-12}$$

$$P_{\mathrm{D}}(r_{\mathrm{D}}, 0) = 0 \tag{4-13}$$

$$P_{\mathrm{wD}} = \left[P_{\mathrm{D}} - \frac{\partial P_{\mathrm{D}}}{\partial r_{\mathrm{D}}} S\right]_{r_{\mathrm{D}}=1} \tag{4-14}$$

$$\left[C_{\mathrm{D}}\frac{dP_{\mathrm{wD}}}{dt_{\mathrm{D}}} - \frac{1}{(1 - f_{\mathrm{w}})}\frac{\partial P_{\mathrm{D}}}{\partial r_{\mathrm{D}}}\right]_{r_{\mathrm{D}}=1} = 1 \tag{4-15}$$

$$P_{\mathrm{D}}(\infty, t_{\mathrm{D}}) = 0 \tag{4-16}$$

其中：f_w—含水率，$f_w=\dfrac{K_w/\mu_w}{K_g/\mu_g+K_w/\mu_w}$；

K_w、K_g—分别为水、气的相渗透率，μm^2。

定义有效井径：

$$r_{we}=r_w e^{-s},\quad r_{De}=\frac{r}{r_{we}},\quad r_{De}=r_D e^{s},\quad t_{De}=t_D e^{2s},\quad C_{De}=C_D e^{2s}$$

则无因次有效井径数学模型变为

$$\frac{\partial^2 P_D}{\partial r_{De}^2}+\frac{1}{r_{De}}\frac{\partial P_D}{\partial r_{De}}=\frac{(1-f_w)}{C_{De}}\frac{\partial P_D}{\partial (t_{De}/C_{De})} \tag{4-17}$$

$$P_D(r_{De},0)=0 \tag{4-18}$$

$$\left[\frac{dP_{wD}}{d(t_{De}/C_{De})}-\frac{1}{(1-f_w)}\frac{\partial P_D}{\partial r_{De}}\right]_{r_{De}=1}=1 \tag{4-19}$$

$$P_D(\infty,t_{De})=0 \tag{4-20}$$

$$P_{wD}=P_D\big|_{r_{De}=1} \tag{4-21}$$

4.2.2　数学模型的解

对无因次有效井径数学模型(4-17)～(4-21)作 $t_{De}/C_{De}\to\bar{s}$ 的拉普拉斯变换[23-25]，其拉普拉斯空间中的数学模型：

$$\frac{\partial^2 \overline{P_D}}{\partial r_{De}^2}+\frac{1}{r_{De}}\frac{\partial \overline{P_D}}{\partial r_{De}}=(1-f_w)\frac{\bar{s}}{C_{De}}\overline{P_D} \tag{4-22}$$

$$\left[\bar{s}\,\overline{P_{wD}}-\frac{1}{(1-f_w)}\frac{\partial \overline{P_D}}{\partial r_{De}}\right]_{r_{De}=1}=\frac{1}{\bar{s}} \tag{4-23}$$

$$\overline{P_D}(\infty,\bar{s})=0 \tag{4-24}$$

$$\overline{P_{wD}}=\overline{P_D}\big|_{r_{De}=1} \tag{4-25}$$

由式(4-22)得

$$\overline{P_D}=AI_0\left(r_{De}\sqrt{(1-f_w)\bar{s}/C_{De}}\right)+BK_0\left(r_{De}\sqrt{(1-f_w)\bar{s}/C_{De}}\right) \tag{4-26}$$

由式(4-24)：当 $r_{De}\to\infty$，$I_0(x)\to\infty$，$K_0(x)\to 0$，要使式(4-24)成立，必须使式(4-26)中的 $A=0$，则式(4-26)变为

$$\overline{P_D}=BK_0\left(r_{De}\sqrt{(1-f_w)\bar{s}/C_{De}}\right) \tag{4-27}$$

由式(4-23)、(4-25)及(4-27)得以下方程组：

$$\overline{P_{wD}}=BK_0\left(\sqrt{(1-f_w)\bar{s}/C_{De}}\right) \tag{4-28}$$

$$\bar{s}\,\overline{P_{wD}}+\frac{1}{(1-f_w)}\left[B\sqrt{(1-f_w)\bar{s}/C_{De}}\,K_1\left(\sqrt{(1-f_w)\bar{s}/C_{De}}\right)\right]=\frac{1}{\bar{s}} \tag{4-29}$$

联解式(4-28)、(4-29)，则无因次井底压力表达式为：

$$\overline{P_{\mathrm{wD}}}=\frac{K_0(\sqrt{(1-f_{\mathrm{w}})\overline{s}})}{\overline{s}\{\overline{s}K_0(\sqrt{(1-f_{\mathrm{w}})\overline{s}/C_{\mathrm{De}}})+\dfrac{1}{(1-f_{\mathrm{w}})}[(\sqrt{(1-f_{\mathrm{w}})\overline{s}/C_{\mathrm{De}}})K_1(\sqrt{(1-f_{\mathrm{w}})\overline{s}/C_{\mathrm{De}}})]\}} \tag{4-30}$$

式(4-30)即为气水两相渗流数学模型的拉普拉斯空间解，利用 Stehfest 算法，可以作出无因次压力及压力导数典型曲线，以此分析气水两相井的压力测试资料。

特别地，当 $f_{\mathrm{w}}=0$ 时，式(4-30)还原为单相气体渗流数学模型的无因次井底压力解：

$$\overline{P_{\mathrm{wD}}}=\frac{K_0(\sqrt{\overline{s}/C_{\mathrm{De}}})}{\overline{s}[\overline{s}K_0(\sqrt{\overline{s}/C_{\mathrm{De}}})+\sqrt{\overline{s}/C_{\mathrm{De}}})K_1(\sqrt{\overline{s}/C_{\mathrm{De}}})]} \tag{4-31}$$

在早期，即 $\overline{s}\to\infty$ 时，由 Bessel 函数的性质有

$$\frac{K_1(\sqrt{(1-f_{\mathrm{w}})\overline{s}/C_{\mathrm{De}}})}{K_0(\sqrt{(1-f_{\mathrm{w}})\overline{s}/C_{\mathrm{De}}})]}\to 0 \tag{4-32}$$

则式(4-30)变为

$$\overline{P_{\mathrm{wD}}}=1/\overline{s}^2 \tag{4-33}$$

式(4-33)经反演的实空间解：

$$P_{\mathrm{wD}}=t_{\mathrm{De}}/C_{\mathrm{De}}=t_{\mathrm{D}}/C_{\mathrm{D}} \tag{4-34}$$

在晚期，即 $\overline{s}\to 0$ 时，式(4-31)可简化为：

$$\overline{P_{\mathrm{wD}}}=-\frac{(1-f_{\mathrm{w}})}{\overline{s}}\left[\ln\frac{\sqrt{(1-f_{\mathrm{w}})\overline{s}/C_{\mathrm{De}}}}{2}+0.577\,2\right] \tag{4-35}$$

式(4-35)经反演的实空间解为

$$P_{\mathrm{wD}}=\frac{(1-f_{\mathrm{w}})}{2}\left[\ln\frac{t_{\mathrm{De}}}{C_{\mathrm{De}}}+\ln C_{\mathrm{De}}+0.809\,07\right] \tag{4-36}$$

式(4-36)又可变为以下形式：

$$P_{\mathrm{wD}}=\frac{(1-f_{\mathrm{w}})}{2}\left[\ln\frac{t_{\mathrm{D}}}{C_{\mathrm{D}}}+\ln C_{\mathrm{D}}\mathrm{e}^{2S}+0.809\,07\right] \tag{4-37}$$

式(4-37)又可简写成下列形式：

$$P_{\mathrm{wD}}=\frac{(1-f_{\mathrm{w}})}{2}[\ln t_{\mathrm{D}}+0.809\,07+2S] \tag{4-38}$$

式(4-37)、(4-38)即为无限大地层中气水两相径向渗流的压力降落方程。

4.2.3 典型曲线及影响因素分析

图 4-10 为均质地层的格林加登典型曲线图版，实际上它是含水率（f_{w}）为零的特殊情况。图 4-11～图 4-15 分别表示含水率为 10%、30%、50%、70%及 90%情形下的试井分析典型曲线图版。无论含水率有多大，压力系数典型曲线总的特征是：早期为纯井筒储存阶段，表现为单位斜率的直线，其无因次压力表达式如式(4-34)所示；其后是受表皮影响的过渡阶段，最后为径向流阶段，表现为斜率是零的水平线，其无因次压力表达式如式(4-37)所示。

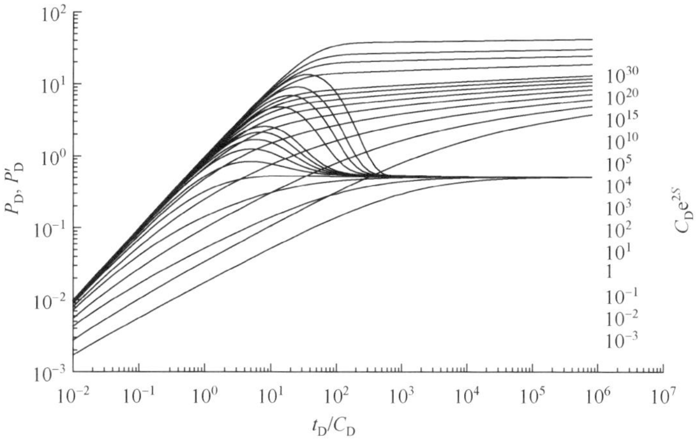

图4-10　含水率影响的均质储层试井分析典型曲线($f_\omega = 0\%$)

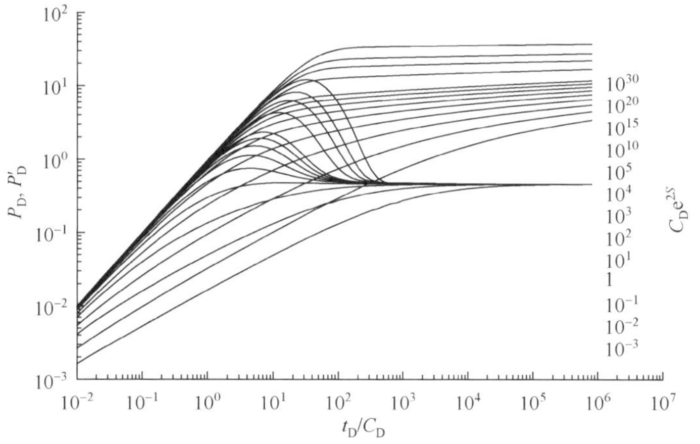

图4-11　含水率影响的均质储层试井分析典型曲线($f_\omega = 10\%$)

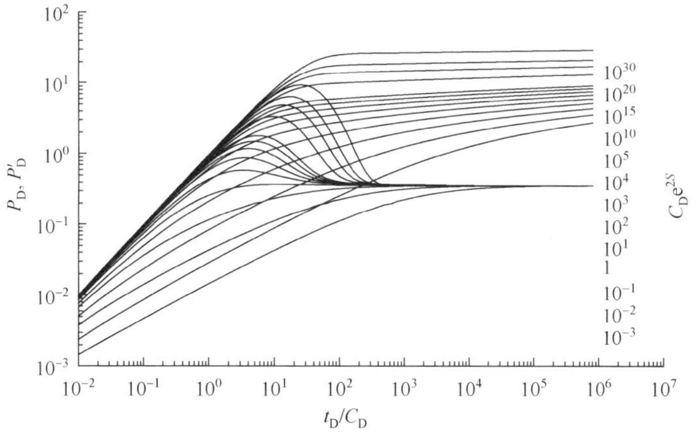

图4-12　含水率影响的均质储层试井分析典型曲线($f_\omega = 30\%$)

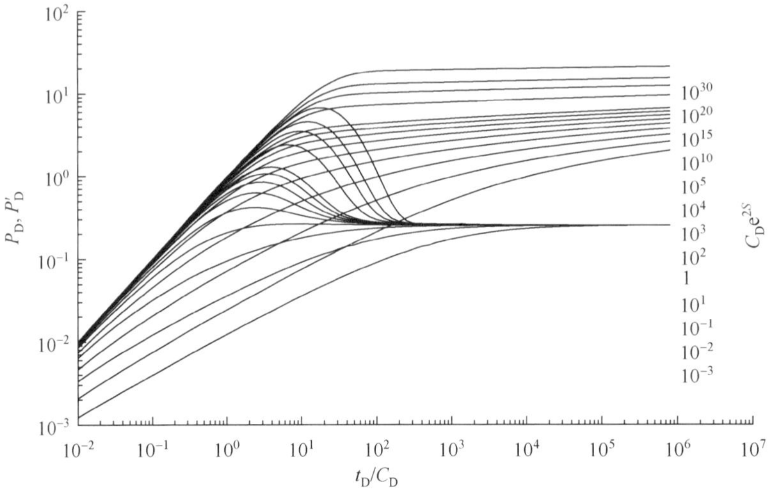

图 4-13　含水率影响的均质储层试井分析典型曲线($f_\omega = 50\%$)

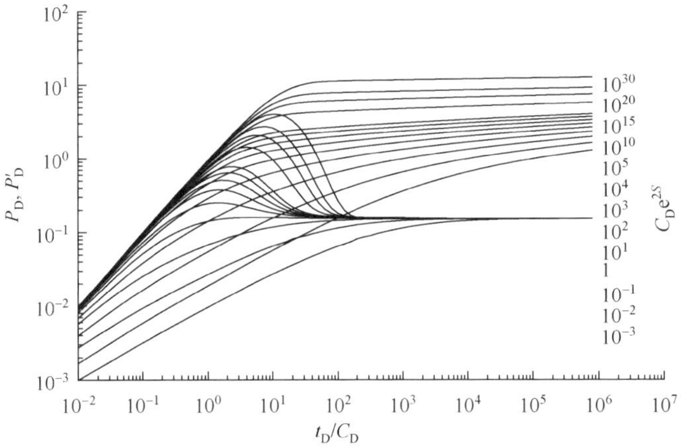

图 4-14　含水率影响的均质储层试井分析典型曲线($f_\omega = 70\%$)

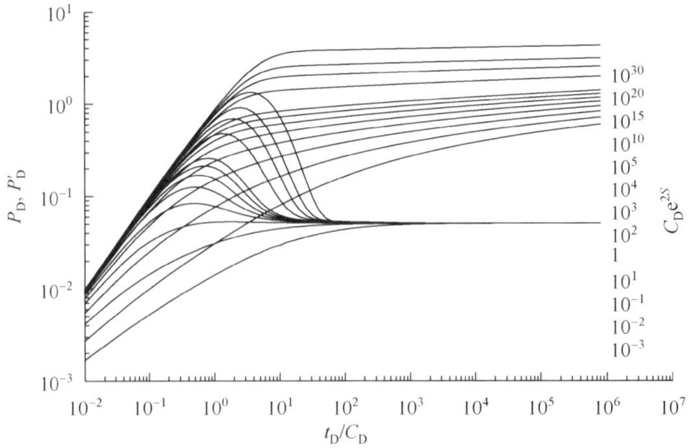

图 4-15　含水率影响的均质储层试井分析典型曲线($f_\omega = 90\%$)

不同的含水率影响径向流特征，也就是径向流水平线的值随含水率的变化而变化，其值为$(1-f_w)/2$，很显然，当均质地层且不存在气水两相流动即只有纯气流动时，$f_w=0$，则径向流水平线的值为 0.5，而当出现气水两相流动，含水率为 10%时，径向流水平线值为 0.45，当含水率为 90%时，径向流水平线的值为 0.05。

固定一组曲线参数，如 $C_D e^{2S}=10^5$，不同含水率对压力及压力导数曲线的影响如图 4-16 所示。在同一时刻，随着含水率的增大，井底压降及压力导数值减小，主要是由于产水量增大导致井底压力升高的结果。

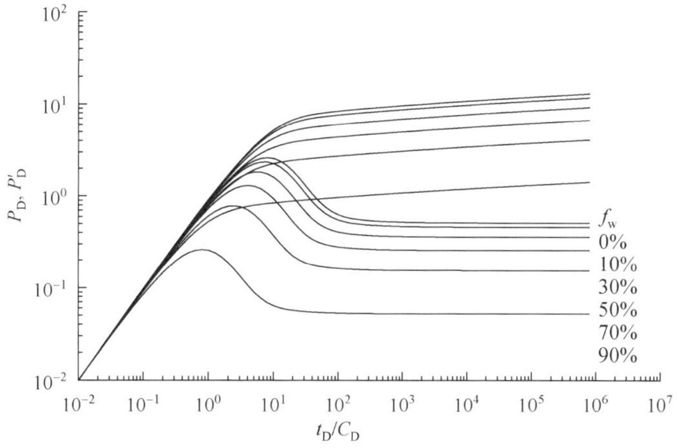

图 4-16　不同含水率影响的均质储层试井分析典型曲线（$C_D e^{2S}=10^5$）

从图 4-16 似乎可以得出这样的认识，含水率对气水井的压力动态和试井分析有影响，但不同含水率的影响程度不同。当含水率在较低范围时，例如 $f_w<20\%$，认为少量的产水不会对试井分析结果造成很大的影响，此时可用纯气井试井分析方法解释气水同产井试井资料。当含水率较高时，例如大于 50%时，地层产水会对试井分析结果造成很大的影响，此时不能用纯气井试井分析方法解释气水同产试井资料，而必须用气水两相井试井分析方法去解释，而含水率在 20%～50%时，最好用气水两相井试井方法去解释气水同产井试井资料。

4.2.4　试井分析方法

1. 常规试井分析方法

1）压降试井分析方法

（1）单产量情形

由式（4-38），压力降落试井分析方程为

$$P_i - P_{wf} = \frac{2.12\times10^{-3} q_t (1-f_w)}{\lambda_g h}\left(\lg t + \lg\frac{\lambda_g}{\Phi C_t r_w^2} + 0.9077 + 0.87S\right) \tag{4-39}$$

作 $P_i - P_{wf}$ 或 $P_{wf} \sim \lg t$ 关系曲线，直线段的斜率和截距分别为

$$m = \frac{2.12\times10^{-3} q_t (1-f_w)}{\lambda_g h} \tag{4-40}$$

$$b = \frac{2.12 \times 10^{-3} q_t (1 - f_w)}{\lambda_g h} \left(\lg \frac{\lambda_g}{\Phi C_t r_w^2} + 0.907\,7 + 0.87S \right) \tag{4-41}$$

(2) 两级产量情形

假设气水两相井以产量 q_{t1} 生产，其稳定生产时间为 t_1，其后以产量 q_{t2} 生产，其稳定生产时间为 Δt。由叠加原理，压力降落试井分析方程为

$$P_i - P_{wf} = \frac{2.12 \times 10^{-3} q_{t1} (1 - f_w)}{\lambda_g h} \left(\lg \frac{t_1 + \Delta t}{\Delta t} + \frac{q_{t2}}{q_{t1}} \lg \Delta t \right) + \frac{q_{t2}}{q_{t1}} \left(\lg \frac{\lambda_g}{\Phi C_t r_w^2} + 0.907\,7 + 0.87S \right) \tag{4-42}$$

作 $P_{wf} \sim \left(\lg \frac{t + \Delta t}{\Delta t} + \frac{q_{t2}}{q_{t1}} \lg \Delta t \right)$ 关系曲线，直线段的斜率和截距分别为

$$m_1 = \frac{2.12 \times 10^{-3} q_{t1} (1 - f_w)}{\lambda_g h} \tag{4-43}$$

$$b_1 = P_i - \frac{q_{t2}}{q_{t1}} \left(\lg \frac{\lambda_g}{\Phi C_t r_w^2} + 0.907\,7 + 0.87S \right) \tag{4-44}$$

若已知 f_w，由式(4-43)求 λ_g，由式(4-44)求 S，若未知 P_i，则可由下式获得

$$P_i = b_1 - \frac{q_{t2}}{(q_{t1} - q_{t2})} [P_{wf}(\Delta t = 0) - P_{wf}(\Delta t = 1)] \tag{4-45}$$

如果变产量前 q_{t1} 的稳定时间相当长，即 $t_1 \gg \Delta t$，则式(4-42)可简化为

$$\begin{aligned} P_i - P_{wf} = & \frac{2.12 \times 10^{-3} (q_{t2} - q_{t1})(1 - f_w)}{\lambda_g h} \lg \Delta t + \\ & \frac{2.12 \times 10^{-3} q_{t2} (1 - f_w)}{\lambda_g h} \left(\lg \frac{\lambda_g}{\Phi C_t r_w^2} + 0.907\,7 + 0.87S + \frac{q_{t1}}{q_{t2}} \lg t_1 \right) \end{aligned} \tag{4-46}$$

作 $P_{wf} \sim \lg \Delta t$ 关系曲线，直线段的斜率和截距分别为

$$m_2 = \frac{2.12 \times 10^{-3} (q_{t2} - q_{t1})(1 - f_w)}{\lambda_g h} \tag{4-47}$$

$$b_2 = P_i - \frac{2.12 \times 10^{-3} q_{t2} (1 - f_w)}{\lambda_g h} \left(\lg \frac{\lambda_g}{\Phi C_t r_w^2} + 0.907\,7 + 0.87S + \frac{q_{t1}}{q_{t2}} \lg t_1 \right) \tag{4-48}$$

2) 压力恢复试井分析方法

假设气水两相流井以稳定产量 q_t 生产，生产时间为 t_p，其后关井恢复，关井时间为 Δt，将叠加原理应用于式(4-39)，得到压力恢复分析方程：

$$P_i - P_{ws} = \frac{2.12 \times 10^{-3} q_t (1 - f_w)}{\lambda_g h} \lg \frac{t_p + \Delta t}{\Delta t} \tag{4-49}$$

作 $P_{ws} \sim \lg \frac{t_p + \Delta t}{\Delta t}$ 关系曲线，直线段的斜率为

$$m = \frac{2.12 \times 10^{-3} q_t (1 - f_w)}{\lambda_g h} \tag{4-50}$$

由式(4-50)，已知 f_w 时可求 λ_g，由式(4-39)及(4-49)求表皮因子：

$$S = 1.151\left[\frac{P_{\mathrm{ws}}(\Delta t = 1) - P_{\mathrm{ws}}(\Delta t = 0)}{m} - \lg\frac{\lambda_{\mathrm{g}}}{\Phi C_{\mathrm{t}} r_{\mathrm{w}}^2} - 0.907\,7\right] \tag{4-51}$$

2. 现代试井分析方法

1) 未知含水率 f_{w} 情形

(1) 求地层渗透率，气、水的相渗透率，含水率

由压力拟合求气流度：

$$\lambda_{\mathrm{g}} = \frac{1.842\times 10^{-3} q_{\mathrm{t}}}{h}\left(\frac{P_{\mathrm{D}}}{\Delta P}\right)_{拟合} \tag{4-52}$$

压力导数曲线拟合求含水率 f_{w}；

由 $f_{\mathrm{w}} = \dfrac{k_{\mathrm{w}}/\mu_{\mathrm{w}}}{k_{\mathrm{w}}/\mu_{\mathrm{w}} + k_{\mathrm{g}}/\mu_{\mathrm{g}}}$，求出水流度 λ_{w}；

由气水相对渗透率曲线，作 f_{w}～S_{w} 关系曲线(取平均压力的 μ_{g}、μ_{w})，由 f_{w} 获得水饱和度 S_{w}；

由气水相对渗透曲线可获得 S_{w} 下的气、水相渗透率 K_{rg}、K_{rw}；

由 $\lambda_{\mathrm{g}} = \dfrac{kk_{\mathrm{rg}}}{\mu_{\mathrm{g}}}$ 或 $\lambda_{\mathrm{w}} = \dfrac{kk_{\mathrm{rw}}}{\mu_{\mathrm{w}}}$ 获得 K 值。

(2) 由时间拟合求井筒储存系数

$$C = \frac{7.2\pi\lambda_{\mathrm{g}}}{\left(\dfrac{t_{\mathrm{D}}/C_{\mathrm{D}}}{t}\right)_{拟合}} \tag{4-53}$$

而

$$C_{\mathrm{D}} = \frac{C}{2\pi\phi C_{\mathrm{t}} h r_{\mathrm{w}}^2} \tag{4-54}$$

(3) 由曲线拟合求表皮系数：

$$S = \frac{1}{2}\ln\frac{(C_{\mathrm{D}}\mathrm{e}^{2s})_{拟合}}{C_{\mathrm{D}}} \tag{4-55}$$

2) 已知含水率 f_{w} 情形

在未知含水率 f_{w} 情形的第(1)步骤中去掉求水流度那一步，其余步骤不变就会获得上述所求的地层、井的参数。

4.3　复合水驱气藏不稳定渗流理论及应用

4.3.1　物理模型

如图 4-17 所示，复合水驱气藏存在两个渗流区域，井底附近的一个区域(即内区)为气区，其半径为 r_1，地层及流体物性参数为 K_1、Φ_1、μ_1、C_{t1}，另一个区域(即外区)是半径为 r_{e} 的有界渗流区或无穷区域，地层及流体物性参数为 K_2、Φ_2、μ_2、C_{t2}。

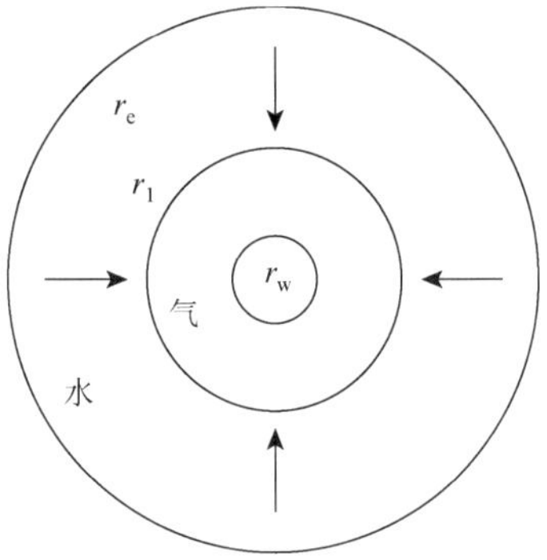

图 4-17　复合边水驱气藏渗流物理模型

基本假设条件：

(1) 内区和外区分别是单相的气和水渗流；
(2) 地层水平、均质、等厚、各向同性；
(3) 开井前地层各处压力相等且为原始地层压力；
(4) 气井以恒定产量投产；
(5) 内外区的流动均服从达西定律；
(6) 考虑井筒储存和表皮效应；
(7) 两相渗流区界面上不存在附加压降；
(8) 忽略重力影响。

4.3.2　渗流数学模型

由上述物理模型及假设条件，则渗流数学模型可表示为以下形式。

扩散方程：

$$\frac{\partial^2 P_1}{\partial r^2}+\frac{1}{r}\frac{\partial P_1}{\partial r}=\frac{\Phi_1\mu_1 C_{t1}}{3.6K}\frac{\partial P_1}{\partial t} \tag{4-56}$$

$$\frac{\partial^2 P_2}{\partial r^2}+\frac{1}{r}\frac{\partial P_2}{\partial r}=\frac{\Phi_2\mu_2 C_{t2}}{3.6K}\frac{\partial P_2}{\partial t} \tag{4-57}$$

初始条件：

$$P_1(r,0)=P_2(r,0)=P_i \tag{4-58}$$

内边界条件：

$$\Delta P_{\rm w}=\Delta P_1+r_{\rm w}\left(\frac{\partial P_1}{\partial r}\right)_{r_{\rm w}}S \tag{4-59}$$

$$q_{\rm sf}=q_{\rm t}+24C\frac{{\rm d}P_{\rm w}}{{\rm d}t} \tag{4-60}$$

$r_1=a$ 处：

$$2\pi rh\frac{K_1}{\mu_1}\frac{\partial P_1}{\partial r}=2\pi rh\frac{K_2}{\mu_2}\frac{\partial P_2}{\partial r} \tag{4-61}$$

$$P_1(a,t)=P_2(a,t) \tag{4-62}$$

外边界条件：

$$P_2(\infty,t)=P_i \tag{4-63}$$

$$\left.\frac{\partial P_2}{\partial r}\right|_{r=r_{\rm e}}=0 \tag{4-64}$$

$$P_2(r_{\rm e},t)=P_i \tag{4-65}$$

由式(4-56)～式(4-63)构成无限复合气藏水驱气渗流的数学模型，由式(4-56)～式(4-62)及式(4-64)构成具有封闭外边界的复合气藏水驱气渗流的数学模型，由式(4-56)～

式(4-62)及式(4-65)构成具有恒压外边界的复合气藏水驱气渗流的数学模型。

定义无因次量：

$$P_{jD}=\frac{K_1h(P_i-P_j)}{1.842\times10^{-3}q\mu_1B_1},\quad t_D=\frac{3.6K_1t}{\Phi_1\mu_1C_{t1}r_w^2},\quad C_D=\frac{C}{2\pi\Phi_1C_{t1}hr_w^2}$$

$$\delta=\frac{(\Phi_2\mu_2C_{t2})/K_2}{(\Phi_1\mu_1C_{t1})/K_1},\qquad r_D=\frac{r}{r_w},\qquad a_D=\frac{a}{r_w},\qquad r_{eD}=\frac{r_e}{r_w}$$

定义无因次有效井径：

$$r_{we}=r_w\mathrm{e}^{-S},\quad r_{De}=\frac{r}{r_{we}},\quad r_{De}=r_D\mathrm{e}^S,\quad t_{De}=t_D\mathrm{e}^{2S},\quad C_{De}=C_D\mathrm{e}^{2S},\quad a_{De}=a_D\mathrm{e}^S$$

除假设条件中已说明的符号以外，其余符号同上一节的符号说明。

由以上定义无因次有效井径数学模型为：

$$\frac{\partial^2P_{1D}}{\partial r_{De}^2}+\frac{1}{r_{De}}\frac{\partial P_{1D}}{\partial r_{De}}=\frac{1}{C_{De}}\frac{\partial P_{1D}}{\partial(t_{De}/C_{De})}\tag{4-66}$$

$$\frac{\partial^2P_{2D}}{\partial r_{De}^2}+\frac{1}{r_{De}}\frac{\partial P_{2D}}{\partial r_{De}}=\frac{\delta}{C_{De}}\frac{\partial P_{2D}}{\partial(t_{De}/C_{De})}\tag{4-67}$$

$$P_{1D}(r_{De},0)=P_{2D}(r_{De},0)=0\tag{4-68}$$

$$P_{wD}=P_{1D}\big|_{r_{De}=1}\tag{4-69}$$

$$\left[\frac{\mathrm{d}P_{wD}}{\mathrm{d}(t_{De}/C_{De})}-\frac{\partial P_D}{\partial r_{De}}\right]_{r_{De}=1}=1\tag{4-70}$$

$$\frac{\partial P_{1D}}{\partial r_{De}}=\frac{1}{\lambda}\frac{\partial P_{2D}}{\partial r_{De}}\bigg|_{r_{De}=a_{De}}\tag{4-71}$$

$$P_{1D}(a_{De},t_{De})=P_{2D}(a_{De},t_{De})\tag{4-72}$$

$$P_{2D}(\infty,t_{De})=0\tag{4-73}$$

$$\frac{\partial P_{2D}}{\partial r_{De}}\bigg|_{r_{De}=r_{eD}}\tag{4-74}$$

$$P_{2D}(r_{eD},t_{De})=0\tag{4-75}$$

式中：$\lambda=\dfrac{K_1}{\mu_1}\bigg/\dfrac{K_2}{\mu_2}$；$\delta$—气水传导系数比。

4.3.3　渗流数学模型的解

对上述数学模型，作 $t_{De}/C_{De}\rightarrow\overline{s}$ 的拉普拉斯变换，其拉普拉斯空间中的数学模型为：

$$\frac{\partial^2 \overline{P_{1D}}}{\partial r_{De}^2}+\frac{1}{r_{De}}\frac{\partial \overline{P_{1D}}}{\partial r_{De}}=\frac{\overline{s}}{C_{De}}\overline{P_{1D}} \tag{4-76}$$

$$\frac{\partial^2 \overline{P_{2D}}}{\partial r_{De}^2}+\frac{1}{r_{De}}\frac{\partial \overline{P_{2D}}}{\partial r_{De}}=\frac{\overline{s}\delta}{C_{De}}\overline{P_{2D}} \tag{4-77}$$

$$\overline{P_{wD}}=\overline{P_{1D}}\Big|_{r_{De}=1} \tag{4-78}$$

$$\left(\overline{s}\,\overline{P_{wD}}-\frac{\partial \overline{P_{1D}}}{\partial r_{De}}\right)_{r_{De}=1}=\frac{1}{\overline{s}} \tag{4-79}$$

$$\frac{\partial \overline{P_{1D}}}{\partial r_{De}}=\frac{1}{\lambda}\frac{\partial \overline{P_{2D}}}{\partial r_{De}}\Bigg|_{r_{De}=a_{De}} \tag{4-80}$$

$$\overline{P_{1D}}(a_{De},\overline{s})=\overline{P_{2D}}(a_{De},\overline{s}) \tag{4-81}$$

$$\overline{P_{2D}}(\infty,\overline{s})=0 \tag{4-82}$$

$$\frac{\partial \overline{P_{2D}}}{\partial r_{De}}\Bigg|_{r_{De}=r_{eD}}=0 \tag{4-83}$$

$$\overline{P_{2D}}(r_{eD},\overline{s})=0 \tag{4-84}$$

1. 无限大外边界情形

即求式(4-76)～(4-82)的解。由式(4-76)得

$$\overline{P_{1D}}=AI_0(r_{De}\sqrt{\overline{s}/C_{De}})+BK_0(r_{De}\sqrt{\overline{s}/C_{De}}) \tag{4-85}$$

由式(4-77)得

$$\overline{P_{2D}}=CI_0(r_{De}\sqrt{\delta\overline{s}/C_{De}})+DK_0(r_{De}\sqrt{\delta\overline{s}/C_{De}}) \tag{4-86}$$

由式(4-82)可知：当$r_{De}\to\infty$，$I_0(x)\to\infty$，$K_0(x)\to 0$，要使式(4-82)成立，必须使式(4-86)中的$C=0$，则式(4-86)变为

$$\overline{P_{2D}}=DK_0(r_{De}\sqrt{\delta\overline{s}/C_{De}}) \tag{4-87}$$

由式(4-78)、(4-85)可得

$$\overline{P_{wD}}=AI_0(\sqrt{\overline{s}/C_{De}})+BK_0(\sqrt{\overline{s}/C_{De}}) \tag{4-88}$$

由式(4-79)、(4-85)可得

$$\overline{s}\,\overline{P_{wD}}-\sqrt{\overline{s}/C_{De}}\left[AI_1\left(\sqrt{\overline{s}/\overline{C_{De}}}\right)-BK_1(\sqrt{\overline{s}/C_{De}})\right]=\frac{1}{\overline{s}} \tag{4-89}$$

由式(4-80)、(4-85)及(4-87)可得

$$AI_1(a_{De}\sqrt{\overline{s}/C_{De}})-BK_1(a_{De}\sqrt{\overline{s}/C_{De}})=-\frac{D\sqrt{\delta}}{\lambda}K_1(a_{De}\sqrt{\delta\overline{s}/C_{De}}) \tag{4-90}$$

由式(4-91)、(4-85)及(4-87)可得

$$AI_0(a_{De}\sqrt{\overline{s}/C_{De}})+BK_0(a_{De}\sqrt{\overline{s}/C_{De}})=DK_0(a_{De}\sqrt{\delta\overline{s}/C_{De}}) \tag{4-91}$$

联解式(4-88)～(4-91)，得到无因次井底压力：

$$\overline{P_{\mathrm{wD}}}=\frac{1}{\overline{s}\left\{\overline{s}-\sqrt{\overline{s}/C_{\mathrm{De}}}\left[\dfrac{MI_1(\sqrt{\overline{s}/C_{\mathrm{De}}})-NK_1(\sqrt{\overline{s}/C_{\mathrm{De}}})}{MI_0(\sqrt{\overline{s}/C_{\mathrm{De}}})+NK_0(\sqrt{\overline{s}/C_{\mathrm{De}}})}\right]\right\}} \tag{4-92}$$

式中：

$$M=K_1(a_{\mathrm{De}}\sqrt{\overline{s}/C_{\mathrm{De}}})K_0(a_{\mathrm{De}}\sqrt{\delta\overline{s}/C_{\mathrm{De}}})-\frac{\sqrt{\delta}}{\lambda}K_1(a_{\mathrm{De}}\sqrt{\delta\overline{s}/C_{\mathrm{De}}})K_0(a_{\mathrm{De}}\sqrt{\overline{s}/C_{\mathrm{De}}}) \tag{4-93}$$

$$N=I_1(a_{\mathrm{De}}\sqrt{\overline{s}/C_{\mathrm{De}}})K_0(a_{\mathrm{De}}\sqrt{\delta\overline{s}/C_{\mathrm{De}}})+\frac{\sqrt{\delta}}{\lambda}I_0(a_{\mathrm{De}}\sqrt{\overline{s}/C_{\mathrm{De}}})K_1(a_{\mathrm{De}}\sqrt{\delta\overline{s}/C_{\mathrm{De}}}) \tag{4-94}$$

2. 封闭外边界情形

即求式(4-76)～(4-91)及(4-83)的解。由式(4-83)、(4-86)可得

$$CI_1(r_{\mathrm{eD}}\sqrt{\delta\overline{s}/C_{\mathrm{De}}})=DK_1(r_{\mathrm{eD}}\sqrt{\delta\overline{s}/C_{\mathrm{De}}}) \tag{4-95}$$

由式(4-80)、(4-85)及(4-52)：

$$AI_1(a_{\mathrm{De}}\sqrt{\overline{s}/C_{\mathrm{De}}})-BK_1(a_{\mathrm{De}}\sqrt{\overline{s}/C_{\mathrm{De}}})=\frac{\sqrt{\delta}}{\lambda}[CI_1(a_{\mathrm{De}}\sqrt{\delta\overline{s}/C_{\mathrm{De}}})-DK_1(a_{\mathrm{De}}\sqrt{\delta\overline{s}/C_{\mathrm{De}}})] \tag{4-96}$$

由式(4-81)、(4-85)及(4-86)：

$$AI_0(a_{\mathrm{De}}\sqrt{\overline{s}/C_{\mathrm{De}}})+BK_0(a_{\mathrm{De}}\sqrt{\overline{s}/C_{\mathrm{De}}})=CI_0(a_{\mathrm{De}}\sqrt{\delta\overline{s}/C_{\mathrm{De}}})+DK_0(a_{\mathrm{De}}\sqrt{\delta\overline{s}/C_{\mathrm{De}}}) \tag{4-97}$$

由式(4-79)、(4-85)可得

$$\overline{s}\,\overline{P_{\mathrm{wD}}}-\sqrt{\overline{s}/C_{\mathrm{De}}}[AI_1(\sqrt{\overline{s}/C_{\mathrm{De}}})-BK_1(\sqrt{\overline{s}/C_{\mathrm{De}}})]=\frac{1}{\overline{s}} \tag{4-98}$$

由式(4-78)、(4-85)可得

$$\overline{P_{\mathrm{wD}}}=AI_0(\sqrt{\overline{s}/C_{\mathrm{De}}})+BK_0(\sqrt{\overline{s}/C_{\mathrm{De}}}) \tag{4-99}$$

联解式(4-95)～(4-99)，得到具有封闭外边界的复合气藏水驱气渗流数学模型的解：

$$\overline{P_{\mathrm{wD}}}=\frac{1}{\overline{s}^2+\dfrac{\overline{s}\sqrt{\overline{s}/C_{\mathrm{De}}}}{\dfrac{K_0(\sqrt{\overline{s}/C_{\mathrm{De}}})+\dfrac{(a_1+a_2a_4)}{(b_1-b_2a_4)}\dfrac{b_3}{a_3}I_0(\sqrt{\overline{s}/C_{\mathrm{De}}})}{K_1(\sqrt{\overline{s}/C_{\mathrm{De}}})-\dfrac{(a_1+a_2a_4)}{(b_1-b_2a_4)}\dfrac{b_3}{a_3}I_1(\sqrt{\overline{s}/C_{\mathrm{De}}})}}} \tag{4-100}$$

式中：

$$a_1=I_0(a_{\mathrm{De}}\sqrt{\delta\overline{s}/C_{\mathrm{De}}})K_1(a_{\mathrm{De}}\sqrt{\overline{s}/C_{\mathrm{De}}})+\frac{\sqrt{\delta}}{\lambda}I_1(a_{\mathrm{De}}\sqrt{\delta\overline{s}/C_{\mathrm{De}}})K_0(a_{\mathrm{De}}\sqrt{\overline{s}/C_{\mathrm{De}}}) \tag{4-101}$$

$$a_2=K_0(a_{\mathrm{De}}\sqrt{\delta\overline{s}/C_{\mathrm{De}}})K_1(a_{\mathrm{De}}\sqrt{\overline{s}/C_{\mathrm{De}}})-\frac{\sqrt{\delta}}{\lambda}K_1(a_{\mathrm{De}}\sqrt{\delta\overline{s}/C_{\mathrm{De}}})K_0(a_{\mathrm{De}}\sqrt{\overline{s}/C_{\mathrm{De}}}) \tag{4-102}$$

$$a_3=I_0(a_{\mathrm{De}}\sqrt{\overline{s}/C_{\mathrm{De}}})K_1(a_{\mathrm{De}}\sqrt{\overline{s}/C_{\mathrm{De}}})+I_1(a_{\mathrm{De}}\sqrt{\overline{s}/C_{\mathrm{De}}})K_0(a_{\mathrm{De}}\sqrt{\overline{s}/C_{\mathrm{De}}}) \tag{4-103}$$

$$a_4 = I_1(r_{\mathrm{eD}}\sqrt{\delta \overline{s}/C_{\mathrm{De}}})/K_1(r_{\mathrm{eD}}\sqrt{\delta \overline{s}/C_{\mathrm{De}}}) \tag{4-104}$$

$$b_1 = I_0(a_{\mathrm{De}}\sqrt{\delta \overline{s}/C_{\mathrm{De}}})I_1(a_{\mathrm{De}}\sqrt{\overline{s}/C_{\mathrm{De}}}) - \frac{\sqrt{\delta}}{\lambda}I_1(a_{\mathrm{De}}\sqrt{\delta \overline{s}/C_{\mathrm{De}}})I_0(a_{\mathrm{De}}\sqrt{\overline{s}/C_{\mathrm{De}}}) \tag{4-105}$$

$$b_2 = K_0(a_{\mathrm{De}}\sqrt{\delta \overline{s}/C_{\mathrm{De}}})I_1(a_{\mathrm{De}}\sqrt{\overline{s}/C_{\mathrm{De}}}) + \frac{\sqrt{\delta}}{\lambda}K_1(a_{\mathrm{De}}\sqrt{\delta \overline{s}/C_{\mathrm{De}}})I_0(a_{\mathrm{De}}\sqrt{\overline{s}/C_{\mathrm{De}}}) \tag{4-106}$$

$$b_3 = K_0(a_{\mathrm{De}}\sqrt{\overline{s}/C_{\mathrm{De}}})I_1(a_{\mathrm{De}}\sqrt{\overline{s}/C_{\mathrm{De}}}) + K_1(a_{\mathrm{De}}\sqrt{\overline{s}/C_{\mathrm{De}}})I_0(a_{\mathrm{De}}\sqrt{\overline{s}/C_{\mathrm{De}}}) \tag{4-107}$$

3. 恒压外边界情形

即求式(4-76)～(4-81)及(4-84)的解。由式(4-84)、(4-86)可得：

$$CI_0(r_{\mathrm{eD}}\sqrt{\delta \overline{s}/C_{\mathrm{De}}}) + DK_0(r_{\mathrm{eD}}\sqrt{\delta \overline{s}/C_{\mathrm{De}}}) = 0 \tag{4-108}$$

联解式(4-96)～(4-99)和(4-108)组成的方程组，得到具有恒压外边界的复合气藏水驱气渗流数学模型的解：

$$\overline{P_{\mathrm{wD}}} = \cfrac{1}{\overline{s}^2 + \cfrac{\overline{s}\sqrt{\overline{s}/C_{\mathrm{De}}}}{\cfrac{M_1M_2 - N_1N_2}{M_1M_2 + N_1N_2}}} \tag{4-109}$$

式中：

$$M_1 = [I_0(r_{\mathrm{eD}}\sqrt{\delta \overline{s}/C_{\mathrm{De}}})K_1(a_{\mathrm{De}}\sqrt{\delta \overline{s}/C_{\mathrm{De}}}) + I_1(a_{\mathrm{De}}\sqrt{\delta \overline{s}/C_{\mathrm{De}}})K_0(r_{\mathrm{eD}}\sqrt{\delta \overline{s}/C_{\mathrm{De}}})]\frac{\sqrt{\delta}}{\lambda} \tag{4-110}$$

$$M_2 = I_0(a_{\mathrm{De}}\sqrt{\overline{s}/C_{\mathrm{De}}})K_0(\sqrt{\overline{s}/C_{\mathrm{De}}}) - K_0(a_{\mathrm{De}}\sqrt{\overline{s}/C_{\mathrm{De}}})I_0(\sqrt{\overline{s}/C_{\mathrm{De}}}) \tag{4-111}$$

$$M_3 = I_0(a_{\mathrm{De}}\sqrt{\overline{s}/C_{\mathrm{De}}})K_1(\sqrt{\overline{s}/C_{\mathrm{De}}}) + K_0(a_{\mathrm{De}}\sqrt{\overline{s}/C_{\mathrm{De}}})I_1(\sqrt{\overline{s}/C_{\mathrm{De}}}) \tag{4-112}$$

$$N_1 = I_0(a_{\mathrm{De}}\sqrt{\delta \overline{s}/C_{\mathrm{De}}})K_0(r_{\mathrm{eD}}\sqrt{\delta \overline{s}/C_{\mathrm{De}}}) - I_0(r_{\mathrm{eD}}\sqrt{\delta \overline{s}/C_{\mathrm{De}}})K_0(a_{\mathrm{De}}\sqrt{\delta \overline{s}/C_{\mathrm{De}}}) \tag{4-113}$$

$$N_2 = I_0(\sqrt{\overline{s}/C_{\mathrm{De}}})K_1(a_{\mathrm{De}}\sqrt{\delta \overline{s}/C_{\mathrm{De}}}) + I_1(a_{\mathrm{De}}\sqrt{\overline{s}/C_{\mathrm{De}}})K_0(\sqrt{\overline{s}/C_{\mathrm{De}}}) \tag{4-114}$$

$$N_3 = I_1(\sqrt{\overline{s}/C_{\mathrm{De}}})K_1(a_{\mathrm{De}}\sqrt{\overline{s}/C_{\mathrm{De}}}) - I_1(a_{\mathrm{De}}\sqrt{\overline{s}/C_{\mathrm{De}}})K_1(\sqrt{\overline{s}/C_{\mathrm{De}}}) \tag{4-115}$$

4.3.4 典型曲线及影响因素分析

1. 无限大外边界情形

图 4-18 表示气水传导系数比、气水流度比都为 1，而无因次气区半径为 100 时，复合无限地层的压力及压力导数典型曲线，从该图看出，当气水传导系数比、气水流度比均为 1 时，典型曲线与格林加登的试井分析典型曲线很相似。图 4-19 表示气水传导系数比为 1，气水流度比为 10，气区半径为 100 时，复合无限地层的压力及压力导数典型曲线，从该典型曲线看出，当井筒储存系数较小时，压力导数曲线具有 4 个明显特征：纯井筒储存阶段表现为单位斜率直线；气区的径向流动阶段，表现为斜率是 0.5 的水平线；气区的拟稳定流阶段，表现为单位斜率直线；总系统的径向流动阶段，表现为斜率是零的水平线，其值为气水流度比之半，即其值为 5。

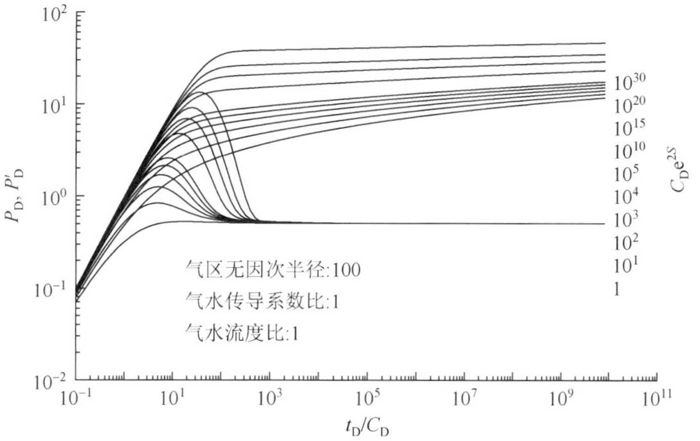

图 4-18　无限大外边界地层试井分析典型曲线

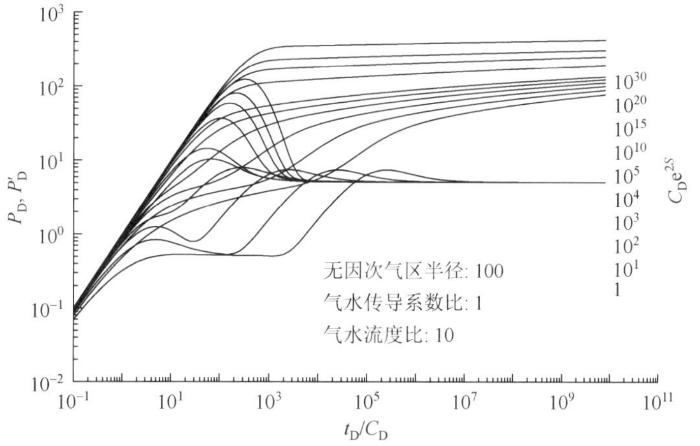

图 4-19　无限大外边界地层试井分析典型曲线

图 4-20 表示气水传导系数比为 1，气水流度比为 100，无因次气区半径为 100 时，复合无限地层的压力及压力导数典型曲线，它具有与图 4-19 类似的压力动态特征。

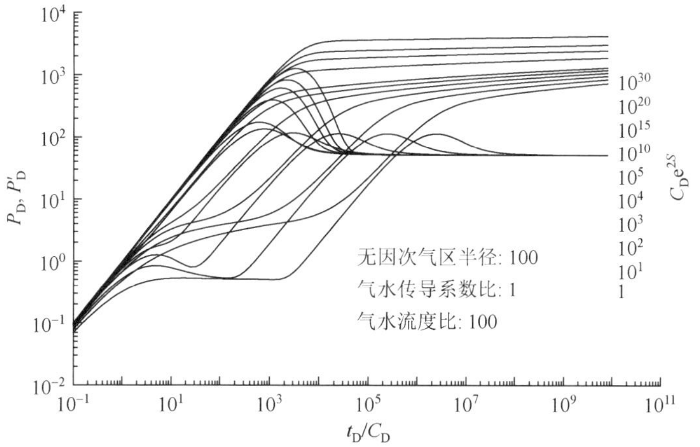

图 4-20　无限大外边界地层试井分析典型曲线

图 4-21 表示 C_De^{2S}=100，无因次气区半径为 1 000，气水流度比为 50 时，不同的气水传导系数比影响下的压力及压力导数典型曲线。随着气水传导系数比的增加，例如从 0.1 变到 50，气区的拟稳定流时间越短，而总系统的径向流特征不变，即总系统的径向流水平直线的值为气水流度比之半。该压力导数曲线具有与图 4-19、4-20 类似的压力动态特征。

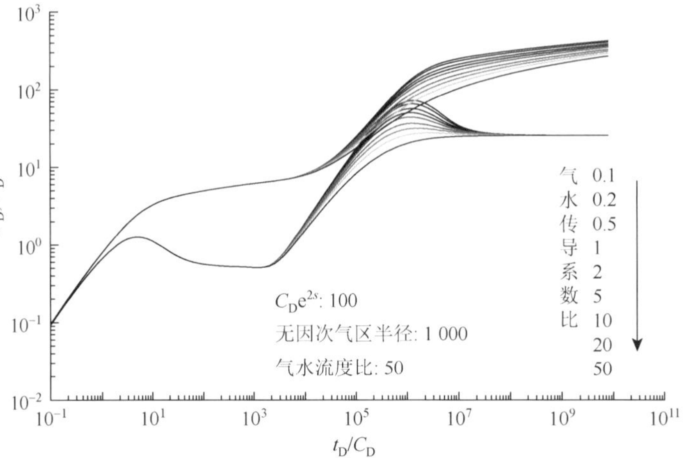

图 4-21 无限大外边界地层试井分析典型曲线

图 4-22 表示 C_De^{2S}=100，气水传导系数比为 5，无因次气区半径为 1 000 时，不同的气水流度比对复合无限地层的压力及压力导数典型曲线的影响，由此图看出，同样存在纯井筒储存、气区径向流、气区拟稳定流及总系统的径向流四个阶段。气水流度比影响气区拟稳定流动和总系统的径向流动特征，随着气水流度比的增加，气区拟稳定流动发生的时间越长，总系统的径向流水平线的值变大，且该值是气水流度比的一半。

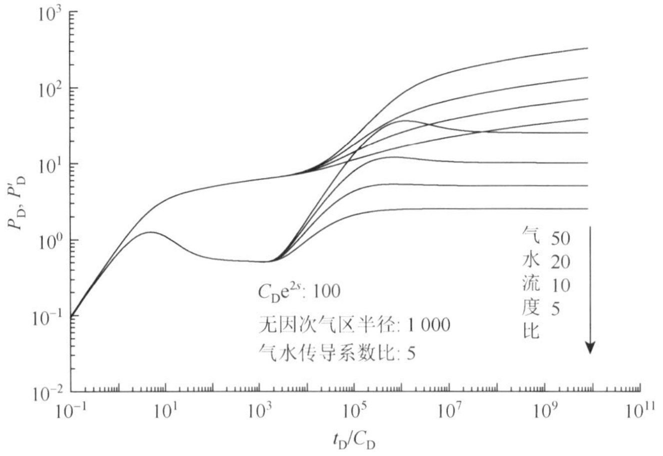

图 4-22 无限大外边界地层试井分析典型曲线

从以上分析可以得出这样的结论，气水流度比的大小是影响气区拟稳定流和总系统的径向流的主要因素。

2. 封闭外边界情形

图 4-23 表示 C_De^{2S}=100，内区半径为 1 000 时，无因次外区半径为 100 000，气水流度比为 50 的情形下，不同的气水传导系数之比对复合封闭水驱气藏压力及压力导数典型曲线的影响。

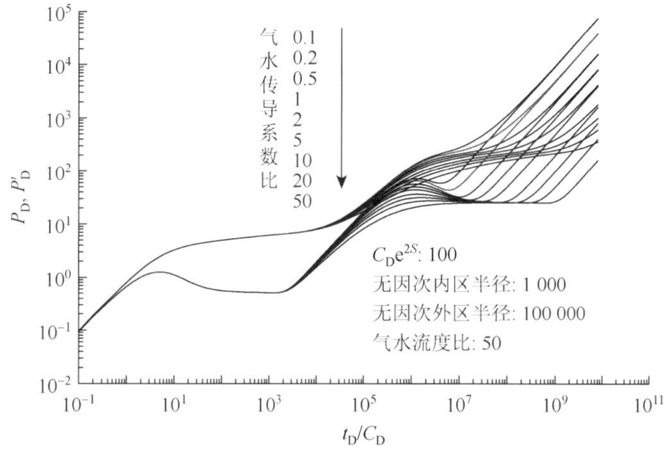

图 4-23 封闭外边界地层试井分析典型曲线

从压力导数曲线可以看出其总趋势。纯井筒储存阶段，表现为单位斜率的直线；气区的径向流阶段，表现为斜率是零，其值为 0.5 的水平直线；气区的拟稳定流动阶段，表现单位斜率直线；水区的径向流动阶段，表现为斜率是零的直线段，其值为气水流度比之半；总系统拟稳定流阶段，表现为单位斜率直线。气水的传导系数比主要影响气区拟稳定流阶段、气区径向流阶段以及总系数拟稳定流阶段的压力动态特征。随着气水传导系数比的减小，气区的拟稳定流时间变长，水区的径向流阶段越来越短，总系统的拟稳定流阶段发生的时间越早，主要是由于气水传导系数比越小，压力波在地层中的传播速度越慢，故气区拟稳定流时间越长，以致于可能掩盖水区中的径向流，而在压力导数曲线上表现为总系统出现拟稳定流时间越早。

3. 恒压外边界情形

图 4-24 表示 C_De^{2S}=100，无因次内区半径为 1 000，外区半径为 100 000，气水流度比为 50 时，不同的气水传导系数比影响下的复合恒压边界地层压力及压力导数典型曲线。从压力导数曲线看出，当气水传导系数比较大时(例如大于 5)，渗流出现 5 个阶段：纯井筒储存阶段；气区中的径向流阶段；气区拟稳定流阶段；水区径向流阶段以及恒压边界反映阶段；而当气水传导系数比较小时(例如小于 5)，则可能不出现水区中的径向流阶级。气水传导系数比的大小对气区拟稳定流阶段、水区径向流阶段以及恒压边界反映阶段有不同程度影响。

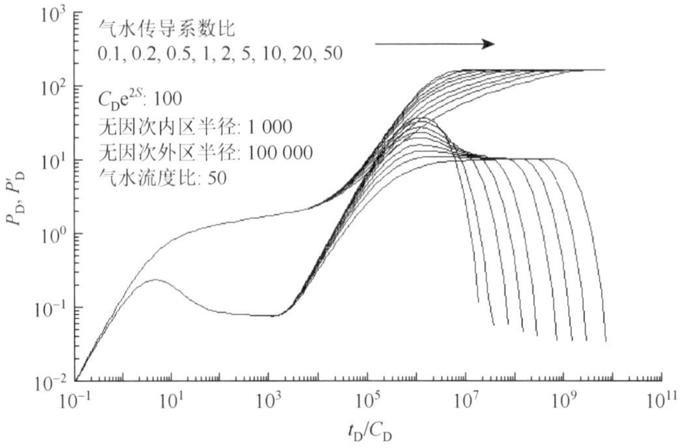

图 4-24　恒压外边界地层试井分析典型曲线

4.3.5　试井分析方法

从上述曲线特征分析可以看出，复合水驱气藏试井分析典型曲线受很多因素的影响，这些因素包括内区半径、外区半径、气水传导系数比、气水流度比、井筒储存系数，因此，没有像格林加登图版那样固定的均质油气藏的试井分析典型曲线。同时，由于无因次井底压力解的复杂性，使得渐近解的研究较为困难。因此，建议采用以下描述的现代试井分析方法求地层及井的特性参数。

(1) 利用实测的不稳定试井数据与理论典型曲线初拟合，选取特征值，如井筒储存阶段特征为单位斜率直线，气区径向流阶段为 0.5 的水平线，水区径向流阶段为气水流度比之半的水平线，该过程实际上是给定参数(内、外区半径，气水传导系数比，气水流度比，井筒储存系数和表皮系数)初值的过程。

(2) 检验过程，包括压力史、双对数、半对数图的检验，调整上述过程(即初拟合过程)的参数，使压力、双对数、半对数图达到最终拟合，则调整后的参数为所求。

4.4　水驱强度影响下的渗流理论及应用

4.4.1　物理模型

设有一边水驱圆形气藏，地层均质，水平等厚，考虑水、气均为微可压缩，气、水流动均服从达西定律，忽略重力和毛管力的影响，各自不与孔隙介质之间发生物理化学反应，并且水要将气完全驱替干净，即水驱气的过程是活塞式的。其渗流的物理模型如图 4-25 所示。

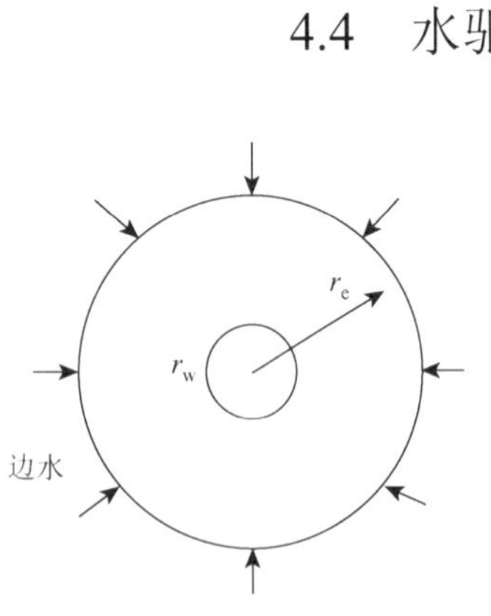

图 4-25　边水驱气藏渗流物理模型

4.4.2　数学模型

数学模型的压力形式可表达如下。

扩散方程：

$$\frac{1}{r}\frac{\partial P}{\partial r}\left(r\frac{\partial P}{\partial r}\right)=\frac{\Phi\mu_{\rm g}c_{\rm t}}{3.6K_{\rm g}}\frac{\partial P}{\partial t} \tag{4-116}$$

初始条件：

$$P(r,0)=P_i \tag{4-117}$$

内边界条件：

$$\Delta P_{\rm w}=\Delta P+r_{\rm w}\left(\frac{\partial P}{\partial r}\right)_{r_{\rm w}}s \tag{4-118}$$

$$\frac{q_{\rm sf}}{q_{\rm g}}=1+\frac{24C}{q_{\rm g}B_{\rm g}}\frac{{\rm d}P_{\rm w}}{{\rm d}t} \tag{4-119}$$

外边界条件：

$$\left(r\frac{\partial P}{\partial r}\right)_{r_{\rm e}}=\frac{1.842\times10^{-3}q_{\rm g}B_{\rm g}\mu_{\rm w}}{K_{\rm w}h}R \tag{4-120}$$

定义水驱强度：

$$R=W_{\rm e}/q_{\rm g}B_{\rm g} \tag{4-121}$$

定义无因次量：

$$P_{\rm D}=\frac{K_{\rm g}h(P_i-P_{\rm wf})}{1.842\times10^{-3}q_{\rm g}B_{\rm g}\mu_{\rm g}},\quad t_{\rm D}=\frac{3.6K_{\rm g}t}{\Phi\mu_{\rm g}C_{\rm t}r_{\rm w}^2}$$

$$r_{\rm D}=\frac{r}{r_{\rm w}},\quad r_{\rm eD}=\frac{r_{\rm e}}{r_{\rm w}}$$

式中：P、P_i、$P_{\rm wf}$——分别为气藏中的任意压力、原始及井底压力，MPa；

$K_{\rm g}$、$K_{\rm w}$——分别为气区、水区地层的渗透率，$\mu{\rm m}^2$；

$\mu_{\rm g}$、$\mu_{\rm w}$——分别为气、水的黏度，mPa·s；

$B_{\rm g}$——气体的体积系数；

$q_{\rm g}$、$q_{\rm sf}$——分别为气井产量、砂面流量，${\rm m}^3/{\rm d}$；

$W_{\rm e}$——单井水侵量，${\rm m}^3/{\rm d}$；

r、$r_{\rm w}$、$r_{\rm e}$——分别为径向距离、气井半径、气区外边界半径，m；

C——井筒储存系数，${\rm m}^3/{\rm MPa}$；

S——表皮系数；

$C_{\rm t}$——气区的综合弹性系数，${\rm MPa}^{-1}$；

t——时间，h；

Φ——气藏孔隙度；

h——气藏有效厚度，m。

下标 D——无因次。

无因次化数学模型为

$$\frac{1}{r_{\mathrm{D}}}\frac{\partial P_{\mathrm{D}}}{\partial r_{\mathrm{D}}}\left(r_{\mathrm{D}}\frac{\partial P_{\mathrm{D}}}{\partial r_{\mathrm{D}}}\right)=\frac{\partial P_{\mathrm{D}}}{\partial t_{\mathrm{D}}} \tag{4-122}$$

$$P_{\mathrm{D}}(r_{\mathrm{D}},0)=0 \tag{4-123}$$

$$P_{\mathrm{wD}}=\left[P_{\mathrm{D}}-\frac{\partial P_{\mathrm{D}}}{\partial r_{\mathrm{D}}}S\right]_{r_{\mathrm{D}}=1} \tag{4-124}$$

$$\left[C_{\mathrm{D}}\frac{dP_{\mathrm{wD}}}{dt_{\mathrm{D}}}-\frac{\partial P_{\mathrm{D}}}{\partial r_{\mathrm{D}}}\right]_{r_{\mathrm{D}}=1}=1 \tag{4-125}$$

$$\left(r_{\mathrm{D}}\frac{\partial P_{\mathrm{D}}}{\partial r_{\mathrm{D}}}\right)_{r_{\mathrm{D}}=r_{\mathrm{eD}}}=-\delta R \tag{4-126}$$

定义气水流度比：

$$\delta=\frac{K_{\mathrm{g}}}{\mu_{\mathrm{g}}}\bigg/\frac{K_{\mathrm{w}}}{\mu_{\mathrm{w}}} \tag{4-127}$$

以有效井径定义无因次量如下。

有效井径：

$$r_{\mathrm{we}}=r_{\mathrm{w}}\mathrm{e}^{-S},\quad r_{\mathrm{De}}=r/r_{\mathrm{we}},\quad r_{\mathrm{D}}=r_{\mathrm{De}}\mathrm{e}^{-S},\quad t_{\mathrm{D}}=t_{\mathrm{De}}\mathrm{e}^{-2S},\quad C_{\mathrm{D}}=C_{\mathrm{De}}\mathrm{e}^{-2S}$$

则无因次化的有效井径数学模型为

$$\frac{1}{r_{\mathrm{De}}}\frac{\partial P_{\mathrm{D}}}{\partial r_{\mathrm{De}}}\left(r_{\mathrm{De}}\frac{\partial P_{\mathrm{D}}}{\partial r_{\mathrm{De}}}\right)=\frac{1}{C_{\mathrm{De}}}\frac{\partial P_{\mathrm{D}}}{\partial(t_{\mathrm{De}}/C_{\mathrm{De}})} \tag{4-128}$$

$$P_{\mathrm{D}}(r_{\mathrm{De}},0)=0 \tag{4-129}$$

$$\left[\frac{dP_{\mathrm{wD}}}{d(t_{\mathrm{De}}/C_{\mathrm{De}})}-\frac{\partial P_{\mathrm{D}}}{\partial r_{\mathrm{De}}}\right]_{r_{\mathrm{De}}=1}=1 \tag{4-130}$$

$$\left(r_{\mathrm{De}}\frac{\partial P_{\mathrm{D}}}{\partial r_{\mathrm{De}}}\right)_{r_{\mathrm{De}}=r_{\mathrm{eD}}}=-\delta R \tag{4-131}$$

4.4.3 数学模型的求解

作 $t_{\mathrm{De}}/C_{\mathrm{De}}\to\overline{s}$ 的拉普拉斯变换，则拉普拉斯空间中的数学模型为

$$\frac{\partial^2\overline{P_{\mathrm{D}}}}{\partial r_{\mathrm{De}}{}^2}+\frac{1}{r_{\mathrm{De}}}\frac{\partial\overline{P_{\mathrm{D}}}}{\partial r_{\mathrm{De}}}=\frac{\overline{s}}{C_{\mathrm{De}}}\overline{P_{\mathrm{D}}} \tag{4-132}$$

$$\left[\overline{s}\,\overline{P_{\mathrm{wD}}}-\frac{\partial\overline{P_{\mathrm{D}}}}{\partial r_{\mathrm{De}}}\right]_{r_{\mathrm{De}}=1}=\frac{1}{\overline{s}} \tag{4-133}$$

$$\left(r_{\mathrm{De}}\frac{\partial\overline{P_{\mathrm{D}}}}{\partial r_{\mathrm{De}}}\right)_{r_{\mathrm{De}}=r_{\mathrm{eD}}}=-\frac{\delta R}{\overline{s}} \tag{4-134}$$

式中：$\overline{s}$ ——拉普拉斯变量。

数学模型(4-132)～(4-134)的通解为

$$\overline{P_{\mathrm{D}}} = AI_0(r_{\mathrm{De}}\sqrt{\overline{s}/C_{\mathrm{De}}}) + BK_0(r_{\mathrm{De}}\sqrt{\overline{s}/C_{\mathrm{De}}}) \tag{4-135}$$

因：

$$\overline{P_{\mathrm{wD}}}\Big|_{r_{\mathrm{De}}=1} = \overline{P_{\mathrm{D}}}\Big|_{r_{\mathrm{De}}=1} \tag{4-136}$$

由式(4-133)、(4-134)及(4-135)可得

$$A[\overline{s}I_0(\sqrt{\overline{s}/C_{\mathrm{De}}}) - \sqrt{\overline{s}/C_{\mathrm{De}}}I_1(\sqrt{\overline{s}/C_{\mathrm{De}}})] + B[\overline{s}K_0(\sqrt{\overline{s}/C_{\mathrm{De}}}) - \sqrt{\overline{s}/C_{\mathrm{De}}}K_1(\sqrt{\overline{s}/C_{\mathrm{De}}})] = \frac{1}{\overline{s}} \tag{4-137}$$

由式(4-137)及(4-138)可得

$$AI_1(r_{\mathrm{eD}}\sqrt{\overline{s}/C_{\mathrm{De}}}) - BK_1(r_{\mathrm{eD}}\sqrt{\overline{s}/C_{\mathrm{De}}}) = -\frac{\delta R}{\overline{s}\sqrt{\overline{s}/C_{\mathrm{De}}}r_{\mathrm{eD}}} \tag{4-138}$$

联解式(4-137)及(4-138)，则获得 A、B 分别为

$$A = \frac{Q - \delta RM/r_{\mathrm{eD}}}{\overline{s}[MP + NQ]} \tag{4-139}$$

$$B = \frac{P + \delta RN/r_{\mathrm{eD}}}{\overline{s}[MP + NQ]} \tag{4-140}$$

将 A、B 代入式(4-135)，则无因次井底压力为

$$\overline{P_{\mathrm{wD}}} = \frac{QI_0(\sqrt{\overline{s}/C_{\mathrm{De}}}) + PK_0(\sqrt{\overline{s}/C_{\mathrm{De}}}) - \dfrac{\delta R}{r_{\mathrm{eD}}}[MI_0(\sqrt{\overline{s}/C_{\mathrm{De}}}) + NK_0(\sqrt{\overline{s}/C_{\mathrm{De}}})]}{\overline{s}(MP + NQ)} \tag{4-141}$$

式中：

$$M = \overline{s}K_0(\sqrt{\overline{s}/C_{\mathrm{De}}}) + \sqrt{\overline{s}/C_{\mathrm{De}}}K_1(\sqrt{\overline{s}/C_{\mathrm{De}}}) \tag{4-142}$$

$$N = \overline{s}I_0(\sqrt{\overline{s}/C_{\mathrm{De}}}) - \sqrt{\overline{s}/C_{\mathrm{De}}}I_1(\sqrt{\overline{s}/C_{\mathrm{De}}}) \tag{4-143}$$

$$P = \sqrt{\overline{s}/C_{\mathrm{De}}}I_1(r_{\mathrm{eD}}\sqrt{\overline{s}/C_{\mathrm{De}}}) \tag{4-144}$$

$$Q = \sqrt{\overline{s}/C_{\mathrm{De}}}K_1(r_{\mathrm{eD}}\sqrt{\overline{s}/C_{\mathrm{De}}}) \tag{4-145}$$

式中：$I_0(x)$ ——第一类虚宗量的零阶贝塞尔函数；
$I_1(x)$ ——第一类虚宗量的一阶贝塞尔函数；
$K_0(x)$ ——第二类虚宗量的零阶贝塞尔函数；
$K_1(x)$ ——第二类虚宗量的一阶贝塞尔函数。

4.4.4 典型曲线及影响因素分析

1. 不考虑井筒储存和表皮效应影响情形

理论研究表明，影响边水驱气藏中气井压力动态特征的因素有气区半径、气水流动比

以及水驱强度。其压力动态特征的总趋势是，早期表现为气区中的径向流，无因次压力与无因次时间存在半对数直线关系，直线段长段受气区半径大小的影响，气区半径大，则直线段越长，反之则越短；中期为过渡流动，它是早期径向流和晚期拟稳定流间的过渡，主要受水驱强度，气水流度比的影响；晚期拟稳态流动，主要受水驱强度，气水流度比及气区半径大小的影响。

1) 水驱强度的影响

实际上，可以利用水驱强度来反映不同的储层条件。

R=0，封闭地层；

0＜R＜1，部分水驱或水侵；

R=1，定压边界或充足的水侵；

R＞1，强水驱或水侵。

图 4-26 代表不同水驱强度对气井压力动态特征的影响，其中气水流度比为 1，气区无因次半径为 100。因 R=0 代表封闭地层，R=1 代表定压边界地层，这两种情形下，从图上可以看出，其压力动态特征与单相流情形的封闭和定压边界时的压力动态特征完全相同。

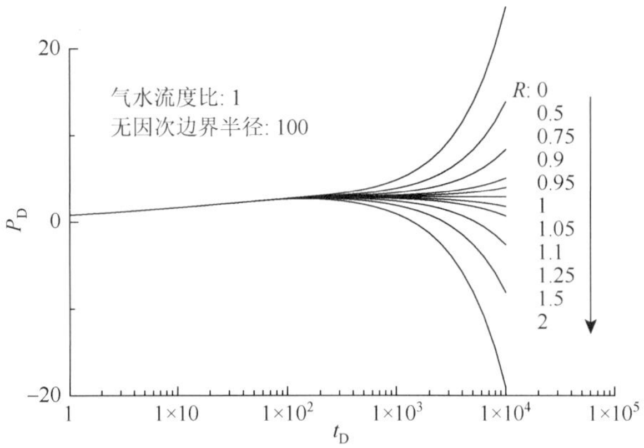

图 4-26　水驱强度对气井压力动态的影响关系曲线

当 0＜R＜1 时，随着 R 的增加，晚期段越靠近 R=1 的定压边界压力线，只要水驱强度不为 1，压力曲线晚期段都会上翘，因此，对于边水能量不足的边水驱气藏，不能将气水边界视为恒压边界，其压力动态特征具有封闭边界的特点，但又不是完全的封闭边界的特征，主要是由于气区边界处仅存在部分水驱(或称为弱水区)，井底压力随时间增加而下降，因而压降增大的结果。

当 R＞1 时，气区的边界有充足的供给，随着时间的增长，产出相同气产量的生产压差越来越小，因而压降曲线在晚期呈下降的趋势。这种情形在边水能量充足、地面有较大的露头情形下才容易发生。

如果气区半径不变，而气水流度比变为 10 时，水驱强度对压力动态特征的影响如图 4-27 所示，R=0，仍表现的是封闭边界气藏的特征，只要 R 不为零，则任意一个 R 时的压降曲线在晚期都是下降的，主要是由于气的流度远大于水的流度，边水能量得以充分利用，产生相同的气量所需生产压差越小，因而压降曲线晚期段要下降。

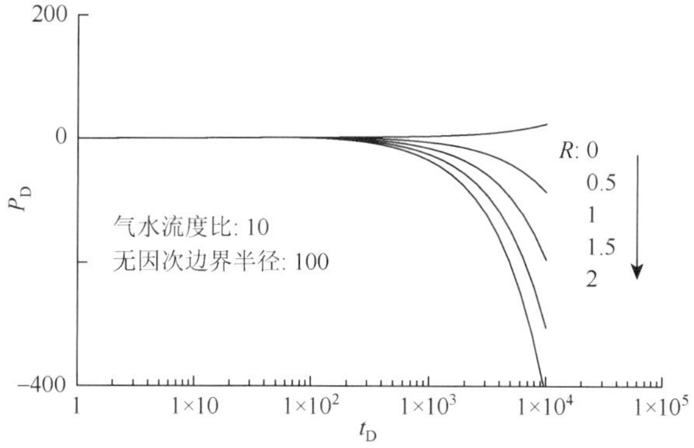

图 4-27　水驱强度对气井压力动态的影响关系曲线

2) 气水流度比的影响

图 4-28、图 4-29、图 4-30 表示气区无因次半径为 100，水驱强度分别为 R=0.5、R=1、R=1.5 时，气水流度比对气井压力动态特征的影响。从图 4-28 看出当气水流度比为 2 时才表现出恒压边界的压力动态特征，而当气水流度比小于 2 时，压力降曲线在中晚期表现为上翘，且晚期为拟稳定流动，主要是由于气流度小于水流度，边水区域相当于一个不渗透的区域，边水能量得不到发挥，因此随时间增加气井的无因次井底压降要上升。

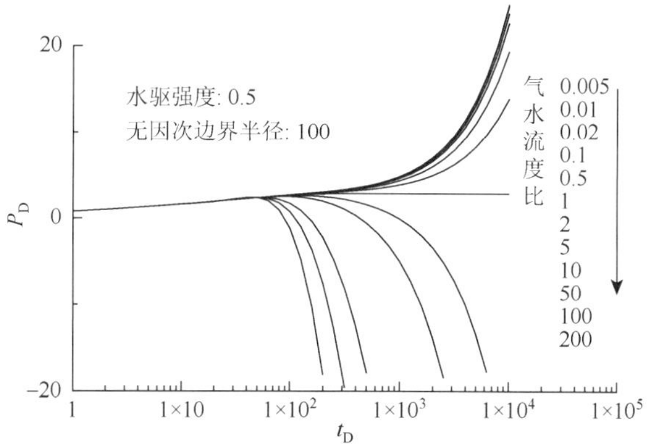

图 4-28　水驱强度对气井压力动态的影响关系曲线

从图 4-29 看出，当气水流渡比为 1 时表现出恒压边界的压力动态特征，而气水流度比小于 1 时，压力降曲线在中晚期表现为下降的特征。从图 4-30 看出，表现恒压边界压力动态特征的气水流度比要大于 0.5 而小于 1。因此可以这样认为，称表现出恒压边界特征的气水流度比为临界气水流度比，小于该值则压力降曲线的中晚期上翘，大于该值压力降曲线的中晚期下降。从上述 3 个图可以得出这样的结论，中晚期压力动态特征既受水驱强度影响又受气水流度比的影响。

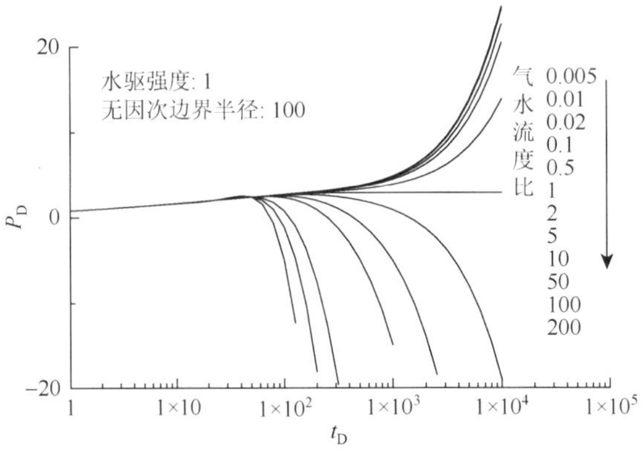

图 4-29　水驱强度对气井压力动态的影响关系曲线

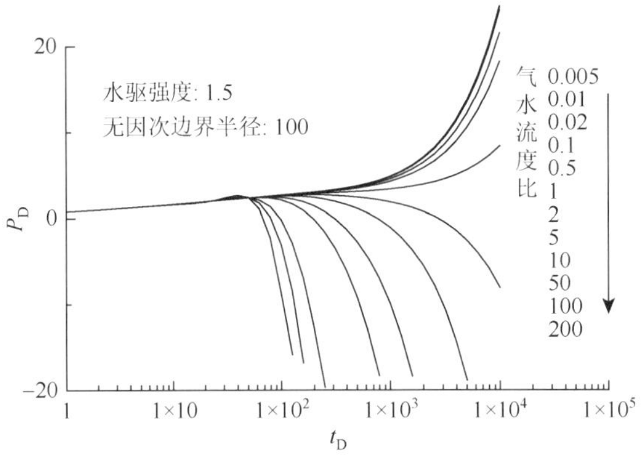

图 4-30　水驱强度对气井压力动态的影响关系曲线

3) 气区半径的影响

很显然，气区半径越大，则早期的径向流期越长，出现拟稳定流的时间越晚；气区半径越小，早期径向流期越短，出现拟稳定流的时间越早。

2. 考虑井筒储存和表皮效应影响情形

图 4-31 表示气区无因次半径为 r_{eD}=1 000，C_De^{2S}=100，气水流度比为 1 时，不同水驱强度影响下的典型曲线，图 4-32 表示气区无因次半径为 r_{eD}=1 000，C_De^{2S}=100，气水流度比为 10 时，不同水驱强度影响下的典型曲线，图 4-33 表示气区无因次半径为 r_{eD}=1 000，C_De^{2S}=100，水驱强度为 0.5 时，不同气水流度比影响下的典型曲线。从这些典型曲线可以看出压力动态特征总的表现为，早期为纯井筒储存阶段，表现为斜率是 1 的直线，其后为过渡段，中期为径向流阶段，表现为斜率是零、其值为 0.5 的水平线，其后为过渡期，晚期为拟稳定流阶段，表现为斜率为 1 的直线。水驱强度、气水流度比对压力动态特征的影响主要表现在径向流后的过渡期和拟稳定流阶段，其表现特征与不考虑井筒储存和表皮效应影响时的情形相同。

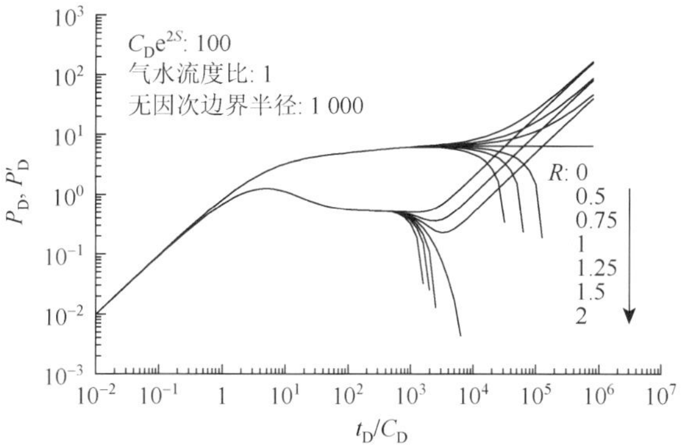

图 4-31　考虑井筒储存和表皮效应时水驱强度影响的典型曲线

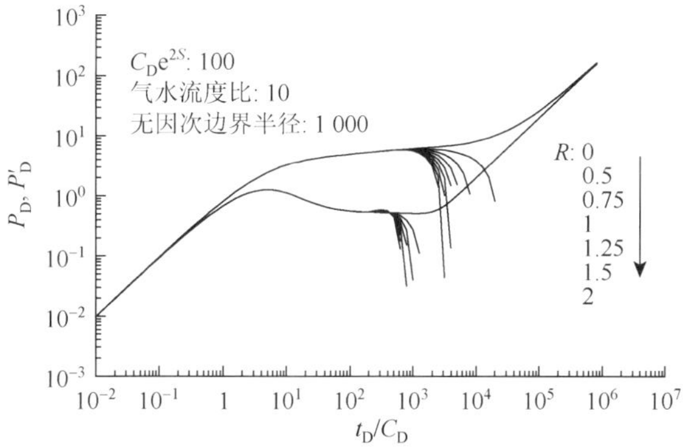

图 4-32　考虑井筒储存和表皮效应时水驱强度影响的典型曲线

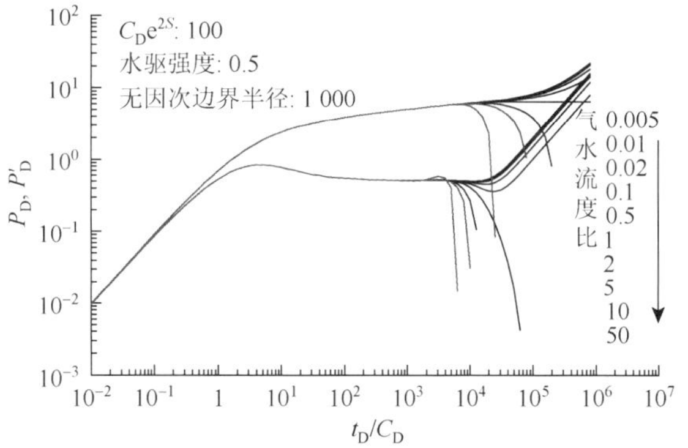

图 4-33　考虑井筒储存和表皮效应时水驱强度影响的典型曲线

通过以上分析，并对拉普拉斯空间中的无因次压力表达式简化后反演到实空间，可以得到早期井筒储存阶段及中期径向流阶段无因次压力表达式。

早期纯井筒储存阶段：

$$P_{wD}=\frac{t_D}{C_D} \tag{4-146}$$

中期径向流阶段：

$$P_{wD}=\frac{1}{2}(\ln t_D+0.809\,07) \tag{4-147}$$

从式(4-146)、(4-147)看出，早期和中期压力动态特征与不存在水驱的纯气渗流的压力动态特征完全相同。

以上研究成果具有两方面的用途，一是为边水驱气藏的试井分析提供理论基础；二是为边水驱气藏的水侵识别提供一种新的手段，并且根据实测资料的试井分析结果可以判断水驱的强弱程度。

4.4.5　拟稳态流动特征分析

1. 单井物质平衡方程

基本假设条件：

(1)气藏的储层物性参数是均匀的，即为均质气藏；

(2)流体物性均匀分布，即均质流体；

(3)相同时间内气藏各点的地层压力都处于平衡状态，即各点的折算压力相等；

(4)整个开发过程中，气藏保持热力学平衡，即地层温度保持不变；

(5)不考虑气藏内重力和毛管力的影响。

水驱气藏物质平衡方程：

$$G_pB_g+W_pB_w=Ah\Phi[C_g(1-S_{wi})+C_wS_{wi}+C_p]\Delta P+W_e \tag{4-148}$$

即：

$$G_pB_g+W_pB_w-W_e=Ah\Phi C_t\Delta P \tag{4-149}$$

式中：$C_t=C_g(1-S_{wi})+C_wS_{wi}+C_p$；

$\Delta P=P_i-P$，压降，MPa；

P_i——原始地层压力，MPa；

G_p——累积产气量，m^3；

G——天然气在原始地层压力 P_i 下地面体积，m^3；

W_p——累积产水量，m^3；

W_e——累积水侵量，m^3；

A——气藏面积，m^2；

C_g、C_w、C_p——分别为气、水、岩石的压缩系数，MPa^{-1}；

S_{wi}——束缚水饱和度；

其余符号说明同前。

方程(4-149)就是水驱气藏的物质平衡方程，将该方程用于单井系统，即式(4-149)对时间微分：

$$d(G_pB_g+W_pB_w)/dt-dW_e/dt=Ah\Phi C_t(d\Delta P/dt) \tag{4-150}$$

定义水驱强度：

$$R = \frac{\mathrm{d}W_e/\mathrm{d}t}{\mathrm{d}(G_p B_g + W_p B_w)/\mathrm{d}t} = \frac{W_e}{q_g B_g} \tag{4-151}$$

由式(4-150)可导出：

$$(1-R)q_g B_g = 24Ah\Phi C_t(\mathrm{d}\Delta P/\mathrm{d}t) \tag{4-152}$$

式中：q_g——气井日产量，m^3/d；

B_g——天然气体积系数，m^3/m^3。

当流动处于拟稳定状态时，存在下列关系：

$$\mathrm{d}\Delta P/\mathrm{d}t = -\mathrm{d}\bar{P}/\mathrm{d}t = -\mathrm{d}P_{wf}/\mathrm{d}t \tag{4-153}$$

将式(4-153)代入式(4-152)得到

$$\mathrm{d}P_{wf}/\mathrm{d}t = -\frac{q_g B_g(1-R)}{24Ah\Phi C_t} \tag{4-154}$$

定义无因次压力：

$$P_{wD} = \frac{K_g h(P_i - P_{wf})}{1.842\times 10^{-3} q_g B_g \mu_g}$$

$$t_D = \frac{3.6K_g t}{\Phi\mu_g C_t r_w^2}$$

$$t_{DA} = \frac{3.6K_g t}{\Phi\mu_g C_t A} = t_D\left(\frac{r_w^2}{A}\right)$$

则式(4-154)的无因次形式为：

$$\mathrm{d}P_{wD}/\mathrm{d}t_{DA} = 2\pi(1-R) \tag{4-155}$$

上式即为水驱气藏当水驱强度为R，流动呈拟稳态时的压力降落速度方程。从该方程可以看出，当$R=0$时，即为纯气井拟稳定流动时的压降速度方程，如定容封闭气藏就是$R=0$的情形时，即为稳定流动时的压降速度方程，因此方程(4-155)是描述气水边界压力变化率的通式。

2. 拟稳态流动数学模型及解

假设一口生产井位于水驱圆形供给边界的中心，则拟稳态流动数学模型可表示为

$$\frac{\partial^2 P}{\partial r^2} + \frac{1}{r}\frac{\partial P}{\partial r} = \frac{\Phi\mu_g C_t}{3.6K_g}\frac{\partial P}{\partial t} \tag{4-156}$$

$$P(r_w, t) = P_{wf}(t) \tag{4-157}$$

$$\left(r\frac{\partial P}{\partial r}\right)_{r_e} = \frac{1.842\times 10^{-3} q_g B_g \mu_w}{K_w h}R \tag{4-158}$$

$$\frac{\partial P}{\partial t} = -\frac{q_g B_g(1-R)}{24\pi(r_e^2 - r_w^2)h\Phi C_t} \tag{4-159}$$

将式(4-159)代入式(4-156)，则数学模型变为

$$\frac{\partial^2 P}{\partial r^2} + \frac{1}{r}\frac{\partial P}{\partial r} = -\frac{2\times 1.842\times 10^{-3} q_g B_g \mu_g}{(r_e^2 - r_w^2)k_g h}(1-R) \tag{4-160}$$

$$P(r_w, t) = P_{wf}(t) \tag{4-161}$$

$$\left(r\frac{\partial P}{\partial r}\right)_{r_e} = \frac{1.842\times10^{-3} q_g B_g \mu_w}{K_w h} R \tag{4-162}$$

$$\frac{\partial P}{\partial t} = -\frac{q_g B_g (1-R)}{24\pi(r_e^2 - r_w^2) h \Phi C_t} \tag{4-163}$$

方程式(4-160)的通解为

$$P(r,t) = -\frac{1.842\times10^{-3} q_g B_g \mu_g (1-R)}{2(r_e^2 - r_w^2) K_g h} r^2 + C_1 \ln r + C_2 \tag{4-164}$$

由式(4-161)、(4-162)获得式(4-164)中的常数 C_1、 C_2 分别为

$$C_1 = \frac{1.842\times10^{-3} q_g B_g \mu_g}{K_g h}[1+(\delta-1)R] \tag{4-165}$$

$$C_2 = P_{wf}(t) + \frac{1.842\times10^{-3} q_g B_g \mu_g (1-R)}{2(r_e^2 - r_w^2) K_g h} r_w^2 - \frac{1.842\times10^{-3} q_g B_g \mu_g}{K_g h}[1+(\delta-1)R]\ln r_w \tag{4-166}$$

式(4-165)、(4-166)代入式(4-164)中，则获得拟稳态情形下圆形排泄区域内任意一点的压力分布：

$$P(r,t) = P_{wf}(t) + \frac{1.842\times10^{-3} q_g B_g \mu_g}{K_g h}\left\{[1+(\delta-1)R]\ln\left(\frac{r}{r_w}\right) - \frac{(r^2 - r_w^2)}{2(r_e^2 - r_w^2)}(1-R)\right\} \tag{4-167}$$

由式(4-167)可计算边界压力、平均压力或已知边界压力和平均压力计算水驱强度，同时可由此方程导出压力降落方程和压力恢复方程。

3. 数学模型解的应用

1)平均压力、边界压力及相互关系

圆形边界地层的平均压力可表达为：

$$\overline{P} = \frac{\int_{r_w}^{r_e} P(r,t) 2\pi r \mathrm{d}r}{\pi(r_e^2 - r_w^2)} \tag{4-168}$$

将式(4-167)代入式(4-168)，经运算获得平均压力的表达式为

$$\overline{P} = P_{wf}(t) + \frac{1.842\times10^{-3} q_g B_g \mu_g}{K_g h}\left\{[1+(\delta-1)R]\ln\frac{r_e}{r_w} - \frac{R}{2}(\delta-1) - \frac{3-R}{4}\right\} \tag{4-169}$$

当考虑表皮效应时：

$$\overline{P} = P_{wf}(t) + \frac{1.842\times10^{-3} q_g B_g \mu_g}{K_g h}\left\{[1+(\delta-1)R]\ln\frac{r_e}{r_w} - \frac{R}{2}(\delta-1) - \frac{3-R}{4} + S\right\} \tag{4-170}$$

将 $P(r,t)\big|_{r_e} = P_e$ 代入方程(4-166)得到考虑表皮效应时圆形地层边界上的压力：

$$P_e = P_{wf}(t) + \frac{1.842\times10^{-3} q_g B_g \mu_g}{K_g h}\left\{[1+(\delta-1)R]\ln\frac{r_e}{r_w} - \frac{1-R}{2} + S\right\} \tag{4-171}$$

由方程(4-170)及(4-171)，可获得平均压力和边界上压力的关系：

$$\overline{P}=P_{\mathrm{e}}-\frac{1.842\times10^{-3}q_{\mathrm{g}}B_{\mathrm{g}}\mu_{\mathrm{g}}}{4K_{\mathrm{g}}h}[2R(\delta-1)+(1+R)] \tag{4-172}$$

由式(4-172)看出，已知$\overline{P}$和P_{e}就可以求出水驱强度R。

当$R=0$时，获得常规拟稳定流动下的平均压力表达式：

$$\overline{P}=P_{\mathrm{e}}-\frac{1.842\times10^{-3}q_{\mathrm{g}}B_{\mathrm{g}}\mu_{\mathrm{g}}}{4K_{\mathrm{g}}h} \tag{4-173}$$

当$R=1$时，获得常规稳定流动下的平均压力表达式：

$$\overline{P}=P_{\mathrm{e}}-\frac{1.842\times10^{-3}q_{\mathrm{g}}B_{\mathrm{g}}\mu_{\mathrm{w}}}{2K_{\mathrm{w}}h}=P_{\mathrm{e}}-\frac{1.842\times10^{-3}W_{\mathrm{e}}\mu_{\mathrm{w}}}{2K_{\mathrm{w}}h} \tag{4-174}$$

2)无因次井底压力

(1)无因次井底压力推导

由式(4-169)两边同除以$\frac{1.842\times10^{-3}q_{\mathrm{g}}B_{\mathrm{g}}\mu_{\mathrm{g}}}{k_{\mathrm{g}}h}$得到

$$\overline{P_{\mathrm{D}}}=P_{\mathrm{wD}}-\left\{[1+(\delta-1)R]\ln\frac{r_{\mathrm{e}}}{r_{\mathrm{w}}}-\frac{R}{2}(\delta-1)-\frac{3-R}{4}\right\}-S \tag{4-175}$$

对式(4-175)经过一系列数学处理得

$$\overline{P_{\mathrm{D}}}=P_{\mathrm{wD}}-\frac{1}{2}\{[1+(\delta-1)R]\ln\frac{4A}{\gamma C_{\mathrm{A}}r_{\mathrm{w}}^{2}}\mathrm{e}^{\frac{\delta R}{2[1+(\delta-1)R]}}-S \tag{4-176}$$

式中：C_{A}——形状因子，对于圆形地层为31.62；

γ——欧拉常数，1.781。

其余符号说明同前。

近似认为原始地层压力等于平均压力，则由式(4-172)，无因次平均压力为：

$$\overline{P_{\mathrm{D}}}=\frac{R}{2}(\delta-1)+\frac{1+R}{4} \tag{4-177}$$

当$R=1$时：

$$\overline{P_{\mathrm{D}}}=\frac{1}{2}[1+(\delta-1)] \tag{4-178}$$

而$R=0$时，由式(4-150)：

$$\overline{P_{\mathrm{D}}}=2\pi t_{\mathrm{DA}} \tag{4-179}$$

由式(4-178)、(4-176)得到拟稳态时平均压力的表达式：

$$\overline{P_{\mathrm{D}}}=[1+(\delta-1)R]\left[2\pi(1-R)t_{\mathrm{DA}}+\frac{R}{2}\right] \tag{4-180}$$

将式(4-180)代入式(4-176)，则获得拟稳态流动时的无因次井底压力：

$$P_{\mathrm{wD}}=[1+(\delta-1)R]\left\{\frac{1}{2}\ln\frac{4A}{\gamma C_{\mathrm{A}}r_{\mathrm{w}}^{2}}\mathrm{e}^{\frac{\delta R+2R[1+(\delta-1)R]}{2[1+(\delta-1)R]}}+2\pi(1-R)t_{\mathrm{DA}}\right\}+S \tag{4-181}$$

特别地，当$R=0$时，获得定容气藏中一口井的无因次井底压力：

$$P_{\mathrm{wD}}=\frac{1}{2}\ln\frac{4A}{\gamma C_{\mathrm{A}}r_{\mathrm{w}}^{2}}+2\pi t_{\mathrm{DA}}+S \tag{4-182}$$

当 $R=1$ 时，获得恒压边界气藏中一口井的无因次井底压力：

$$P_{\mathrm{wD}}=\delta\ln\frac{4A}{\gamma C_{\mathrm{A}}r_{\mathrm{w}}^{2}}\mathrm{e}^{\frac{3}{2}}+S \tag{4-183}$$

(2) 井底压力动态特征分析

从无因次井底压力表达式(4-181)可以看出，无因次井底压力大小受水驱强度、气水流度比、气区半径及时间的影响，它与时间具有线性关系，其直线斜率为 $2\pi[1+(\delta-1)R](1-R)$。

图 4-34 表示泄油面积 A=100 m^2，气水流度比为 1 时，不同水驱强度对拟稳定流井底压力动态的影响，当水驱强度 R<1 时，表现为正斜率的线性关系，主要原因是水驱程度较弱，井底压力下降快，因此，无因次井底压力(即压降)上升，R=1 是典型的恒压边界特征，表现为水平直线，R>1 表现为负斜率的线性关系，主要原因是水驱程度较强，井底压力随时间增加，因而无因次井底压力(即压降)要下降乃至在一定时间内出现负值，表明井底压力高于地层压力。

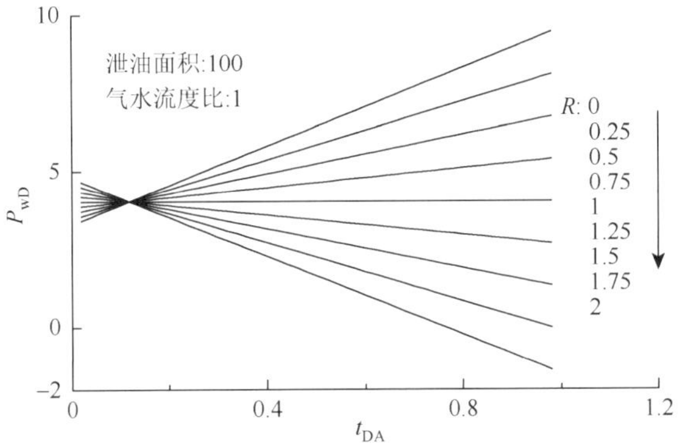

图 4-34　水驱强度对拟稳定流井底压力的影响

当气水流度比大于 1，例如气水流度比为 10 时，无因次井底压力同样具有上述基本特征，如图 4-35 所示，由于气的流度远大于水的流度，因此上升直线和下降直线不是关于 R=1 对称的，上升速度增快主要是由于气水流度大，井底压力下降快，在相同的水驱强度下能量补充速度慢，因而无因次压降更大。

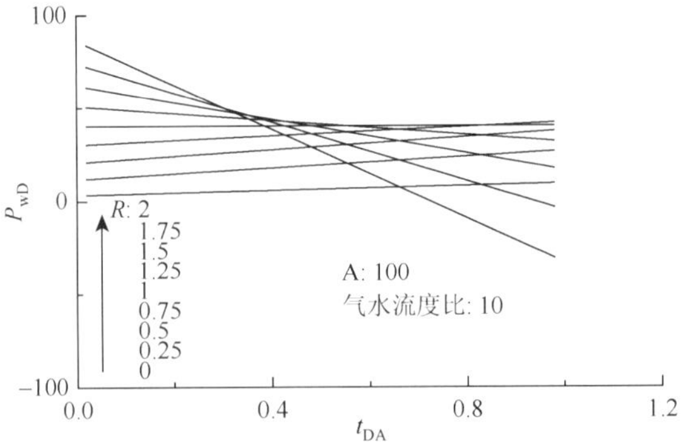

图 4-35　水驱强度对拟稳定流井底压力的影响

3) 无因次边界压力

(1) 无因次边界压力推导。

由式(4-171)的两边同减去 P_i 再除以 $\dfrac{1.842\times10^{-3}q_gB_g\mu_g}{k_gh}$ 得到

$$P_{eD}=P_{wD}-\left\{[1+(\delta-1)R]\ln\frac{r_e}{r_w}-\frac{1-R}{2}\right\} \tag{4-184}$$

式(4-184)中的 P_{wD} 即为式(4-181)，而式(4-184)右端第二项经过一系列数学处理后变为以下形式：

$$\left\{[1+(\delta-1)R]\ln\frac{r_e}{r_w}-\frac{1-R}{2}\right\}=[1+(\delta-1)R]\left\{\frac{1}{2}\ln\frac{4A}{\gamma C_A r_w^2}e^{\frac{1+(3\delta-1)R}{2[1+(\delta-1)R]}}\right\} \tag{4-185}$$

将式(4-181)、(4-185)代入式(4-184)获得边界上的无因次压力表达式：

$$P_{eD}=[1+(\delta-1)R]\left\{2\pi(1-R)t_{DA}+\frac{R^2\delta-R\delta-R^2+\frac{3}{2}R-\frac{1}{2}}{2[1+(\delta-1)R]}\right\}$$

或：

$$P_{eD}=2\pi[1+(\delta-1)R](1-R)t_{DA}+\frac{1}{2}R^2\delta-\frac{R}{2}\delta-\frac{R^2}{2}+\frac{3R}{4}-\frac{1}{4} \tag{4-186}$$

特别地，当 $R=0$ 时，即地层为圆形封闭时，无因次边界压力为

$$P_{eD}=2\pi t_{DA}-\frac{1}{4} \tag{4-187}$$

当 $R=1$ 时，即地层为恒压边界时，无因次边界压力为

$$P_{eD}=0 \tag{4-188}$$

式(4-188)说明，对恒压边界情形，地层边界上的压力就是原始地层压力。

(2) 拟稳态流动时平均压力、边界压力动态特征分析。

图 4-36 表示气水流度比为 1 时，不同水驱强度对拟稳定流动平均压力的影响，总的趋势是平均压力与时间具有线性关系，从该曲线图看出，水驱强度 R=1 时，平均压力保持恒定，表现为典型的恒压边界地层特征；R<1 时，因平均压力随水驱强度增加而增加，故无因次平均压力即压降要减小，各种水驱强度下的平均压力的值均大于零，平均压力与时间的直线关系在 R=1 时直线的上方；当 R>1 时，因平均压力增加速度更快，有可能超过地层压力，因此平均压力降可能出现小于零的情况，即在 R=1 直线的下方。实际上 R=1 就是水驱强弱程度判断的分界线。图 4-37 表示气水流度比为 10 时，不同水驱强度对拟稳定流动平均压力的影响，总的趋势与气水流度比为 1 的情况相同，只不过由于气水流度比远大于 1，使得水的能量更能充分发挥，无因次平均压力比流度比为 1 时的平均压力要小，因而无因次平均压降更大。

图 4-38、图 4-39 分别表示气水流度比为 1 及 10 时，水驱强度对拟稳定流动边界压力的影响，其压力动态变化特征与水驱强度对拟稳定流动平均压力动态特征的影响类似，分析方法也相同，此时不再加以阐述。

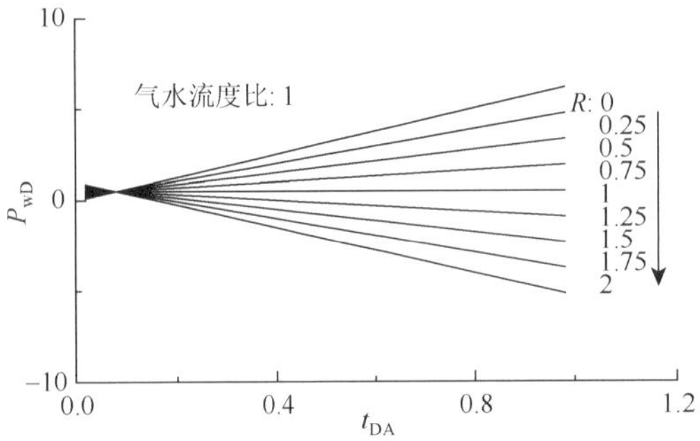

图 4-36　水驱强度对拟稳定流平均压力的影响(一)

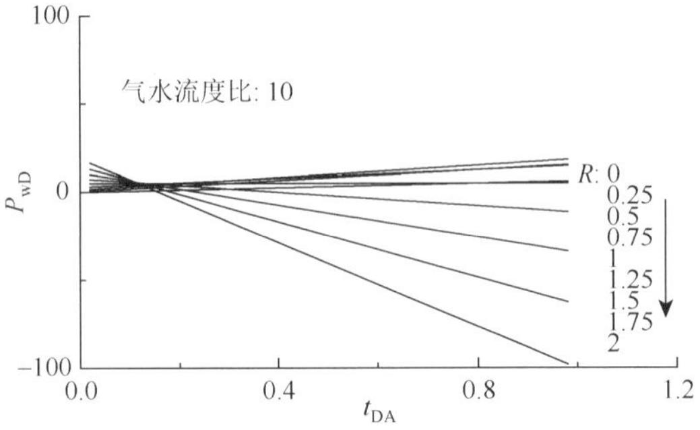

图 4-37　水驱强度对拟稳定流平均压力的影响(二)

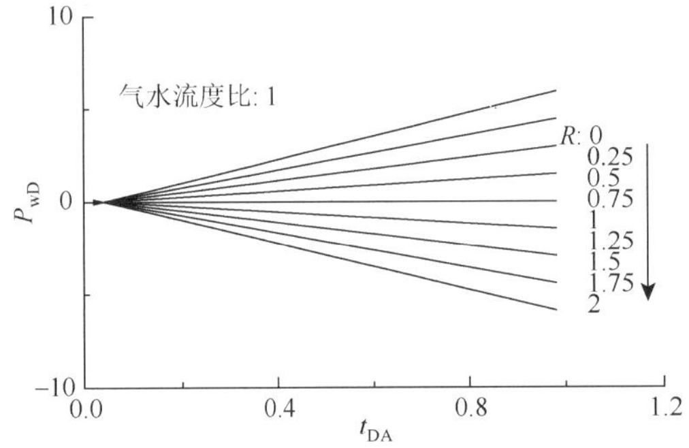

图 4-38　水驱强度对拟稳定流边界压力的影响(一)

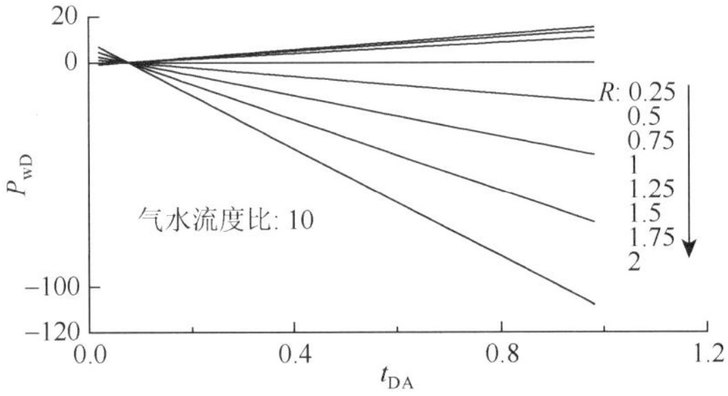

图 4-39　水驱强度对拟稳定流边界压力的影响(二)

第5章　页岩气藏渗流理论

页岩气是蕴藏于页岩储层中可供开采的天然气资源。页岩储层主要发育有微孔和纳米孔，储层孔隙度一般为2%～15%，储层中天然裂缝渗透率一般小于0.001 mD。研究表明，页岩气藏中存在解吸-扩散-渗流多重输运基质。本章首先阐述页岩气的输运机理及产出特征，在此基础上研究页岩气藏压裂水平井单相及两相及多种渗流机理影响的压裂水平井不稳定渗流理论。

5.1　页岩气输运机理及产出特征

5.1.1　页岩气吸附机理

页岩储层与常规气藏储层的最大差别就在于纳米孔隙极其发育，具有非常大的比面，是一种优良的吸附剂。由于表面分子层力场的不平衡、不对称性，因而存在表面自由能。热力学第二定律阐述了物质总是有自发地减小表面自由能的趋势，由于在固体表面上的分子力通常处于不平衡状态，导致与其发生接触的气体或者液体分子会因为分子力的作用被吸引在固体表面，使得残余力得到平衡，这种在固体表面进行的物质浓缩现象，称为吸附现象。

页岩体表面的分子存在剩余自由引力场，导致其在页岩表面与气体发生表面作用。当页岩气体分子接触到页岩体表面时，其中的一部分便被页岩体表面吸附并且与页岩体表面颗粒结合成页岩体的一部分，并释放出吸附热，被吸附的页岩气体分子再重新获得动能，并且所增加的动能足以用来克服页岩体表面引力场的引力作用时，就会重新回到气相中重新形成游离状态的页岩气，由此可见页岩表面的吸附属于可逆的物理吸附。

根据现有的文献研究，可以总结出通常固体表面吸附所具有的特征如下。

(1) 吸附是放热的，随温度升高吸附量下降。但是，某些特殊体系在温度升高时，溶质的溶解度降低，从而使溶质在固体表面的吸附量增加。当溶解度降低程度超过了温度对吸附量的影响时，吸附量随温度的增加而增大。

(2) 吸附量与吸附质的浓度成正比，吸附量随吸附质浓度增加而增大。由于气体具有较强的压缩性，固体表面对气体的吸附能力随压力的上升而增大。

(3) 固体表面凹凸不平，且表面物质成分不均匀，由于不同成分的吸附性能不同，因此固体吸附具有选择性。固体表面不同部位的吸附量常有较大差异。

(4) 固体表面对吸附质的吸附量随界面面积增大而增加。

有研究人员通过实验描述了5种等温吸附类型，其中第一类是适用于具有表面积很小的孔隙物质存在的情况，比如泥岩中的有机质，这一点正好符合页岩储层的特性。因而，该类型的等温吸附曲线准确地描述了页岩的等温吸附特征。后经过无数学者的研究探讨，形成了现在的朗格缪尔等温吸附曲线，如图 5-1 所示，该曲线中，气体的吸附作用在相对低压下增加较快，同时吸附空间被持续充注。等温吸附初期的斜率大是由孔隙壁的吸附能力引起的，吸附气体分子直径比孔隙略小。在更高的压力系统下达到饱和后，吸附气体不再增加，单层吸附开始，等温吸附线趋于平缓。

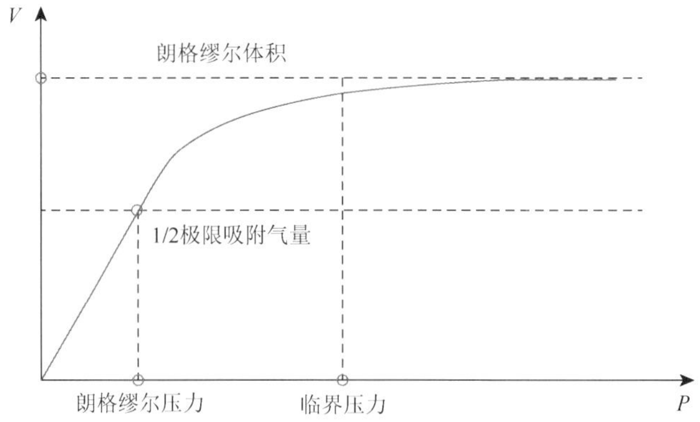

图 5-1　朗格缪尔等温吸附曲线

朗格缪尔在研究了固体表面的吸附特性后，通过结合动力学观点，提出了等温吸附定律，并通过一系列假设，最终得出了单分子层吸附状态方程。国外学者在近些年来对页岩气研究过程中发现朗格缪尔等温吸附方程可以用来描述页岩气吸附在页岩表面这种现象。在页岩气藏内气体吸附体积与储存压力有如下关系：

$$V = V_{\mathrm{m}}\left(\frac{bp}{1+bp}\right) \tag{5-1}$$

通过式(5-1)可以看出，当页岩储层处于高压时，p 远大于 1，那么 $bp/(1+bp)\approx 1$，于是有 $V=V_{\mathrm{m}}$，这证明当储层处于高压状态下，页岩基质表面已被气体分子吸附物覆盖，随压力增加，吸附气量不再增加。由于是等温吸附，所以在理论上，任何温度条件下，极限吸附量都是相同的，不同页岩储层吸附量上的差异，反映在吸附常数 V_{m} 上。

对朗格缪尔方程进行线性改写变为：

$$\frac{p}{V} = \frac{p}{V_{\mathrm{m}}} + \frac{1}{bV_{\mathrm{m}}} \tag{5-2}$$

最后朗格缪尔方程可以简化为

$$V = V_{\mathrm{L}}\left(\frac{p}{p+p_{\mathrm{L}}}\right) \tag{5-3}$$

很多储层物性参数会影响到对于页岩储层的吸附能力，这其中最关键的主要有地层压力、地层温度、储层有机质含量和天然裂缝数。

根据朗格缪尔定律，地层压力越大，页岩储层的吸附量随之增大，但当这个压力值高于某个临界值时，吸附气量速度放缓，最后会达到一个峰值，即朗格缪尔体积。

页岩气的吸附是可逆的物理吸附，其中的气体分子与页岩表面以范德瓦耳斯力结合在一起，温度升高，分子运动加剧，从而导致气体分子脱离固体表面，成为游离态，吸附气量因此而减少。

储层中的有机碳含量直接影响生气效果的强弱。基于北美页岩气勘探开发数据可以看出，有机碳不仅仅是衡量烃源岩生气潜力的重要参数，其数值的大小会直接导致吸附气量发生数量级的变化[59]。

地层天然裂缝为页岩储层中的气体提供了储集空间，也提供了有效的运移通道，通常认为，开启的且相互垂直的天然裂缝能够显著地增加页岩储层的吸附气量。大量裂缝群的存在标志着这一页岩气藏可以进行商业开采并得到工业气流。通常认为，控制页岩储层内吸附气量的裂缝主要在于其自身因素：密度及其走向的分散性。总而言之，裂缝总条数越多，走向越分散化，彼此连通性越好，吸附气量就越大。

5.1.2 页岩气解吸附特征

页岩气的解吸过程可以用朗格缪尔等温吸附模型来描述，在页岩气藏被打开的时候，其储层已经被页岩气饱和，这表明储层在初始条件下含气量位于朗格缪尔等温吸附曲线以上，在此之后，随着地层压力的降低，吸附气将从页岩基质系统中解吸出来变成游离气态。若页岩未被页岩气饱和，这储层的初始含气量在等温吸附曲线以下，随着地层压力降低，吸附气不会立即解吸出来，只有储层压力降到与实际含气量对应的压力处，吸附气才会开始解吸。储层的初始压力与临界解吸压力越接近，吸附气解吸越快。

5.1.3 页岩气解吸气扩散规律

1. 页岩气渗流及运移规律

关于页岩气在储层中的渗流和运移规律，主要有以下 4 类描述。

(1) King[60]指出页岩气在储层内的运移过程类似于煤层气，主要由两个阶段组成，一是随着储层被打开后，地层压力下降，吸附气从页岩基质孔隙壁的表面解吸到基质孔隙内，解吸气和孔隙内的游离气共同通过扩散作用进入到了裂缝网络中；其二是裂缝网络中的所有气体在压差作用下，通过达西流动进入井筒内，完成产气过程。通过达西定律和朗格缪尔等温吸附定律来描述这两个阶段，而该体系中的扩散作用则主要由体系扩散、克努森扩散以及表面扩散组成，通过菲克第一定律即可描述页岩储层的扩散活动。King[60]所描述的页岩气在储层中的运移如图 5-2 所示。

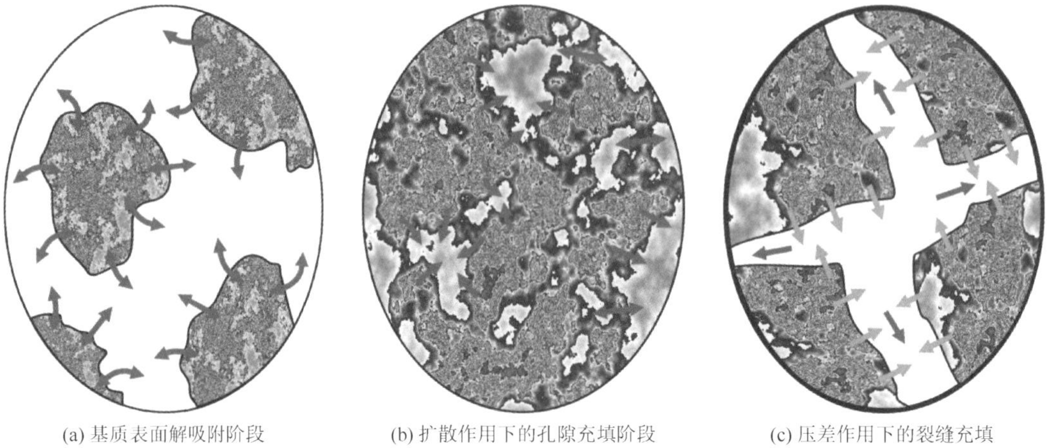
(a) 基质表面解吸附阶段
(b) 扩散作用下的孔隙充填阶段
(c) 压差作用下的裂缝充填

图 5-2　King 描述的页岩气微观运移过程[6]

(2) Javadpour[61]在其研究中肯定了克努森扩散对于描述页岩气藏这类纳米孔隙储层的准确性，他认为随着生产的持续进行，游离气逐渐被采尽，地层压力的下降会使初始页岩基质内的吸附气开始进入解吸扩散阶段，其微观运移将会经历如下三个阶段：首先是干酪根和储层内有机质表面的吸附气进行表面扩散，然后吸附气从干酪根表面，微孔壁表面向储层孔隙中解吸，最后气体在纳米孔隙中以克努森扩散方式进行运移，经过裂缝网络以达西流动方式进入井筒内，完成整个渗流过程。Javadpour 所描述的页岩气在储层中的运移如图 5-3 所示[61]。

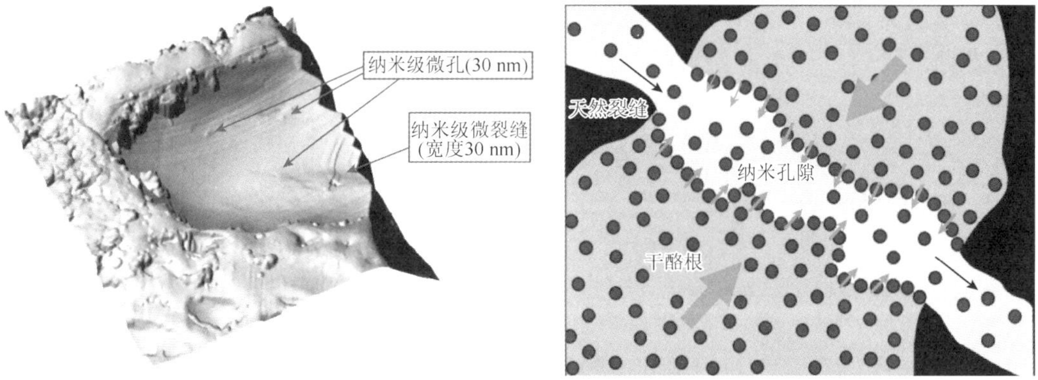

图 5-3　Javadpour 描述的页岩气微观运移过程[61]

(3) Kang 等基于电镜扫描研究结果及页岩气藏储集测试结果提出了两种相似确又有明显差异的页岩气微观运移模型[62]。①并联关系：储层中的干酪根(有机物部分)与无机物基质并联后，共同与裂缝以串联方式相连接。干酪根内部的气体通过体系扩散至其表面，干酪根表面的吸附气解吸并通过扩散进入裂缝。而无机物基质孔隙中的页岩气以达西流动方式进入裂缝系统。②串联关系：干酪根(有机物部分)、无机物基质与裂缝这 3 者以串联方式连接。干酪根内部的气体通过体系扩散至其表面，干酪根表面的吸附气解吸并通过扩散运移进入无机物基质中，最后再以达西流流动方式进入裂缝。其实在实际运移过程中，多数时候是以这两种运移方式混合的过程来实现气体产出的，而对于扩散方式，Kang 等认为解吸气在干酪根表面的扩散属表面扩散，而在基质孔隙中的自由气以克努森扩散方式运移[62]。Kang 等所描述的页岩气在储层中的运移如图 5-4 所示。

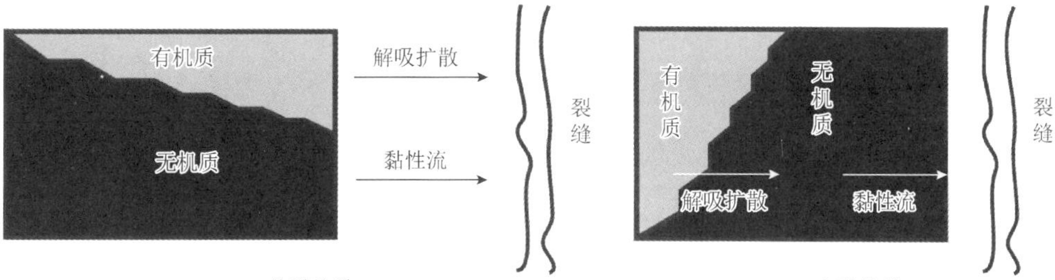

(a) 并联关系　(b) 串联关系

图 5-4　Kang 描述的页岩气微观运移过程[62]

(4) Guo 等提出了基于页岩纳米孔隙的对流模型，基于该模型，分析了两种不同的运移特性[63]。其一为黏性流，若气体分子的平均自由程小于孔隙直径，则衡量气体分子在孔隙内运移情况将由其彼此间的碰撞程度决定。由于气体分子体积相比于其流通空间来说要小得多，因此其碰撞到孔吼壁的几率非常小。在此流动阶段，单组分气体分子间的气压梯度会产生黏性流动。其二为克努森扩散，当孔隙直径很小的时候，其平均自由程相对较近，气体分子与孔吼壁之间的碰撞就占据了主导地位，在这种情况下，克努森扩散规律就可以用来描述这一流动阶段。Guo 所描述的页岩气在储层中的运移如图 5-5 所示[63]。

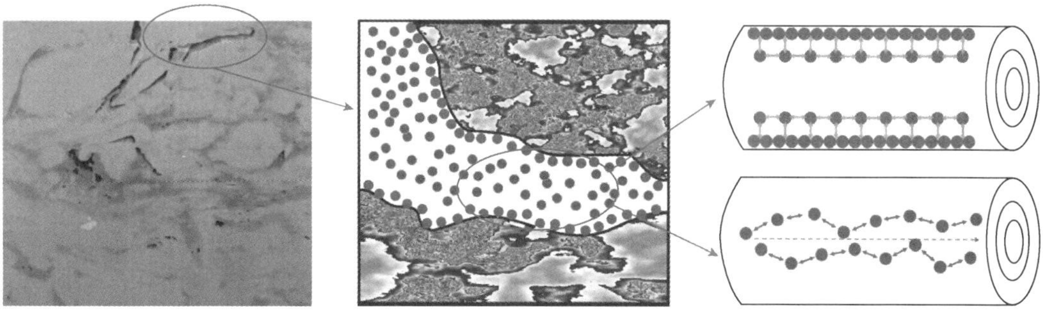

图 5-5　Guo 描述的页岩气微观运移过程[63]

2. 解吸气扩散类型

页岩气藏在开采过程中由于地层压力下降，吸附在基质或裂缝表面上的吸附气将会发生解吸作用，通过解吸作用这些气体进入了流通孔道变为解吸气。解吸气是页岩气藏产量中最为重要的组成部分，在其进入高渗透率的流通通道之前将会通过扩散作用进行运移。当页岩气藏中气体浓度分布不均匀时，气体就会从高密度区域转移到低密度区，而原来高密度区会因为气体分子流失而导致密度降低，原来的低密度区域则会密度升高，这种现象被称为扩散现象。页岩气从页岩基质表面解吸出来后会通过扩散作用在孔隙中运移，由于孔隙孔径非常小，达西渗流的作用很微弱可以忽略。页岩气内的扩散主要是通过浓度扩散作用，甲烷分子从高浓度区向低浓度区流动，其驱动力为浓度梯度而不是渗流作用下的压力梯度。

通常认为若页岩气藏经过水力压裂施工后，从基质孔隙外，也就是基质表面开始向裂缝中扩散，换而言之就是开始向渗透率更大、浓度更低的地方扩散，这样的扩散属于菲克扩散。

对于菲克扩散，主要有菲克第一定律及第二定律，第一定律用于描述基质表面的解吸气拟稳态扩散，而第二定律则用于描述其非稳态扩散。

菲克第一扩散定律的普遍形式如下：

$$v - v_{\mathrm{a}} = -\frac{D'}{c}\nabla c \tag{5-4}$$

式中：$v-v_{\mathrm{a}}$ 被称为扩散速度；D'被称为质量扩散系数($\mathrm{m^2/s}$)；c 则为相对浓度。

当流体在宏观上为静止的情况下，则有扩散速度 v 及扩散流量 Q_{sc} 的表达式：

$$v = -\frac{D'}{c}\nabla c \tag{5-5}$$

$$Q_{\mathrm{sc}} = -\frac{ARD'T_{\mathrm{sc}}}{Mp_{\mathrm{sc}}Z}\nabla c \tag{5-6}$$

式中，R 为普适气体常数，M 是气体分子量，A 是面积或扩散通量。

一般来说，可以认为拟稳态扩散中总浓度对时间的变化率与浓度差值成正比：

$$\frac{\mathrm{d}c_{\mathrm{m}}}{\mathrm{d}t} = D_{\mathrm{m}}F_{\mathrm{s}}(c_2 - c_{\mathrm{m}}) \tag{5-7}$$

通过式(5-7)可以得到球形基质块的扩散流量表达式：

$$q_{\mathrm{m}} = -G\frac{\mathrm{d}c_{\mathrm{m}}}{\mathrm{d}t} = -G\rho_{\mathrm{sc}}\frac{6\pi^2 D}{R^2}(V_{\mathrm{a}} - V) \tag{5-8}$$

式(5-8)即为一般常用的拟稳定扩散的扩散量表达式。

不稳定扩散则要复杂得多，这就要用到 Fick 第二定律，其表达式为

$$\frac{\partial c}{\partial t} = \nabla(D\nabla c) \tag{5-9}$$

气体浓度定义为每立方米页岩基质中所含气体质量的千克数。气体密度的定义为每立方米孔隙空间中所含的气体质量的千克数，于是可以得到游离气浓度表达式：

$$c_1 = \rho_1\phi_{\mathrm{m}} = \frac{Mp_{\mathrm{m}}\phi_{\mathrm{m}}}{RTZ} \tag{5-10}$$

根据朗格缪尔定律，考虑到吸附气浓度，于是可以得到基质块中基于整体体积的总浓度：

$$c_{\mathrm{m}} = \frac{Mp_{\mathrm{m}}\phi_{\mathrm{m}}}{RTZ} + \frac{V_{\infty}p_{\mathrm{m}}}{p_{\mathrm{L}} + p_{\mathrm{m}}} \tag{5-11}$$

将式(5-11)代入式(5-9)中可以得到

$$\frac{\partial}{\partial t}\left(\frac{Mp_{\mathrm{m}}\phi_{\mathrm{m}}}{RTZ}+\frac{V_{\infty}p_{\mathrm{m}}}{p_{\mathrm{L}}+p_{\mathrm{m}}}\right)=\nabla\left[D_{\mathrm{m}}\nabla\left(\frac{Mp_{\mathrm{m}}\phi_{\mathrm{m}}}{RTZ}+\frac{V_{\infty}p_{\mathrm{m}}}{p_{\mathrm{L}}+p_{\mathrm{m}}}\right)\right] \tag{5-12}$$

若是对于球形基质块，则上式可以变化为

$$\frac{\partial}{\partial t}\left(\frac{Mp_{\mathrm{m}}\phi_{\mathrm{m}}}{RTZ}+\frac{V_{\infty}p_{\mathrm{m}}}{p_{\mathrm{L}}+p_{\mathrm{m}}}\right)=\frac{3D}{R}\frac{\partial c_{\mathrm{m}}}{\partial r_{\mathrm{m}}}\bigg|_{r_{\mathrm{m}}=R} \tag{5-13}$$

结合 Fick 第二定律可以得到球形基质块不稳定扩散表达式：

$$\frac{1}{r_{\mathrm{m}}^2}\frac{\partial}{\partial r_{\mathrm{m}}}\left(Dr_{\mathrm{m}}^2\frac{\partial c_{\mathrm{m}}}{\partial r_{\mathrm{m}}}\right)=\frac{\partial c_{\mathrm{m}}}{\partial t} \tag{5-14}$$

式中，c_{m}是基于整体体积的气体浓度(kg/m^3)；r_{m}是球形基质块半径(m)。

5.1.4 页岩气产出特征

由于页岩气藏的特殊低渗低孔地质构造特征，加之大量吸附气的存在，气体在其储层中流动所受到的阻力相比常规气藏要大得多，这样也导致了页岩气井的产量较低，甚至是无产能。绝大多数页岩气藏的开发都需要利用水平井技术加之水力压裂施工以得到工业气流。页岩气井早期的产量来自于储层天然裂缝中的游离气，并且产量较高，随着开采的进行，地层压力逐渐降低，游离气被逐渐采空，基质表面的吸附气开始发生解吸，但解吸速度受地层压力下降速度以及本身吸附量等的限制，此时气井产量下降会非常厉害，最后解吸气的解吸速度和气体采出速度达到一种平衡，产量递减速度变缓，此为稳产期，稳产期通常会持续 30 甚至 50 年[64]。影响页岩气藏最终采收率的因素主要有储层原始含气量、地层压力、吸附气解吸能力、裂缝发育程度以及钻采工艺等。与常规天然气井相比，页岩气井日产量偏低，但是中后期的稳产能力较强、生产寿命较长。页岩气与常规天然气生产过程对比如图 5-6 所示。

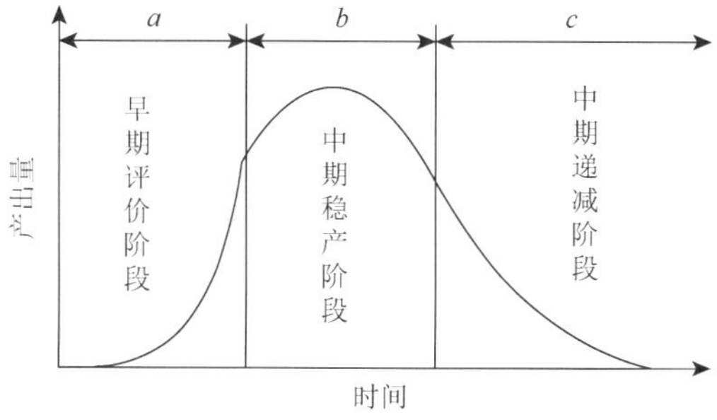

(a) 常规天然气产出过程

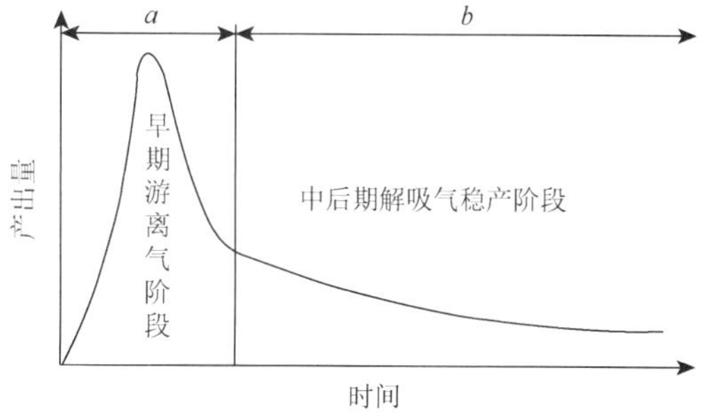

(b) 页岩气产出过程

图 5-6 常规天然气与页岩气产出过程对比

5.2 页岩气藏压裂水平井渗流理论

在页岩气藏吸附解吸机理及微观运移规律的基础上，运用朗格缪尔等温吸附理论描述页岩气的吸附解吸过程，利用菲克第一及第二定律描述微孔壁表面解吸气向孔隙内扩散的过程，建立双重介质页岩气藏压裂水平井渗流模型。并利用点源思想，结合拉普拉斯变换等数学物理方法分别针对外边界为无限大的顶底封闭边界及顶底混合边界情况求取页岩气藏压裂水平井拟压力连续点源解，计算页岩气压裂水平井不稳定渗流压力动态典型曲线并对影响因素进行分析。

5.2.1　物理模型

页岩气藏压裂水平井渗流物理模型如图 5-7 所示，在双重介质页岩储层的情况下，吸附态的页岩气从基质孔隙表面以拟稳态或非稳态扩散的形式向水力裂缝内运移，最后通过生产压差作用流入水平井筒内。

页岩储层为双重介质储层，厚度为 h，原始地层压力为 p_i，顶底为封闭或混合，在储层中央有一口多级压裂水平井，且与气藏垂向边界平行，基本假设如下：

(1) 页岩储层为双重介质储层，基于沃伦-鲁特模型[11]；

(2) 页岩气解吸过程遵循朗格缪尔等温吸附方程；

(3) 解吸气从页岩基质表面通过拟稳态扩散或非稳态扩散至水力裂缝系统，该扩散过程分别符合菲克第一及第二定律；

(4) 裂缝系统内的气体渗流过程符合达西定律，裂缝渗透率为 k_f；

(5) 忽略重力和毛管力的影响；

(6) 页岩气藏中有一口压裂水平井，水力裂缝与水平井筒皆为无限导流，每条裂缝被划分为 $2n$ 段，裂缝半长为 L_f；

(7) 各条人工裂缝内压力分布均匀，地层内的流体以不同的流率沿水力裂缝方向流入水平井筒内；

(8) 压裂水平井以定产量生产。

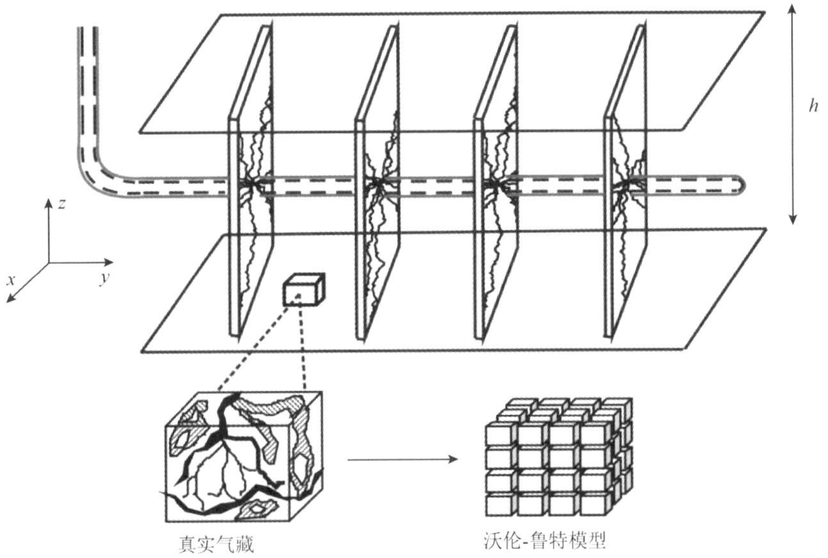

图 5-7　双重介质页岩气藏压裂水平井物理模型

5.2.2　数学模型

运动方程反映了油气渗流速度与孔隙流体压力之间的关系。根据模型假设，双重介质页岩气藏压裂水平井通过射孔方式完井，流体的主要流通通道为水力裂缝，流体在裂缝中的渗流满足达西定律。在渗流区域中建立三维笛卡尔坐标系，则裂缝和基质中的运动方程：

$$v_{\rm f} = -\frac{k_{\rm f}}{\mu_{\rm g}}\nabla p_{\rm f} \tag{5-15}$$

$$v_{\rm m} = -\frac{k_{\rm m}}{\mu_{\rm g}}\nabla p_{\rm m} \tag{5-16}$$

由于页岩气藏储层流动中基质渗透率极低，几乎不存在基质内流动，其向裂缝的窜流及流体贡献基本都基于其表面吸附气解吸后发生的扩散，因此可以采用 Fick 定律表征后的基质解吸扩散方程来描述基质流动：

拟稳态扩散：

$$q_{\rm m} = -G\rho_{\rm sc}\frac{6\pi^2 D}{\varepsilon^2}(V_{\rm a} - V) \tag{5-17}$$

非稳态扩散：

$$q_{\rm m} = \frac{\partial V}{\partial t} = \frac{3D}{R}\frac{\partial c_{\rm m}}{\partial r_{\rm m}}\bigg|_{r_{\rm m}=R} \tag{5-18}$$

真实气体状态方程：

$$pV = nZRT \tag{5-19}$$

利用质量守恒定律原理将运动方程和状态方程联系起来：

$$\frac{\partial}{\partial x}\left(\frac{p_{\rm f}}{\mu_{\rm g}Z}\frac{\partial p_{\rm f}}{\partial x}\right) + \frac{\partial}{\partial y}\left(\frac{p_{\rm f}}{\mu_{\rm g}Z}\frac{\partial p_{\rm f}}{\partial y}\right) + \frac{k_{\rm fv}}{k_{\rm fh}}\frac{\partial}{\partial z}\left(\frac{p_{\rm f}}{\mu_{\rm g}Z}\frac{\partial p_{\rm f}}{\partial z}\right) - \frac{p_{\rm sc}T}{k_{\rm fh}T_{\rm sc}\rho_{\rm sc}}q_{\rm m} = \frac{\phi_{\rm f}}{k_{\rm fh}}\frac{\partial\left(\dfrac{p_{\rm f}}{z}\right)}{\partial t} \tag{5-20}$$

式(5-20)中右端还可以进一步化简，通过偏导数展开：

$$\frac{\phi_{\rm f}}{k_{\rm fh}}\frac{\partial\left(\dfrac{p_{\rm f}}{Z}\right)}{\partial t} = \frac{\phi_{\rm f}}{k_{\rm fh}}\left[\frac{1}{Z}\frac{\partial p_{\rm f}}{\partial Z} + p_{\rm f}\frac{\partial}{\partial t}\left(\frac{1}{Z}\right)\right] = \frac{\phi_{\rm f}}{k_{\rm fh}}\left[\frac{p_{\rm f}}{Z}\left(\frac{1}{p_{\rm f}} - \frac{1}{Z}\frac{\partial Z}{\partial p_{\rm f}}\right)\frac{\partial p_{\rm f}}{\partial t}\right] \tag{5-21}$$

定义气体压缩系数：

$$c_{\rm g} = \frac{1}{p_{\rm f}} - \frac{1}{Z}\frac{\partial Z}{\partial p_{\rm f}} \tag{5-22}$$

将式(5-21)代入原裂缝渗流微分方程得

$$\frac{\partial}{\partial x}\left(\frac{p_{\rm f}}{\mu_{\rm g}Z}\frac{\partial p_{\rm f}}{\partial x}\right) + \frac{\partial}{\partial y}\left(\frac{p_{\rm f}}{\mu_{\rm g}Z}\frac{\partial p_{\rm f}}{\partial y}\right) + \frac{\partial}{\partial z}\left(\frac{k_{\rm fv}}{k_{\rm fh}}\frac{p_{\rm f}}{\mu_{\rm g}Z}\frac{\partial p_{\rm f}}{\partial z}\right) - \frac{p_{\rm sc}T}{k_{\rm fh}T_{\rm sc}\rho_{\rm sc}}q_{\rm m} = \frac{\phi_{\rm f}c_{\rm g}p_{\rm f}}{Zk_{\rm fh}}\frac{\partial p_{\rm f}}{\partial t} \tag{5-23}$$

引入拟压力函数：

$$m = \frac{\mu_{\rm i}Z_{\rm i}}{p_{\rm i}}\int_{p_0}^{p}\frac{p_{\rm f}}{\mu_{\rm g}Z}{\rm d}p_{\rm f} \tag{5-24}$$

则式(5-23)变为如下形式：

$$\frac{\partial}{\partial x}\left(\frac{\partial m}{\partial x}\right)+\frac{\partial}{\partial y}\left(\frac{\partial m}{\partial y}\right)+\frac{\partial}{\partial z}\left(\frac{k_{\mathrm{fv}}}{k_{\mathrm{fh}}}\frac{\partial m}{\partial z}\right)-\frac{p_{\mathrm{sc}}T\mu_i Z_i}{k_{\mathrm{fh}}T_{\mathrm{sc}}p_i\rho_{\mathrm{sc}}}q_{\mathrm{m}}=\frac{\phi_{\mathrm{f}}c_{\mathrm{g}}\mu_{\mathrm{g}}}{k_{\mathrm{fh}}}\frac{\partial m}{\partial t} \tag{5-25}$$

引入无因次变量如表 5-1 所示。

表 5-1　无因次变量对照表

无因次变量	无因次定义表达式
无因次拟压力及无因次时间	$m_{\mathrm{D}}=\frac{2\pi K_{\mathrm{fh}}h}{q_{\mathrm{sc}}B_{\mathrm{g}i}\mu_i}(m_i-m)$，$t_{\mathrm{D}}=\frac{k_{\mathrm{fh}}}{\sigma L^2}t$
储容比及窜流系数	$\omega=\frac{\phi_{\mathrm{f}}\mu_{\mathrm{g}}c_{\mathrm{g}}}{\sigma}$，$\lambda=\frac{\sigma L^2}{k_{\mathrm{fh}}\gamma}$
无因次 x，y 坐标值及持续点源值	$x_{\mathrm{D}}=\frac{x}{L}$，$x_{\mathrm{wD}}=\frac{x_{\mathrm{w}}}{L}$，$y_{\mathrm{D}}=\frac{y}{L}$，$y_{\mathrm{wD}}=\frac{y_{\mathrm{w}}}{L}$
无因次 z 坐标值及持续点源值	$z_{\mathrm{D}}=\frac{z}{L}$，$z_{\mathrm{wD}}=\frac{z_{\mathrm{w}}}{L}\sqrt{\frac{k_{\mathrm{fh}}}{k_{\mathrm{fv}}}}$
无因次裂缝微元段长度顶底值	$L_{\mathrm{fL\,D}i}=\frac{L_{\mathrm{fL}i}}{L}$，$L_{\mathrm{fR\,D}i}=\frac{L_{\mathrm{fR}i}}{L}$
无因次基质块半径及无因次储层厚度	$r_{\mathrm{D}}=\frac{r}{L}$，$r_{\mathrm{wD}}=\frac{r_{\mathrm{w}}}{L}$，$h_{\mathrm{D}}=\frac{h}{L}$
无因次气体平衡浓度及裂缝气体平均浓度	$V_{\mathrm{aD}}=V_{\mathrm{a}}-V_i$，$V_{\mathrm{D}}=V-V_i$
无因次气体质量密度	$c_{\mathrm{mD}}=(c_{\mathrm{m}}-c_i)$
无因次井筒储集系数	$C_{\mathrm{D}}=\frac{C}{2\pi h\phi_{\mathrm{f}}c_{\mathrm{g}}L^2}$
拟稳态扩散参数团	$\sigma_{\mathrm{p}}=\phi_{\mathrm{f}}\mu_{\mathrm{g}}c_{\mathrm{g}}+\frac{p_{\mathrm{sc}}TZ_i}{T_{\mathrm{sc}}p_i}\frac{2\pi k_{\mathrm{fh}}h}{q_{\mathrm{sc}}B_{\mathrm{g}i}}$ $\gamma_{\mathrm{p}}=\frac{R^2}{6\pi^2D}$
非稳态扩散参数团	$\sigma_{\mathrm{U}}=\phi_{\mathrm{f}}\mu_{\mathrm{g}}c_{\mathrm{g}}+\frac{p_{\mathrm{sc}}TZ_i}{T_{\mathrm{sc}}p_i}\frac{6\pi k_{\mathrm{fh}}h}{q_{\mathrm{sc}}B_{\mathrm{g}i}}$ $\gamma_{\mathrm{U}}=\frac{R^2}{\pi^2D}$

对式(5-25)进行无因次化后得

$$\frac{\partial}{\partial x_{\mathrm{D}}}\left(\frac{\partial m_{\mathrm{D}}}{\partial x_{\mathrm{D}}}\right)+\frac{\partial}{\partial y_{\mathrm{D}}}\left(\frac{\partial m_{\mathrm{D}}}{\partial y_{\mathrm{D}}}\right)+\frac{\partial}{\partial z_{\mathrm{D}}}\left(\frac{\partial m_{\mathrm{D}}}{\partial z_{\mathrm{D}}}\right)=\omega\frac{\partial m_{\mathrm{D}}}{\partial t_{\mathrm{D}}}+\frac{\sigma L^2}{k_{\mathrm{fh}}\rho_{\mathrm{sc}}}(1-\omega)q_{\mathrm{m}} \tag{5-26}$$

对式(5-26)进行关于无因次时间的拉普拉斯变换：

$$\frac{\partial}{\partial x_{\mathrm{D}}}\left(\frac{\partial \bar{m}_{\mathrm{D}}}{\partial x_{\mathrm{D}}}\right)+\frac{\partial}{\partial y_{\mathrm{D}}}\left(\frac{\partial \bar{m}_{\mathrm{D}}}{\partial y_{\mathrm{D}}}\right)+\frac{\partial}{\partial z_{\mathrm{D}}}\left(\frac{\partial \bar{m}_{\mathrm{D}}}{\partial z_{\mathrm{D}}}\right)=s\omega\bar{m}_{\mathrm{D}}+\frac{\sigma L^2}{k_{\mathrm{fh}}\rho_{\mathrm{sc}}}(1-\omega)\bar{q}_{\mathrm{m}} \tag{5-27}$$

式(5-27)即为双重介质页岩气压裂水平井在拉普拉斯空间下的数学模型表达式。对于解析后的页岩气，考虑其具有拟稳态扩散和非稳态两种扩散形式。

1. 解吸气拟稳态扩散

页岩气藏内的解吸气若通过拟稳态扩散方式进行运移，则可以用菲克第一定律来描述。根据第 2 章的叙述，解吸气拟稳态扩散的表达式如下：

$$q_{\mathrm{m}}=-G\rho_{\mathrm{sc}}\frac{\mathrm{d}c_{\mathrm{m}}}{\mathrm{d}t}=-G\rho_{\mathrm{sc}}\frac{6\pi^2 D}{R^2}(V_{\mathrm{a}}-V) \tag{5-28}$$

于是式(5-27)的右端第二项可以写作：

$$\frac{\sigma_{\mathrm{p}}L^2}{k_{\mathrm{fh}}\rho_{\mathrm{sc}}}(1-\omega)\overline{q}_{\mathrm{m}}=-\frac{\sigma_{\mathrm{p}}L^2(1-\omega)}{k_{\mathrm{fh}}\rho_{\mathrm{sc}}}\left(G\rho_{\mathrm{sc}}\frac{6\pi^2 D}{R^2}s\overline{c}_{\mathrm{m}}\right) \tag{5-29}$$

对式(5-29)进行化简：

$$\frac{\sigma_{\mathrm{p}}L^2}{k_{\mathrm{fh}}\rho_{\mathrm{sc}}}(1-\omega)\overline{q}_{\mathrm{m}}=-\frac{6\pi^2 D\sigma_{\mathrm{p}}L^2}{k_{\mathrm{fh}}R^2}G(1-\omega)s\overline{c}_{\mathrm{m}} \tag{5-30}$$

拟稳态扩散中的窜流系数定义如下：

$$\lambda=\frac{\sigma L^2}{k_{\mathrm{fh}}\gamma}=\frac{6\pi^2 D\sigma L^2}{k_{\mathrm{fh}}R^2} \tag{5-31}$$

引入窜流系数后，基于拉普拉斯变换后的式(5-30)写成：

$$\frac{\sigma_{\mathrm{p}}L^2}{k_{\mathrm{fh}}\rho_{\mathrm{sc}}}(1-\omega)\overline{q}_{\mathrm{m}}=-\lambda sG(1-\omega)\overline{c}_{\mathrm{mD}} \tag{5-32}$$

由于 c_{mD} 和 V_{D} 皆已无因次化，其在数值上是相等的，于是有 $\overline{c}_{\mathrm{mD}}=\overline{V}_{\mathrm{D}}$。通过移项，拟稳态扩散项则可以写成如下形式：

$$\overline{V}_{\mathrm{D}}=\frac{\lambda}{\lambda+s}\overline{V}_{\mathrm{aD}} \tag{5-33}$$

为了将裂缝内拟压力与拟稳态扩散项联系起来，引入朗格缪尔等温吸附定律，其表达式如下：

$$V=V_{\mathrm{m}}\frac{p}{p_{\mathrm{L}}+p} \tag{5-34}$$

将式(5-34)代入到拉普拉斯空间下的 $\overline{V}_{\mathrm{aD}}$ 表达式中，可以得到

$$\overline{V}_{\mathrm{aD}}=\overline{\left(V_{\mathrm{m}}\frac{m_{\mathrm{f}}}{m_{\mathrm{L}}+m_{\mathrm{f}}}-V_{\mathrm{m}}\frac{m_i}{m_{\mathrm{L}}+m_i}\right)}=-\overline{\left[\frac{V_{\mathrm{m}}m_{\mathrm{L}}(m_i-m_{\mathrm{f}})}{(m_{\mathrm{L}}+m_{\mathrm{f}})(m_{\mathrm{L}}+m_i)}\right]} \tag{5-35}$$

代入无因次拟压力函数，式(5-35)可以变成：

$$\overline{V}_{\mathrm{aD}}=-\overline{\left[\frac{V_{\mathrm{m}}m_{\mathrm{L}}(m_i-m_{\mathrm{f}})}{(m_{\mathrm{L}}+m_{\mathrm{f}})(m_{\mathrm{L}}+m_i)}\right]}=-\overline{\left[\frac{q_{\mathrm{sc}}\mu_i}{2\pi k_{\mathrm{fh}}h}\frac{V_{\mathrm{m}}m_{\mathrm{L}}}{(m_{\mathrm{L}}+m_{\mathrm{f}})(m_{\mathrm{L}}+m_i)}m_{\mathrm{D}}\right]} \tag{5-36}$$

引入解吸系数 α，将其代入上式中，可得：$\overline{V}_{\mathrm{aD}}=-\alpha\overline{m}_{\mathrm{D}}$，这其中，解吸系数定义为 $\alpha=\dfrac{q_{\mathrm{sc}}\mu_i}{2\pi k_{\mathrm{fh}}h}\dfrac{V_{\mathrm{m}}m_{\mathrm{L}}}{(m_{\mathrm{L}}+m_{\mathrm{f}})(m_{\mathrm{L}}+m_i)}$。

将化简后的 $\overline{V}_{\mathrm{aD}}$ 及 $\overline{V}_{\mathrm{D}}$ 表达式代入拟稳定扩散项表达式中，可得

$$\frac{\sigma_{\rm p}L^2}{k_{\rm fh}\rho_{\rm sc}}(1-\omega)\overline{q}_{\rm m}=-\frac{\lambda s(1-\omega)}{\lambda+s}\alpha\overline{m}_{\rm D} \tag{5-37}$$

2. 解吸气非稳态扩散

页岩气藏内的解吸气若通过非稳态扩散方式进行运移，则有如下表达式：

$$q_{\rm m}=\frac{\partial V}{\partial t}=\frac{3D}{R}\frac{\partial c_{\rm m}}{\partial r_{\rm m}}\bigg|_{r_{\rm m}=R} \tag{5-38}$$

于是式(5-27)的右端第二项可以写成如下形式：

$$\frac{\sigma_{\rm p}L^2}{k_{\rm fh}\rho_{\rm sc}}(1-\omega)\overline{q}_{\rm m}=\frac{\sigma_{\rm p}L^2(1-\omega)}{k_{\rm fh}\rho_{\rm sc}}\overline{\left(\frac{3D}{R}\frac{\partial c_{\rm m}}{\partial r_{\rm m}}\bigg|_{r_{\rm m}=R}\right)} \tag{5-39}$$

引入窜流系数后，式(5-39)可以变为如下形式：

$$\frac{\sigma_{\rm p}L^2}{k_{\rm fh}\rho_{\rm sc}}(1-\omega)\overline{q}_{\rm m}=-\frac{(1-\omega)}{\lambda}\overline{\left(\frac{\partial c_{\rm m}}{\partial r_{\rm m}}\bigg|_{r_{\rm m}=R}\right)} \tag{5-40}$$

解吸气扩散浓度是球形基质块径向半径的函数，引入菲克第二定律，则有：

$$\frac{\partial c_{\rm m}}{\partial t}=\frac{1}{r_{\rm m}{}^2}\frac{\partial}{\partial r_{\rm m}}\left(Dr_{\rm m}{}^2\frac{\partial c_{\rm m}}{\partial r_{\rm m}}\right) \tag{5-41}$$

对式(5-41)进行无因次化并化简，可得

$$\frac{k_{\rm fh}}{\sigma L^2}\frac{\partial c_{\rm mD}}{\partial t_{\rm D}}=\frac{1}{L^2r_{\rm mD}{}^2}\frac{\partial}{L\partial r_{\rm mD}}\left(DL^2r_{\rm mD}{}^2\frac{\partial c_{\rm mD}}{L\partial r_{\rm mD}}\right) \tag{5-42}$$

进一步化简后可得

$$\frac{k_{\rm fh}}{\sigma L^2}\frac{\partial c_{\rm mD}}{\partial t_{\rm D}}=\frac{D}{r_{\rm mD}}\left(2\frac{\partial c_{\rm mD}}{\partial r_{\rm mD}}+r_{\rm mD}\frac{\partial^2 c_{\rm mD}}{\partial r_{\rm mD}{}^2}\right) \tag{5-43}$$

非稳态扩散中的窜流系数定义如下：

$$\lambda=\frac{\sigma L^2}{k_{\rm fh}\gamma}=\frac{\sigma L^2\pi^2D}{k_{\rm fh}R^2} \tag{5-44}$$

引入窜流系数后的非稳态扩散方程如下：

$$\frac{\partial^2 c_{\rm mD}}{\partial r_{\rm mD}{}^2}+\frac{2}{r_{\rm mD}}\frac{\partial c_{\rm mD}}{\partial r_{\rm mD}}=\frac{1}{\lambda}\frac{\partial c_{\rm mD}}{\partial t_{\rm D}} \tag{5-45}$$

对式(5-45)进行 $t_{\rm D}\to s$ 的拉普拉斯变换：

$$\frac{\partial^2 \overline{c}_{\rm mD}}{\partial r_{\rm mD}{}^2}+\frac{2}{r_{\rm mD}}\frac{\partial \overline{c}_{\rm mD}}{\partial r_{\rm mD}}=\frac{s}{\lambda}\overline{c}_{\rm mD} \tag{5-46}$$

要得到 $r_{\rm mD}$ 与 $\overline{c}_{\rm mD}$ 的关系，还需要引入定解条件对式(5-46)进行求解。

页岩气藏非稳态解吸有如下定解条件：

初始条件：
$$\frac{\partial c_{\rm mD}}{\partial r_{\rm mD}}\bigg|_{r_{\rm mD}=0}=0$$

边界条件：
$$c_{\rm mD}(r_{\rm mD},t_{\rm D})\big|_{r_{\rm mD}=0}=0$$

$$c_{\mathrm{mD}}(r_{\mathrm{mD}},t_{\mathrm{D}})\big|_{r_{\mathrm{mD}}=1}=c_{\mathrm{mD}}(m)$$

结合定解条件以得到式(5-46)的通解形式：

$$\overline{c}_{\mathrm{mD}}=\frac{A}{r_{\mathrm{mD}}}\mathrm{e}^{Wr_{\mathrm{mD}}}+\frac{B}{r_{\mathrm{mD}}}\mathrm{e}^{-Wr_{\mathrm{mD}}} \tag{5-47}$$

根据定解条件可以进一步求出系数 A，B：

$$A=\frac{\overline{c}_{\mathrm{mD}}(m)}{2\mathrm{sh}\sqrt{s/\lambda}},\quad B=-\frac{\overline{c}_{\mathrm{mD}}(m)}{2\mathrm{sh}\sqrt{s/\lambda}}$$

从而可以得到通解表达式如下：

$$\overline{c}_{\mathrm{mD}}=\frac{\overline{c}_{\mathrm{mD}}(m)}{2\mathrm{sh}\sqrt{s/\lambda}r_{\mathrm{mD}}}[\mathrm{e}^{\sqrt{s/\lambda}r_{\mathrm{mD}}}-\mathrm{e}^{-\sqrt{s/\lambda}r_{\mathrm{mD}}}] \tag{5-48}$$

根据双曲函数的定义，式(5-48)可以写成如下形式：

$$\overline{c}_{\mathrm{mD}}=\frac{\overline{c}_{\mathrm{mD}}(m)}{\mathrm{sh}\sqrt{s/\lambda}r_{\mathrm{mD}}}\mathrm{sh}(\sqrt{s/\lambda}r_{\mathrm{mD}}) \tag{5-49}$$

引入朗格缪尔等温吸附定律及解吸附因子 α，可以得到在页岩气藏非稳态扩散状况下 $\overline{c}_{\mathrm{mD}}$ 与 $\overline{m}_{\mathrm{D}}$ 的关系式如下：

$$\overline{c}_{\mathrm{mD}}=-\frac{\alpha\overline{m}_{\mathrm{D}}}{\mathrm{sh}\sqrt{s/\lambda}r_{\mathrm{mD}}}\mathrm{sh}(\sqrt{s/\lambda}r_{\mathrm{mD}}) \tag{5-50}$$

于是可以得到：

$$\left.\frac{\partial\overline{c}_{\mathrm{mD}}}{\partial r_{\mathrm{mD}}}\right|_{r_{\mathrm{mD}}=1}=-\alpha(\sqrt{s/\lambda}\coth\sqrt{s/\lambda}-1)\overline{m}_{\mathrm{D}} \tag{5-51}$$

最终在拉普拉斯空间下的无因次页岩气藏非稳态扩散项的表达式如下：

$$\overline{q}_{\mathrm{m}}=\frac{3D\rho_{\mathrm{sc}}}{R^2}\left.\frac{\partial\overline{c}_{\mathrm{mD}}}{\partial r_{\mathrm{mD}}}\right|_{r_{\mathrm{mD}}=1}=-\frac{3D\alpha\rho_{\mathrm{sc}}}{R^2}(\sqrt{s/\lambda}\coth\sqrt{s/\lambda}-1)\overline{m}_{\mathrm{D}} \tag{5-52}$$

5.2.3　数学模型的解

分别将拟稳态和非稳态解吸扩散项代入式(5-27)中可得：

$$\frac{\partial}{\partial x_{\mathrm{D}}}\left(\frac{\partial\overline{m}_{\mathrm{D}}}{\partial x_{\mathrm{D}}}\right)+\frac{\partial}{\partial y_{\mathrm{D}}}\left(\frac{\partial\overline{m}_{\mathrm{D}}}{\partial y_{\mathrm{D}}}\right)+\frac{\partial}{\partial z_{\mathrm{D}}}\left(\frac{\partial\overline{m}_{\mathrm{D}}}{\partial z_{\mathrm{D}}}\right)=s\omega\overline{m}_{\mathrm{D}}-\frac{\lambda s(1-\omega)}{\lambda+s}\alpha\overline{m}_{\mathrm{D}} \tag{5-53}$$

$$\frac{\partial}{\partial x_{\mathrm{D}}}\left(\frac{\partial\overline{m}_{\mathrm{D}}}{\partial x_{\mathrm{D}}}\right)+\frac{\partial}{\partial y_{\mathrm{D}}}\left(\frac{\partial\overline{m}_{\mathrm{D}}}{\partial y_{\mathrm{D}}}\right)+\frac{\partial}{\partial z_{\mathrm{D}}}\left(\frac{\partial\overline{m}_{\mathrm{D}}}{\partial z_{\mathrm{D}}}\right)=s\omega\overline{m}_{\mathrm{D}}-\frac{3D\alpha\rho_{\mathrm{sc}}(1-\omega)}{R^2}(\sqrt{s/\lambda}\coth\sqrt{s/\lambda}-1)\overline{m}_{\mathrm{D}} \tag{5-54}$$

对式(5-53)、式(5-54)进行移项化简可得：

$$\frac{\partial}{\partial x_{\mathrm{D}}}\left(\frac{\partial\overline{m}_{\mathrm{D}}}{\partial x_{\mathrm{D}}}\right)+\frac{\partial}{\partial y_{\mathrm{D}}}\left(\frac{\partial\overline{m}_{\mathrm{D}}}{\partial y_{\mathrm{D}}}\right)+\frac{\partial}{\partial z_{\mathrm{D}}}\left(\frac{\partial\overline{m}_{\mathrm{D}}}{\partial z_{\mathrm{D}}}\right)=f(s)\overline{m}_{\mathrm{D}} \tag{5-55}$$

从式(5-55)看出，拟稳态扩散与非稳态扩散的区别就在于函数 $f(s)$ 的不同。

拟稳态扩散情况下：

$$f(s)=s\omega+\alpha\frac{\lambda s(1-\omega)}{\lambda+s}$$

非稳态扩散情况下

$$f(s)=s\omega+\frac{3D\rho_{sc}\alpha(1-\omega)}{\lambda R^2}(\sqrt{s/\lambda}\coth\sqrt{s/\lambda}-1)$$

对式(5-55)进行球坐标转换可得

$$\frac{\partial}{\partial r_D{}^2}\frac{\partial}{\partial r_D}\left(r_D{}^2\frac{\partial\overline{m}_D}{\partial r_D}\right)=f(s)\overline{m}_D \tag{5-56}$$

式(5-56)中：

$$r_D=\sqrt{(x_D-x_{wD})^2+(y_D-y_{wD})^2+(z_D-z_{wD})^2}$$

式(5-56)则为最终的双重介质页岩气压裂水平井渗流微分方程。

通过点源函数法对其进行求解，其步骤如下：首先利用点源函数法建立内边界条件，可以假设在三维无限大气藏的原点处有一点源，在 t=0 时，有限体积的液体瞬时从点源排出。点源瞬时排出的液体流量等于通过源的微小球体表面的累积液体流量，于是有：

$$\int_0^t\lim_{\xi\to0^+}\frac{4\pi k_f}{\mu}L\left(r_D^2\frac{\partial p_f}{\partial r_D}\right)_{r_D=\xi}\mathrm{d}t=-\frac{p_{sc}TZ}{p_fT_{sc}}\tilde{q} \tag{5-57}$$

从源中产出气体会引起气体流动干扰，于是可以视气体为通过以源为中心、无限小等值长度为半径的球面流动，其过程是连续的。假设 q 代表 0～t 时间内流出一定体积的液体流量，由系统质量平衡可以得到

$$\tilde{q}=\int_0^t q(t)\mathrm{d}t \tag{5-58}$$

在此引入狄拉克三角函数，定义如下：

$$\int_a^b\delta(t)\mathrm{d}t=\begin{cases}1 & (a,b)\text{包含原点}\\ 0 & \text{其他情况}\end{cases} \tag{5-59}$$

用 $\tilde{q}\delta(t)$ 替换式(5-58)中的 $q(t)$，再引入拟压力可以得到

$$\lim_{\xi\to0^+}4\pi k_f L\left(r_D^2\frac{\partial m}{\partial r_D}\right)_{r_D=\xi}=-\frac{p_{sc}T}{T_{sc}}\frac{\mu_iZ_i}{p_i}\tilde{q}\delta(t) \tag{5-60}$$

对式(5-60)进行拉普拉斯变换得到

$$\lim_{\xi\to0^+}4\pi L^3\left(r_D^2\frac{\partial\overline{m}}{\partial r_D}\right)_{r_D=\xi}=-\frac{p_{sc}T}{T_{sc}}\frac{\mu_iZ_i}{p_i}\frac{\overline{\tilde{q}}}{\phi_f\mu_gc_g} \tag{5-61}$$

将式(5-61)右端定义为点源强度，再假设单位点源强度为 1，则：

$$\frac{p_{sc}T}{T_{sc}}\frac{\mu_iZ_i}{p_i}\frac{\overline{\tilde{q}}}{\phi_f\mu_gc_g}=-1 \tag{5-62}$$

拉普拉斯空间下该模型的内边界条件为：

$$\lim_{\xi\to0^+}4\pi L^3\left(r_D^2\frac{\partial\overline{m}}{\partial r_D}\right)_{r_D=\xi}=-1 \tag{5-63}$$

令 $E = r_{\mathrm{D}}\bar{m}_{\mathrm{D}}$，则式(5-56)可以变为：

$$\frac{\partial^2 E}{\partial {r_{\mathrm{D}}}^2} = f(s)E \tag{5-64}$$

通过微分方程的常规解法可以得到上式的通解，于是有：

$$\bar{m}_{\mathrm{D}} = A_1 \frac{\mathrm{e}^{-\sqrt{f(s)}r_{\mathrm{D}}}}{r_{\mathrm{D}}} + A_2 \frac{\mathrm{e}^{\sqrt{f(s)}r_{\mathrm{D}}}}{r_{\mathrm{D}}} \tag{5-65}$$

由于点源问题是基于无限大空间的，则有如下外边界条件：

$$\bar{m}_{\mathrm{D}}(r_{\mathrm{D}} = \infty, s) = 0 \tag{5-66}$$

若要使式(5-66)成立，则可以很容易得到

$$A_2 = 0 \tag{5-67}$$

根据内边界条件式(5-65)得到

$$A_1 = \frac{1}{4\pi L^3} \tag{5-68}$$

则在单位源强度下的瞬时点源拟压力解：

$$\bar{m}_{\mathrm{D}} = \frac{\mathrm{e}^{-\sqrt{f(s)}r_{\mathrm{D}}}}{4\pi L^3 r_{\mathrm{D}}} \tag{5-69}$$

由于瞬时点源解是当点源位于原点处的解，但当点源的位置不在原点时而是位于空间中某一点，如(x_{wD}，y_{wD}，z_{wD})，则可以重新定义一个单位半径：

$$R_{\mathrm{D}} = \sqrt{(x_{\mathrm{D}} - x_{\mathrm{wD}})^2 + (y_{\mathrm{D}} - y_{\mathrm{wD}})^2 + (z_{\mathrm{D}} - z_{\mathrm{wD}})^2} \tag{5-70}$$

综上，当点源强度不为单位强度时的瞬时点源解：

$$\bar{m}_{\mathrm{D}} = \frac{p_{\mathrm{sc}}T}{T_{\mathrm{sc}}} \frac{\mu_i Z_i}{p_i} \frac{\mathrm{d}V}{\phi_{\mathrm{f}} \mu_{\mathrm{g}} c_{\mathrm{g}}} \overline{S_{\mathrm{c}}} \tag{5-71}$$

式(5-71)所表示的是瞬时点源解，连续点源的响应解则可以通过对瞬时点源进行时间上的积分来得到，首先对式(5-71)进行拉普拉斯逆变换：

$$m_{\mathrm{D}} = \frac{p_{\mathrm{sc}}T}{T_{\mathrm{sc}}} \frac{\mu_i Z_i}{p_i} \frac{\mathrm{d}V}{\phi_{\mathrm{f}} \mu_{\mathrm{g}} c_{\mathrm{g}}} S_{\mathrm{c}} \tag{5-72}$$

对式(5-72)进行 0～t_{D} 上的积分：

$$\int_0^{t_{\mathrm{D}}} \bar{m}_{\mathrm{D}} \mathrm{d}\tau = \frac{p_{\mathrm{sc}}T}{T_{\mathrm{sc}}} \frac{\mu_i Z_i}{p_i} \frac{1}{\phi_{\mathrm{f}} \mu_{\mathrm{g}} c_{\mathrm{g}}} \int_0^{t_{\mathrm{D}}} \tilde{q}(\tau) S_{\mathrm{c}}(t_{\mathrm{D}} - \tau) \mathrm{d}\tau \tag{5-73}$$

对式(5-73)进行 Laplace 变换：

$$\bar{m}_{\mathrm{D}} = \frac{\bar{\tilde{q}}}{\phi_{\mathrm{f}} \mu_{\mathrm{g}} c_{\mathrm{g}}} \frac{p_{\mathrm{sc}}T}{T_{\mathrm{sc}}} \frac{\mu_i Z_i}{p_i} \frac{\mathrm{e}^{-\sqrt{f(s)}R_{\mathrm{D}}}}{4\pi L^3 R_{\mathrm{D}}} \tag{5-74}$$

1. 顶底封闭边界情形

若该页岩气藏顶底为封闭边界，横向上为无限大，连续点源位于($x_{\mathrm{wD}}, y_{\mathrm{wD}}, z_{\mathrm{wD}}$)处，则通过镜像反映原理可以得到此点源的连续响应解：

$$\bar{m}_{\mathrm{D}}=\frac{\bar{\tilde{q}}}{\phi_{\mathrm{f}}\mu_{\mathrm{g}}c_{\mathrm{g}}}\frac{p_{\mathrm{sc}}T}{T_{\mathrm{sc}}}\frac{\mu_i Z_i}{4\pi L^3 p_i}\sum_{n=1}^{+\infty}\left[\frac{\mathrm{e}^{-\sqrt{f(s)}\sqrt{(x_{\mathrm{D}}-x_{\mathrm{wD}})^2+(y_{\mathrm{D}}-y_{\mathrm{wD}})^2+(z_{\mathrm{D}}-z_{\mathrm{wD}})^2}}}{\sqrt{(x_{\mathrm{D}}-x_{\mathrm{wD}})^2+(y_{\mathrm{D}}-y_{\mathrm{wD}})^2+(z_{\mathrm{D}}-z_{\mathrm{wD}})^2}}+\frac{\mathrm{e}^{-\sqrt{f(s)}\sqrt{(x_{\mathrm{D}}-x_{\mathrm{wD}})^2+(y_{\mathrm{D}}-y_{\mathrm{wD}})^2+(z_{\mathrm{D}}+z_{\mathrm{wD}}-2nh_{\mathrm{D}})^2}}}{\sqrt{(x_{\mathrm{D}}-x_{\mathrm{wD}})^2+(y_{\mathrm{D}}-y_{\mathrm{wD}})^2+(z_{\mathrm{D}}+z_{\mathrm{wD}}-2nh_{\mathrm{D}})^2}}\right] \tag{5-75}$$

引入泊松求和公式，该公式的表达式如下：

$$\sum_{n=\infty}^{+\infty}\mathrm{e}^{-\frac{(\gamma-2n\gamma_{\mathrm{e}})^2}{4\tau}}=\frac{\sqrt{\pi\tau}}{\gamma_{\mathrm{e}}}\left(1+2\sum_{n=1}^{+\infty}\mathrm{e}^{-\frac{n^2\pi^2\tau}{\gamma_{\mathrm{e}}^2}}\cos n\pi\frac{\gamma}{\gamma_{\mathrm{e}}}\right) \tag{5-76}$$

对式(5-76)的左右两边同时乘以 $\mathrm{e}^{[-c^2/4\tau]}/\sqrt{\pi\tau^3}$，然后再对 τ 进行拉普拉斯变换：

$$\sum_{n=1}^{+\infty}\frac{\mathrm{e}^{-\sqrt{\zeta}\sqrt{c^2+(\gamma-2n\gamma_{\mathrm{e}})}}}{\sqrt{c^2+(\gamma-2n\gamma_{\mathrm{e}})}}=\frac{1}{\gamma_{\mathrm{e}}}\left[K_0(c\sqrt{\zeta})+2\sum_{n=1}^{+\infty}K_0\left(c\sqrt{\zeta+\frac{n^2\pi^2}{\gamma_{\mathrm{e}}^2}}\right)\cos n\pi\frac{\gamma}{\gamma_{\mathrm{e}}}\right] \tag{5-77}$$

根据式(5-77)，可将式(5-75)变成如下形式：

$$\bar{m}_{\mathrm{D}}=\frac{\bar{\tilde{q}}}{\phi_{\mathrm{f}}\mu_{\mathrm{g}}c_{\mathrm{g}}}\frac{p_{\mathrm{sc}}T}{T_{\mathrm{sc}}}\frac{\mu_i Z_i}{4\pi L^3 p_i}\left\{\begin{aligned}&\frac{2}{h_{\mathrm{D}}}K_0[r_{\mathrm{D}}\sqrt{f(s)}]+\frac{2}{h_{\mathrm{D}}}\sum_{n=1}^{\infty}K_0\left[r_{\mathrm{D}}\sqrt{f(s)+\frac{n^2\pi^2}{h_{\mathrm{D}}^2}}\right]\cos n\pi\frac{z_{\mathrm{D}}-z_{\mathrm{wD}}}{h_{\mathrm{D}}}\\&+\frac{2}{h_{\mathrm{D}}}\sum_{n=1}^{\infty}K_0\left[r_{\mathrm{D}}\sqrt{f(s)+\frac{n^2\pi^2}{h_{\mathrm{D}}^2}}\right]\cos n\pi\frac{z_{\mathrm{D}}+z_{\mathrm{wD}}}{h_{\mathrm{D}}}\end{aligned}\right\} \tag{5-78}$$

根据三角函数的和差化积公式，可将式(5-78)变为经典的顶底封闭，水平向无限大点源解形式：

$$\bar{m}_{\mathrm{D}}=\frac{\bar{\tilde{q}}}{\phi_{\mathrm{f}}\mu_{\mathrm{g}}c_{\mathrm{g}}}\frac{p_{\mathrm{sc}}T}{T_{\mathrm{sc}}}\frac{\mu_i Z_i}{2\pi h_{\mathrm{D}}L^3 p_i}\left\{K_0[r_{\mathrm{D}}\sqrt{f(s)}]+2\sum_{n=1}^{\infty}K_0\left[r_{\mathrm{D}}\sqrt{f(s)+\frac{n^2\pi^2}{h_{\mathrm{D}}^2}}\right]\cos n\pi\frac{z_{\mathrm{D}}}{h_{\mathrm{D}}}\cos n\pi\frac{z_{\mathrm{wD}}}{h_{\mathrm{D}}}\right\} \tag{5-79}$$

基于假设，裂缝与水平井筒皆为无限导流，裂缝内任意微元段上的压力值等同于其他微元段及水平井井筒的压力值，但沿着人工裂缝方向上的流体流率不同。根据压降叠加原理，现在需要对裂缝段进行离散[12]，具体方法做法如下：沿 X 轴将每一条裂缝分为 $2n$ 个微元段，则一共存在 $2n+1$ 个端点，其端点坐标分别标记为($x_{\mathrm{D}i,1}$，$y_{\mathrm{D}i,j}$)至($x_{\mathrm{D}i,2\mathrm{n}+1}$，$y_{\mathrm{D}i,j}$)，基于无限导流假设，将每一个微元段的压力值等同与在其坐标中点的压力值，于是可以得到微元段的中点坐标为($x_{\mathrm{mD}i,1}$，$y_{\mathrm{D}i,j}$)～($x_{\mathrm{mD}i,2n}$，$y_{\mathrm{D}i,j}$)，一共为 $2n$ 个中点坐标，其示意图如图 5-8 所示。

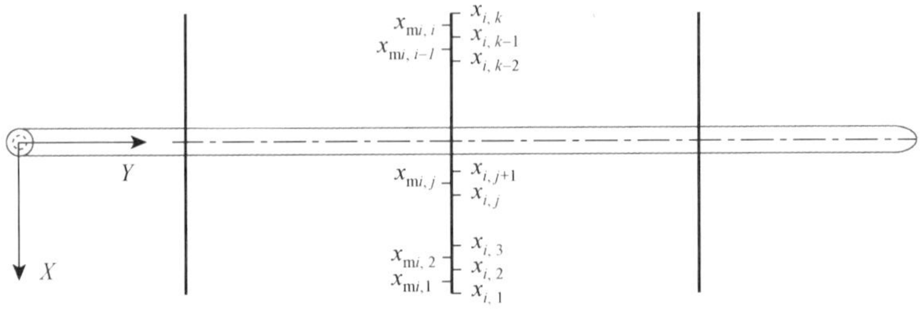

图 5-8　裂缝微元段离散示意图

在拉普拉斯空间下对拟压力分别进行 z 方向上和裂缝微元段上的积分式：

$$\int_{x_{i,j}}^{x_{i,j+1}}\int_0^h \bar{m}_{\mathrm{D}}\mathrm{d}z\mathrm{d}x_{\mathrm{wD}}=\frac{\bar{\tilde{q}}}{\phi_{\mathrm{f}}\mu_{\mathrm{g}}c_{\mathrm{g}}}\frac{p_{\mathrm{sc}}T}{T_{\mathrm{sc}}}\frac{\mu_i Z_i}{2\pi h_{\mathrm{D}}L^3 p_i}\int_{x_{i,j}}^{x_{i,j+1}}\int_0^h \begin{matrix} K_0(r_{\mathrm{D}}\sqrt{f(s)}) \\ +2\sum\limits_{n=1}^{\infty}K_0\left[r_{\mathrm{D}}\sqrt{f(s)+\dfrac{n^2\pi^2}{h_{\mathrm{D}}^{\ 2}}}\right]\cos n\pi\dfrac{z_{\mathrm{D}}}{h_{\mathrm{D}}}\cos n\pi\dfrac{z_{\mathrm{wD}}}{h_{\mathrm{D}}}\end{matrix}\mathrm{d}z\mathrm{d}x_{\mathrm{wD}} \tag{5-80}$$

引入无因次点源强度：

$$\bar{\tilde{q}}_{\mathrm{D}}=L\left[\frac{\bar{\tilde{q}}}{\phi_{\mathrm{f}}\mu_{\mathrm{g}}c_{\mathrm{g}}}\frac{p_{\mathrm{sc}}T}{T_{\mathrm{sc}}}\frac{\mu_i Z_i}{2\pi h_{\mathrm{D}}L^3 p_i}\right]=\frac{1}{s} \tag{5-81}$$

由于：

$$\int_0^h \cos n\pi\frac{z_{\mathrm{D}}}{h_{\mathrm{D}}}\mathrm{d}z=\frac{h}{n\pi}\sin n\pi\frac{z}{h}\bigg|_0^h=0 \tag{5-82}$$

则式(5-80)变为：

$$\bar{m}_{\mathrm{D}}(x_{\mathrm{D}},y_{\mathrm{D}})=\bar{\tilde{q}}_{\mathrm{D}i,j}\int_{x_{\mathrm{D}i,j}}^{x_{\mathrm{D}i,j+1}}K_0[\sqrt{(x_{\mathrm{D}}-\zeta)^2+(y_{\mathrm{D}}-y_{\mathrm{D}i,j})^2}\sqrt{f(s)}]\mathrm{d}\zeta \tag{5-83}$$

由于裂缝微元段的流体流率各不相同，应用压降叠加原理，可以得到 $2n$ 个关于微元段流率及无因次井底拟压力的方程，但由于目前有 $2n+1$ 个未知数，方程数量缺一个，因而需要再引入一个方程来得到确定解，由于气井产量为已知量，因而可以构建出微元段产量累加方程：

$$\sum_{j=1}^{n_{\mathrm{f}}}\sum_{i=1}^{2n}\tilde{q}_{\mathrm{D}i,j}=1 \tag{5-84}$$

则拉普拉斯空间下的累加产量：

$$\sum_{j=1}^{n_{\mathrm{f}}}\sum_{i=1}^{2n}\bar{\tilde{q}}_{\mathrm{D}i,j}=\frac{1}{s} \tag{5-85}$$

根据 $2n$ 个无因此拟压力方程和一个产量累加方程可以得到如下计算矩阵：

$$\begin{bmatrix} A_{1,1},A_{1,2}\cdots\cdots A_{1,k}\cdots\cdots A_{1,2n\times n_{\mathrm{f}}},-1 \\ \cdots\cdots \\ A_{k,1},A_{k,2}\cdots\cdots A_{k,k}\cdots\cdots A_{k,2n\times n_{\mathrm{f}}},-1 \\ \cdots\cdots \\ A_{2n\times n_{\mathrm{f}},1},A_{2n\times n_{\mathrm{f}},2}\cdots\cdots A_{2n\times n_{\mathrm{f}},k}\cdots\cdots A_{2n\times n_{\mathrm{f}},2n\times n_{\mathrm{f}}},-1 \end{bmatrix}\times\begin{bmatrix} q_{\mathrm{D1}} \\ q_{\mathrm{D2}} \\ \cdots\cdots \\ q_{\mathrm{D}2n\times n_{\mathrm{f}}} \\ \bar{m}_{\mathrm{wD}} \end{bmatrix}=\begin{bmatrix} 0 \\ 0 \\ \cdots \\ 0 \\ 1 \end{bmatrix} \tag{5-86}$$

由上述矩阵可以得到每个微元段的流率以及一个无因次拟压力值。

利用杜阿梅尔原理[12]，当考虑井筒储集和表皮效应时，无因次拟压力表达为：

$$\bar{m}_{\mathrm{wD}}=\frac{s\bar{m}_{\mathrm{D}}+S_{\mathrm{K}}}{s+C_{\mathrm{D}}s^2(s\bar{m}_{\mathrm{D}}+S_{\mathrm{K}})} \tag{5-87}$$

在拉普拉斯空间内，当井以定井底压力生产时的无因次产量响应 $\bar{q}_{\mathrm{D}}$ 与定产量生产时的无因次拟压力响应 $\bar{m}_{\mathrm{wD}}$ 的关系[14]：

$$\bar{q}_{\mathrm{D}}=\frac{1}{s^2\bar{m}_{\mathrm{wD}}} \tag{5-88}$$

则在顶底封闭水平方向上无限大的条件下的双重介质页岩气藏压裂水平井的无因次拟压

力及无因次产量：

$$\bar{m}_{\mathrm{wD}}=\frac{s\bar{\tilde{q}}_{\mathrm{D}i,j}\int_{x_{\mathrm{D}i,j}}^{x_{\mathrm{D}i,j+1}}K_0\left[\sqrt{(x_{\mathrm{D}}-\zeta)^2+(y_{\mathrm{D}}-y_{\mathrm{D}i,j})^2}\sqrt{f(s)}\right]\mathrm{d}\zeta+S_{\mathrm{K}}}{s+C_{\mathrm{D}}s^2\left\{s\bar{\tilde{q}}_{\mathrm{D}i,j}\int_{x_{\mathrm{D}i,j}}^{x_{\mathrm{D}i,j+1}}K_0\left[\sqrt{(x_{\mathrm{D}}-\zeta)^2+(y_{\mathrm{D}}-y_{\mathrm{D}i,j})^2}\sqrt{f(s)}\right]\mathrm{d}\zeta+S_{\mathrm{K}}\right\}} \tag{5-89}$$

$$\bar{q}_{\mathrm{D}}=\frac{1+sC_{\mathrm{D}}\left\{\bar{\tilde{q}}_{\mathrm{D}i,j}\int_{x_{\mathrm{D}i,j}}^{x_{\mathrm{D}i,j+1}}K_0\left[\sqrt{(x_{\mathrm{D}}-\zeta)^2+(y_{\mathrm{D}}-y_{\mathrm{D}i,j})^2}\sqrt{f(s)}\right]\mathrm{d}\zeta+S_{\mathrm{K}}\right\}}{s\left\{s\bar{\tilde{q}}_{\mathrm{D}i,j}\int_{x_{\mathrm{D}i,j}}^{x_{\mathrm{D}i,j+1}}K_0\left[\sqrt{(x_{\mathrm{D}}-\zeta)^2+(y_{\mathrm{D}}-y_{\mathrm{D}i,j})^2}\sqrt{f(s)}\right]\mathrm{d}\zeta+S_{\mathrm{K}}\right\}} \tag{5-90}$$

2. 顶底混合边界情形

若页岩气藏顶部为封闭边界，底部为定压边界，横向上为无限大，连续点源位于(x_{wD}，y_{wD}，z_{wD})处，通过镜像反映原理来设置封闭与供给边界，仍然可以得到此点源的连续响应解：

$$\bar{m}_{\mathrm{D}}=\frac{\bar{\tilde{q}}}{\phi_{\mathrm{f}}\mu_{\mathrm{g}}c_{\mathrm{g}}}\frac{p_{\mathrm{sc}}T}{T_{\mathrm{sc}}}\frac{\mu_iZ_i}{4\pi L^3p_i}\sum_{n=1}^{+\infty}\left[(-1)^n\frac{\mathrm{e}^{-\sqrt{f(s)}\sqrt{(x_{\mathrm{D}}-x_{\mathrm{wD}})^2+(y_{\mathrm{D}}-y_{\mathrm{wD}})^2+(z_{\mathrm{D}}-z_{\mathrm{wD}})^2}}}{\sqrt{(x_{\mathrm{D}}-x_{\mathrm{wD}})^2+(y_{\mathrm{D}}-y_{\mathrm{wD}})^2+(z_{\mathrm{D}}-z_{\mathrm{wD}})^2}}+\frac{\mathrm{e}^{-\sqrt{f(s)}\sqrt{(x_{\mathrm{D}}-x_{\mathrm{wD}})^2+(y_{\mathrm{D}}-y_{\mathrm{wD}})^2+(z_{\mathrm{D}}+z_{\mathrm{wD}}-2nh_{\mathrm{D}})^2}}}{\sqrt{(x_{\mathrm{D}}-x_{\mathrm{wD}})^2+(y_{\mathrm{D}}-y_{\mathrm{wD}})^2+(z_{\mathrm{D}}+z_{\mathrm{wD}}-2nh_{\mathrm{D}})^2}}\right] \tag{5-91}$$

考虑到$(-1)^n$的奇偶变化特征，有如下表达式：

$$\begin{aligned}\bar{m}_{\mathrm{D}}=&\frac{\bar{\tilde{q}}}{\phi_{\mathrm{f}}\mu_{\mathrm{g}}c_{\mathrm{g}}}\frac{p_{\mathrm{sc}}T}{T_{\mathrm{sc}}}\frac{\mu_iZ_i}{4\pi L^3p_i}\sum_{n=1}^{+\infty}\left[(-1)^{2n}\frac{\mathrm{e}^{-\sqrt{f(s)}\sqrt{(x_{\mathrm{D}}-x_{\mathrm{wD}})^2+(y_{\mathrm{D}}-y_{\mathrm{wD}})^2+(z_{\mathrm{D}}-z_{\mathrm{wD}}-4nh_{\mathrm{D}})^2}}}{\sqrt{(x_{\mathrm{D}}-x_{\mathrm{wD}})^2+(y_{\mathrm{D}}-y_{\mathrm{wD}})^2+(z_{\mathrm{D}}-z_{\mathrm{wD}}-4nh_{\mathrm{D}})^2}}+\frac{\mathrm{e}^{-\sqrt{f(s)}\sqrt{(x_{\mathrm{D}}-x_{\mathrm{wD}})^2+(y_{\mathrm{D}}-y_{\mathrm{wD}})^2+(z_{\mathrm{D}}+z_{\mathrm{wD}}-4nh_{\mathrm{D}})^2}}}{\sqrt{(x_{\mathrm{D}}-x_{\mathrm{wD}})^2+(y_{\mathrm{D}}-y_{\mathrm{wD}})^2+(z_{\mathrm{D}}+z_{\mathrm{wD}}-4nh_{\mathrm{D}})^2}}\right]+\\&\frac{\bar{\tilde{q}}}{\phi_{\mathrm{f}}\mu_{\mathrm{g}}c_{\mathrm{g}}}\frac{p_{\mathrm{sc}}T}{T_{\mathrm{sc}}}\frac{\mu_iZ_i}{4\pi L^3p_i}\sum_{n=1}^{+\infty}\left\{(-1)^{2n+1}\frac{\mathrm{e}^{-\sqrt{f(s)}\sqrt{(x_{\mathrm{D}}-x_{\mathrm{wD}})^2+(y_{\mathrm{D}}-y_{\mathrm{wD}})^2+[z_{\mathrm{D}}+z_{\mathrm{wD}}-2(2n+1)h_{\mathrm{D}}]^2}}}{\sqrt{(x_{\mathrm{D}}-x_{\mathrm{wD}})^2+(y_{\mathrm{D}}-y_{\mathrm{wD}})^2+[z_{\mathrm{D}}+z_{\mathrm{wD}}-2(2n+1)h_{\mathrm{D}}]^2}}+\frac{\mathrm{e}^{-\sqrt{f(s)}\sqrt{(x_{\mathrm{D}}-x_{\mathrm{wD}})^2+(y_{\mathrm{D}}-y_{\mathrm{wD}})^2+[z_{\mathrm{D}}+z_{\mathrm{wD}}-2(2n+1)h_{\mathrm{D}}]^2}}}{\sqrt{(x_{\mathrm{D}}-x_{\mathrm{wD}})^2+(y_{\mathrm{D}}-y_{\mathrm{wD}})^2+[z_{\mathrm{D}}+z_{\mathrm{wD}}-2(2n+1)h_{\mathrm{D}}]^2}}\right\}\end{aligned} \tag{5-92}$$

式(5-92)的右端可以通过泊松公式拆分为如下 4 项：

$$E_1=\frac{\bar{\tilde{q}}}{\phi_{\mathrm{f}}\mu_{\mathrm{g}}c_{\mathrm{g}}}\frac{p_{\mathrm{sc}}T}{T_{\mathrm{sc}}}\frac{\mu_iZ_i}{4\pi L^3p_i}\sum_{n=\infty}^{+\infty}(-1)^n\left\{\frac{1}{2h_{\mathrm{D}}}K_0[r_{\mathrm{D}}\sqrt{f(s)}]+\frac{1}{h_{\mathrm{D}}}\sum_{n=1}^{\infty}K_0\left[r_{\mathrm{D}}\sqrt{\sqrt{f(s)}+\frac{n^2\pi^2}{(2h_{\mathrm{D}})^2}}\right]\cos n\pi\frac{z_{\mathrm{D}}-z_{\mathrm{wD}}}{2h_{\mathrm{D}}}\right\} \tag{5-93}$$

$$E_2=\frac{\bar{\tilde{q}}}{\phi_{\mathrm{f}}\mu_{\mathrm{g}}c_{\mathrm{g}}}\frac{p_{\mathrm{sc}}T}{T_{\mathrm{sc}}}\frac{\mu_iZ_i}{4\pi L^3p_i}\sum_{n=\infty}^{+\infty}(-1)^n\left\{\frac{1}{2h_{\mathrm{D}}}K_0[r_{\mathrm{D}}\sqrt{f(s)}]+\frac{1}{h_{\mathrm{D}}}\sum_{n=1}^{\infty}K_0\left[r_{\mathrm{D}}\sqrt{f(s)+\frac{n^2\pi^2}{(2h_{\mathrm{D}})^2}}\right]\cos n\pi\frac{z_{\mathrm{D}}+z_{\mathrm{wD}}}{2h_{\mathrm{D}}}\right\} \tag{5-94}$$

$$E_3=\frac{\bar{\tilde{q}}}{\phi_{\mathrm{f}}\mu_{\mathrm{g}}c_{\mathrm{g}}}\frac{p_{\mathrm{sc}}T}{T_{\mathrm{sc}}}\frac{\mu_iZ_i}{4\pi L^3p_i}\sum_{n=\infty}^{+\infty}(-1)^{2n+1}\left\{\frac{1}{2h_{\mathrm{D}}}K_0[r_{\mathrm{D}}\sqrt{f(s)}]+\frac{1}{h_{\mathrm{D}}}\sum_{n=1}^{\infty}K_0\left[r_{\mathrm{D}}\sqrt{f(s)+\frac{n^2\pi^2}{(2h_{\mathrm{D}})^2}}\right]\cos n\pi\frac{z_{\mathrm{D}}-z_{\mathrm{wD}}-2h_{\mathrm{D}}}{2h_{\mathrm{D}}}\right\} \tag{5-95}$$

$$E_4=\frac{\bar{\tilde{q}}}{\phi_{\mathrm{f}}\mu_{\mathrm{g}}c_{\mathrm{g}}}\frac{p_{\mathrm{sc}}T}{T_{\mathrm{sc}}}\frac{\mu_i Z_i}{4\pi L^3 p_i}\sum_{n=\infty}^{+\infty}(-1)^{2n+1}\left\{\frac{1}{2h_{\mathrm{D}}}K_0[r_{\mathrm{D}}\sqrt{f(s)}]+\frac{1}{h_{\mathrm{D}}}\sum_{n=1}^{\infty}K_0\left[r_{\mathrm{D}}\sqrt{f(s)+\frac{n^2\pi^2}{(2h_{\mathrm{D}})^2}}\right]\cos n\pi\frac{z_{\mathrm{D}}+z_{\mathrm{wD}}-2h_{\mathrm{D}}}{2h_{\mathrm{D}}}\right\}$$

(5-96)

综上，利用三角函数和差化积公式得到：

$$E_1+E_2-E_3-E_4=\frac{\bar{\tilde{q}}}{\phi_{\mathrm{f}}\mu_{\mathrm{g}}c_{\mathrm{g}}}\frac{p_{\mathrm{sc}}T}{T_{\mathrm{sc}}}\frac{\mu_i Z_i}{\pi h_{\mathrm{D}}L^3 p_i}\sum_{n=1}^{\infty}\left\{K_0\left[r_{\mathrm{D}}\sqrt{f(s)+\frac{n^2\pi^2}{(2h_{\mathrm{D}})^2}}\right]\cos n\pi\frac{z_{\mathrm{D}}+z_{\mathrm{wD}}-2h_{\mathrm{D}}}{2h_{\mathrm{D}}}\sin n\pi\frac{h_{\mathrm{D}}-z_{\mathrm{D}}}{2h_{\mathrm{D}}}\sin\frac{n\pi}{2})\right\}$$

(5-97)

基于式(5-97)的形式，当 n 为偶数时无意义，因此 n 只能取奇数值，于是式(5-97)最终变为：

$$\Delta m=\frac{\bar{\tilde{q}}}{\phi_{\mathrm{f}}\mu_{\mathrm{g}}c_{\mathrm{g}}}\frac{p_{\mathrm{sc}}T}{T_{\mathrm{sc}}}\frac{\mu_i Z_i}{2\pi h_{\mathrm{D}}L^3 p_i}\sum_{n=1}^{\infty}\left\{K_0\left[r_{\mathrm{D}}\sqrt{f(s)+\frac{(2n-1)^2\pi^2}{(2h_{\mathrm{D}})^2}}\right]\cos(2n-1)\frac{\pi}{2}\frac{z_{\mathrm{D}}}{h_{\mathrm{D}}}\cos(2n-1)\frac{\pi}{2}\frac{z_{\mathrm{wD}}}{h_{\mathrm{D}}}\right\}$$

(5-98)

在式(5-98)中引入无因次点源强度，则：

$$\bar{m}_{\mathrm{D}}=\bar{\tilde{q}}_{\mathrm{D}i,j}\sum_{n=1}^{\infty}\left\{K_0\left[r_{\mathrm{D}}\sqrt{f(s)+\frac{(2n-1)^2\pi^2}{(2h_{\mathrm{D}})^2}}\right]\frac{\pi}{2}\cos(2n-1)\frac{z_{\mathrm{D}}}{h_{\mathrm{D}}}\cos(2n-1)\frac{\pi}{2}\frac{z_{\mathrm{wD}}}{h_{\mathrm{D}}}\right\}\quad(5\text{-}99)$$

式(5-99)则为顶部封闭，底部定压的双重介质页岩气藏连续点源压力响应解。

类似于前述法，得到顶底混合边界条件下的拟压力以及产量表达式：

$$\overline{m}_{\mathrm{wD}}=\frac{s\bar{\tilde{q}}_{\mathrm{D}i,j}\int_{x_{\mathrm{D}i,j}}^{x_{\mathrm{D}i,j+1}}\sum_{n=1}^{\infty}\left\{\begin{array}{l}K_0\left[\left(\sqrt{(x_{\mathrm{D}}-\zeta)^2+(y_{\mathrm{D}}-y_{\mathrm{D}i,j})^2}\sqrt{f(s)+\frac{(2n-1)^2\pi^2}{(2h_{\mathrm{D}})^2}}\right)\right]\\ \int_0^h\cos(2n-1)\frac{\pi}{2}\frac{z_{\mathrm{D}}}{h_{\mathrm{D}}}\cos(2n-1)\frac{\pi}{2}\frac{z_{\mathrm{wD}}}{h_{\mathrm{D}}}\mathrm{d}z\end{array}\right\}\mathrm{d}\zeta+S_{\mathrm{K}}}{s+C_{\mathrm{D}}s^2\left\{s\bar{\tilde{q}}_{\mathrm{D}i,j}\int_{x_{\mathrm{D}i,j}}^{x_{\mathrm{D}i,j+1}}\sum_{n=1}^{\infty}\left\{\begin{array}{l}K_0\left[\left(\sqrt{(x_{\mathrm{D}}-\zeta)^2+(y_{\mathrm{D}}-y_{\mathrm{D}i,j})^2}\sqrt{f(s)+\frac{(2n-1)^2\pi^2}{(2h_{\mathrm{D}})^2}}\right)\right]\\ \int_0^h\cos(2n-1)\frac{\pi}{2}\frac{z_{\mathrm{D}}}{h_{\mathrm{D}}}\cos(2n-1)\frac{\pi}{2}\frac{z_{\mathrm{wD}}}{h_{\mathrm{D}}}\mathrm{d}z\end{array}\right\}\mathrm{d}\zeta+S_{\mathrm{K}}\right\}}$$

(5-100)

$$\bar{q}_{\mathrm{D}}=\frac{1+sC_{\mathrm{D}}\left\{\bar{\tilde{q}}_{\mathrm{D}i,j}\int_{x_{\mathrm{D}i,j}}^{x_{\mathrm{D}i,j+1}}\sum_{n=1}^{\infty}\left\{\begin{array}{l}K_0\left[\left(\sqrt{(x_{\mathrm{D}}-\zeta)^2+(y_{\mathrm{D}}-y_{\mathrm{D}i,j})^2}\sqrt{f(s)+\frac{(2n-1)^2\pi^2}{(2h_{\mathrm{D}})^2}}\right)\right]\\ \int_0^h\cos(2n-1)\frac{\pi}{2}\frac{z_{\mathrm{D}}}{h_{\mathrm{D}}}\cos(2n-1)\frac{\pi}{2}\frac{z_{\mathrm{wD}}}{h_{\mathrm{D}}}\mathrm{d}z\end{array}\right\}\mathrm{d}\zeta+S_{\mathrm{K}}\right\}}{s\left\{s\bar{\tilde{q}}_{\mathrm{D}i,j}\int_{x_{\mathrm{D}i,j}}^{x_{\mathrm{D}i,j+1}}\sum_{n=1}^{\infty}\left\{\begin{array}{l}K_0\left[\left(\sqrt{(x_{\mathrm{D}}-\zeta)^2+(y_{\mathrm{D}}-y_{\mathrm{D}i,j})^2}\sqrt{f(s)+\frac{(2n-1)^2\pi^2}{(2h_{\mathrm{D}})^2}}\right)\right]\\ \int_0^h\cos(2n-1)\frac{\pi}{2}\frac{z_{\mathrm{D}}}{h_{\mathrm{D}}}\cos(2n-1)\frac{\pi}{2}\frac{z_{\mathrm{wD}}}{h_{\mathrm{D}}}\mathrm{d}z\end{array}\right\}\mathrm{d}\zeta+S_{\mathrm{K}}\right\}}$$

(5-101)

5.2.4 典型曲线及影响因素分析

在上述解的基础上，利用拉普拉斯数值反演算法[14]计算压裂水平井渗流及压力动态特征典型曲线。

1. 典型曲线

顶底封闭水平方向无限大的双重介质页岩气藏压裂水平井无因次拟压力特征曲线如图 5-9 所示。

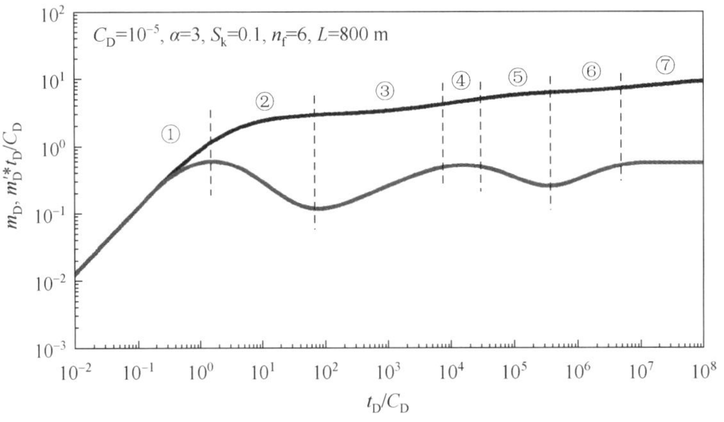

图 5-9　页岩气藏压裂水平井无因次拟压力及拟压力导数典型曲线

图 5-9 表明，双重介质页岩气藏压裂水平井无因次拟压力及其导数典型曲线大致可以分为以下 7 个流动阶段。

①早期井筒储集阶段，无因次拟压力曲线同其导数曲线表现为斜率为 1 的直线。

②井筒储集过渡流阶段，无因次拟压力导数曲线呈现明显的下降趋势。

③水力裂缝周围线性流动阶段，页岩气藏内的吸附气还未发生解吸作用，裂缝干扰也尚未出现，无因次拟压力导数曲线近似表现为一条上升的直线段。

④水力裂缝周围径向流动阶段，无因次拟压力导数曲线近似表现为一条水平直线，受页岩气藏解吸气扩散及裂缝间距影响，该阶段的曲线形态变化较大。

⑤基质系统早期窜流阶段，受到基质表面解吸气向裂缝扩散窜流的影响，无因次拟压力导数曲线出现明显的下降，而基质系统内相比裂缝系统内的气体浓度差是造成该阶段的出现的主要原因。

⑥基质系统晚期窜流阶段，基质内气体继续向裂缝这类大流通通道窜流，此刻两个系统间的生产压差成为了造成窜流的主要因素，无因次拟压力导数曲线出现了上翘趋势。

⑦系统晚期径向流动阶段，无因次拟压力导数曲线表现为一条水平直线，其值为 0.5，这个阶段反映了地层流体向整个裂缝系统径向流动的特征。

2. 典型曲线影响因素分析

1）表皮系数 S_k 的影响

图 5-10 为表皮系数对影响下的无因次拟压力及拟压力导数曲线。该图表明，在其他参数不变的情况下，表皮系数越小，无因次拟压力导数曲线位置越低，代表井筒污染越小，生产过程中压力消耗较小，从而无因次拟压力值就越小；表皮系数越小，无因次拟压力导数曲线经过了井筒储集阶段后的过渡流动驼峰相对较低，并且越来越不明显，同时也导致了早期线性流动阶段的较早出现。

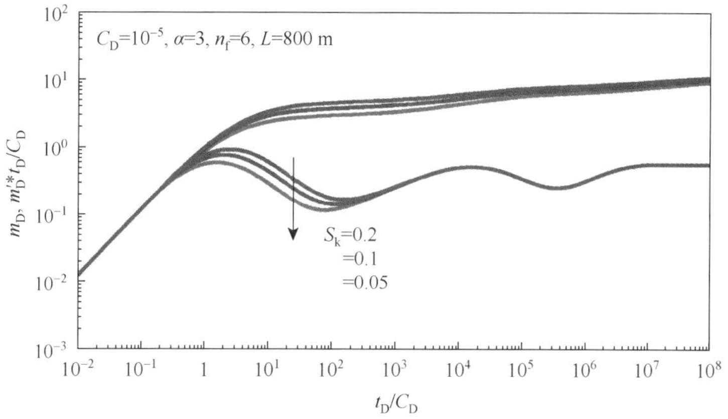

图 5-10　表皮效应对典型曲线的影响

2）无因次井筒储集系数 C_D 的影响

图 5-11 为无因次井筒储集系数影响下的无因次拟压力及拟压力导数曲线。该图表明，无因次井筒储集系数主要影响的是典型曲线的前两个流动阶段，其具体表现为无因次井筒储集系数越大，井储过渡流动段持续时间越长，无因次拟压力导数曲线经过凹值后上翘越晚，裂缝附近出现的早期线性流动阶段越晚，持续时间也越短。

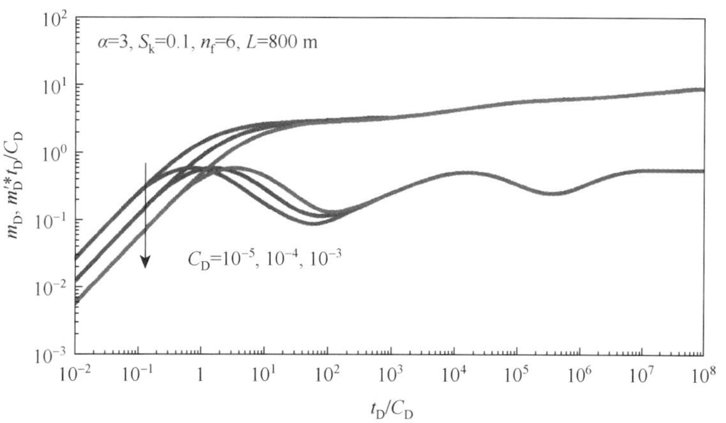

图 5-11　无因次井筒储集系数对典型曲线的影响

3) 弹性储容比 ω 的影响

图 5-12 为弹性储容比影响下的无因次拟压力及拟压力导数曲线。该图表明，储容比主要影响井筒储集过渡流段的后期、裂缝线性流动段以及基质窜流早晚流动段，储容比较小时，代表裂缝系统的空间储集能力相对较小，导致裂缝周围线性流动需要较大的压降，但较小的裂缝储集能力也导致了基质向裂缝窜流发生得更早且持续时间更长，且窜流所需的压差也更小，在曲线上表现为储容比越小，窜流段的凹子越深宽度越大。

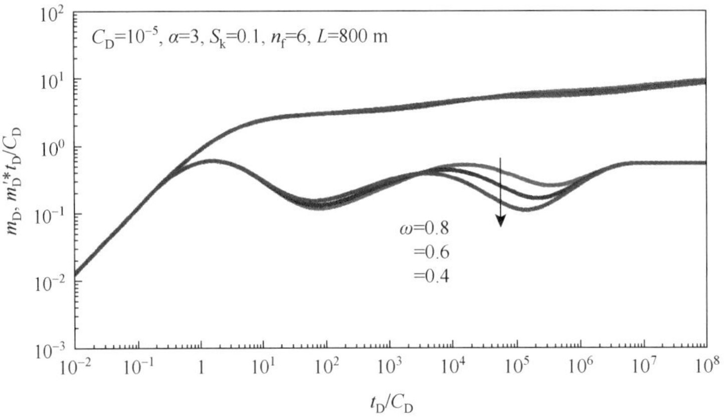

图 5-12　弹性储容比对典型曲线的影响

4) 窜流系数 λ 的影响

图 5-13 为窜流系数影响下的无因次拟压力及拟压力导数曲线。该图表明，窜流系数主要影响基质窜流的早期和晚期，当窜流系数较小时，代表裂缝的流通能力相对较强，与基质流通能力差异越大，基质向裂缝窜流越难，在特征曲线上的表现为窜流系数越小，基质向裂缝窜流越晚发生，无因次拟压力导数曲线在窜流段的凹子就会延后。

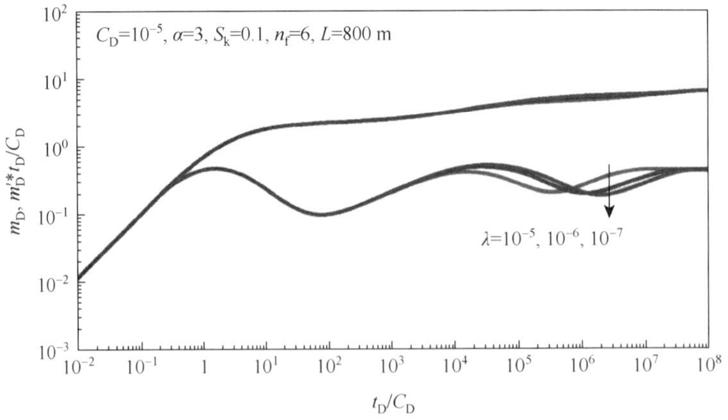

图 5-13　窜流系数对典型曲线的影响

5) 储层厚度 h 的影响

图 5-14 为储层厚度影响下的无因次拟压力及拟压力导数曲线。该图表明，储层厚度

大小主要影响了第二、第三及第四流动阶段；在其他参数不变的情况下，储层厚度值越小，压力波就越早传递到顶底边界，井筒储集过渡段的凹子就越大，水力裂缝周围线性流动阶段持续时间越短，随着储层厚度值的减少，也会导致水力裂缝周围径向流动越来越不明显，以至于基质窜流更早发生。

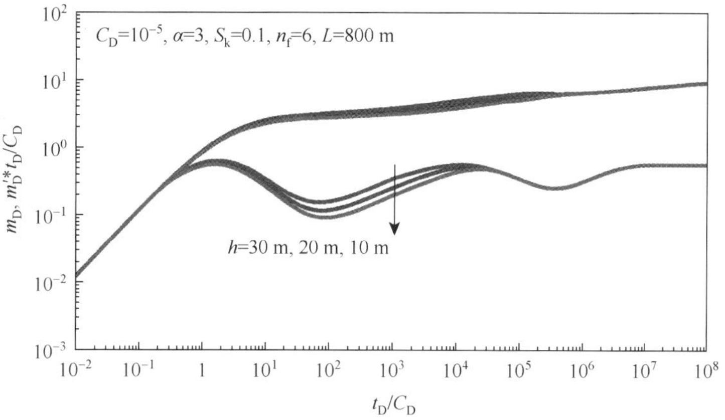

图 5-14　储层厚度对典型曲线的影响

6）裂缝条数 n_f 的影响

图 5-15 为裂缝条数影响下的无因次拟压力及拟压力导数曲线。该图表明，除了早期井筒储集阶段和最后的系统径向流动阶段，裂缝条数的变化几乎影响了整个压裂水平井的流动过程，裂缝条数的多少反映了压裂水平井压裂规模的大小，裂缝条数越多，越能为储层中的气体提供更多的流通通道，具体表现为裂缝条数越多，压裂段数越多，无因次拟压力导数曲线越低，这也是因为水力裂缝条数的增多，良好地改善了储层各个流通通道的连通性，使得流体流动需要克服的阻力大大降低，生产压差大大减少的结果。

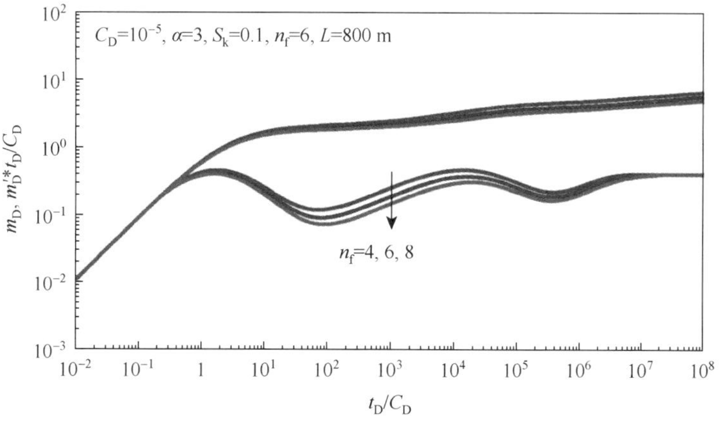

图 5-15　裂缝条数对典型曲线的影响

7）裂缝半长 L_f 的影响

图 5-16 反映的是人工裂缝半长 L_f 对顶底封闭、外边界无限大条件下页岩气藏压裂水平

井压力动态的影响。人工裂缝半长 L_f 同人工裂缝条数都能反映压裂水平井的压裂规模。从图中可以看出，当其他参数不变时，整个生产阶段的无因次拟压力曲线和无因次拟压力导数曲线都有下移的趋势，这是因为随着人工裂缝半长 L_f 的增大，储层的泄气面积也会增大。

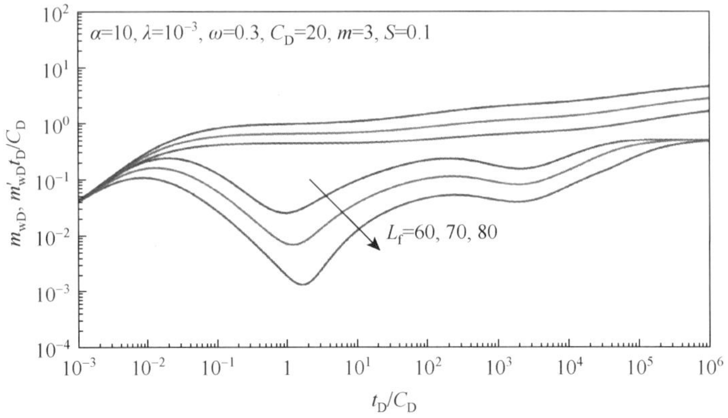

图 5-16　裂缝半长对典型曲线的影响

8）解吸系数 α 的影响

图 5-17 为解吸系数影响下的无因次拟压力及拟压力导数曲线。该图表明，解吸系数对第 4～6 个流动阶段有较为明显的影响，解吸系数越大，基质系统早期窜流发生时间越早，无因次拟压力导数曲线上的凹子就越深；解吸系数大小表征着页岩气解吸扩散的强烈程度，较大的解吸系数意味着储层内吸附气解吸发生得越剧烈，气体流动所拥有的驱动力就越充足，所需的流动压力差就越小；此外，随着解吸系数的增大，基质晚期窜流阶段也将更早发生。

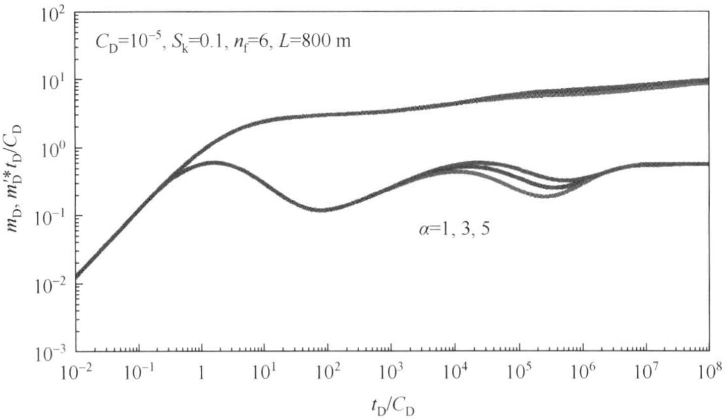

图 5-17　解吸系数对典型曲线的影响

9）拟稳态扩散与非稳态扩散

图 5-18 为解吸气影响下的拟稳态扩散与非稳态扩散的典型曲线。该图表明，拟稳态扩散和非稳态扩散在典型曲线的早期和晚期趋势相同，但在基质向裂缝窜流阶段，非稳态模型几乎没有表现出这一流动阶段，而拟稳态扩散模型则表现明显。

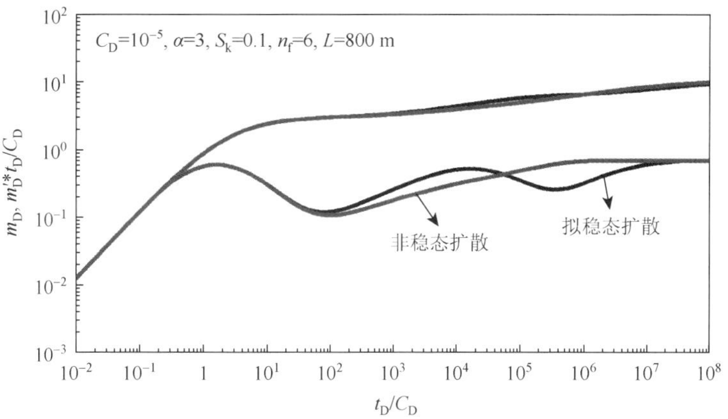

图 5-18　解吸气拟稳态与非稳态扩散典型曲线

5.3　多种渗流机理影响的页岩气藏压裂水平井渗流理论

在考虑启动压力梯度及滑脱效应的影响的基础上，运用朗格缪尔等温吸附理论描述页岩气的吸附解吸过程，利用菲克第一及第二定律描述微孔壁表面解吸气向孔隙内扩散的过程，建立了考虑多种渗流机理影响下的页岩气藏压裂水平井渗流模型。并利用点源函数理论，结合拉普拉斯变换等数学物理方法分别针对外边界为无限大的顶底封闭边界及顶底混合边界情况求取页岩气藏压裂水平井拟压力连续点源解，计算页岩气压裂水平井不稳定渗流压力动态典型曲线并对影响因素进行分析。

5.3.1　单一介质页岩气藏压裂水平井渗流理论

1. 物理模型

页岩气藏单一介质压裂水平井渗流物理模型如图 5-19 所示，页岩储层厚度为 h，原始地层压力为 p_i，顶底为封闭或混合，在储层中央有一口多级压裂水平井，且与气藏垂向边界平行。基本假设除将 5.2.1 节中的(1)改为单一介质外，其余假设均与 5.2.1 节相同。同时还要考虑启动压力梯度和滑脱效应的影响。

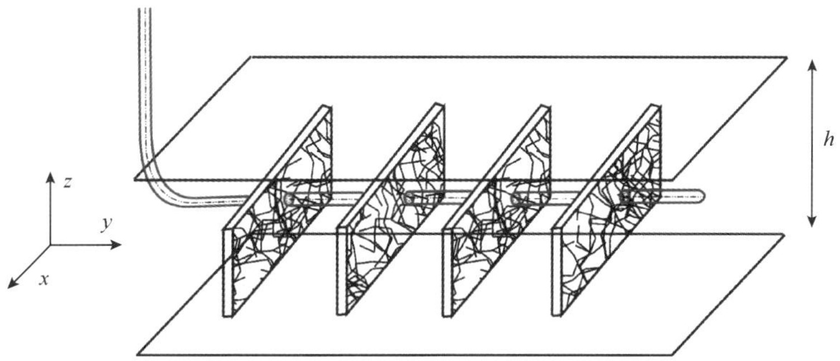

图 5-19　页岩气藏压裂水平井物理模型

2. 数学模型及解

由 5.2 节知，结合朗格缪尔等温吸附定律和菲克扩散定律的页岩气解吸扩散项为 q_{m}，则由物质平衡原理，页岩气渗流微分方程：

$$\frac{1}{r^2}\frac{\partial}{\partial r}\left(r^2\rho\frac{k}{\mu_{\mathrm{g}}}\frac{\partial p_{\mathrm{f}}}{\partial r}\right)+q_{\mathrm{m}}=\frac{\partial(\rho\phi_{\mathrm{f}})}{\partial t} \tag{5-102}$$

基于低渗气藏的渗流特征，引入启动压力梯度和滑脱效应两个影响因素。

启动压力梯度下的渗流速度方程[16]：

$$V=-\frac{k}{\mu}\left(\frac{\mathrm{d}p}{\mathrm{d}r}-\lambda\right) \tag{5-103}$$

滑脱效应影响的储层渗透率[17]：

$$k=k_{\infty}\left(1+\frac{b}{\bar{p}}\right) \tag{5-104}$$

式(5-104)中，$\bar{p}$ 为孔喉两端平均压力，但在地层中微小孔喉两端的压降很小，甚至可以近似认为没有压降，因此在这里认为 $\bar{p}=p_{\mathrm{e}}$，于是滑脱效应对渗透率的变化影响可以近似看做一个渗透率倍数。

考虑启动压力梯度及滑脱效应的页岩气渗流微分方程：

$$\frac{1}{r^2}\frac{\partial}{\partial r}\left[r^2\rho_{\mathrm{g}}\frac{k_{\infty}\left(1+\frac{b}{\bar{p}}\right)}{\mu_{\mathrm{g}}}\left(\frac{\partial p_{\mathrm{f}}}{\partial r}-\lambda_{\mathrm{B}}\right)\right]+q_{\mathrm{m}}=\frac{\partial(\rho_{\mathrm{g}}\phi)}{\partial t} \tag{5-105}$$

式(5-105)化简后得

$$\frac{1}{r^2}\frac{\partial}{\partial r}\left[r^2\frac{p_{\mathrm{f}}k}{\mu_{\mathrm{g}}Z}\left(\frac{\partial p_{\mathrm{f}}}{\partial r}-\lambda_{\mathrm{B}}\right)\right]+\frac{p_i}{\rho_{\mathrm{sc}}}q_{\mathrm{m}}=\phi\frac{\partial}{\partial t}\left(\frac{p_{\mathrm{f}}}{Z}\right) \tag{5-106}$$

引入拟压力函数：

$$m=\frac{\mu_i Z_i}{p_i}\int_{p_0}^{p}\frac{p_{\mathrm{f}}}{\mu_{\mathrm{g}}Z}\mathrm{d}p_{\mathrm{f}} \tag{5-107}$$

则拟压力形式的渗流微分方程：

$$\frac{1}{r^2}\frac{\partial}{\partial r}\left(r^2k\frac{p_i}{\mu_iZ_i}\frac{\partial m}{\partial r}-r^2\frac{kp_{\mathrm{f}}}{\mu_{\mathrm{g}}Z}\lambda_{\mathrm{B}}\right)=\frac{\phi C_{\mathrm{g}}\mu_{\mathrm{g}}p_i}{\mu_iZ_i}\frac{\partial m}{\partial t} \tag{5-108}$$

对式(5-108)左端进行化简，由于启动压力梯度 λ_{B} 数值相对较小，因而 $p/(\mu Z)$ 与 λ_{B} 的乘积项可以忽略，于是有：

$$\frac{1}{r^2}\frac{\partial}{\partial r}\left(r^2k\frac{p_i}{\mu_iZ_i}\frac{\partial m}{\partial r}-r^2\frac{kp_{\mathrm{f}}}{\mu_{\mathrm{g}}Z}\lambda_{\mathrm{B}}\right)=\frac{1}{r^2}\left(2rk\frac{p_i}{\mu_iZ_i}\frac{\partial m}{\partial r}+r^2k\frac{p_i}{\mu_iZ_i}\frac{\partial^2 m}{\partial r^2}-2r\frac{kp_{\mathrm{f}}}{\mu_{\mathrm{g}}Z}\lambda_{\mathrm{B}}\right) \tag{5-109}$$

合并式(5-109)右端后得

$$\frac{k}{r}\frac{p_i}{\mu_iZ_i}\frac{\partial}{\partial r}\left(r^2\frac{\partial m}{\partial r}\right)-\frac{kp_{\mathrm{f}}}{r\mu_{\mathrm{g}}Z}\lambda_{\mathrm{B}}+\frac{p_i}{\rho_{\mathrm{sc}}}q_{\mathrm{m}}=\frac{\phi C_{\mathrm{g}}\mu_{\mathrm{g}}p_i}{\mu_iZ_i}\frac{\partial m}{\partial t} \tag{5-110}$$

定义拟启动压力梯度：

$$\lambda_{\mathrm{mB}}=\frac{p_{\mathrm{f}}}{\mu_{\mathrm{g}}Z}\lambda_{B} \tag{5-111}$$

则式(5-110)变成：

$$\frac{\partial}{\partial r}\left(r^{2}\frac{\partial m}{\partial r}\right)-\frac{\mu_{i}Z_{i}}{p_{i}}\lambda_{\mathrm{mB}}+\frac{r\mu_{i}Z_{i}}{k\rho_{\mathrm{sc}}}q_{\mathrm{m}}=\frac{r\phi C_{\mathrm{g}}\mu_{\mathrm{g}}}{k}\frac{\partial m}{\partial t} \tag{5-112}$$

定义无因次变量如表 5-2 所示。

表 5-2　无因次变量对照表

无因次变量	无因次定义表达式
无因次拟压力	$m_{\mathrm{D}}=\frac{k_{i}h}{q_{\mathrm{sc}}B_{gi}\mu_{i}}(m_{i}-m)$
无因次时间	$t_{\mathrm{D}}=\frac{k_{i}t}{\phi c_{\mathrm{g}}\mu_{i}r_{\mathrm{w}}{}^{2}}$
无因次径向半径	$r_{\mathrm{D}}=\frac{r}{r_{\mathrm{w}}}$
无因次拟启动压力梯度	$\lambda_{\mathrm{mBD}}=\frac{k_{i}hLC_{\mathrm{g}}}{q_{\mathrm{sc}}}\lambda_{\mathrm{mB}}$

对式(5-112)的无因次化得到：

$$\frac{\partial}{\partial r_{\mathrm{D}}}\left(r_{\mathrm{D}}^{2}\frac{\partial m_{\mathrm{D}}}{\partial r_{\mathrm{D}}}\right)+\frac{k_{i}Z_{i}h}{p_{i}q_{\mathrm{sc}}B_{gi}}\lambda_{\mathrm{mBD}}-\frac{r_{\mathrm{w}}r_{\mathrm{D}}k_{i}hZ_{i}}{K\rho_{\mathrm{sc}}q_{\mathrm{sc}}B_{gi}}q_{\mathrm{m}}=\frac{r_{\mathrm{D}}\mu_{\mathrm{g}}k_{i}}{r_{\mathrm{w}}K\mu_{i}}\frac{\partial m_{\mathrm{D}}}{\partial t_{\mathrm{D}}} \tag{5-113}$$

对式(5-113)进行关于无因次时间的拉普拉斯变换：

$$\frac{\partial}{\partial r_{\mathrm{D}}}\left(r_{\mathrm{D}}^{2}\frac{\partial \overline{m}_{\mathrm{D}}}{\partial r_{\mathrm{D}}}\right)+\frac{k_{i}Z_{i}h}{p_{i}q_{\mathrm{sc}}B_{gi}s}\lambda_{\mathrm{mBD}}-\frac{r_{\mathrm{w}}r_{\mathrm{D}}k_{i}hZ_{i}}{k\rho_{\mathrm{sc}}q_{\mathrm{sc}}B_{gi}}\overline{q}_{\mathrm{m}}=\frac{r_{\mathrm{D}}\mu_{\mathrm{g}}k_{i}}{r_{\mathrm{w}}k\mu_{i}}s\overline{m}_{\mathrm{D}} \tag{5-114}$$

对于单一介质储层，在拉普拉斯空间下的无因次解吸扩散项形式会有所变化。

对于拟稳态扩散项，经过无因次化和拉普拉斯变换后，式(5-114)的左端最后一项变为：

$$\overline{q}_{\mathrm{m}}=-G\rho_{\mathrm{sc}}s\overline{c}_{\mathrm{mD}}=-G\rho_{\mathrm{sc}}\frac{6\pi^{2}G\rho_{\mathrm{sc}}D\phi\mu_{i}c_{gi}L^{2}}{\varepsilon^{2}k}(\overline{V}_{\mathrm{aD}}-\overline{V}_{\mathrm{D}}) \tag{5-115}$$

式(5-115)称为在拉普拉斯空间下的单一介质页岩气球形基质块拟稳态扩散项，其中的变量项：

$$s\overline{c}_{\mathrm{mD}}=u(\overline{V}_{\mathrm{aD}}-\overline{V}_{\mathrm{D}}) \tag{5-116}$$

式中：$u=\dfrac{6\pi^{2}D\phi\mu_{i}c_{gi}L^{2}}{\varepsilon^{2}k}$。

由于 c_{mD} 和 V_{D} 皆已无因次化，其在数值上是相等的，于是有 $\overline{c}_{\mathrm{mD}}=\overline{V}_{\mathrm{D}}$，则拟稳态扩散项表达为：

$$\overline{V}_{\mathrm{D}}=\frac{u}{u+s}\overline{V}_{\mathrm{aD}} \tag{5-117}$$

引入朗格缪尔等温吸附定律，代入无因次拟压力函数，式(5-117)变成：

$$\overline{V}_{\mathrm{aD}}=-\overline{\left[\frac{V_{\mathrm{m}}m_{\mathrm{L}}(m_i-m_{\mathrm{f}})}{(m_{\mathrm{L}}+m_{\mathrm{f}})(m_{\mathrm{L}}+m_i)}\right]}=-\overline{\left[\frac{q_{\mathrm{sc}}}{Kh}\frac{V_{\mathrm{m}}m_{\mathrm{L}}}{(m_{\mathrm{L}}+m_{\mathrm{f}})(m_{\mathrm{L}}+m_i)}m_{\mathrm{D}}\right]} \tag{5-118}$$

引入解吸附因子α，将其代入式(5-109)中得：$\overline{V}_{\mathrm{aD}}=-\alpha\overline{m}_{\mathrm{D}}$，其中的解吸附因子定义为：$\alpha=\dfrac{q_{\mathrm{sc}}}{kh}\dfrac{V_{\mathrm{m}}m_{\mathrm{L}}}{(m_{\mathrm{L}}+m_{\mathrm{f}})(m_{\mathrm{L}}+m_i)}$。

将化简后的$\overline{V}_{\mathrm{aD}}$及$\overline{V}_{\mathrm{D}}$表达式代入拟稳定扩散项表达式中得

$$s\overline{c}_{\mathrm{mD}}=s\overline{V}_{\mathrm{D}}=u(\overline{V}_{\mathrm{aD}}-\overline{V}_{\mathrm{D}})=u\left(-\alpha\overline{m}_{\mathrm{D}}+\frac{\alpha u}{u+s}\overline{m}_{\mathrm{D}}\right)=-\frac{\alpha us}{u+s}\overline{m}_{\mathrm{D}} \tag{5-119}$$

于是拟稳态扩散项表达式为如下形式：

$$\overline{q}_{\mathrm{m}}=-G\rho_{\mathrm{sc}}s\overline{c}_{\mathrm{mD}}=G\rho_{\mathrm{sc}}\left(\frac{\alpha us}{u+s}\right)\overline{m}_{\mathrm{D}} \tag{5-120}$$

同理，对于非稳态扩散也可以采用5.2节介绍的方法进行求解。

拟稳态扩散项：

$$\overline{q}_{\mathrm{m}}=-G\rho_{\mathrm{sc}}s\overline{c}_{\mathrm{mD}}=G\rho_{\mathrm{sc}}\left(\frac{\alpha us}{u+s}\right)\overline{m}_{\mathrm{D}}$$

非稳态扩散项：

$$\overline{q}_{\mathrm{m}}=\frac{3D\rho_{\mathrm{sc}}}{R^2}\frac{\partial\overline{c}_{\mathrm{mD}}}{\partial r_{\mathrm{mD}}}\bigg|_{r_{\mathrm{mD}}=1}=-\frac{3D\alpha\rho_{\mathrm{sc}}}{R^2}\left(\sqrt{\frac{k}{D\phi\mu_i c_{gi}}}\coth\sqrt{\frac{k}{D\phi\mu_i c_{gi}}}-1\right)\overline{m}_{\mathrm{D}}$$

将上述两式分别代入式(5-114)中可得：

$$\frac{1}{{r_{\mathrm{D}}}^2}\frac{\partial}{\partial r_{\mathrm{D}}}\left(r_{\mathrm{D}}^2\frac{\partial\overline{m}_{\mathrm{D}}}{\partial r_{\mathrm{D}}}\right)+\frac{k_iZ_ih}{p_iq_{\mathrm{sc}}B_{gi}s}\frac{\lambda_{\mathrm{mBD}}}{r_{\mathrm{D}}}=f(s)\overline{m}_{\mathrm{D}} \tag{5-121}$$

式(5-121)中：

$$f(s)=\frac{\mu_{\mathrm{g}}k_i}{kr_{\mathrm{w}}\mu_i}s-\frac{k_i^2hZ_iG}{kq_{\mathrm{sc}}B_{gi}\phi C_{\mathrm{g}}\mu_ir_{\mathrm{w}}}\frac{\alpha us}{u+s}\ (\text{拟稳态})$$

$$f(s)=\frac{\mu_{\mathrm{g}}K_i}{kr_{\mathrm{w}}\mu_i}s+\frac{3r_{\mathrm{w}}k_ihZ_iD\alpha}{kq_{\mathrm{sc}}B_{gi}R^2}\left(\sqrt{\frac{k}{D\phi\mu_ic_{gi}}}\coth\sqrt{\frac{k}{D\phi\mu_ic_{gi}}}-1\right)(\text{非稳态})$$

设$\dfrac{k_iZ_ih}{p_iq_{\mathrm{sc}}B_{gi}}=\eta$，源强度：$\dfrac{p_{\mathrm{sc}}T}{T_{\mathrm{sc}}}\dfrac{\mu_iZ_i}{p_i}\overline{\tilde{q}}=1$，即可以得到无限大边界渗流模型：

$$\begin{cases}\dfrac{1}{r_{\mathrm{D}}^2}\dfrac{\partial}{\partial r_{\mathrm{D}}}\left(r_{\mathrm{D}}^2\dfrac{\partial\overline{m}_{\mathrm{D}}}{\partial r_{\mathrm{D}}}\right)+\dfrac{\eta}{sr_{\mathrm{D}}}\lambda_{\mathrm{mBD}}=f(s)\overline{m}_{\mathrm{D}}\\ \lim\limits_{\varepsilon\to0}4\pi L^3\left({r_{\mathrm{D}}}^2\dfrac{\partial\overline{m}_{\mathrm{D}}}{\partial r_{\mathrm{D}}}+\dfrac{\lambda_{\mathrm{mBD}}}{s}\right)\bigg|_{r_{\mathrm{D}}=\varepsilon}=-1\\ \overline{m}_{\mathrm{D}}(\infty,s)=0\end{cases} \tag{5-122}$$

1) 顶底封闭边界情形

在无限大边界渗流模型的基础上引入顶底封闭条件：

$$\left.\frac{\partial \bar{m}_{\mathrm{D}}}{\partial z_{\mathrm{D}}}\right|_{z_{\mathrm{D}}=0}=\left.\frac{\partial \bar{m}_{\mathrm{D}}}{\partial z_{\mathrm{D}}}\right|_{z_{\mathrm{D}}=h_{\mathrm{D}}}=0 \tag{5-123}$$

方程组(5-122)可以通过预解法[18]来进行求解。通过求解得到的综合考虑了启动压力梯度及滑脱效应的页岩气瞬时拟压力点源解：

$$\begin{aligned}\bar{m}_{\mathrm{D}}=&\left[\frac{1}{2\pi h_{\mathrm{D}}}-\frac{2\eta\lambda_{\mathrm{mBD}}}{h_{\mathrm{D}}s^2 f(s)}\right]\left\{\begin{aligned}&K_0[R_{\mathrm{D}}\sqrt{sf(s)}]\\&+2\sum_{n=1}^{\infty}K_0\left[R_{\mathrm{D}}\sqrt{sf(s)+\frac{n^2\pi^2}{h_{\mathrm{D}}{}^2}}\right]\cos n\pi\frac{z_{\mathrm{D}}}{h_{\mathrm{D}}}\cos n\pi\frac{z_{\mathrm{wD}}}{h_{\mathrm{D}}}\end{aligned}\right\}+\\&\frac{\eta\lambda_{\mathrm{mBD}}}{s^2 f(s)}\sum_{n=-\infty}^{\infty}\left[\frac{1}{\sqrt{R_{\mathrm{D}}{}^2+(z_{\mathrm{D}}-z_{\mathrm{wD}}-2nh_{\mathrm{D}})^2}}+\frac{1}{\sqrt{R_{\mathrm{D}}{}^2+(z_{\mathrm{D}}+z_{\mathrm{wD}}-2nh_{\mathrm{D}})^2}}\right]\end{aligned} \tag{5-124}$$

对式(5-124)在 0～t 上进行积分以得到持续点源函数：

$$\begin{aligned}\int_0^t \bar{m}_{\mathrm{D}}(t_{\mathrm{D}}-\tau)\mathrm{d}\tau=&\frac{\bar{\tilde{q}}p_{\mathrm{sc}}T}{T_{\mathrm{sc}}}\frac{\mu_i Z_i}{p_i}\left[\frac{1}{2\pi h_{\mathrm{D}}}-\frac{2\eta\lambda_{\mathrm{mBD}}}{h_{\mathrm{D}}s^2 f(s)}\right]\left\{\begin{aligned}&K_0[R_{\mathrm{D}}\sqrt{sf(s)}]+\\&2\sum_{n=1}^{\infty}K_0\left[R_{\mathrm{D}}\sqrt{sf(s)+\frac{n^2\pi^2}{h_{\mathrm{D}}{}^2}}\right]\cos n\pi\frac{z_{\mathrm{D}}}{h_{\mathrm{D}}}\cos n\pi\frac{z_{\mathrm{wD}}}{h_{\mathrm{D}}}\end{aligned}\right\}+\\&\frac{\bar{\tilde{q}}p_{\mathrm{sc}}T}{T_{\mathrm{sc}}}\frac{\mu_i Z_i}{p_i}\frac{\eta\lambda_{\mathrm{mBD}}}{s^2 f(s)}\sum_{n=-\infty}^{\infty}\left[\frac{1}{\sqrt{R_{\mathrm{D}}{}^2+(z_{\mathrm{D}}-z_{\mathrm{wD}}-2nh_{\mathrm{D}})^2}}+\frac{1}{\sqrt{R_{\mathrm{D}}{}^2+(z_{\mathrm{D}}+z_{\mathrm{wD}}-2nh_{\mathrm{D}})^2}}\right]\end{aligned} \tag{5-125}$$

然后再进行 z 方向上的积分，得到线源解：

$$\bar{m}_{\mathrm{D}}=\frac{\bar{\tilde{q}}p_{\mathrm{sc}}T}{T_{\mathrm{sc}}}\frac{\mu_i Z_i}{p_i}\left[\frac{1}{2\pi h_{\mathrm{D}}}-\frac{2\eta\lambda_{\mathrm{mBD}}}{h_{\mathrm{D}}s^2 f(s)}\right]K_0[R_{\mathrm{D}}\sqrt{sf(s)}] \tag{5-126}$$

基于无限导流假设，裂缝微元段离散积分表达式：

$$\bar{m}_{\mathrm{D}}(x_{\mathrm{D}},y_{\mathrm{D}})=\bar{\tilde{q}}_{\mathrm{D}i,j}\int_{x_{\mathrm{D}i,j}}^{x_{\mathrm{D}i,j+1}}\left[\frac{1}{2\pi h_{\mathrm{D}}}-\frac{2\eta\lambda_{\mathrm{mBD}}}{h_{\mathrm{D}}s^2 f(s)}\right]K_0\left[\sqrt{(x_{\mathrm{D}}-\zeta)^2+(y_{\mathrm{D}}-y_{\mathrm{D}i,j})^2}\sqrt{sf(s)}\right]\mathrm{d}\zeta \tag{5-127}$$

利用 Duhamel 原理，得到其无因次拟压力解：

$$\bar{m}_{\mathrm{wD}}=\frac{s\bar{\tilde{q}}_{\mathrm{D}i,j}\int_{x_{\mathrm{D}i,j}}^{x_{\mathrm{D}i,j+1}}\left[\frac{1}{2\pi h_{\mathrm{D}}}-\frac{2\eta\lambda_{\mathrm{mBD}}}{h_{\mathrm{D}}s^2 f(s)}\right]K_0\left[\sqrt{(x_{\mathrm{D}}-\zeta)^2+(y_{\mathrm{D}}-y_{\mathrm{D}i,j})^2}\sqrt{sf(s)}\right]\mathrm{d}\zeta+S_{\mathrm{k}}}{s+C_{\mathrm{D}}s^2\left\{s\bar{\tilde{q}}_{\mathrm{D}i,j}\int_{x_{\mathrm{D}i,j}}^{x_{\mathrm{D}i,j+1}}\left[\frac{1}{2\pi h_{\mathrm{D}}}-\frac{2\eta\lambda_{\mathrm{mBD}}}{h_{\mathrm{D}}s^2 f(s)}\right]K_0\left[\sqrt{(x_{\mathrm{D}}-\zeta)^2+(y_{\mathrm{D}}-y_{\mathrm{D}i,j})^2}\sqrt{sf(s)}\right]\mathrm{d}\zeta+S_{\mathrm{k}}\right\}} \tag{5-128}$$

2) 顶底混合边界情形

顶部封闭而底部定压情形的边界条件：

$$\left.\bar{m}_{\mathrm{D}}\right|_{z_{\mathrm{D}}=0}=\left.\frac{\partial \bar{m}_{\mathrm{D}}}{\partial z_{\mathrm{D}}}\right|_{z_{\mathrm{D}}=h_{\mathrm{D}}}=0 \tag{5-129}$$

利用与上述相同的求解方法得到其无因次拟压力解：

$$\bar{m}_{\mathrm{wD}}=\frac{s\bar{\bar{q}}_{\mathrm{D}i,j}\int_{x_{\mathrm{D}i,j}}^{x_{\mathrm{D}i,j+1}}\left[\frac{2}{\pi h_{\mathrm{D}}}-\frac{16\eta\lambda_{\mathrm{mBD}}}{h_{\mathrm{D}}s^{2}f(s)}\right]\sum_{n=1}^{\infty}\left\{\begin{array}{l}K_{0}\left[\sqrt{(x_{\mathrm{D}}-\zeta)^{2}+(y_{\mathrm{D}}-y_{\mathrm{D}i,j})^{2}}\sqrt{sf(s)+\dfrac{(2n-1)^{2}\pi^{2}}{4h_{\mathrm{D}}{}^{2}}}\right]\\ \displaystyle\int_{0}^{h}\cos\frac{(2n-1)\pi z_{\mathrm{D}}}{2h_{\mathrm{D}}}\cos n\pi\frac{(2n-1)\pi z_{\mathrm{wD}}}{2h_{\mathrm{D}}}\mathrm{d}z\end{array}\right\}\mathrm{d}\zeta+S_{\mathrm{k}}}{s+C_{\mathrm{D}}s^{2}\left\{s\bar{\bar{q}}_{\mathrm{D}i,j}\int_{x_{\mathrm{D}i,j}}^{x_{\mathrm{D}i,j+1}}\left[\frac{2}{\pi h_{\mathrm{D}}}-\frac{16\eta\lambda_{\mathrm{mBD}}}{h_{\mathrm{D}}s^{2}f(s)}\right]\sum_{n=1}^{\infty}\left\{\begin{array}{l}K_{0}\left[\sqrt{(x_{\mathrm{D}}-\zeta)^{2}+(y_{\mathrm{D}}-y_{\mathrm{D}i,j})^{2}}\sqrt{sf(s)+\dfrac{(2n-1)^{2}\pi^{2}}{4h_{\mathrm{D}}{}^{2}}}\right]\\ \displaystyle\int_{0}^{h}\cos\frac{(2n-1)\pi z_{\mathrm{D}}}{2h_{\mathrm{D}}}\cos n\pi\frac{(2n-1)\pi z_{\mathrm{wD}}}{2h_{\mathrm{D}}}\mathrm{d}z\end{array}\right\}\mathrm{d}\zeta+S_{\mathrm{k}}\right\}}\tag{5-130}$$

3. 典型曲线及影响因素分析

考虑启动压力梯度及滑脱效应影响的单一介质页岩气藏压裂水平井无因次拟压力及拟压力导数典型曲线如图 5-20 所示。

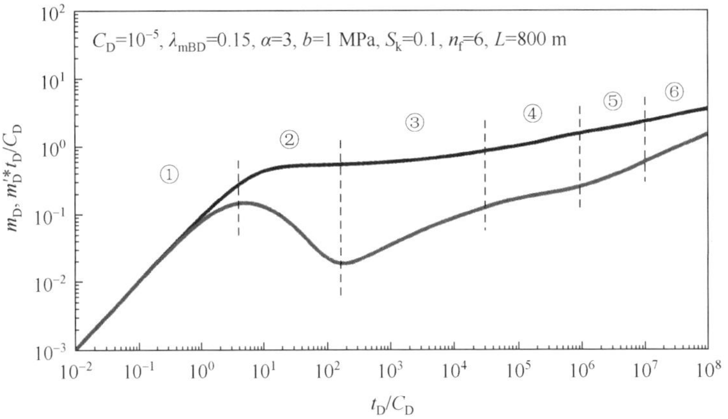

图 5-20　单一介质页岩气藏压裂水平井无因次拟压力及拟压力导数典型曲线

图 5-20 表明，单一介质页岩气藏压裂水平井无因次拟压力及其导数典型曲线可以分为以下 6 个流动阶段：

①早期井筒储集阶段，无因次拟压力曲线同无因次拟压力导数曲线表现为斜率为 1 的直线；

②井筒储集过渡流阶段，无因次拟压力导数曲线呈现明显的下降趋势，并且形成了一个凹子；

③水力压裂裂缝周围线性流动阶段，无因次拟压力导数曲线出现明显的上升趋势；

④水力压裂裂缝周围径向流动阶段，在这一阶段中，无因次拟压力导数曲线呈现水平状态；

⑤系统线性流动阶段，压力导数曲线表现为一条斜率值为 1/2 直线段，该阶段反映了随着压力波的进一步向外传播，此时地层流体流动为平行于人工裂缝面的线性流动；

⑥系统晚期径向流动阶段，该阶段反映了地层流体向整个多裂缝系统的径向流特征，由

于存在启动压力梯度的影响，无因次拟压力及其导数曲线皆呈现了明显的上翘趋势。

第③～⑥流动阶段的流动模式如图 5-21～图 5-24 所示。

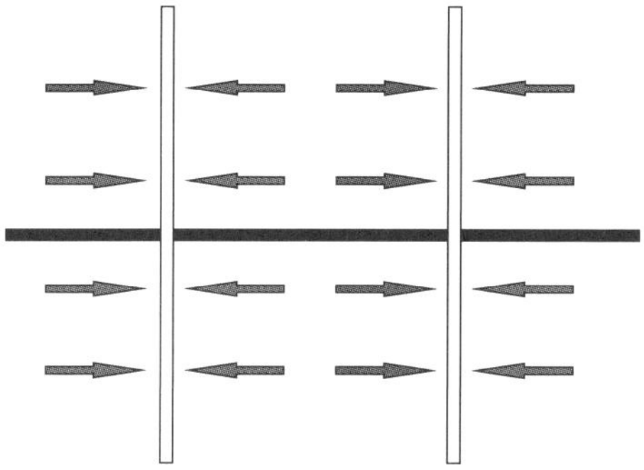

图 5-21　水力裂缝附近线性流示意图

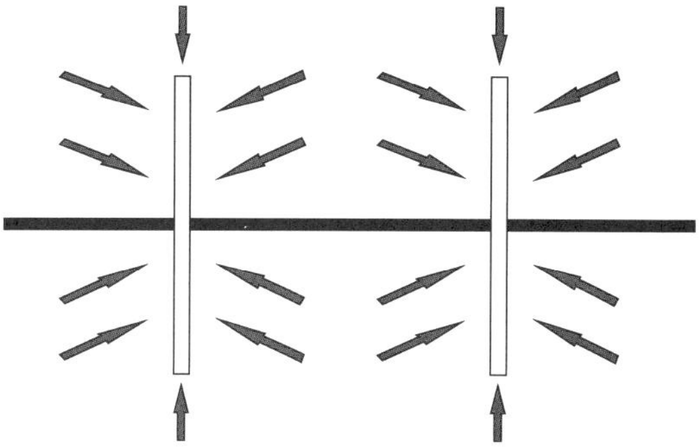

图 5-22　水力裂缝附近径向流示意图

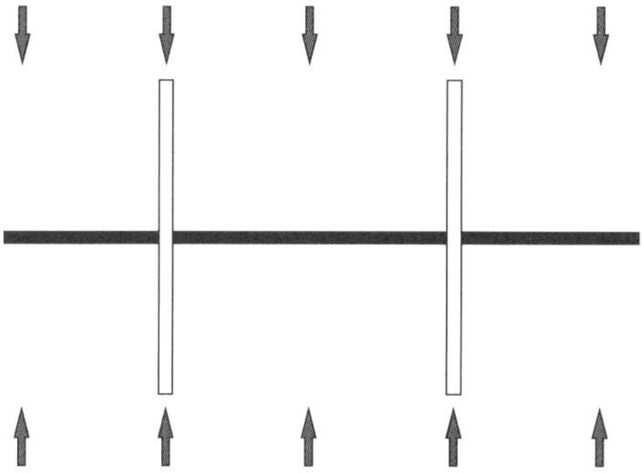

图 5-23　中期系统线性流示意图

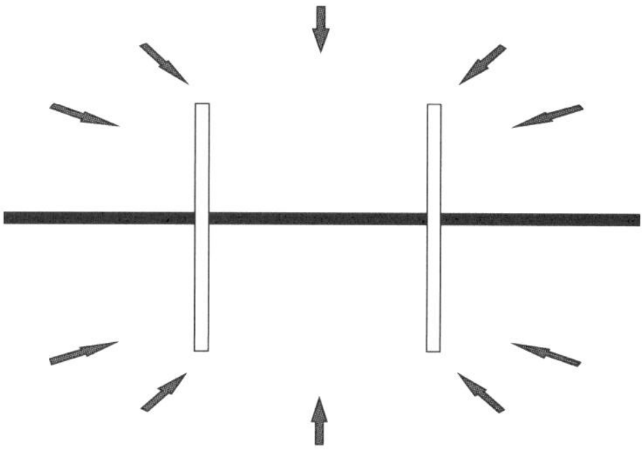

图 5-24　晚期系统径向流示意图

1) 无因次拟启动压力梯度 λ_{mBD} 的影响

图 5-25 为无因次拟启动压力梯度影响的无因次拟压力及拟压力导数曲线。该图表明，无因次拟启动压力梯度值越大，代表储层条件越差，流体流动越困难，突破启动压力的障碍开始向大的流动通道流动所需要的生产压差就越大；在图 5-25 中表现为无因次拟启动压力梯度越大，曲线上翘程度越大。

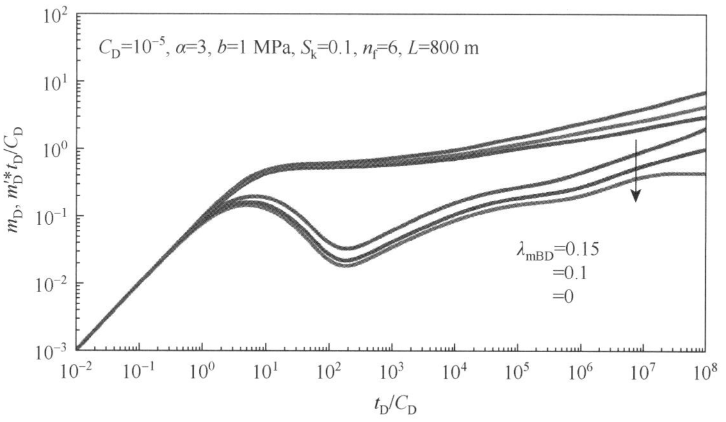

图 5-25　无因次拟启动压力梯度对典型曲线的影响

2）滑脱系数 b 的影响

图 5-26 为滑脱系数影响的无因次拟压力及拟压力导数曲线。该图表明，滑脱系数几乎影响到了除井筒储集阶段外的所有流动阶段，其值越大，表明储层内滑脱效应越明显，相当于间接地增加了储层渗透率，气体流动所需要的生产压力减小；在图中表现为滑脱系数越大，曲线位置越低，在无因次拟压力导数曲线上表现得最为明显。

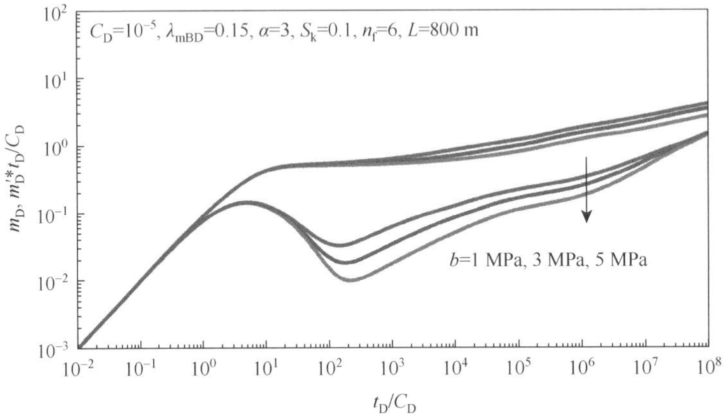

图 5-26　滑脱系数对典型曲线的影响

3）裂缝间距 f_d 的影响

图 5-27 为裂缝间距影响的无因次拟压力及拟压力导数曲线。该图表明，裂缝间距越小，裂缝干扰现象越严重，若裂缝间距小到一定程度，裂缝径向流动段几乎会无法看到；特征曲线表现为裂缝间距越小，裂缝线性流持续时间越长。

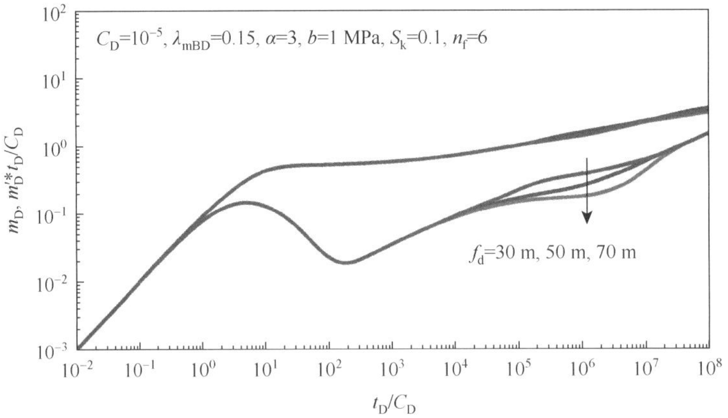

图 5-27　裂缝间距对典型曲线的影响

4）解吸系数 α 的影响

图 5-28 为解吸系数影响的无因次拟压力及拟压力导数曲线。该图表明出，解吸系数越大，页岩储层内解吸扩散作用越明显，流通通道内气量越大，所需的流动压力差就越小；在曲线上表现为解吸系数越大，无因次拟压力及其导数曲线位置越低。

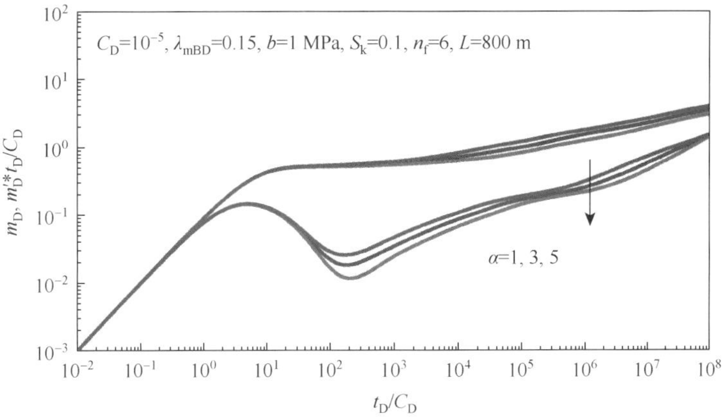

图 5-28　解吸系数对典型曲线的影响

5.3.2　双重介质页岩气藏压裂水平井渗流理论

1. 物理模型

双重介质页岩气藏压裂水平井渗流物理模型如图 5-7 所示。基本假设中除要考虑启动压力梯度和滑脱效应的影响外，其余假设与 5.2.1 节中的相同。

2. 数学模型及解

利用前述数学模型的建立方法，考虑启动压力梯度及滑脱效应影响的双重介质页岩气渗流数学模型：

$$\begin{cases}\dfrac{\partial}{\partial x}\left(\dfrac{\partial m}{\partial x}-\lambda_{mB}\right)+\dfrac{\partial}{\partial y}\left(\dfrac{\partial m}{\partial y}-\lambda_{mB}\right)+\dfrac{\partial}{\partial z}\left[\dfrac{k_{fv}}{k_{fh}}\left(\dfrac{\partial m}{\partial z}-\lambda_{mB}\right)\right]-\dfrac{p_{sc}T\mu_i Z_i}{k_{fh}T_{sc}p_i\rho_{sc}}q_m=\dfrac{\phi_f c_g\mu_g}{k_{fh}}\dfrac{\partial m}{\partial t}\\ \lambda_{mB}=\dfrac{\mu_i Z_i}{p_i}\dfrac{p_f}{\mu_g Z}\lambda_B\\ q_m=-G\rho_{sc}\dfrac{6\pi^2 D}{\varepsilon^2}(V_a-V)\text{(拟稳态扩散)}\\ q_m=\dfrac{\partial V}{\partial t}=\dfrac{3D}{R}\dfrac{\partial c_m}{\partial r_m}\bigg|_{r_m=R}\text{(非稳态扩散)}\end{cases} \tag{5-131}$$

利用前述无因次变量定义及双重介质储层的无因次拟启动压力梯度表达式：

$$\lambda_{mBD}=\frac{q_{sc}B_{gi}\mu_i}{2\pi k_{fh}h}\lambda_{mB} \tag{5-132}$$

通过对方程组(5-131)无因次化后，得到球坐标下的无因次形式：

$$\frac{1}{{r_D}^2}\frac{\partial}{\partial r_D}\left({r_D}^2\frac{\partial m_D}{\partial r_D}\right)+\frac{\lambda_{mBD}}{r_D}=\omega\frac{\partial m_D}{\partial t_D}+\frac{\sigma L^2}{k_{fh}\rho_{sc}}(1-\omega)q_m \tag{5-133}$$

对式(5-133)进行关于 t_D 的 Laplace 变换：

$$\frac{1}{r_D{}^2}\frac{\partial}{\partial r_D}\left(r_D{}^2\frac{\partial\bar{m}_D}{\partial r_D}\right)+\frac{\lambda_{mBD}}{sr_D}=s\omega\bar{m}_D+\frac{\sigma L^2}{k_{fh}\rho_{sc}}(1-\omega)\bar{q}_m \tag{5-134}$$

根据 5.2 节的推导，页岩气藏解吸气拟稳态扩散项在拉普拉斯空间下的表达式改为：

$$\frac{\sigma_p L^2}{k_{fh}\rho_{sc}}(1-\omega)\bar{q}_m=-\frac{s\lambda(1-\omega)}{\lambda+s}\alpha\bar{m}_D \tag{5-135}$$

同理，可得非稳态扩散项表达式：

$$\bar{q}_m=\frac{3D\rho_{sc}}{R^2}\frac{\partial\bar{c}_{mD}}{\partial r_{mD}}\bigg|_{r_{mD}=1}=-\frac{3D\alpha\rho_{sc}}{R^2}(\sqrt{s/\lambda}\coth\sqrt{s/\lambda}-1)\bar{m}_D \tag{5-136}$$

将上述两式分别代入式(5-133)中可得

$$\frac{1}{r_D{}^2}\frac{\partial}{\partial r_D}\left(r_D{}^2\frac{\partial\bar{m}_D}{\partial r_D}\right)+\frac{\lambda_{mBD}}{sr_D}=f(s)\bar{m}_D \tag{5-137}$$

式(5-137)中：

$$f(s)=\frac{\alpha s\lambda(1-\omega)}{\lambda+s}\ (\text{拟稳态}),$$

$$f(s)=s\omega+\frac{3D\rho_{sc}\lambda\alpha(1-\omega)}{R^2}(\sqrt{s/\lambda}\coth\sqrt{s/\lambda}-1)\ (\text{非稳态})$$

设源强度为单位 1，即可得到无限大边界渗流模型：

$$\begin{cases}\dfrac{1}{r_D{}^2}\dfrac{\partial}{\partial r_D}\left(r_D^2\dfrac{\partial\bar{m}_D}{\partial r_D}\right)+\dfrac{1}{sr_D}\lambda_{mBD}=f(s)\bar{m}_D\\ \lim\limits_{\varepsilon\to0}4\pi L^3\left(r_D{}^2\dfrac{\partial\bar{m}_D}{\partial r_D}+\dfrac{\lambda_{mBD}}{s}\right)\bigg|_{r_D=\varepsilon}=-1\\ \bar{m}_D(\infty,s)=0\end{cases} \tag{5-138}$$

1)顶底封闭边界情形

在无限大边界渗流模型的基础上引入顶底封闭条件：

$$\frac{\partial\bar{m}_D}{\partial z_D}\bigg|_{z_D=0}=\frac{\partial\bar{m}_D}{\partial z_D}\bigg|_{z_D=h_D}=0 \tag{5-139}$$

通过预解法求出方程组(5-139)的瞬时拟压力点源解：

$$\bar{m}_D=\left[\frac{1}{2\pi h_D}-\frac{2\lambda_{mBD}}{h_D s^2 f(s)}\right]\left\{\begin{aligned}&K_0[R_D\sqrt{sf(s)}]+\\&2\sum_{n=1}^{\infty}K_0\left[R_D\sqrt{sf(s)+\frac{n^2\pi^2}{h_D{}^2}}\right]\cos n\pi\frac{z_D}{h_D}\cos n\pi\frac{z_{wD}}{h_D}\end{aligned}\right\}+ \\ \frac{\lambda_{mBD}}{s^2 f(s)}\sum_{n=-\infty}^{\infty}\left[\frac{1}{\sqrt{R_D{}^2+(z_D-z_{wD}-2nh_D)^2}}+\frac{1}{\sqrt{R_D{}^2+(z_D+z_{wD}-2nh_D)^2}}\right] \tag{5-140}$$

对式(5-140)在 0～t 上进行积分以得到持续点源函数：

$$\int_0^t \bar{m}_{\mathrm{D}}(t_{\mathrm{D}}-\tau)\mathrm{d}\tau=\frac{\bar{\tilde{q}}p_{\mathrm{sc}}T}{T_{\mathrm{sc}}}\frac{\mu_i Z_i}{p_i}\left[\frac{1}{2\pi h_{\mathrm{D}}}-\frac{2\lambda_{\mathrm{mBD}}}{h_{\mathrm{D}}s^2 f(s)}\right]\left\{\begin{aligned}&K_0[R_{\mathrm{D}}\sqrt{sf(s)}]+\\&2\sum_{n=1}^{\infty}K_0\left[R_{\mathrm{D}}\sqrt{sf(s)+\frac{n^2\pi^2}{h_{\mathrm{D}}{}^2}}\right]\cos n\pi\frac{z_{\mathrm{D}}}{h_{\mathrm{D}}}\cos n\pi\frac{z_{\mathrm{wD}}}{h_{\mathrm{D}}}\end{aligned}\right\}+$$
$$\frac{\bar{\tilde{q}}p_{\mathrm{sc}}T}{T_{\mathrm{sc}}}\frac{\mu_i Z_i}{p_i}\frac{\lambda_{\mathrm{mBD}}}{s^2 f(s)}\sum_{n=-\infty}^{\infty}\left[\frac{1}{\sqrt{R_{\mathrm{D}}{}^2+(z_{\mathrm{D}}-z_{\mathrm{wD}}-2nh_{\mathrm{D}})^2}}+\frac{1}{\sqrt{R_{\mathrm{D}}{}^2+(z_{\mathrm{D}}+z_{\mathrm{wD}}-2nh_{\mathrm{D}})^2}}\right]\tag{5-141}$$

根据式(5-140)所得到的持续点源解，再进行 z 方向上的积分，得到拟压力瞬时线源解：

$$\bar{m}_{\mathrm{D}}=\frac{p_{\mathrm{sc}}T}{T_{\mathrm{sc}}}\frac{\mu_i Z_i}{p_i}\bar{\tilde{q}}\left[\frac{1}{2\pi h_{\mathrm{D}}}-\frac{2\lambda_{\mathrm{mBD}}}{h_{\mathrm{D}}s^2 f(s)}\right]K_0[R_{\mathrm{D}}\sqrt{sf(s)}]\tag{5-142}$$

基于水力裂缝与水平井筒皆为无限导流的假设，对裂缝微元段进行离散积分：

$$\bar{m}_{\mathrm{D}}(x_{\mathrm{D}},y_{\mathrm{D}})=\bar{\tilde{q}}_{\mathrm{D}i,j}\int_{x_{\mathrm{D}i,j}}^{x_{\mathrm{D}i,j+1}}\left[\frac{1}{2\pi h_{\mathrm{D}}}-\frac{2\lambda_{\mathrm{mBD}}}{h_{\mathrm{D}}s^2 f(s)}\right]K_0[\sqrt{(x_{\mathrm{D}}-\zeta)^2+(y_{\mathrm{D}}-y_{\mathrm{D}i,j})^2}\sqrt{sf(s)}]\mathrm{d}\zeta\tag{5-143}$$

利用 Duhamel 原理，得到双重介质储层顶底封闭且考虑启动压力梯度及滑脱效应的页岩气压裂水平井在 Laplace 空间下的无因次拟压力解：

$$\bar{m}_{\mathrm{wD}}=\frac{s\bar{\tilde{q}}_{\mathrm{D}i,j}\int_{x_{\mathrm{D}i,j}}^{x_{\mathrm{D}i,j+1}}\left[\frac{1}{2\pi h_{\mathrm{D}}}-\frac{2\lambda_{\mathrm{mBD}}}{h_{\mathrm{D}}s^2 f(s)}\right]K_0[\sqrt{(x_{\mathrm{D}}-\zeta)^2+(y_{\mathrm{D}}-y_{\mathrm{D}i,j})^2}\sqrt{sf(s)}]\mathrm{d}\zeta+S_{\mathrm{k}}}{s+C_{\mathrm{D}}s^2\left\{s\bar{\tilde{q}}_{\mathrm{D}i,j}\int_{x_{\mathrm{D}i,j}}^{x_{\mathrm{D}i,j+1}}\left[\frac{1}{2\pi h_{\mathrm{D}}}-\frac{2\lambda_{\mathrm{mBD}}}{h_{\mathrm{D}}s^2 f(s)}\right]K_0[\sqrt{(x_{\mathrm{D}}-\zeta)^2+(y_{\mathrm{D}}-y_{\mathrm{D}i,j})^2}\sqrt{sf(s)}]\mathrm{d}\zeta+S_{\mathrm{k}}\right\}}\tag{5-144}$$

2) 顶底混合边界情形

同理，若考虑顶部封闭而底部定压的情况，则需引入如下顶底边界条件：

$$\bar{m}_{\mathrm{D}}\big|_{z_{\mathrm{D}}=0}=\frac{\partial\bar{m}_{\mathrm{D}}}{\partial z_{\mathrm{D}}}\bigg|_{z_{\mathrm{D}}=h_{\mathrm{D}}}=0\tag{5-145}$$

利用与上述相同的求解方法得到双重介质储层顶底混合且考虑启动压力梯度及滑脱效应的页岩气压裂水平井在 Laplace 空间下的无因次拟压力解：

$$\bar{m}_{\mathrm{wD}}=\frac{s\bar{\tilde{q}}_{\mathrm{D}i,j}\int_{x_{\mathrm{D}i,j}}^{x_{\mathrm{D}i,j+1}}\left[\frac{2}{\pi h_{\mathrm{D}}}-\frac{16\lambda_{\mathrm{mBD}}}{h_{\mathrm{D}}s^2 f(s)}\right]\sum_{n=1}^{\infty}\left\{\begin{aligned}&K_0\left[\sqrt{(x_{\mathrm{D}}-\zeta)^2+(y_{\mathrm{D}}-y_{\mathrm{D}i,j})^2}\sqrt{sf(s)+\frac{(2n-1)^2\pi^2}{4h_{\mathrm{D}}{}^2}}\right]\\&\int_0^h\cos\frac{(2n-1)\pi z_{\mathrm{D}}}{2h_{\mathrm{D}}}\cos n\pi\frac{(2n-1)\pi z_{\mathrm{wD}}}{2h_{\mathrm{D}}}\mathrm{d}z\end{aligned}\right\}\mathrm{d}\zeta+S_{\mathrm{k}}}{s+C_{\mathrm{D}}s^2\left\{s\bar{\tilde{q}}_{\mathrm{D}i,j}\int_{x_{\mathrm{D}i,j}}^{x_{\mathrm{D}i,j+1}}\left[\frac{2}{\pi h_{\mathrm{D}}}-\frac{16\lambda_{\mathrm{mBD}}}{h_{\mathrm{D}}s^2 f(s)}\right]\sum_{n=1}^{\infty}\left\{\begin{aligned}&K_0\left[\sqrt{(x_{\mathrm{D}}-\zeta)^2+(y_{\mathrm{D}}-y_{\mathrm{D}i,j})^2}\sqrt{sf(s)+\frac{(2n-1)^2\pi^2}{4h_{\mathrm{D}}{}^2}}\right]\\&\int_0^h\cos\frac{(2n-1)\pi z_{\mathrm{D}}}{2h_{\mathrm{D}}}\cos n\pi\frac{(2n-1)\pi z_{\mathrm{wD}}}{2h_{\mathrm{D}}}\mathrm{d}z\end{aligned}\right\}\mathrm{d}\zeta+S_{\mathrm{k}}\right\}}\tag{5-146}$$

3. 典型曲线及影响因素分析

考虑启动压力梯度及滑脱效应影响的双重介质页岩气藏压裂水平井无因次拟压力特征曲线如图 5-29 所示。

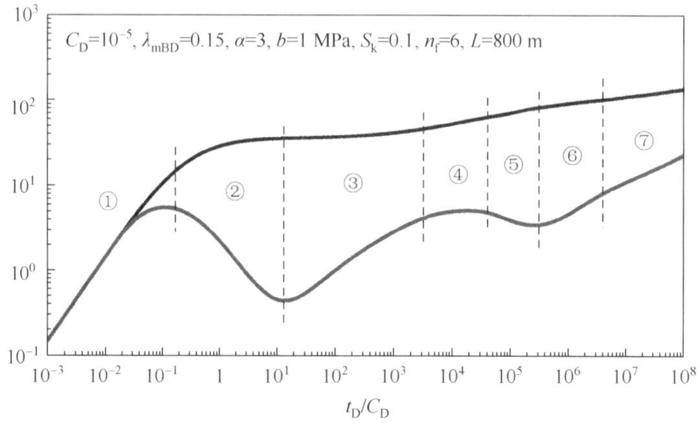

图 5-29　双重介质页岩气藏压裂水平井无因次拟压力及拟压力导数典型曲线

图 5-29 表明，双重介质页岩气藏压裂水平井无因次拟压力典型曲线大致可以分为 7 个流动阶段，分别为早期井筒储集阶段、井筒储集过渡流阶段、水力裂缝周围线性流动阶段、水力裂缝周围径向流动阶段、基质系统早期窜流阶段、基质系统晚期窜流阶段及系统晚期径向流动阶段。

1）无因次拟启动压力梯度 λ_{mBD} 的影响

图 5-30 为无因次拟启动压力梯度影响的无因次拟压力及拟压力导数曲线。该图表明，无因次拟启动压力梯度值越大，代表储层条件越差，流体流动越困难，突破启动压力的障碍开始向大的流动通道流动所需要的生产压差就越大，并且其生产压差增加值也越大，地层能量消耗越快；无因次拟启动压力梯度越大，曲线上翘程度越大。

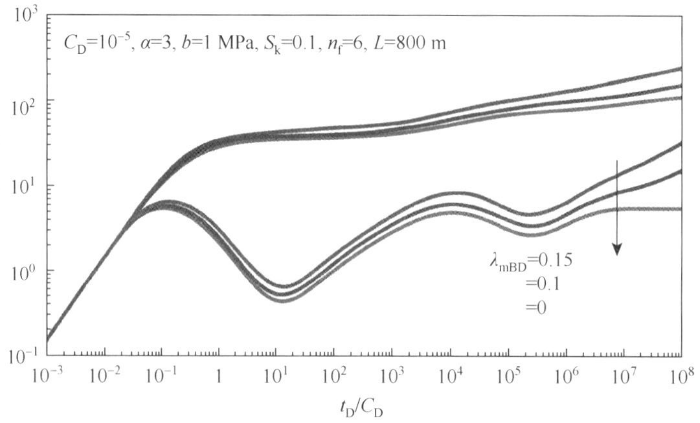

图 5-30　无因次拟启动压力梯度对典型曲线的影响

2）滑脱系数 b 的影响

图 5-31 为滑脱系数影响的无因次拟压力及拟压力导数曲线。该图表明，滑脱系数越大，滑脱效应越明显，也等同于间接提高了储层气体的流通能力，因而气体流动所需要的生产压差减小了；在图 5-31 中表现为滑脱系数越大，井储过渡段持续时间越长，曲线位置越低。

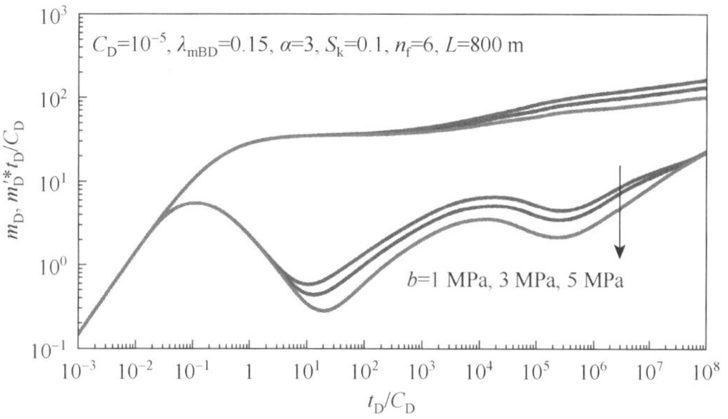

图 5-31　滑脱系数对典型曲线的影响

3）解吸系数 α 的影响

图 5-32 为解吸系数影响的无因次拟压力及拟压力导数曲线。该图表明，解吸系数越大，基质系统早期窜流发生时间越早，无因次拟压力导数曲线上的凹子就越深，晚期窜流阶段也将更早发生。

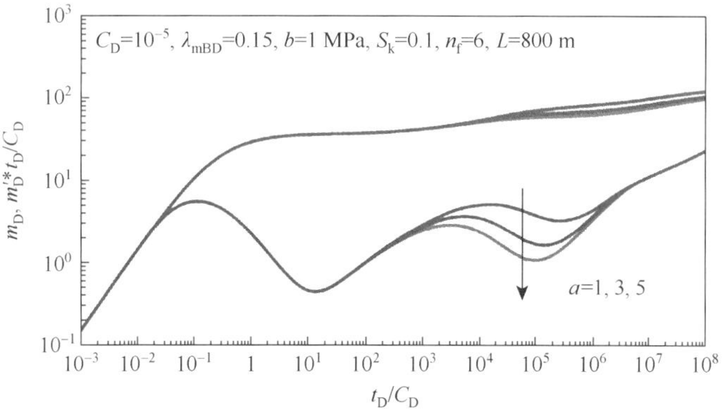

图 5-32　解吸系数对典型曲线的影响

4）弹性储容比 ω 的影响

图 5-33 为弹性储容比对无因次拟压力及拟压力导数曲线。该图表明，储容比越小，裂缝储集能力越差，裂缝周围线性流动需要的压降较大，基质向裂缝窜流发生得更早且持续时间更长，且窜流所需的压差也更大，在曲线上表现为储容比越小，窜流段的凹子越深，宽度越大。

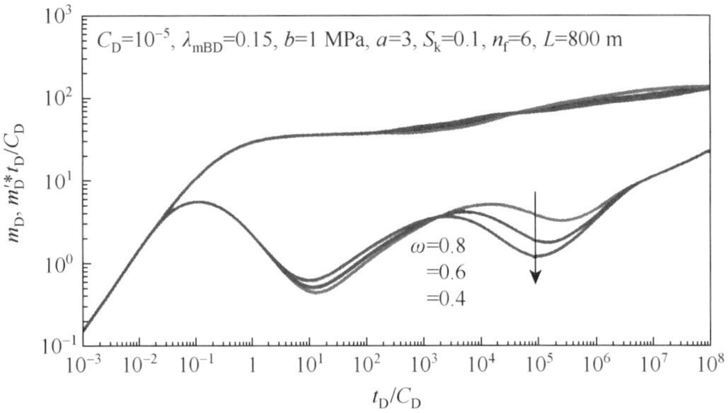

图 5-33　弹性储容比对典型曲线的影响

5) 窜流系数 λ 的影响

图 5-34 为窜流系数影响的无因次拟压力及拟压力导数曲线。窜流系数反映了气体由基质系统向裂缝系统发生窜流的能力大小，描述这一能力的具体物理量包括气体发生窜流的时间长短及早晚，在本书中，窜流系数越小，裂缝与基质系统的差异也就越大，窜流现象的发生需要的流动压差越大，基质向裂缝窜流越晚发生，无因次拟压力导数曲线在窜流段的凹子就会延后。

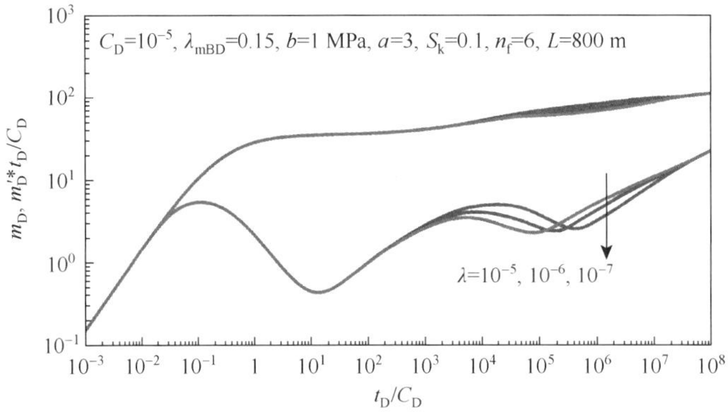

图 5-34　窜流系数对典型曲线的影响

5.4　页岩气藏压裂水平井两相渗流理论

由于页岩气藏采用水力压裂的投产方式，储层产出的流体不再是单相气体，储层流通通道内的气体混杂了大量清水以及少量压裂液，从而使得储层内的流动为气液两相流动。本节结合气水两相流动的特点，在考虑气水饱和度以及相渗透率的情况下，建立页岩气藏气水两相流动压裂水平井不稳定渗流模型，引入气水两相拟压力函数，利用特征值法和正交变换法对模型求解，在得到相应的拉普拉斯空间解后，采用 Stehfest 数值反演算法计算出不稳定渗流及压力动态特征的典型曲线并分析影响因素。

5.4.1　两相流动成因及产出机理

1. 两相流动成因

页岩气藏开发过程中一旦使用水力压裂技术就必然会涉及储层内气水两相流动问题，但由于页岩储层参数不同以及压裂工艺不同，压裂液返排持续时间也不尽相同，有些甚至相差数年之久。开发页岩气藏的通常压裂工艺是采用清水压裂方式，最初的清水压裂将线性凝胶或降阻剂加入清水中，但是在施工过程中并不使用支撑剂，这样会导致地层中出现水力裂缝但无法保持其的流通状态，后来随着技术的进步和工艺的提高，在施工进行过程中加入了少量支撑剂，达到了保持裂缝，改善储层的作用。

目前，清水压裂的现场应用也表明，清水压裂增产技术能够有效地改造致密及低渗透储层。由于清水压裂技术的特殊性，其采用清水作为工作液(清水比例可高达99%)，压后大量工作液返排，随着产出的气体一起形成两相流动状态。由于不同储层的压裂效果及自身情况的不同，其两相流动持续时间也皆不相同，短则数月长则数年。

对页岩储层进行水力压裂往往能够形成大规模裂缝网络，但由于裂缝结构复杂、迂曲度大，微裂缝较为发育，压裂井段返排率一般仅为 10%～50%，导致返排过程中形成水相圈闭，对页岩储层造成伤害，因而研究页岩储层内水体与气体共同流动规律及优化返排工艺逐渐成为页岩气研究领域的新热点。

2. 两相产出机理

随着页岩储层的打开，页岩气藏内的地层压力开始下降，但当地层压力下降到某个程度时，页岩中的吸附气便开始从裂隙表面分离，这就是页岩气藏内的解吸作用。由于压差的作用，这些解吸出来的气体和游离态的天然气混合，进而通过基质孔隙和裂缝扩散进入了裂隙网络中，然后经过水力裂缝这类有较大流通区域的通道流入水平井筒中。在这个过程中，页岩气及压裂返排液的产出将有如下 3 个阶段。

(1)随着储层的打开以及生产井附近压力微幅度的降低，页岩气藏将首先出现压裂液返排，大量水的开始从流通通道产出，井筒附近只有单相流动存在。

(2)当页岩储层的压力持续降低，吸附在基质及天然裂缝表面的吸附气开始发生解吸，并和游离态的天然气混合，在流动的水体中形成气泡，阻碍水体的流动，这一阶段，水体的相对渗透率下降，但气体还不能流动，无论是在基质中还是在裂缝中，气泡皆为孤立状态，相互之间并不连接，且为非饱和单向流。

(3)随着生产的继续进行，储层压力将进一步降低，更多的气体通过解吸作用变为游离气，水体中的含气达到饱和状态，气泡之间相互连接成为条状，气体的相对渗透率越来越大，随着地层压力下降，气产量越来越大，储层流通通道中呈现气水两相流状态。

这 3 个阶段是一个相对连续且循序渐进的过程，随着生产时间的推进，流动区域从井孔向周围的地层逐渐蔓延，波及范围越来越大，吸附气体解吸的范围也越来越大。

通过对美国主要的五大页岩气生产基地系统的产水量和产气量分析得知，页岩气藏压裂水平井生产初期产水量较高，但随着排水采气的持续进行，水产量逐渐降低，而气产量逐渐升高，一般在开采一两年后达到高峰，此后缓慢降低。与常规气藏压裂水平井的相比，页岩气压裂水平井有单井日产量小(通常小于 10 000 m^3/D)，日产量稳定，生产周期长等特点，如图 5-35 所示。

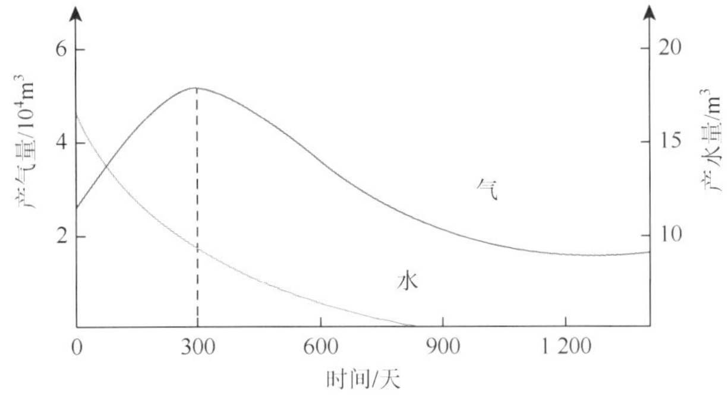

图 5-35　某页岩气井生产动态曲线

5.4.2　两相流动物理模型

基于页岩气藏特殊构造及气水两相流动规律，建立页岩气藏双重介质多级压裂水平井两相渗流物理模型，如图 5-36 和图 5-37 所示，首先作出如下假设：

(1) 页岩储层为双重介质储层，分别为基质解吸扩散系统和裂缝达西流动系统；

(2) 裂缝系统内为气水两相流动，在该气井生产早期的某一段特定时刻水相饱和度和气相饱和度保持不变；

(3) 储层被多条不可变形的水力裂缝穿透，且水力裂缝之间等间距；

(4) 流体在水力裂缝及井筒内皆为无限导流且为等温渗流；

(5) 忽略重力和毛管力的影响。

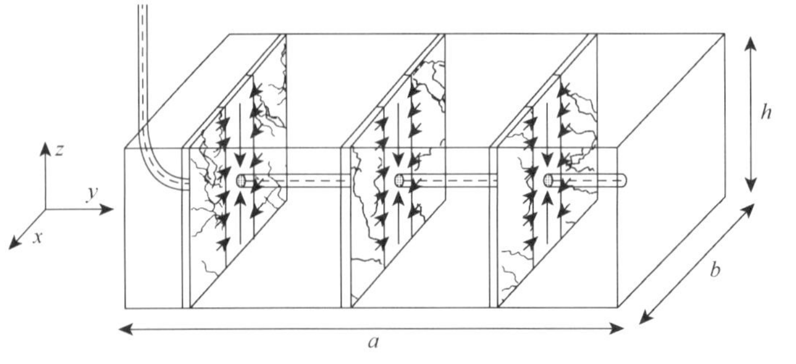

图 5-36　页岩气压裂水平井两相渗流物理模型

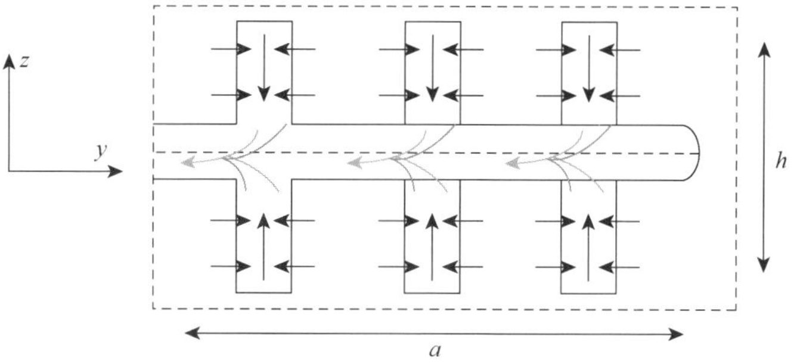

图 5-37　页岩气压裂水平井两相渗流物理模型侧视图

5.4.3　两相流动数学模型

根据上述页岩气藏压裂水平井气水两相渗流物理模型及基本假设条件，建立其相应的渗流数学模型。

1) 基质扩散方程

页岩气藏两相流动的基质方程如下

基质气相方程：

$$\frac{\partial(\rho_{\rm m} S_{\rm g} \phi_{\rm m})}{\partial t} - q_{\rm mm} = 0 \tag{5-147}$$

基质水相方程：

$$\frac{\partial(\rho_{\rm m} S_{\rm w} \phi_{\rm m})}{\partial t} = 0 \tag{5-148}$$

2) 裂缝渗流方程

裂缝连续性方程分别为裂缝气相方程及裂缝水相方程。

裂缝气相方程：

$$\nabla\left(\rho_{\rm g} \frac{k_{\rm f} k_{\rm frg}}{\mu_{\rm g}} \nabla p_{\rm f}\right) + q_{\rm m} = \frac{\partial(\phi_{\rm f} S_{\rm g} \rho_{\rm g})}{\partial t} \tag{5-149}$$

裂缝水相方程：

$$\nabla\left(\rho_{\rm w} \frac{k_{\rm f} k_{\rm frw}}{\mu_{\rm w}} \nabla p_{\rm f}\right) = \frac{\partial(\phi_{\rm f} S_{\rm w} \rho_{\rm w})}{\partial t} \tag{5-150}$$

由于两相流动中水体流动能力远比气体小，水体的存在必然对页岩气藏正常的降压解吸过程造成影响，在此定义式(5-147)中的 $q_{\rm mm}$ 为页岩基质孔隙解吸扩散量，式(5-149)中的 $q_{\rm m}$ 为在水力裂缝中的系统总解吸扩散量，其值为基质孔隙解吸扩散量 $q_{\rm mm}$ 与天然裂缝壁表面扩散量 $q_{\rm mf}$ 之和。

将式(5-149)与式(5-150)相加得到水力裂缝两相流动方程：

$$\nabla\left(\rho_{\rm g} \frac{k_{\rm frg}}{\mu_{\rm g}} + \rho_{\rm w} \frac{k_{\rm frw}}{\mu_{\rm w}}\right) \nabla p_{\rm f} + \frac{q_{\rm m}}{k_{\rm f}} = \frac{\phi_{\rm f}}{k_{\rm f}} \frac{\partial(S_{\rm g} \rho_{\rm g} + S_{\rm w} \rho_{\rm w})}{\partial t} \tag{5-151}$$

基于两相流动理论，定义气水两相拟压力函数：

$$m(p)=\int_0^{p_f}\left(\frac{\rho_g k_{frg}}{\mu_g}+\frac{\rho_w k_{frw}}{\mu_w}\right)dp_f \tag{5-152}$$

对于气水两相拟压力函数的求解方法，主要根据水气体积流量之比的定义确定 $k_{rg}/k_{rw}\sim p$ 的函数关系；另一方面，同时考虑到气相相对渗透率 K_{rg} 和水相相对渗透率 k_{rw} 均为含水饱和度 S_w 的函数，可根据气水两相渗流的相对渗透率曲线确定 $k_{rg}/k_{rw}\sim S_w$ 的函数关系，最终可以得到 p 与 S_w、k_{rg}、k_{rw} 的函数关系。根据气水两相广义拟压力的定义，利用复化梯形公式得到气水两相拟压力的值。

基于周玉辉和张烈辉等人的研究[19]和本书的假设条件，可以近似获得页岩气藏气水两相渗流的相渗透率：

$$K_{rw}=\frac{S_w^2(4S_w^2+6S_wS_g)}{12} \tag{5-153}$$

$$K_{rg}=\frac{S_g^2(2\mu_w S_g^2+3\mu_g S_w^2+6S_wS_g\mu_g)}{12\mu_w} \tag{5-154}$$

将两相拟压力函数代入式(5-151)中并化简，原裂缝两相流动方程将变为

$$\nabla^2 m(p_f)+\frac{q_m}{k_f}=\frac{\phi_f}{k_f}\frac{\partial(S_g\rho_g+S_w\rho_w)}{\partial t} \tag{5-155}$$

式(5-155)的右端较为复杂，通过渗流力学原理可对其进行化简：

$$\frac{\phi_f}{k_f}\frac{\partial(S_g\rho_g+S_w\rho_w)}{\partial t}=\frac{\phi_f}{k_f}\frac{\partial}{\partial p_f}(S_g\rho_g+S_w\rho_w)\frac{\partial p_f}{\partial t} \tag{5-156}$$

根据水相状态方程，水相压缩系数表达式：

$$C_w=\frac{1}{\rho_w}\frac{\partial\rho_w}{\partial p} \tag{5-157}$$

由式(5-157)看出，压缩系数与压力的量纲互为倒数关系，对其进行积分可得

$$\rho_w=\rho_0 e^{C_w(p-p_0)} \tag{5-158}$$

式(5-158)中的指数项可以通过泰勒展开，保留一阶项后得到

$$e^{C_w(p-p_0)}=C_w(p-p_0) \tag{5-159}$$

由此，水相密度及气相密度的类似表达式：

$$\rho_w=\rho_{w0}(1+C_w\Delta p) \tag{5-160}$$

$$\rho_g=\rho_{g0}(1+C_g\Delta p) \tag{5-161}$$

于是式(5-156)可以继续化简：

$$\frac{\phi_f}{k_f}\frac{\partial}{\partial p_f}(S_g\rho_g+S_w\rho_w)\frac{\partial p_f}{\partial t}=\frac{\phi_f}{k_f}\left(\frac{\partial\rho_g}{\partial p_f}S_g+\frac{\partial S_g}{\partial p_f}\rho_g+\frac{\partial\rho_w}{\partial p_f}S_w+\frac{\partial S_w}{\partial p_f}\rho_w\right)\frac{\partial p_f}{\partial t} \tag{5-162}$$

根据前面的假设条件，式(5-162)继续化简为

$$\frac{\phi_f}{k_f}\frac{\partial}{\partial p_f}(S_g\rho_g+S_w\rho_w)\frac{\partial p_f}{\partial t}=\frac{\phi_f}{k_f}(\rho_{g0}C_gS_g+\rho_{w0}C_wS_w)\frac{\partial p_f}{\partial t} \tag{5-163}$$

定义气水综合压缩系数 $c_t=\rho_{g0}C_gS_g+\rho_{w0}C_wS_w$，则式(5-163)变成

$$\frac{\phi_{\mathrm{f}}}{k_{\mathrm{f}}}\frac{\partial}{\partial p_{\mathrm{f}}}(S_{\mathrm{g}}\rho_{\mathrm{g}}+S_{\mathrm{w}}\rho_{\mathrm{w}})\frac{\partial p_{\mathrm{f}}}{\partial t}=\frac{\phi_{\mathrm{f}}}{k_{\mathrm{f}}}c_{\mathrm{t}}\frac{\partial p_{\mathrm{f}}}{\partial t} \tag{5-164}$$

在式(5-164)中引入两相拟压力函数：

$$\frac{\phi_{\mathrm{f}}}{k_{\mathrm{f}}}\frac{\partial(S_{\mathrm{g}}\rho_{\mathrm{g}}+S_{\mathrm{w}}\rho_{\mathrm{w}})}{\partial t}=\frac{\phi_{\mathrm{f}}c_{\mathrm{t}}}{k_{\mathrm{f}}\left(\dfrac{\rho_{\mathrm{g}}k_{\mathrm{frg}}}{\mu_{\mathrm{g}}}+\dfrac{\rho_{\mathrm{w}}k_{\mathrm{frw}}}{\mu_{\mathrm{w}}}\right)}\frac{\partial m(p_{\mathrm{f}})}{\partial t} \tag{5-165}$$

则裂缝两相渗流方程的拟压力形式：

$$\nabla^2 m(p_{\mathrm{f}})+\frac{q_{\mathrm{m}}}{k_{\mathrm{f}}}=\eta_{\mathrm{f}}\frac{\partial m(p_{\mathrm{f}})}{\partial t} \tag{5-166}$$

式中，$\eta_{\mathrm{f}}=\dfrac{\phi_{\mathrm{f}}c_{\mathrm{t}}}{k_{\mathrm{f}}\left(\dfrac{\rho_{\mathrm{g}}k_{\mathrm{frg}}}{\mu_{\mathrm{g}}}+\dfrac{\rho_{\mathrm{w}}k_{\mathrm{frw}}}{\mu_{\mathrm{w}}}\right)_i}$。

同样可以通过上述化简方式来合并基质两相流动方程，并引入两相拟压力函数，于是基质方程变为

$$\eta_{\mathrm{m}}\frac{\partial m(p_{\mathrm{m}})}{\partial t}-q_{\mathrm{mm}}=0 \tag{5-167}$$

式中，$\eta_{\mathrm{m}}=\dfrac{\phi_{\mathrm{m}}c_{\mathrm{t}}}{\left(\dfrac{\rho_{\mathrm{g}}k_{\mathrm{frg}}}{\mu_{\mathrm{g}}}+\dfrac{\rho_{\mathrm{w}}k_{\mathrm{frw}}}{\mu_{\mathrm{w}}}\right)_i}$。

3) 模型定解条件

初始条件：

$$p_{\mathrm{f}}(x,y,z,t)\big|_{t=0}=p_i \tag{5-168}$$

内边界条件：

$$c_{\mathrm{m}}(r_{\mathrm{m}},t)\big|_{r_{\mathrm{m}}=0}=c_{\mathrm{m}i} \tag{5-169}$$

外边界条件：

顶底封闭，水平方向封闭：
$$\begin{cases}\left.\dfrac{\partial p_{\mathrm{f}}}{\partial x}\right|_{|x|=0}=\left.\dfrac{\partial p_{\mathrm{f}}}{\partial x}\right|_{|x|=a}=0\\[2ex]\left.\dfrac{\partial p_{\mathrm{f}}}{\partial y}\right|_{|y|=0}=\left.\dfrac{\partial p_{\mathrm{f}}}{\partial y}\right|_{|y|=b}=0\\[2ex]\left.\dfrac{\partial p_{\mathrm{f}}}{\partial z}\right|_{|z|=0}=\left.\dfrac{\partial p_{\mathrm{f}}}{\partial z}\right|_{|z|=h}=0\end{cases} \tag{5-170}$$

顶底封闭，水平方向无限大：
$$\begin{cases}p_{\mathrm{f}}\big|_{|x|=\infty}=p_i,\left.\dfrac{\partial p_{\mathrm{f}}}{\partial x}\right|_{|x|=\infty}=0\\[2ex]p_{\mathrm{f}}\big|_{|y|=\infty}=p_i,\left.\dfrac{\partial p_{\mathrm{f}}}{\partial y}\right|_{|y|=\infty}=0\\[2ex]\left.\dfrac{\partial p_{\mathrm{f}}}{\partial z}\right|_{|z|=0}=\left.\dfrac{\partial p_{\mathrm{f}}}{\partial z}\right|_{|z|=h}=0\end{cases} \tag{5-171}$$

定义无因次变量如表 5-3 所示。

表 5-3　无因次参数表

无因次变量	无因次定义表达式
无因次两相拟压力	$m_D = \dfrac{k_f h}{q_t}(m_i - m_{f/m})$
无因次时间	$t_D = \dfrac{k_f t}{hL^3\left(\eta_f + \dfrac{\eta_m}{L^2}\right)}$
两相流储容比及窜流系数	$\omega = \dfrac{\eta_f L^2}{\sigma}$，$\lambda = \dfrac{D\rho_{sc}\eta_m h^3}{k_f}$
无因次裂缝拟压力差及基质拟压力差	$\Delta m_{Df} = m_{Di} - m_{Df}$，$\Delta m_{Dm} = m_{Di} - m_{Dm}$
无因次 x，y，z 方向坐标值及基质块半径	$x_D = \dfrac{x}{L}$，$y_D = \dfrac{y}{L}$，$z_D = \dfrac{z}{L}$，$r_{mD} = \dfrac{r_m}{R}$
无因次气体平衡浓度及无因次裂缝气体平均浓度	$V_{aD} = V_a - V_i$，$V_D = V - V_i$
无因次气体质量密度	$c_{mD} = \dfrac{1}{\rho_{sc}}(c_m - c_i)$
拟稳态扩散及非稳态扩散参数团	拟稳态扩散：$\sigma = \eta_m + \dfrac{3p_{sc}T}{T_{sc}}\dfrac{k_f h}{q_{sc}p_i}$ 非稳态扩散：$\sigma = \eta_m + \dfrac{p_{sc}T}{T_{sc}}\dfrac{k_f h}{q_{sc}p_i}$

则式(5-166)及(5-167)的无因次形式：

$$\nabla^2 \Delta m_{Df} = \omega \frac{\partial \Delta m_{Df}}{\partial t_D} + (1-\omega)\frac{h^2 L}{q_t} q_m \tag{5-172}$$

$$q_{mm} = \frac{\lambda D\rho_{sc} h}{q_t}\frac{\partial \Delta m_{Dm}}{\partial t_D} \tag{5-173}$$

引入狄拉克三角函数来定位三维笛卡尔坐标下的无因次产量点源如下

$$\tilde{q}_D = \frac{1}{q_t}(q_g B_g \rho_g + q_w \rho_w)\delta(x - x_i, y - y_i, z - z_i, t - \tau) \tag{5-174}$$

则式(5-172)变为

$$\nabla^2 \Delta m_{Df} = \omega \frac{\partial \Delta m_{Df}}{\partial t_D} + (1-\omega)\frac{h^2 L}{q_t} q_m + \tilde{q}_D \tag{5-175}$$

对无因次化后的裂缝和基质渗流方程式进行 $t_D \to s$ 的拉普拉斯变换：

$$\nabla^2 \Delta \bar{m}_{Df} = \omega s \Delta \bar{m}_{Df} + (1-\omega)\frac{h^2 L}{q_t}\bar{q}_m + \tilde{q}_D \tag{5-176}$$

$$\bar{q}_{mm} = \frac{\lambda s D\rho_{sc} h}{q_t}\Delta \bar{m}_{Dm} \tag{5-177}$$

式(5-177)中的 $\Delta \bar{m}_{Dm}$ 为无因次基质拟压力差，主要用来表征基质孔道两端压力变化，在页岩气藏生产早期，页岩基质孔道两端压差相对较小，因此在这里可以近似看做解吸气从基质孔隙到裂缝的浓度差变化[21]，则式(5-177)又可以写成：

$$\overline{q}_{\mathrm{mm}}=\frac{\lambda D\rho_{\mathrm{sc}}h}{q_{\mathrm{t}}}s\overline{c}_{\mathrm{mD}} \tag{5-178}$$

对于两相流动中天然微裂缝壁表面的扩散量 q_{mf} 具有拟稳态和非稳态扩散两种形式。

1)拟稳态扩散的天然微裂缝表面扩散量

天然微裂缝表面拟稳态扩散量：

$$q_{\mathrm{mf}}=-G\rho_{\mathrm{sc}}\frac{6\pi^2 D}{R^2}(V_{\mathrm{a}}-V) \tag{5-179}$$

其中 V_{a} 和 V 是随着时间变化的，因而有：

$$\frac{\partial c_{\mathrm{m}}}{\partial t}=\rho_{\mathrm{sc}}\frac{6\pi^2 D}{R^2}(V_{\mathrm{a}}-V) \tag{5-180}$$

转化为无因次形式：

$$\frac{\partial c_{\mathrm{mD}}}{\partial t_{\mathrm{D}}}=\frac{6\pi^2 D\rho_{\mathrm{sc}}{}^2 h(L^2\eta_{\mathrm{f}}+\eta_{\mathrm{m}})}{k_{\mathrm{f}}R^2}(V_{\mathrm{a}}-V) \tag{5-181}$$

对式(5-181)进行 $t_{\mathrm{D}}\to s$ 的拉普拉斯变换：

$$s\overline{c}_{\mathrm{mD}}=u(\overline{V}_{\mathrm{a}}-\overline{V}) \tag{5-182}$$

$$u=\frac{6\pi^2 D\rho_{\mathrm{sc}}{}^2 h(L^2\eta_{\mathrm{f}}+\eta_{\mathrm{m}})}{k_{\mathrm{f}}R^2} \tag{5-183}$$

采用 5.2 节中介绍的方法，引入朗格缪尔等温吸附定律对上式进行处理得

$$\overline{V}_{\mathrm{aD}}=-\overline{\left[\frac{q_{\mathrm{t}}}{k_{\mathrm{f}}h}\frac{V_{\mathrm{m}}m_{\mathrm{L}}}{(m_{\mathrm{L}}+m_{\mathrm{f}})(m_{\mathrm{L}}+m_i)}m_{\mathrm{Df}}\right]}=-\alpha\overline{m}_{\mathrm{Df}} \tag{5-184}$$

由于有：

$$\overline{V}_{\mathrm{D}}=\frac{u}{u+s}\overline{V}_{\mathrm{aD}} \tag{5-185}$$

于是：

$$s\overline{c}_{\mathrm{mD}}=-\frac{\alpha us}{u+s}\overline{m}_{\mathrm{Df}} \tag{5-186}$$

$$\overline{q}_{\mathrm{mf}}=-G\rho_{\mathrm{sc}}s\overline{c}_{\mathrm{mD}}=G\rho_{\mathrm{sc}}\left(\frac{\alpha us}{u+s}\right)\overline{m}_{\mathrm{Df}} \tag{5-187}$$

基于水力裂缝系统解吸扩散量的设定，有：

$$\overline{q}_{\mathrm{m}}=\overline{q}_{\mathrm{mm}}+\overline{q}_{\mathrm{mf}} \tag{5-188}$$

将式(5-187)和式(5-178)代入式(5-176)中化简，得到

$$\nabla^2\Delta\overline{m}_{\mathrm{Df}}=\left[\omega s+(1-\omega)\left(\frac{h^2 LG\rho_{\mathrm{sc}}}{q_{\mathrm{t}}}-\frac{\lambda D^2\rho_{\mathrm{sc}}h}{q_{\mathrm{t}}}\right)\frac{\alpha us}{u+s}\right]\Delta\overline{m}_{\mathrm{Df}}+\overline{\overline{q}}_{\mathrm{D}} \tag{5-189}$$

用 $\overline{m}_{\mathrm{D}}$ 表示 $\Delta\overline{m}_{\mathrm{Df}}$，且定义函数 $f(s)$，则式(5-189)可以化简为：

$$\nabla^2\overline{m}_{\mathrm{D}}-\overline{\tilde{q}}_{\mathrm{D}}=f(s)\overline{m}_{\mathrm{D}} \tag{5-190}$$

2)非稳态扩散的天然裂缝表面扩散量

天然裂缝表面非稳态扩散量：

$$\frac{\partial c_{\mathrm{m}}}{\partial t}=\frac{1}{r_{\mathrm{m}}^2}\frac{\partial}{\partial r_{\mathrm{m}}}\left(Dr_{\mathrm{m}}^2\frac{\partial c_{\mathrm{m}}}{\partial r_{\mathrm{m}}}\right) \tag{5-191}$$

利用无因次定义，则式(5-191)变为：

$$\frac{2}{r_{\mathrm{mD}}}\frac{\partial c_{\mathrm{mD}}}{\partial r_{\mathrm{mD}}}+\frac{\partial^2 c_{\mathrm{mD}}}{\partial {r_{\mathrm{mD}}}^2}=\frac{R^2h(L^2\eta_{\mathrm{f}}+\eta_{\mathrm{m}})}{Dk_{\mathrm{f}}}\frac{\partial c_{\mathrm{mD}}}{\partial t_{\mathrm{D}}} \tag{5-192}$$

采用 5.2 节中的方法，得到非稳态扩散量在拉普拉斯空间下的表达式：

$$\left.\frac{\partial\overline{c}_{\mathrm{mD}}}{\partial r_{\mathrm{mD}}}\right|_{r_{\mathrm{mD}}=1}=-\alpha\left[\sqrt{\frac{R^2h(L^2\eta_{\mathrm{f}}+\eta_{\mathrm{m}})}{Dk_{\mathrm{f}}}}\coth\sqrt{\frac{R^2h(L^2\eta_{\mathrm{f}}+\eta_{\mathrm{m}})}{Dk_{\mathrm{f}}}}-1\right]\overline{m}_{\mathrm{Df}} \tag{5-193}$$

将式(5-178)和式(5-193)代入式(5-176)中并化简：

$$\nabla^2\Delta\overline{m}_{\mathrm{Df}}=\left\{\omega s-\frac{\alpha h^2L}{q_{\mathrm{t}}}(1-\omega)\left[\sqrt{\frac{R^2h(L^2\eta_{\mathrm{f}}+\eta_{\mathrm{m}})}{Dk_{\mathrm{f}}}}\coth\sqrt{\frac{R^2h(L^2\eta_{\mathrm{f}}+\eta_{\mathrm{m}})}{Dk_{\mathrm{f}}}}-1\right]\left(\frac{\lambda D\rho_{\mathrm{sc}}h}{q_{\mathrm{t}}}+1\right)\right\}\Delta\overline{m}_{\mathrm{Df}}+\overline{\tilde{q}}_{\mathrm{D}} \tag{5-194}$$

用 $\overline{m}_{\mathrm{D}}$ 表示 $\Delta\overline{m}_{\mathrm{Df}}$，函数 $f(s)$定义为：

$$f(s)=\omega s-\frac{\alpha h^2L}{q_{\mathrm{t}}}(1-\omega)\left[\sqrt{\frac{R^2h(L^2\eta_{\mathrm{f}}+\eta_{\mathrm{m}})}{Dk_{\mathrm{f}}}}\coth\sqrt{\frac{R^2h(L^2\eta_{\mathrm{f}}+\eta_{\mathrm{m}})}{Dk_{\mathrm{f}}}}-1\right]\left(\frac{\lambda D\rho_{\mathrm{sc}}h}{q_{\mathrm{t}}}+1\right) \tag{5-195}$$

式(5-194)的最终简化为：

$$\nabla^2\overline{m}_{\mathrm{D}}-\overline{\tilde{q}}_{\mathrm{D}}=f(s)\overline{m}_{\mathrm{D}} \tag{5-196}$$

上式在形式上同式(5-190)是一样的，但是表征解吸气拟稳态扩散及非稳态扩散的函数 $f(s)$的表达式有所不同。

利用拟压力函数和无因次定义，则定解条件为以下形式。

初始条件：

$$m_{\mathrm{D}}(x_{\mathrm{D}},y_{\mathrm{D}},z_{\mathrm{D}},t_{\mathrm{D}})\big|_{t_{\mathrm{D}}=0}=0 \tag{5-197}$$

内边界条件：

$$c_{\mathrm{mD}}(r_{\mathrm{mD}},t_{\mathrm{D}})\big|_{r_{\mathrm{mD}}=0}=0 \tag{5-198}$$

外边界条件：

顶底封闭，水平方向封闭：
$$\begin{cases}\lim\limits_{|x_{\mathrm{D}}|\to 0}\dfrac{\partial m_{\mathrm{D}}}{\partial x_{\mathrm{D}}}=0,\ \lim\limits_{|x_{\mathrm{D}}|\to \frac{a}{L}}\dfrac{\partial m_{\mathrm{D}}}{\partial x_{\mathrm{D}}}=0\\ \lim\limits_{|y_{\mathrm{D}}|\to 0}\dfrac{\partial m_{\mathrm{D}}}{\partial y_{\mathrm{D}}}=0,\ \lim\limits_{|y_{\mathrm{D}}|\to \frac{b}{L}}\dfrac{\partial m_{\mathrm{D}}}{\partial y_{\mathrm{D}}}=0\\ \lim\limits_{|z_{\mathrm{D}}|\to 0}\dfrac{\partial m_{\mathrm{D}}}{\partial z_{\mathrm{D}}}=0,\ \lim\limits_{|z_{\mathrm{D}}|\to \frac{h}{L}}\dfrac{\partial m_{\mathrm{D}}}{\partial z_{\mathrm{D}}}=0\end{cases} \tag{5-199}$$

顶底封闭，水平方向无限大：
$$\begin{cases}\lim\limits_{|x_D|\to\infty} m_D = 0, \lim\limits_{|x_D|\to\infty} \dfrac{\partial m_D}{\partial x_D} = 0 \\ \lim\limits_{|y_D|\to\infty} m_D = 0, \lim\limits_{|y_D|\to\infty} \dfrac{\partial m_D}{\partial y_D} = 0 \\ \lim\limits_{|z_D|\to 0} \dfrac{\partial m_D}{\partial z_D} = 0, \lim\limits_{|z_D|\to \frac{h}{L}} \dfrac{\partial m_D}{\partial z_D} = 0 \end{cases} \tag{5-200}$$

5.4.4 两相流动数学模型的解

1. 各向封闭边界情形

引入特征值法，其表达式如下：
$$\begin{cases} LK = -\lambda_s \omega K, a < x < b \\ K|_{x=a} = K_x|_{x=b} = 0 \end{cases} \tag{5-201}$$

对于各向封闭边界情形，建立三维特征方程组：
$$\begin{cases} \dfrac{\partial^2 E(x_D,y_D,z_D)}{\partial {x_D}^2} + \dfrac{\partial^2 E(x_D,y_D,z_D)}{\partial {y_D}^2} + \dfrac{\partial^2 E(x_D,y_D,z_D)}{\partial {z_D}^2} = -\lambda_{xyz} E(x_D,y_D,z_D) \\ \left.\dfrac{\partial E(x_D,y_D,z_D)}{\partial x_D}\right|_{x_D=0} = 0, \left.\dfrac{\partial E(x_D,y_D,z_D)}{\partial x_D}\right|_{x_D=\frac{a}{L}} = 0 \\ \left.\dfrac{\partial E(x_D,y_D,z_D)}{\partial y_D}\right|_{y_D=0} = 0, \left.\dfrac{\partial E(x_D,y_D,z_D)}{\partial y_D}\right|_{y_D=\frac{b}{L}} = 0 \\ \left.\dfrac{\partial E(x_D,y_D,z_D)}{\partial z_D}\right|_{z_D=0} = 0, \left.\dfrac{\partial E(x_D,y_D,z_D)}{\partial z_D}\right|_{z_D=\frac{h}{L}} = 0 \end{cases} \tag{5-202}$$

拟压力函数可以表示为 $L[m_D(x_D, y_D, z_D)]=X(x)Y(y)Z(z)$，因而可以将三维特征值问题变成三个一维特征值问题来解决，首先求解三个一维特征值方程。

x 方向：
$$\begin{cases} \dfrac{\partial^2 E_x(x_D)}{\partial {x_D}^2} = -\lambda_x E_x(x_D), 0 < x_D < \dfrac{a}{L} \\ \left.\dfrac{\partial E_x(x_D)}{\partial x_D}\right|_{x_D=0} = 0, \left.\dfrac{\partial E_x(x_D)}{\partial x_D}\right|_{x_D=\frac{a}{L}} = 0 \end{cases} \tag{5-203}$$

求解得到 x 方向特征值及特征函数，特征值为 $\lambda=(\beta\pi L/a)^2$，特征函数为 $E_x(x_D)=\cos[(\beta\pi L/a)x_D]$，$\beta=1, 2, 3\cdots$；

y 方向：
$$\begin{cases} \dfrac{\partial^2 E_y(y_D)}{\partial {y_D}^2} = -\lambda_y E_y(y_D), 0 < y_D < \dfrac{b}{L} \\ \left.\dfrac{\partial E_y(y_D)}{\partial y_D}\right|_{y_D=0} = 0, \left.\dfrac{\partial E_y(y_D)}{\partial y_D}\right|_{y_D=\frac{b}{L}} = 0 \end{cases} \tag{5-204}$$

求解得到 y 方向特征值及特征函数，特征值为 $\lambda=(\gamma\pi L/b)^2$，特征函数为 $E_y(y_D)=\cos[(\gamma\pi L/a)y_D]$，$\gamma=1, 2, 3\cdots$；

z 方向：
$$\begin{cases} \dfrac{\partial^2 E_z(z_D)}{\partial {z_D}^2} = -\lambda_z E_z(z_D), 0 < z_D < \dfrac{h}{L} \\ \left.\dfrac{\partial E_z(z_D)}{\partial z_D}\right|_{z_D=0} = 0, \left.\dfrac{\partial E_z(z_D)}{\partial z_D}\right|_{z_D=\frac{h}{L}} = 0 \end{cases} \tag{5-205}$$

求解得到 z 方向特征值及特征函数，特征值为 $\lambda=(n\pi L/h)^2$，特征函数为；$E_z(z_D)=\cos[(n\pi L/h)z_D]$，$n=1, 2, 3\cdots$。

最终得到的三维特征值：

$$\lambda_{xyz} = \left(\frac{\beta\pi L}{a}\right)^2 + \left(\frac{\gamma\pi L}{b}\right)^2 + \left(\frac{n\pi L}{h}\right)^2 \tag{5-206}$$

其对应的特征函数：

$$E_{xyz}(x_D, y_D, z_D) = \cos\left(\frac{\beta\pi L}{a}x_D\right)\cos\left(\frac{\gamma\pi L}{b}y_D\right)\cos\left(\frac{n\pi L}{h}z_D\right) \tag{5-207}$$

式(5-207)所构成的特征函数系具备三维空间上的完备正交性，其完备正交性方程：

$$F = \int_{-\infty}^{+\infty}\int_{-\infty}^{+\infty}\int_0^{\frac{h}{L}} E(x_D, y_D, z_D)E'(x_D, y_D, z_D)\mathrm{d}x_D\mathrm{d}y_D\mathrm{d}z_D \tag{5-208}$$

将式(5-208)展开后：

$$F = \int_0^{\frac{a}{L}}\int_0^{\frac{b}{L}}\int_0^{\frac{h}{L}} \begin{matrix} \dfrac{1}{6}\left[\cos\dfrac{\pi L}{a}x_D(\beta+\beta') + \cos\dfrac{\pi L}{a}x_D(\beta-\beta')\right] \\ \cdot\left[\cos\dfrac{\pi L}{b}y_D(\gamma+\gamma') + \cos\dfrac{\pi L}{b}y_D(\gamma-\gamma')\right] \\ \cdot\left[\cos\dfrac{\pi L}{h}z_D(n+n') + \cos\dfrac{\pi L}{h}z_D(n-n')\right] \end{matrix} \mathrm{d}x_D\mathrm{d}y_D\mathrm{d}z_D \tag{5-209}$$

通过分别对 β，γ，n 进行取值讨论，可将式(5-209)改写成：

$$F = \frac{1}{6}A_{\beta\beta'}B_{\beta\beta'}C_{\gamma\gamma'}D_{\gamma\gamma'}E_{nn'}F_{nn'} \tag{5-210}$$

式(5-210)中：$A_{\beta\beta'} = \begin{cases} 0, \beta \neq \beta' \\ 1, \beta = \beta' \end{cases}$，$B_{\beta\beta'} = \begin{cases} \dfrac{a}{L}, \beta = 0 \\ \dfrac{a}{2L}, \beta = 1,2,3,\cdots \end{cases}$，$C_{\gamma\gamma'} = \begin{cases} 0, \gamma \neq \gamma' \\ 1, \gamma = \gamma' \end{cases}$，

$D_{\gamma\gamma'} = \begin{cases} \dfrac{b}{L}, \gamma = 0 \\ \dfrac{b}{2L}, \gamma = 1,2,3,\cdots \end{cases}$，$E_{nn'} = \begin{cases} 0, n \neq n' \\ 1, n = n' \end{cases}$，$F_{nn'} = \begin{cases} \dfrac{h}{L}, n = 0 \\ \dfrac{h}{2L}, n = 1,2,3,\cdots \end{cases}$。

在基于上述特征函数系的情况下，引入正交变换[23]：

$$F[W(x)] = \int_a^b s(x)K(x,\mu)W(x)\mathrm{d}x \tag{5-211}$$

通过正交变换，两相渗流微分方程变为

$$\left[\left(\frac{\beta\pi L}{a}\right)^2+\left(\frac{\gamma\pi L}{b}\right)^2+\left(\frac{n\pi L}{h}\right)^2\right]F[\bar{m}_{\mathrm{D}}]-\bar{\bar{q}}_{\mathrm{D}}E(x_{\mathrm{D}i},y_{\mathrm{D}i},z_{\mathrm{D}i})=f(s)F[\bar{m}_{\mathrm{D}}] \tag{5-212}$$

由式(5-212)得到基于正交变换的拉普拉斯空间下拟压力表达式：

$$F[\bar{m}_{\mathrm{D}}]=\frac{\bar{\bar{q}}_{\mathrm{D}}E(x_{\mathrm{D}i},y_{\mathrm{D}i},z_{\mathrm{D}i})}{f(s)+\left(\frac{\beta\pi L}{a}\right)^2+\left(\frac{\gamma\pi L}{b}\right)^2+\left(\frac{n\pi L}{h}\right)^2} \tag{5-213}$$

根据正交变换定义式(5-211)的逆变换公式：

$$F^{-1}[W_n]=W(x)=\sum_{n=1}^{\infty}\frac{F[W_n]}{\|E_n\|^2}E_n(x) \tag{5-214}$$

引入范数的概念，其表达式：

$$\|E_{nx}\|^2=\int_a^b s(x)E_n^2(x)\mathrm{d}x \tag{5-215}$$

范数的最终取值条件是：$\beta=\beta'$，$\gamma=\gamma'$和 $n=n'$，基于此，正交变换范数表达式：

$$\|E_n\|^2=\frac{1}{6}B_{\beta\beta'}D_{\gamma\gamma'}F_{nn'} \tag{5-216}$$

结合式(5-213)～式(5-215)，得到拉普拉斯空间的正交逆变换：

$$F^{-1}[\bar{m}_{\mathrm{D}}]=\sum_{n=0}^{\infty}\frac{F[\bar{m}_{\mathrm{D}}]}{\|E_{nx}\|^2}E_n(x)\sum_{n=0}^{\infty}\frac{F[\bar{m}_{\mathrm{D}}]}{\|E_{ny}\|^2}E_n(y)\sum_{n=0}^{\infty}\frac{F[\bar{m}_{\mathrm{D}}]}{\|E_{nz}\|^2}E_n(z) \tag{5-217}$$

将式(5-213)代入式(5-217)并化简得：

$$F^{-1}[\bar{m}_{\mathrm{D}}]=\sum_{\beta=0}^{\infty}\sum_{\gamma=0}^{\infty}\sum_{n=0}^{\infty}\left\{\frac{6\bar{\bar{q}}_{\mathrm{D}}E(x_{\mathrm{D}i},y_{\mathrm{D}i},z_{\mathrm{D}i})}{B_{\beta\beta'}D_{\gamma\gamma'}F_{nn'}\left[f(s)+\left(\frac{\beta\pi L}{a}\right)^2+\left(\frac{\gamma\pi L}{b}\right)^2+\left(\frac{n\pi L}{h}\right)^2\right]}E(x_{\mathrm{D}},y_{\mathrm{D}},z_{\mathrm{D}})\right\} \tag{5-218}$$

$$E(x_i,y_i,z_i)=\cos\left(\frac{\beta\pi L}{a}x_{\mathrm{D}i}\right)\cos\left(\frac{\gamma\pi L}{b}y_{\mathrm{D}i}\right)\cos\left(\frac{n\pi L}{h}z_{\mathrm{D}i}\right) \tag{5-219}$$

$$E(x_{\mathrm{D}},y_{\mathrm{D}},z_{\mathrm{D}})=\cos\left(\frac{\beta\pi L}{a}x_{\mathrm{D}}\right)\cos\left(\frac{\gamma\pi L}{b}y_{\mathrm{D}}\right)\cos\left(\frac{n\pi L}{h}z_{\mathrm{D}}\right) \tag{5-220}$$

式(5-218)～式(5-220)中：($x_{\mathrm{D}i}$，$y_{\mathrm{D}i}$，$z_{\mathrm{D}i}$)为裂缝源点，(x_{D}，y_{D}，z_{D})为观察点。

式(5-218)为在拉普拉斯空间下的无因次拟压力表达式。类似于 5.2 节的方法，对裂缝段进行离散，将某一条裂缝在 x 方向上分为 $2n$ 个微元段，设任意一个微元段的跨度是($x_{\mathrm{D}i,j}, x_{\mathrm{D}i,j+1}$)，对式(5-216)进行关于裂缝面 yz 上的积分，于是得到在某一个微元裂缝体($x_{\mathrm{D}i,j}, y_{\mathrm{D}i}, z_{\mathrm{D}i}$)～($x_{\mathrm{D}i,j+1}, y_{\mathrm{D}i}, z_{\mathrm{D}i}$)上的两相拟压力表达式：

$$\bar{m}_{\mathrm{D}ij}(x_{\mathrm{D}i},y_{\mathrm{D}i},z_{\mathrm{D}i})=\int_{x_{\mathrm{D}i,j}}^{x_{\mathrm{D}i,j+1}}\int_0^{\frac{a}{L}}\int_0^{\frac{h}{L}}F^{-1}[\bar{m}_{\mathrm{D}}(x_{\mathrm{D}i}-\zeta)]\mathrm{d}z_{\mathrm{D}i}\mathrm{d}y_{\mathrm{D}i}\mathrm{d}\zeta \tag{5-221}$$

假设 n_{f} 条裂缝等间距穿透储层，那么全压裂水平井段总共有 $n_{\mathrm{f}}\times 2n$ 个微元段，基于叠加原理，所有微元段总共的拟压力表达式：

$$\bar{m}_{\mathrm{D}ij}(x_{\mathrm{D}i},y_{\mathrm{D}i},z_{\mathrm{D}i})=\sum_{i=1}^{n_{\mathrm{f}}}\sum_{j=1}^{2n}\int_{x_{\mathrm{D}i,j}}^{x_{\mathrm{D}i,j+1}}\int_0^{\frac{a}{L}}\int_0^{\frac{h}{L}}F^{-1}[\bar{m}_{\mathrm{D}}(x_{\mathrm{D}i}-\zeta)]\mathrm{d}z_{\mathrm{D}i}\mathrm{d}y_{\mathrm{D}i}\mathrm{d}\zeta \tag{5-222}$$

基于无限导流假设，水力裂缝内部任意位置和水平井筒任意位置压力相同，即：

$$\bar{m}_{\mathrm{D}ij}(x_{\mathrm{D}i},y_{\mathrm{D}i},z_{\mathrm{D}i})=\bar{m}_{\mathrm{wD}}(x_{\mathrm{D}i},y_{\mathrm{D}i},z_{\mathrm{D}i}) \tag{5-223}$$

若考虑井筒储集和表皮效应的影响，则式(5-223)变为：

$$\bar{m}_{\mathrm{D}ij}(x_{\mathrm{D}i},y_{\mathrm{D}i},z_{\mathrm{D}i})=\frac{s\bar{m}_{\mathrm{wD}}(x_{\mathrm{D}i},y_{\mathrm{D}i},z_{\mathrm{D}i})+S_{\mathrm{K}}}{s+C_{\mathrm{D}}s^2(s\bar{m}_{\mathrm{wD}}(x_{\mathrm{D}i},y_{\mathrm{D}i},z_{\mathrm{D}i})+S_{\mathrm{K}})} \tag{5-224}$$

基于杜阿梅尔原理，气井以定井底压力生产时，Laplace 空间内无因次产量响应表达式与定产量生产时的无因次拟压力响应式(5-224)存在如下关系：

$$\bar{q}_{\mathrm{D}}=\frac{1}{s^2\bar{m}_{\mathrm{D}}(x_{\mathrm{D}i},y_{\mathrm{D}i},z_{\mathrm{D}i})} \tag{5-225}$$

于是得到在拉普拉斯空间下的定井底压力生产无因次产量响应：

$$\bar{q}_{\mathrm{D}}=\frac{1}{s^2\bar{m}_{\mathrm{wD}}(x_{\mathrm{D}i},y_{\mathrm{D}i},z_{\mathrm{D}i})+sS_{\mathrm{k}}} \tag{5-226}$$

2. 顶底封闭水平向无限大边界情形

若页岩气藏边界为顶底封闭水平向无限大，其特征方程组为：

$$\begin{cases}\dfrac{\partial^2E(x_{\mathrm{D}},y_{\mathrm{D}},z_{\mathrm{D}})}{\partial {x_{\mathrm{D}}}^2}+\dfrac{\partial^2E(x_{\mathrm{D}},y_{\mathrm{D}},z_{\mathrm{D}})}{\partial {y_{\mathrm{D}}}^2}+\dfrac{\partial^2E(x_{\mathrm{D}},y_{\mathrm{D}},z_{\mathrm{D}})}{\partial {z_{\mathrm{D}}}^2}=-\lambda_{xyz}E(x_{\mathrm{D}},y_{\mathrm{D}},z_{\mathrm{D}})\\ E(x_{\mathrm{D}},y_{\mathrm{D}},z_{\mathrm{D}})\Big|_{x_{\mathrm{D}}=\infty}=0,\left.\dfrac{\partial E(x_{\mathrm{D}},y_{\mathrm{D}},z_{\mathrm{D}})}{\partial x_{\mathrm{D}}}\right|_{x_{\mathrm{D}}=\infty}=0\\ E(x_{\mathrm{D}},y_{\mathrm{D}},z_{\mathrm{D}})\Big|_{y_{\mathrm{D}}=\infty}=0,\left.\dfrac{\partial E(x_{\mathrm{D}},y_{\mathrm{D}},z_{\mathrm{D}})}{\partial y_{\mathrm{D}}}\right|_{y_{\mathrm{D}}=\infty}=0\\ \left.\dfrac{\partial E(x_{\mathrm{D}},y_{\mathrm{D}},z_{\mathrm{D}})}{\partial z_{\mathrm{D}}}\right|_{z_{\mathrm{D}}=0}=0,\left.\dfrac{\partial E(x_{\mathrm{D}},y_{\mathrm{D}},z_{\mathrm{D}})}{\partial z_{\mathrm{D}}}\right|_{z_{\mathrm{D}}=\frac{h}{L}}=0\end{cases} \tag{5-227}$$

可以求得特征方程组(5-26)在 x，y，z 三个方向上的特征值及特征函数如下。

x 方向上特征值：$\lambda=\beta^2$，特征函数：$E_x(x_{\mathrm{D}})=\mathrm{e}^{i\beta x\mathrm{D}}$，$\beta\in(-\infty,+\infty)$；

y 方向上特征值：$\lambda=\gamma^2$，特征函数：$E_y(y_{\mathrm{D}})=\mathrm{e}^{i\gamma y\mathrm{D}}$，$\gamma\in(-\infty,+\infty)$；

z 方向上特征值：$\lambda=(n\pi L/h)^2$，特征函数：$E_z(z_{\mathrm{D}})=\cos[(n\pi L/h)z_{\mathrm{D}}]$，$n=1,2,3\cdots$。

其三维特征值：

$$\lambda_{xyz}=\beta^2+\gamma^2+\left(\frac{n\pi L}{h}\right)^2 \tag{5-228}$$

三维特征函数：

$$E_{xyz}(x_{\mathrm{D}},y_{\mathrm{D}},z_{\mathrm{D}})=\mathrm{e}^{i(\beta x_{\mathrm{D}}+\gamma y_{\mathrm{D}})}\cos\left(\frac{n\pi L}{h}z_{\mathrm{D}}\right) \tag{5-229}$$

通过完备正交系方程可得到 x，y，z 三个方向上的完备正交性表达式。

x 方向的完备正交性表达式：

$$\int_{-\infty}^{+\infty}\mathrm{e}^{i\beta x}\overline{\mathrm{e}^{i\beta' x}}\mathrm{d}x=2\pi\delta(\beta-\beta') \tag{5-230}$$

y 方向的完备正交性表达式：

$$\int_{-\infty}^{+\infty} \mathrm{e}^{i\gamma y}\overline{\mathrm{e}^{i\gamma' y}}\mathrm{d}y = 2\pi\delta(\gamma-\gamma') \tag{5-231}$$

z 方向的完备正交性表达式：

$$\int_0^{\frac{h}{L}} \cos\left(\frac{n\pi L}{h}z_{\mathrm{D}}\right)\cos\left(\frac{n'\pi L}{h}z_{\mathrm{D}}\right)\mathrm{d}z_{\mathrm{D}} = \int_0^{\frac{h}{L}} \frac{1}{2}\cos\frac{\pi L}{h}z_{\mathrm{D}}(n+n') + \cos\frac{\pi L}{h}z_{\mathrm{D}}(n-n')\mathrm{d}z_{\mathrm{D}} \tag{5-232}$$

最终可得三维完备正交性方程：

$$F = \int_{-\infty}^{+\infty}\int_{-\infty}^{+\infty}\int_0^{\frac{h}{L}}[2\pi\delta(\beta-\beta')][\pi\delta(\gamma-\gamma')]\left[\cos\frac{\pi L}{h}z_{\mathrm{D}}(n+n') + \cos\frac{\pi L}{h}z_{\mathrm{D}}(n-n')\right]\mathrm{d}x_{\mathrm{D}}\mathrm{d}y_{\mathrm{D}}\mathrm{d}z_{\mathrm{D}} \tag{5-233}$$

对 n 和 n'的取值进行讨论：当 $n\neq n'$时，式(5-228)的值为 0；当 $n=n'\neq 0$ 式，式(5-228)的值为 $h/2L$；当 $n=n'=0$ 时，式(5-228)的值为 h/L。

综上讨论，式(5-233)可以变为

$$F = 4\pi^2\delta(\beta-\beta')\delta(\gamma-\gamma')A_{nn'}B_{nn'} \tag{5-234}$$

式(5-234)中：$A_{nn'} = \begin{cases} 0, n\neq n' \\ 1, n=n' \end{cases}$，$B_{nn'} = \begin{cases} \dfrac{h}{L}, n=0 \\ \dfrac{h}{2L}, n=1,2,3,\cdots \end{cases}$

同前一节的方法，在式(5-196)中引入正交变换法，其左边第一项变为

$$F[\nabla^2\overline{m}_{\mathrm{D}}] = \int_{-\infty}^{+\infty}\int_{-\infty}^{+\infty}\int_0^{\frac{h}{L}} E_{xyz}\left(\frac{\partial^2\overline{m}_{\mathrm{D}}}{\partial {x_{\mathrm{D}}}^2} + \frac{\partial^2\overline{m}_{\mathrm{D}}}{\partial {y_{\mathrm{D}}}^2} + \frac{\partial^2\overline{m}_{\mathrm{D}}}{\partial {z_{\mathrm{D}}}^2}\right)\mathrm{d}x_{\mathrm{D}}\mathrm{d}y_{\mathrm{D}}\mathrm{d}z_{\mathrm{D}} \tag{5-235}$$

式(5-235)中分别有

$$\int_{-\infty}^{+\infty} E_x\frac{\partial^2\overline{m}_{\mathrm{D}}}{\partial {x_{\mathrm{D}}}^2}\mathrm{d}x_{\mathrm{D}} = -\beta^2 F_x[\overline{m}_{\mathrm{D}}] \tag{5-236}$$

$$\int_{-\infty}^{+\infty} E_y\frac{\partial^2\overline{m}_{\mathrm{D}}}{\partial {y_{\mathrm{D}}}^2}\mathrm{d}y_{\mathrm{D}} = -\gamma^2 F_y[\overline{m}_{\mathrm{D}}] \tag{5-237}$$

$$\int_0^{\frac{h}{L}} E_z\frac{\partial^2\overline{m}_{\mathrm{D}}}{\partial {z_{\mathrm{D}}}^2}\mathrm{d}z_{\mathrm{D}} = -\left(\frac{n\pi L}{h}\right)^2 F_z[\overline{m}_{\mathrm{D}}] \tag{5-238}$$

于是式(5-235)可以变为

$$F[\nabla^2\overline{m}_{\mathrm{D}}] = -\left[\beta^2+\gamma^2+\left(\frac{n\pi L}{h}\right)^2\right]F[\overline{m}_{\mathrm{D}}] \tag{5-239}$$

通过正交变换后的原两相方程形式：

$$\left[\beta^2+\gamma^2+\left(\frac{n\pi L}{h}\right)^2\right]F[\overline{m}_{\mathrm{D}}] - \overline{\tilde{q}}_{\mathrm{D}}E(x_i,y_i,z_i) = f(s)F[\overline{m}_{\mathrm{D}}] \tag{5-240}$$

解出在正交变换情形下的拉普拉斯无因次拟压力表达式：

$$F[\bar{m}_{\mathrm{D}}]=\frac{\bar{\bar{q}}_{\mathrm{D}}E(x_{\mathrm{D}i},y_{\mathrm{D}i},z_{\mathrm{D}i})}{f(s)+\beta^{2}+\gamma^{2}+\left(\frac{n\pi L}{h}\right)^{2}} \tag{5-241}$$

对式(5-241)进行正交逆变换后得

$$F^{-1}[\bar{m}_{\mathrm{D}}]=\int_{-\infty}^{+\infty}\int_{-\infty}^{+\infty}\sum_{n=0}^{\infty}\left\{\frac{\bar{\bar{q}}_{\mathrm{D}}\mathrm{e}^{i\beta(x_{\mathrm{D}i}+x_{\mathrm{D}})+i\gamma(y_{\mathrm{D}i}+y_{\mathrm{D}})}}{4\pi^{2}B_{nn'}\left[f(s)+\beta^{2}+\gamma^{2}+\left(\frac{n\pi L}{h}\right)^{2}\right]}\right\}\cos\left(\frac{n\pi L}{h}z_{\mathrm{D}i}\right)\cos\left(\frac{n\pi L}{h}z_{\mathrm{D}}\right)\mathrm{d}\beta\mathrm{d}\gamma \tag{5-242}$$

如前一节所叙述，通过对式(5-242)进行关于裂缝面 yz 上的积分，并且在基于裂缝条数及 x 方向微元段的累加后，最终得到拉普拉斯空间下的定产量生产的无因次拟压力表达式，拉普拉斯空间下的定井底压力生产的无因次产量表达式则可以通过杜阿梅尔原理求得，在此不再累述。

5.4.5　典型曲线及影响因素分析

在页岩气藏气水两相流动压力动态解析解基础上，利用表 5-4 的储层及流体参数，通过 Stehfest 数值反演算法计算页岩气藏气水两相无限导流压裂水平井的拟压力及拟压力导数典型曲线并进行影响因素分析。

表 5-4　典型曲线计算所需参数表

储层参数		流体参数	
初始储层压力，p_i，MPa	34.57	标况下的气相密度，ρ_{sc}，kg/m^3	7.5×10^{-1}
页岩基质半径，R，m	0.000 01	Langmuir 压力，m_{L}，MPa	3.62
扩散系数，D，m^2/s	0.057 3	Langmuir 常数，V_{m}，m^3/m^3	18
几何因子，G，无因次	10	气体压缩系数，c_{g}，MPa^{-1}	1.56×10^{-2}
储层厚度，h，m	20	水平井长度，L，m	800
储层长度，b，m	1 200	气水流动参数团，c_{t}，kg/(m^3·MPa)	0.5
储层宽度，a，m	200	气相黏度，μ_{g}，Pa·s	2.96×10^{-5}
基质孔隙度，ϕ_{m}，无因次	0.000 1	水相黏度，μ_{w}，Pa·s	0.75×10^{-3}
裂缝孔隙度，ϕ_{f}，无因次	0.01	气相初始饱和度，S_{g}，无因次	0.5
基质渗透率，k_{m}，μm^2	10^{-6}	水相初始饱和度，S_{w}，无因次	0.5
裂缝渗透率，k_{f}，μm^2	10^{-1}		

1. 典型曲线

各向封闭边界及顶底封闭水平方向无限大边界的双重介质页岩气藏气水两相压裂水平井无因次拟压力特征曲线如图 5-38 所示。

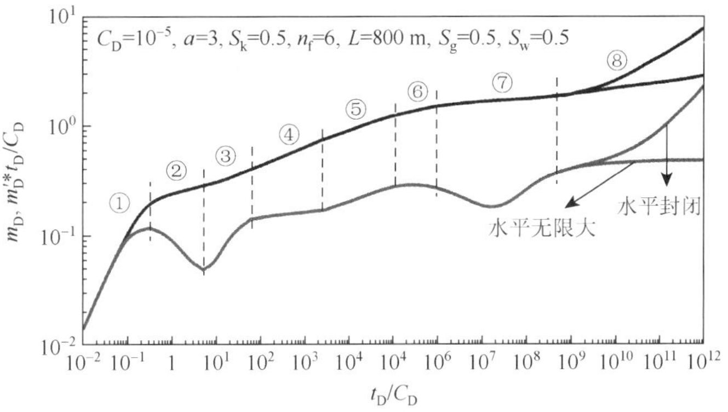

图 5-38　页岩气藏压裂水平井两相无因次拟压力及拟压力导数典型曲线

图 5-38 表明，页岩气藏气水两相压裂水平井无因次拟压力典型曲线大致可以分为 8 个流动阶段。

①早期井筒储集阶段，无因次拟压力曲线同其导数曲线重合，为斜率为 1 的直线段，在其末端储集效应减弱，压差不再继续增加，拟压力导数曲线开始变得水平。

②井筒储集过渡流阶段，无因次拟压力导数曲线经历了峰值后出现了一个明显的凹子。

③裂缝早期线性流动阶段，无因次拟压力导数曲线近似表现为一条上升的直线段，同时在此阶段，储层内的流体流动主要由水体流动主导，游离气跟随着大量水体垂直于在水力裂缝表面线性流动，推动大量水体流动需要较大的生产压差，无因次拟压力导数曲线出现了明显的上翘；虽然气体流动能力大大强于水体流动能力，但由于游离气的量远小于压裂返排水体的量，因而目前的生产压差无法像常规压裂水平井那样直接传递给基质孔隙及微裂缝，吸附气未能解吸，水力裂缝间的干扰也未出现。

④裂缝早期径向流动阶段，无因次拟压力导数曲线近似表现为一条水平直线，气水两相流动所造成的压力波呈圆形状态分布在裂缝周围，在径向流动过程中，由于远强于水体的流动能力，气体流动开始逐渐增强，驱动气体流动远比驱动水体流动容易，因而无因次拟压力导数曲线开始趋于平稳。

⑤中期系统线性流阶段，随着两相流动的进行，水力裂缝彼此间的干扰开始发生，裂缝干扰产生了流动附加压降，使得无因次拟压力导数曲线呈现上升趋势。

⑥中期系统径向流动阶段，由于前面一系列流动阶段持续增大生产压差，基质表面及裂缝壁面上的压力值已经达到吸附气解吸的临界压力值，储层内流体逐渐被采出，地层能量出现了明显的亏空，在这一阶段中，生产压差的增加程度达到一个峰值，无因次拟压力导数曲线表现为水平直线。

⑦基质向裂缝窜流阶段，解吸气体开始大量出现，由于刚解吸出来的气体具有较大的膨胀性，较低的地层压力使得这些变成了游离气的气体分子迅速膨胀，减弱了原来占主导的水体作用，对地层压力的下降产生了一定的缓冲作用，无因次拟压力导数曲线呈现了下降趋势；在窜流后期，作为供应源的吸附气开始减缓解吸并趋于稳定，压差增大，无因次拟压力导数曲线先上翘然后也趋于平稳。

⑧晚期系统径向流动阶段，在该阶段压力波波及了页岩气藏边界，若外边界为封闭，地层压力将会急剧下降，无因次拟压力导数曲线呈现明显上翘趋势。

2. 影响因素分析

1) 初始气水饱和度 S_g，S_w 的影响

图 5-39 为初始气水饱和度影响的对无因次拟压力及拟压力导数曲线。该图表明，初始气水饱和度的分布对特征曲线的影响非常大，这是因为气体在地层中的流动能力远高于水体，气相饱和度的增大直接使得气体在两相流动中的比例增加，进而地层中流体的总体流度增加，流动能力加大，压力波会更快地传递到储层边界，此外，气体流动能力较大这一特点也造成了生产等量的气体比生产等量的水体所需要的生产压差要小得多，驱动其流动的压力差也就相对较小；表现在特征曲线上则为气相饱和度越大，特征曲线总体位置更低，早期井筒储集阶段结束地更早，井储过渡流动段的凹子更深。

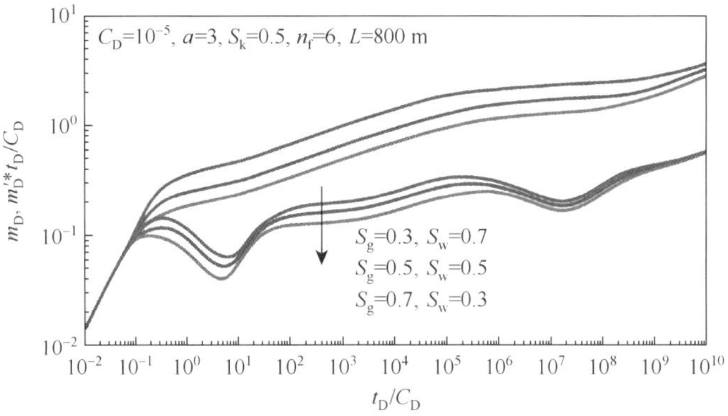

图 5-39　初始气水饱和度对拟压力典型曲线的影响

2) 表皮系数 S_k 的影响

图 5-40 为表皮系数影响的无因次拟压力及拟压力导数曲线。该图表明，表皮系数主要影响了特征曲线的前 3 个流动阶段，表皮系数越大，则表示其在井筒附近产生的附加流动阻力越大，从而需要更大的生产压差才能驱动流体流动，在气水两相流动早期，水体流

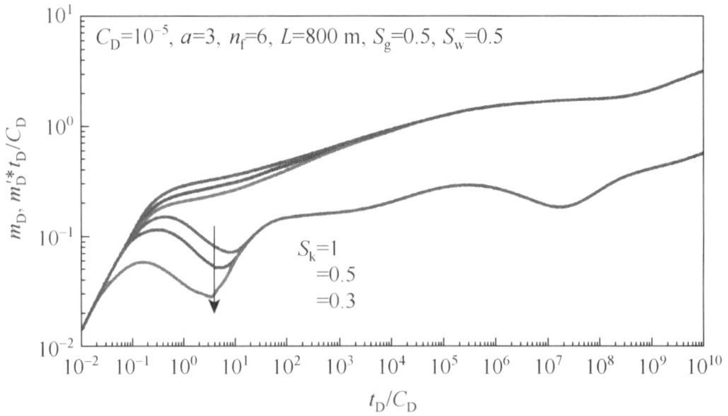

图 5-40　表皮系数对拟压力典型曲线的影响

动占据主导地位，较大的表皮系数所造成的流动阻力会因为较低的水体流动能力而显得更为突出，这一情况特别是出现在井储过渡段及早期裂缝线性流动段；在特征曲线上为表皮系数越大，无因次拟压力导数曲线越高，井储阶段持续时间越长。

3）弹性储容比 ω 的影响

图 5-41 为弹性储容比影响的无因次拟压力及拟压力导数曲线。该图表明，弹性储容比的变化影响到了气水两相特征曲线的大多数流动阶段，储容比值较小，代表裂缝系统的空间储集能力较小，井储后过渡续流段持续时间明显缩短，由于有水体和气体共同流动，在相对较小的裂缝储集能力的情况下要驱动两相流体流动则需要更大的压差，这样会导致地层压力过快下降，因而吸附气的解吸时间也会提前，基质向裂缝窜流发生更早且持续时间更长，且窜流所需的压差也更大；在曲线上表现为储容比越小，两相无因次拟压力导数曲线在窜流阶段更早下降，且凹子更宽更深。

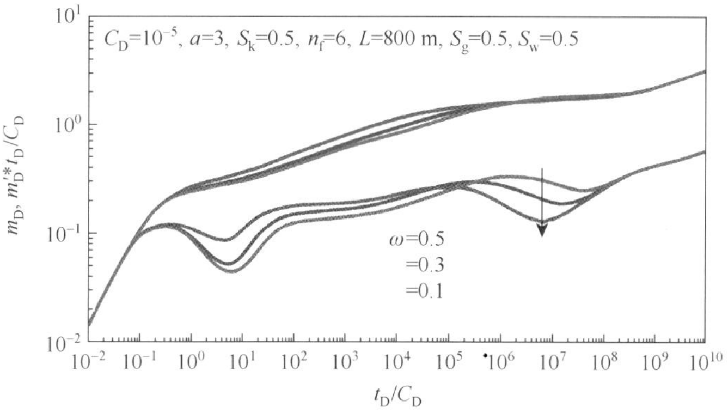

图 5-41　弹性储容比对拟压力典型曲线的影响

4）窜流系数 λ 的影响

图 5-42 为窜流系数影响的无因次拟压力及拟压力导数曲线。该图表明，窜流系数越小，代表裂缝流通能力越强，与基质的渗透率差异越大，较难发生基质向裂缝窜流，在特征曲线上表现为窜流系数越小，基质向裂缝窜流发生得越晚，无因次拟压力导数曲线会延后下降，中期系统径向流动段会变得越来越明显。

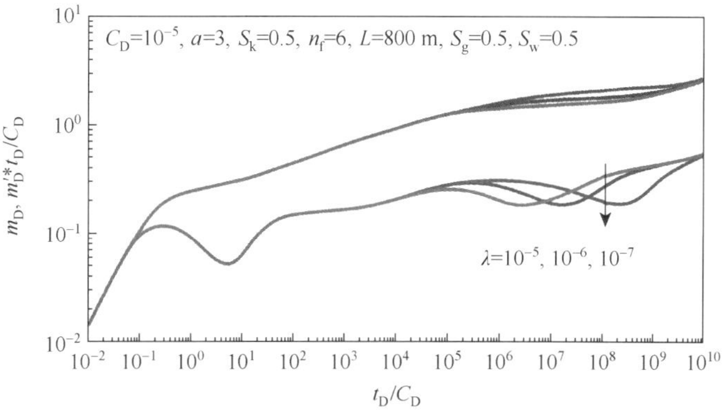

图 5-42　窜流系数对拟压力典型曲线的影响

5) 无因次井筒储集系数 C_D 的影响

图 5-43 为无因次井筒储集系数影响的无因次拟压力及拟压力导数曲线。该图表明，随着无因次井筒储集系数的减小，纯井储流动越早结束，越早进入到裂缝线性流动阶段。

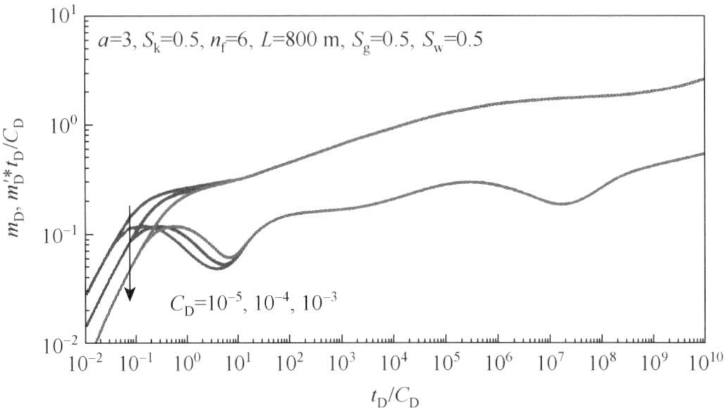

图 5-43　无因次井筒储集系数对拟压力典型曲线的影响

6) 裂缝条数 n_f 的影响

图 5-44 为裂缝条数影响的无因次拟压力及拟压力导数曲线。该图表明，裂缝条数的多少也代表了储层流通通道的多少，裂缝条数越多，气水两相流动越容易，驱动其流动的压差值越小，无因次拟压力曲线及其导数曲线在图上位置越低。

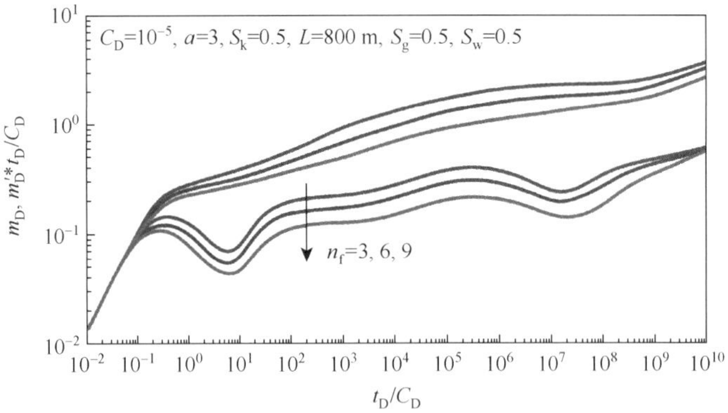

图 5-44　裂缝条数对拟压力典型曲线的影响

7) 解吸系数 α 的影响

图 5-45 为解吸系数影响的无因次拟压力及拟压力导数曲线。该图表明，较难流动的水体占据了部分流通通道，为了保证流动压差的平衡，基质及微裂缝表面气体解吸提前，解吸气体迅速填充游离气的流出损失，窜流流动阶段也就更早发生；解吸系数越大，解吸发生越剧烈，流动的驱动力就越充足，所需的压力差越小；在特征曲线上反映为无因次拟压力导数曲线上的凹子越深，窜流阶段的发生与结束皆会提前。

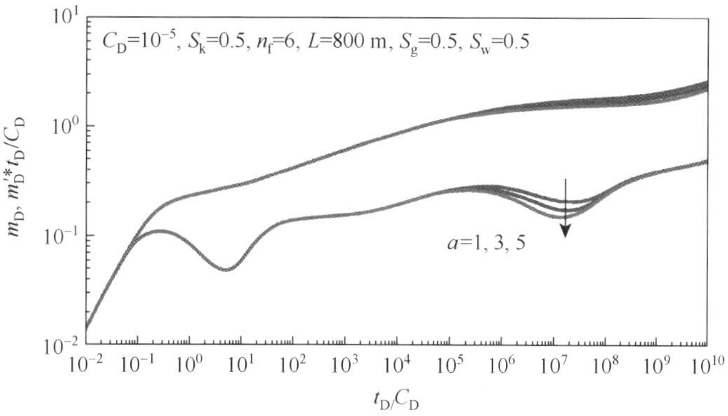

图 5-45 解吸系数对拟压力典型曲线的影响

5.5 应用实例

XX 井为某页岩气藏一口压裂水平井，完钻井深 3 140 m，岩性为深灰、灰黑色粉砂质页岩、碳质页岩和泥质砂岩，水平井有效长度为 345 m，井筒半径为 0.1 m，储层温度为 44.07℃，气体黏度为 0.010 22 mPa·s，气体压缩系数为 0.261 MPa^{-1}，气体相对密度为 0.57，气体偏差因子为 0.9197，气体临界压力为 4.577 MPa，气体临界温度为 189.85 K，根据现场实验测得朗格缪尔体积为 1.75 m^3/m^3，朗格缪尔压力为 1.72 MPa。其压力降落测试数据如表 5-5 所示。

表 5-5 页岩气压裂水平井压力降落试井部分数据表

时间/h	压力/MPa	时间/h	压力/MPa
4	23.92	395	17.76
48	23.23	419	16.87
72	23.44	443	16.03
96	23.11	467	15.22
120	22.85	491	14.87
144	22.52	515	14.64
168	21.87	539	14.39
192	21.45	563	14.02
216	21.14	587	13.51
240	20.79	611	13.29
264	20.52	635	13.09
288	20.25	659	12.93
301	16.62	683	12.82
323	25.13	707	12.62
347	20.63	731	12.54
371	18.78	755	10.21

利用本书5.2节建立的双重介质页岩气压裂水平井渗流及应用理论对该井的试井资料进行解释，即将实测曲线与典型曲线进行拟合，通过不断进行参数调整，拟合后的压力动态双对数曲线如图 5-46 所示。

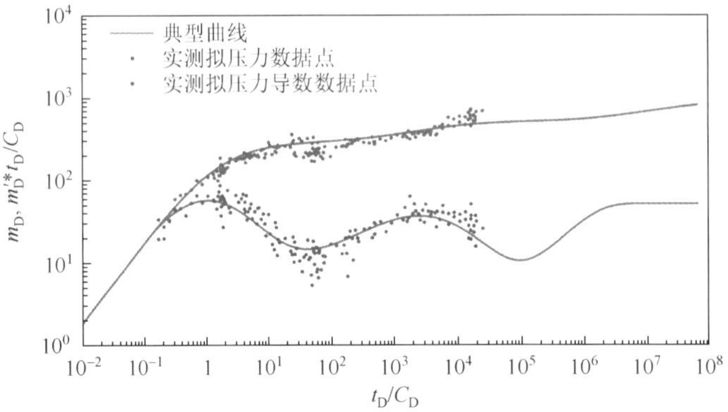

图 5-46　XX 井压力恢复试井解释双对数拟合图

从双对数曲线图 5-46 看出：由于测试时间开始较晚，早期纯井筒储集阶段数据点较少，但井储过渡段、裂缝线性流动段及裂缝径向流动段表现得相对比较明显，应用双重介质页岩气藏水平井模型拟合效果较好，解释结果如表 5-6 所示。

表 5-6　XX 井试井解释部分结果表

模型	双重介质页岩气藏压裂水平井	边界类型	顶底封闭，水平无限大
裂缝水平渗透率 $K_{fh}/\mu m^2$	8×10^{-6}	井储系数 $C/(m^3/MPa)$	1.184
裂缝垂直渗透率 $K_{fv}/\mu m^2$	3.2×10^{-5}	弹性储容比 ω	0.35
解吸系数 α	2.4	窜流系数 λ	4.08×10^{-7}

参 考 文 献

[1] Klinkenberg L J. The permeability of porous media to liquids and gasesDrilling and Production Practice，1941，200-213.

[2] Krutter H，Day R J. Modification of permeability measurements，Oil Weekly，1941，104(4)：24-32.

[3] Calhoun J C，Yuster S T. A study of the flow of homogeneous fluids through ideal porous media. API Drilling and Production Practice，1946：335-355.

[4] Rose W D. Permeability and gas-slippage phenomena. API Drilling and Production Practice，1949：209-217.

[5] Fulton P F. The effect of gas slippage on relative permeability measurements. Producers Monthly，1951，15(12)：14-19.

[6] Estes R K，Fulton P F. Gas slippage and permeability measurements. Journal of Petroleum Technology，1956，8(10)：69-73.

[7] Krishnaswamy S，William K C：Factors Affectig Gas Slippage in Tight Sandstone，SPE 9872

[8] Jones F O，Owens W W. A laboratory study of low-permeability gas sands. Journal of Petroleum Technology，1980，32(9)：1631-1640.

[9] Sampath K，Keighin C W. Factors affecting gas slippage in tight sandstones of Cretaceous age in the Uinta basin[J]. Journal of Petroleum Technology，1982，34(11)：2715-2720.

[10] Walls J D，Nur A M，Bourbie T. Effects of pressure and partial water saturation on gas permeability in tight sands：Experimental results. Journal of Petroleum Technology，1982，34(4)：930-936.

[11] Ertekin T，King G R，Schwerer F C. Dynamic gas slippage: A unique dual-mechanism approach to the flow of gas in tight formations. SPE Formation Evaluation，1986，1(1)：43-52.

[12] Scheidegger A E，王鸿勋译. 多孔介质中的渗流物理. 北京：石油工业出版社，1982.

[13] 王勇杰，王昌杰，高家碧. 低渗透多孔介质中气体滑脱行为研究. 石油学报，1995，16(3)：101-105.

[14] 陈代询，王章瑞. 致密介质中低速渗流气体的非达西现象. 重庆大学学报(自然科学版)，2000，23(S)：25-27.

[15] 任晓娟，阎庆来，何秋轩，等. 低渗气层气体的渗流特征实验研究. 西安石油学院学报(自然科学版)，1997，12(3)：22-25.

[16] 陈永敏，周娟，刘文香，等. 低速非达西渗流现象的实验论. 重庆大学学报(自然科学版)，2000，23(S)：59-61.

[17] 周克明，李宁，袁小玲. 残余水状态下低渗储层气体低速渗流机理. 天然气工业，2003，23(6)：103-106.

[18] 姚约东，李相方，葛家理，等. 低渗气层中气体渗流克林贝尔效应的实验研究. 天然气工业，2004，24(11)：100-102.

[19] 吴英，宁正福，姚约东. 低渗气藏非达西渗流实验及影响因素分析. 西南石油学院学报，2004，26(6)：35-38.

[20] 吴英，程林松，宁正福. 低渗气藏克林肯贝尔常数和非达西系数确定新方法. 天然气工业，2005，25(5)：78-80.

[21] 朱光亚，刘先贵，李树铁，等. 低渗气藏气体渗流滑脱效应影响研究. 天然气工业，2007，27(5)：44-47.

[22] 朱光亚，刘先贵，杨正明，等. 低渗气藏气体非线性渗流机理研究. 西安石油大学学报，2007，22(S)：29-318.
[23] Sampath K，Keighin C W. Factors affecting gas slippage in tight sandstones of Cretaceous age in the Uinta basin. Journal of Petroleum Technology，1982，34(11)：2715-2720.
[24] Herkelrath W N，Moench A F，O'Neal C F II. Laboratory investigations of steam flow in a porous medium[J]. Water Resources Research，1983，19(4)：931-937.
[25] Ertekin T，King G R，Schwerer F C. Dynamic gas slippage：A unique dual-mechanism approach to the flow of gas in tight formations. SPE Formation Evaluation，1986，1(1)：43-52.
[26] 葛家理，宁正福，刘月田，等. 现代油藏渗流力学原理 北京：石油工业出版社，2001.
[27] 李晓平. 地下油气渗流力学. 2 版. 北京：石油工业出版社.
[28] 冯文光. 天然气非达西低速不稳定渗流. 天然气工业，1986，6(3)：41-48.
[29] 杨胜来，王小强，汪德刚，等. 异常高压气藏岩石应力敏感性实验与模型研究. 天然气工业，2005，25(2)：107-109.
[30] 廖新维，冯积累. 超高压低渗气藏应力敏感试井模型研究. 天然气工业，2005，25(2)：110-112.
[31] 李晓平，张烈辉，刘启国. 试井分析方法. 北京：石油工业出版社，2009.
[32] 钱伟长. 奇异摄动理论及其在力学中的应用. 北京：科学出版社，1981.
[33] 陆全康. 数学物理方法. 上海：上海科学技术出版社，1982.
[34] Warren J E，Root P J. The behavior of naturally fractured reservoirs. Society of Petroleum Engineers Journal，1963，3(3)：245-255.
[35] 杨生榛. 复合油藏压力动态特征及其试井分析方法研究. 成都：西南石油学院，2003.
[36] 刘启国，冯宇，董凤玲. 受界面附加阻力影响的双重介质径向复合油藏试井解释模型研究. 油气井测试，2005，14(3)：11-13.
[37] 廖新维. 考虑交接面附加阻力的复合油藏试井模型. 大庆石油地质与开发，2001，20(5)：30-31.
[38] 陈晓明，廖新维，赵晓亮，等. 直井体积压裂不稳定试井研究：单孔双区模型. 科学技术与工程，2014，14(26)：45-49.
[39] 刘义坤，阎宝珍，翟云芳，等. 均质复合油藏试井分析方法. 石油学报，1994，15(1)：92-98.
[40] 陈晓明，廖新维，李东晖，等. 直井体积压裂不稳定试井研究-双孔双区模型. 油气井测试，2014，23(4)：4-8.
[41] 贺胜宁，冯异勇，贾永禄. 考虑变井筒储存的双重介质复合油气藏试井分析模型. 西南石油学院学报，1996，18(1)：2
[42] Kikani J，Walkup G W Jr. Analysis of pressure-transient tests for composite naturally fractured reservoirs. SPE Formation Evaluation，1991，6(2)：176-182.
[43] Satman A. Pressure-transient analysis of a composite naturally fractured reservoir. SPE Formation Evaluation，1991，6(2)：169-175.
[44] 詹静，贾永禄，周开吉. 三区复合凝析气藏试井模型井底压力动态分析 特种油气藏，2005，12(4)：8.
[45] 张娜，段永刚，陈伟，等. 凝析气藏三区渗流模型及试井分析研究[J]. 海洋石油，2006，26(2)：49-52.
[46] 龚伟. 幂律流体试井分析方法研究. 成都: 西南石油大学，2006.
[47] Ambastha A K，McLeroy P G，Grader A S. Effects of a partially communicating fault in a composite reservoir on transient pressure testing[J]. SPE Formation Evaluation，1989，4(2)：210-218.
[48] 郭晶晶. 火山岩油气藏试井解释技术研究. 成都：西南石油大学，2010.
[49] Bourgeois M J，Daviau F H，Combe J L B，et al. Pressure behavior in finite channel-levee complexes. SPE Formation Evaluation，1996，11(3)：177-184.

[50] Kuchuk F J，Habashy T. Pressure behavior of laterally composite reservoirs. SPE Formation Evaluation，1997，12(1)：47-56.

[51] Martin J C. Simplified equations of flow in gas drive reservoirs and the theoretical foundation of multiphase pressure buildup analyses. Transactions of the AIME，1959，216(1)：321-323.

[52] Raghavan R. Well test analysis：Wells producing by solution gas drive. Society of Petroleum Engineers Journal，1976，16(4)：196-208.

[53] Raghavan R. Well-test analysis for multiphase flow. SPE Formation Evaluation，1989，4(4)：585-594.

[54] 李晓平，赵必荣，蒙光尔，等. 气水同产井压力恢复测试分析的新方法. 西南石油学院学报，1998，20(4)：23-25.

[55] Olarewaju J S，Lee J W. A comprehensive application of a composite reservoir model to pressure-transient analysis. SPE Reservoir Engineering，1989，4(3)：325-331.

[56] Satman A. Pressure-transient analysis of a composite naturally fractured reservoir. SPE Formation Evaluation，1991，6(2)：169-175.

[57] 许少松. 井筒附近地层存在高速非达西渗流的复合地层试井分析. 石油勘探与开发，1990，(1)：57-63.

[58] 刘义坤，阎宝珍，翟云芳，等. 均质复合油藏试井分析方法. 石油学报，1994，15(1)：92-100.

[59] Javadpour F，Fisher D，Unsworth M. Nanoscale gas flow in shale gas sediments. Journal of Canadian Petroleum Technology，2007，46(10)：55-61.

[60] King G R. Material balance techniques for voal seam and devonian shale gas reservoirs. Paper SPE 20730 was prepared for presentation at the 65th Annual Technical conference and Exhibition of Society of Petroleum Engineers held in New Orleans，LA，1990，23-26.

[61] Javadpour F. Nanopores and apparent permeability of gas flow in mudrocks(shales and siltstone). J of Canadian Petroleum Tech，48(2)：16-21.

[62] Kang S M，Fathi E. Carbon dioxide storage capacity of organic-rich shales. Paper SPE 134583 presented at the SPE Annual Technical Conference and Exhibition held in Florence. Italy，2010，19-22.

[63] Guo C H，Bai B J. Study on gas permeeability in nano pores of shale gas reservoirs. Paper SPE 167179 presented at the SPE Unconventional Resources Conference-Canada held in Calgary. Alberta，2013，5-7.

[64] Ozkan E，Raghavan R，Apaydin O G. Modeling of fluid transfer from shale matrix to fracture network[C]//All Days，September Florence，Italy. SPE，2010：19-22.